U0261288

中国战略性新兴产业——前沿新材料

气 凝 胶

中国材料研究学会组织编写
丛书主编 魏炳波 韩雅芳
编 著 张光磊

中国铁道出版社有限公司
CHINA RAILWAY PUBLISHING HOUSE CO., LTD.

内 容 简 介

“中国战略性新兴产业——前沿新材料”丛书是中国材料研究学会组织、由国内一流学者著述的一套材料类科技著作。丛书突出颠覆性、前瞻性、前沿性特点，涵盖了超材料、气凝胶、离子液体、多孔金属等10多种重点发展的前沿新材料。

本书为《气凝胶》分册。气凝胶材料是一种具有纳米多孔结构的新型功能材料，具有超轻、高比面积、绝热、隔音、吸附、催化等特性，在航空航天、建筑节能、军事、保温隔热等领域有巨大的应用前景。本书围绕气凝胶的制备、性能与应用，全面反映了气凝胶领域的国内外研究现状和技术水平，并对未来气凝胶产业的发展方向进行了指南性解读和趋势预测。

本书适合气凝胶技术与材料研发工作者和工程技术人员参考，也可供新材料科研院所、高等学校、新材料产业界、政府相关部门、新材料中介咨询机构等领域的人员参考。

图书在版编目(CIP)数据

气凝胶/中国材料研究学会组织编写. —北京:中国铁道出版社有限公司,2020.10

(中国战略性新兴产业. 前沿新材料)

国家出版基金项目

ISBN 978-7-113-27017-9

Ⅰ.①气… Ⅱ.①中… Ⅲ.①气凝胶-研究 Ⅳ.①TQ427.2

中国版本图书馆CIP数据核字(2020)第114140号

书　　名： 气凝胶

作　　者： 张光磊

策　　划： 李小军

责任编辑： 曾露平　金　锋　　**电话：**(010) 51873405

封面设计： 高博越

责任校对： 孙　玫

责任印制： 樊启鹏　赵星辰

出版发行： 中国铁道出版社有限公司 (100054，北京市西城区右安门西街8号)

网　　址： http://www.tdpress.com

印　　刷： 北京盛通印刷股份有限公司

版　　次： 2020年10月第1版　2020年10月第1次印刷

开　　本： 787 mm×1 092 mm　1/16　**印张：** 15.75　**字数：** 313千

书　　号： ISBN 978-7-113-27017-9

定　　价： 88.00元

作者简介

魏炳波

中国科学院院士，教授，工学博士，著名材料科学家。现任中国材料研究学会理事长，教育部科技委材料学部副主任，教育部物理学专业教学指导委员会副主任委员。入选首批国家“百千万人才工程”，首批教育部长江学者特聘教授，首批国家杰出青年科学基金获得者，国家基金委创新研究群体基金获得者。曾任国家自然科学基金委金属学科评委、国家“863”计划航天技术领域专家组成员、西北工业大学副校长等职。主要从事空间材料、液态金属深过冷和快速凝固等方面的研究。获1997年度国家技术发明奖二等奖，2004年度国家自然科学奖二等奖和省部级科技进步奖一等奖等。在国际国内知名学术刊物上发表论文120余篇。

韩雅芳

工学博士，研究员，著名材料科学家。现任国际材料研究学会联盟主席、中国材料研究学会执行秘书长、《自然科学进展：国际材料》（英文期刊）主编。曾任中国航发北京航空材料研究院副院长、科技委主任，中国材料研究学会副理事长和秘书长等职。主要从事航空发动机材料研究工作。获1978年全国科学大会奖、1999年度国家技术发明奖二等奖和多项部级科技进步奖等。在国际国内知名学术刊物上发表论文100余篇，主编公开发行的中、英文论文集20余卷，出版专著5部。

张光磊

工学博士、教授，石家庄铁道大学研究生学院副院长，河北省超材料与微器件工程研究中心主任，入选河北省“三三三人才工程”。2012—2013年在美国得克萨斯大学达拉斯分校（美国 Lenventis N. 和 Hongbing L. 课题组）做访问学者，参与气凝胶项目的合作研究。研究方向：先进陶瓷材料、气凝胶、材料设计与计算。主持省部级等科研课题18项；发表学术论文50余篇，其中被 SCI/EI 检索20篇；出版专著和教材6部；获发明专利15项。

序

前沿新材料是指现阶段处在新材料发展尖端，人们在不断地科技创新中研究发现或通过人工设计而得到的具有独特的化学组成及原子或分子微观聚集结构，能提供超出传统理念的颠覆性优异性能和特殊功能的一类新材料。在新一轮科技和工业革命中，材料发展呈现出新的时代发展特征，人类已进入前沿新材料时代，将迅速引领和推动各种现代颠覆性的前沿技术向纵深发展，引发高新技术和新兴产业以至未来社会革命性的变革，实现从基础支撑到前沿颠覆的跨越。

进入新世纪以来，前沿新材料得到越来越多的重视，世界发达国家，如美、欧、日、韩等无不把发展前沿新材料作为优先选择，纷纷出台相关发展战略或规划，争取前沿新材料在高新技术和新兴产业的前沿性突破，以抢占未来科技制高点，促进可持续发展，解决人口、经济、环境等方面的难题。我国也十分重视前沿新材料技术和产业化的发展。2017 年国家发展和改革委员会、工业和信息化部、科技部、财政部联合发布了《新材料产业发展指南》，明确指明了前沿新材料作为重点发展方向之一。我国前沿新材料的发展与世界基本同步，特别是近年来集中了一批著名的高等学校、科研院所，形成了许多强大的研发团队，在研发投入、人力和资源配置、创新和体制改革、成果转化等方面不断加大力度，发展非常迅猛，标志性颠覆技术陆续突破，某些领域已跻身全球强国之列。

“中国战略性新兴产业——前沿新材料”丛书是由中国材料研究学会组织编写，由中国铁道出版社有限公司出版发行的第二套关于材料科学与技术的系列科技专著。丛书从推动发展我国前沿新材料技术和产业的宗旨出发，重点选择了当代前沿新材料各细分领域的有关材料，全面系统论述了发展这些材料的需求背景及其重要意义，全球发展现状及前景；系统地论述了这些前沿新材料的理论基础和核心技术，着重阐明了它们将如何推进高新技术和新兴产业颠覆性的变革和对未来社会产生的深远影响；介绍了我国相关的研究进展及最新研究成果；针对性地提出了我国发展前沿新材料的主要方向和任务，分析了存在的主要问题，提出了相关对策和建议；是我国“十三五”和“十四五”期间在材料领域具有国内领先水平的第二套系列科技著作。

全套丛书特别突出了前沿新材料的前瞻性、颠覆性、先进性特点。丛书的出版,将对我国从事新材料研究、教学、应用和产业化的专家、学者、产业精英、决策咨询机构以及政府职能部门相关领导和人士具有重要的参考价值,对推动我国高新技术和战略性新兴产业可持续发展具有重要的现实意义和指导意义。

中国材料研究学会是中国科协领导下的全国一级学会,是以推动我国新材料科学技术进步和新材料产业发展为宗旨的学术性团体,也是国际材料研究学会联盟(International Union of Materials Research Societies,IUMRS)的发起和重要成员之一,具有资源、信息和人才的综合优势。多年来中国材料研究学会在促进我国材料科学进步、开展国内外学术交流与合作、有序承接政府职能转移、为地方工业园区和新材料产业和企业提供新材料产业发展决策咨询、人才推荐、开展材料科学普及等社会化服务方面做了大量的、卓有成效的工作,为推动我国新材料发展发挥了重要作用。参加本丛书编著的作者都是我国从事相关材料研究和开发的一流的专家学者,拥有数十年的科研、教学和产业化发展经验,取得了国内领先的科研成果,对相关的细分领域的材料现状和发展趋势有全面的理解和掌握,创作态度严谨、认真,从而保证了丛书的整体质量,体现了前沿新材料的颠覆性、先进性和可读性。

本丛书的编著和出版是材料学术领域具有足够影响的一件大事。我们希望,本丛书的出版能对我国新材料特别是前沿新材料技术和产业发展产生较大的助推作用,也热切希望广大材料科技人员、产业精英、决策咨询机构积极投身到发展我国新材料研究和产业化的行列中来,为推动我国材料科学进步和产业化又好又快发展做出更大贡献,也热切希望广大学子、年轻才俊、行业新秀更多地"走近新材料、认知新材料、参与新材料",共同努力,开启未来前沿新材料的新时代。

中国科学院院士、中国材料研究学会理事长 魏炳波

国际材料研究学会联盟主席
中国材料研究学会执行秘书长 韩雅芳

2020年8月

前　言

“中国战略性新兴产业——前沿新材料”丛书是中国材料研究学会组织、由国内一流学者著述的一套材料类科技著作。丛书突出颠覆性、前瞻性、前沿性特点，涵盖了超材料、气凝胶、离子液体、多孔金属等10多种重点发展的前沿新材料。

本书系统总结了各种气凝胶在国内外近年来的研究现状，共分四篇13章。第一篇为无机气凝胶，主要论述了氧化硅、氧化铝、氧化钛气凝胶，碳气凝胶、石墨烯以及其他新型无机气凝胶；第二篇为有机气凝胶，论述了聚合物气凝胶和纤维素气凝胶；第三篇为复合气凝胶，论述了无机复合气凝胶、有机复合气凝胶和纤维复合气凝胶；第四篇为气凝胶的应用及产业化，论述了气凝胶在各领域的应用及发展趋势，分析了产业化发展面临的问题及对策。

本书力争体现以下特色：

(1)指导性。在系统总结各种气凝胶研究进展的基础上，论述和探讨气凝胶制备工艺和性能之间的关系，以满足应用需求为目标，充分发挥气凝胶的独特性能优势，服务于高端材料需求，突破新型战略产业的材料瓶颈。

(2)前沿性。气凝胶作为新兴材料之一，在各个领域应用前景广阔，但仍有很多科学和产业化的问题需要解决，同时社会和行业的认可度还没有达到一定的高度。本书力求吸收当今气凝胶方面最新、最前沿的原理技术、工艺等成果，供各行各业科研人员和产业界人士参考。

(3)本书从“中国制造2025”的国家战略角度出发，阐明了气凝胶对国防、航空、航天等战略领域的重大价值，对气凝胶的宣传和行业发展规范的建立具有重要意义。

(4)为面向具有一定科学基础的广大读者，本书尽量避免使用大量学术用语和深奥的物理和数学模型，可读性较强。

本书是编著者长期研究、积累和借鉴同行成果的结晶。编著过程中得到付华、秦国强、于刚、吴红亚、秦胜建、王志等同事的大力支持和帮助，郭晓煜、李琳娜、陈一泊、贾伟韬、赵朋媛、樊肖雄、段一凡等同学进行了文献的收集和整理，在此表示衷心的感谢。另外，因参考的文献和资料较多，没有一一列出，在此向相关研究工作者和文献作者表示感谢。

张光磊

2020年5月

目　　录

第二篇 有机气凝胶

第三篇 复合气凝胶

第四篇　气凝胶应用及产业化

绪　论

0.1　气凝胶定义与特性

0.1.1　气凝胶的定义

气凝胶(aerogel)通常是指具有纳米量级的微细颗粒相互聚集构成纳米量级多孔网络结构,并在网络骨架中充满大量气态分散介质的轻质纳米多孔性非晶固态材料。

根据制备工艺特点,气凝胶最初的定义为:湿凝胶经超临界干燥所得到的材料。随着常压干燥技术的发展,气凝胶的定义扩展为:经干燥除去内部溶剂后,形状基本保持不变,具有高孔隙率和低密度的材料。

0.1.2　气凝胶的合成过程与原理

气凝胶的制备一般包括溶胶—凝胶和干燥处理两个过程。

溶胶(sol)是指以直径为 1～100 nm 的胶体颗粒作为分散相粒子,均匀分布在分散介质里的分散质。溶胶是多相分散体系,在介质中不溶,有明显的相界面,为疏液胶体。当溶胶或溶液中的胶体粒子或高分子在一定条件下互相连接,形成空间网状结构,且液体作为分散介质充满结构空隙时,就形成了一种特殊的分散体系,称为凝胶(gel)。

凝胶内部常含有大量液体,但没有流动性。例如血凝胶、琼脂的含水率都可达 99%以上。凝胶可分为弹性凝胶和脆性凝胶。弹性凝胶失去分散介质后,体积显著缩小,而当重新吸收分散介质时,体积又重新膨胀,例如明胶等。脆性凝胶失去或重新吸收分散介质时,形状和体积都不改变,例如硅胶等。

当凝胶脱去大部分溶剂,使凝胶中液体含量比固体含量少得多,或凝胶的空间网状结构中充满的介质是气体,且外表呈固体状时,即为气凝胶,也称为干凝胶(xerogel)。气凝胶也具有凝胶的性质,即具有膨胀作用、触变作用和离浆作用等。

在溶胶—凝胶过程中,通过控制溶液的水解和缩聚反应条件,在液体内形成不同结构的纳米团簇,团簇之间相互粘连形成凝胶体,在凝胶体的固态骨架周围充满化学反应后剩余的液态试剂。为了防止凝胶干燥过程中微孔洞内的表面张力导致材料结构的破坏,常采用超临界干燥工艺处理,即把凝胶置于压力容器中加温升压,使凝胶内的液体发生相变,变成超临界态的流体，气液界面消失，表面张力不复存在，将这种超临界流体从压力容器中释放，即可得到多孔、无序、具有纳米量级连续网络结构的低密度气凝胶材料。气凝胶的合成过程如图 0-1 所示。

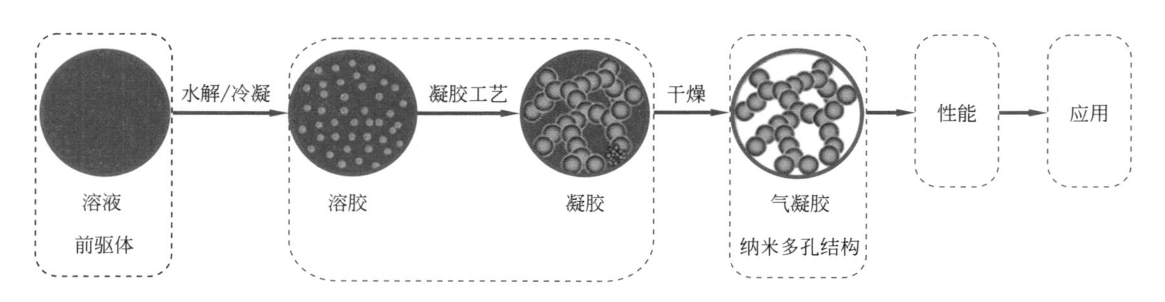

图 0-1　气凝胶合成过程

0.1.3　气凝胶的物质状态

众所周知，物质有三态：固态、液态和气态。其实，物质还有“气凝胶态”“等离子态”“超临界态”“超固态”以及“中子态”。物质三态的密度和焓值分布是非连续的，固态和液态物质的密度是大体相似的，但是固态和气态物质的密度却相差了 3～4 个数量级。此外，固态和气态系统的自由焓也是相差甚远。气凝胶的一些性质介于固态和气态之间（见图 0-2）。

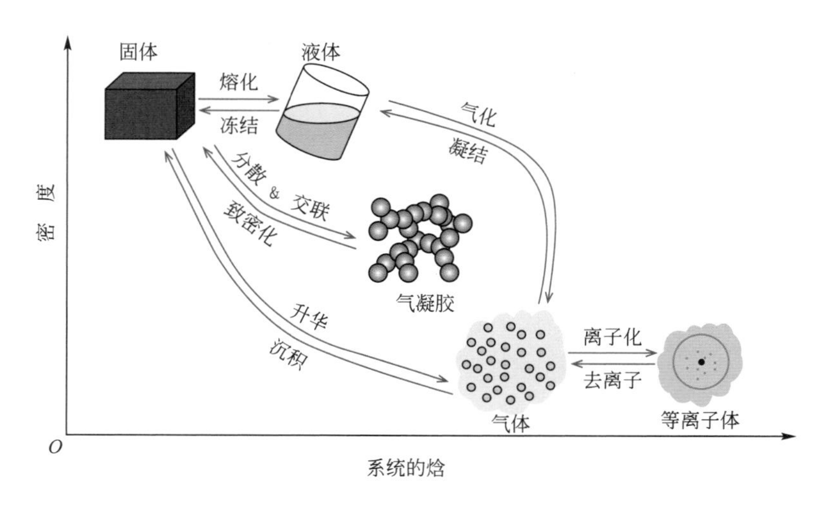

图 0-2　气凝胶在相图中的位置

杜艾等认为，气凝胶不仅是一种功能材料，也是一种新的物质状态。一方面，气凝胶态相较其他的物质状态在许多性能上有着本质的差异。它如固态物质一样有着固定的大小和形状，然而它的表观密度可以从最高 1 g/cm³（固态密度）跨度到 0.001 g/cm³（低于空气的密度）；同时，具有像海绵一样的多孔结构，兼具微观（纳米尺度的骨架）、宏观（凝聚态物质)和介观(多级和分形结构)特征的多重属性,使得气凝胶拥有了诸多独特性能,例如极低的热导率、极低的弹性模量、极低的声子速率、极低的折射率、低的介电常数、极低的声速、高比表面积、极宽的密度和折射率分布等,很多性质都是与凝聚态和气态物质迥异的。

另一方面,如其他状态的物质一样,气凝胶态物质也有着各式各样的化学组分。从单一化学组分的氧化物气凝胶和复合气凝胶,到硫化物气凝胶、功能梯度气凝胶和一些其他组分的气凝胶等一个接着一个的被制备出来。近年来,神奇的碳纳米管气凝胶、石墨烯气凝胶、单质气凝胶、碳化物气凝胶(碳氮化物气凝胶)甚至是金刚石气凝胶相继加入了气凝胶这一大家族。科学家们认为,未来有可能将所有物质都制备成气凝胶态。

0.1.4 气凝胶的特性

气凝胶是世界上密度最小的固体,又被称为“凝固的烟”或“蓝烟”。气凝胶的平均孔径与气体分子的平均自由程(20～70 nm)相当,因此具有很高的隔热性能。一寸厚的气凝胶相当20～30块普通玻璃的隔热功能。即使把气凝胶放在玫瑰与火焰之间,玫瑰也会丝毫无损,如图0-3所示。

气凝胶种类广泛,性能也具有较大差异。一般认为,气凝胶的特性主要有以下几种:

(1)超轻。气凝胶中一般80%以上是空气,是世界上密度最小的固体,密度最小可以达到空气质量的六分之一。密度变化范围一般为0.001～1 g/cm^3。

(2)高孔隙率和高比表面积。孔隙率为80%～99.9%,比表面积为200～1 000 m^2/g,孔洞的典型尺寸为1～100 nm。

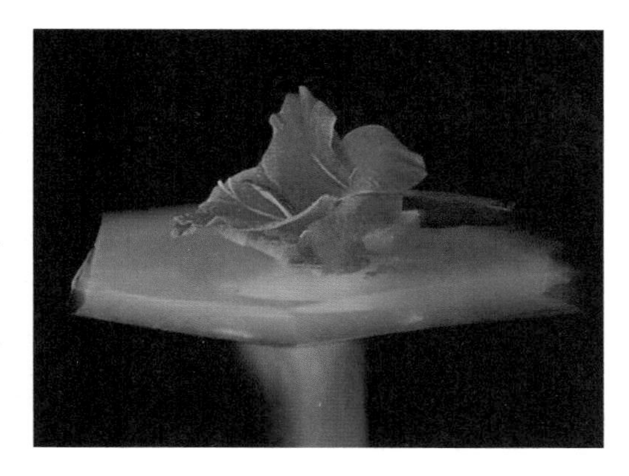

图0-3 气凝胶与玫瑰

(3)超级隔热。气凝胶纤细的纳米网络结构有效地限制了局域热激发的传播,其固态热导率比相应的玻璃态材料低2～3个数量级。纳米微孔洞抑制了气体分子对热传导的贡献。硅气凝胶的折射率接近1,而且对红外和可见光的湮灭系数之比达100以上,能有效地透过太阳光,并阻止环境温度的红外热辐射,这些特性使它成为一种理想的透明隔热材料,在太阳能利用和建筑物节能方面已经得到应用。在电力、石化、化工、冶金、建材行业以及其他工业领域也得到广泛关注。

(4)催化。气凝胶的小粒径、高比表面积和低密度等特点,使气凝胶催化剂的活性和选择性均远远高于常规催化剂,而且活性组分可以非常均匀地分散于载体中,同时它还具有优良的热稳定性,可以有效地减少副反应发生。因此气凝胶作为催化剂,其活性、选择性和寿命都可以得到大幅度地提高,具有非常良好的催化特性。

(5)隔音。气凝胶的低声速特性，使其成为一种理想的声学延迟或高温隔音材料。气凝胶的声阻抗可变范围较大[10^3～10^7 kg/(m^2·s)]，是一种较理想的超声探测器的声阻耦合材料，用于超声波发生器和探测器的压电陶瓷的声阻是 1.5×10^7 kg/(m^2·s)，而空气的声阻只有 400 kg/(m^2·s)。用厚度为1/4 波长、密度在0.3 g/cm^{3}左右的硅气凝胶作为压电陶瓷与空气的声阻耦合材料，能使声强提高 30 dB，提高声波的传输效率，降低器件应用中的信噪比。

气凝胶还是最佳的水声反声材料，既具有良好的水声反声效果，又不增加潜艇的重量。

(6)储能。有机气凝胶经过烧结工艺处理后可得到碳气凝胶，这种导电的多孔材料是继纤维状活性炭以后发展起来的一种新型碳素材料，它具有很大的比表面积(600～1 000 m^2/kg)和高电导率(10～25 S/cm)。而且，密度变化范围大(0.05～1.0 g/cm^3)。如在其微孔洞内充入适当的电解液，可以制成新型可充电电池，它具有储电容量大、内阻小、质量轻、充放电能力强、可多次重复使用等优异特性。

气凝胶可以用作“超级电容器”的电极材料，可以提供比传统电容器高得多的功率密度。气凝胶具有合成材料的最大内表面积，可以在电子设备中存储大量的功率。

(7)过滤性能。纳米结构的气凝胶还可作为一种新型高效气体过滤材料。由于气凝胶具有特别大的比表面积，科学家们将气凝胶称为“超级海绵”，它是非常理想的吸附水中污染物的材料，能吸出水中的铅和水银，是处理生态灾难的绝好材料。

(8)电学性能。气凝胶具有低介电常数(相对介电常数为1～2)，而且可通过改变其密度调节介电常数值。随着微电子工业的迅速发展，对集成电路运算速度的要求越来越高。一般而言，所用衬底材料的介电常数越低，则运算速度越快。现在集成电路所用的衬底材料为 Al_2O_3，其相对介电常数为 10。当前的趋势是使用聚酰亚胺(相对介电常数是 3)或其他高聚物介电材料替代 Al_2O_3。然而，高聚物的热膨胀系数较高，容易引起应力以及变形。气凝胶介电常数很低且可以调节，其热膨胀系数与硅材料相近，因此热应力很小，相对聚酰亚胺具有良好的高温稳定性。因此，将集成电路的衬底材料改成气凝胶薄膜，运算速度可提高 3 倍。

碳气凝胶具有导电性，可以制造高效高能可充电电池，是一种高功率密度、高能量密度的双层电化学电容器。碳气凝胶最大比电容量可达 400 F/g。对于输出电压为 1.2 V 的电池，能量密度最高达 288 J/g。一般情况下，电池功率密度为 7.5 kW/kg，重复充电次数可达 100 000 次以上。

碳气凝胶还具有光电导性，可被用作细网型光电倍增管中的数字指示装置，用来计数单光子。

(9)光学性能。纯净的 SiO_2气凝胶是透明无色的，它的折射率(1.006～1.06)非常接近于空气的折射率，这意味着 SiO_2气凝胶对入射光几乎没有反射损失，能有效地透过太阳光。因此，SiO_2气凝胶能够被用来制作绝热降噪玻璃。利用不同密度的 SiO_2气凝胶膜对不同波长的光制备光耦合材料，可以得到高级的光增透膜。

SiO_2气凝胶的折射率 n 和密度 ρ(g/cm^3)满足 $n-1\approx2.1\rho$，当通过控制制备条件获得不同密度的 SiO_2气凝胶时，它的折射率可在 1.008～1.4 范围内变化，因此 SiO_2气凝胶可作为切仑科夫探测器中的介质材料，用来探测高能粒子的质量和能量。

(10)防弹。美国宇航局将气凝胶应用到了住所和军车。试验表明，如果在金属片上加一层厚约 6 mm 的气凝胶，那么，就算炸药直接炸中，对金属片也毫发无伤。

气凝胶的性质受其成分和制备工艺直接影响，功能性需求也各不相同。因此，更详细的各种气凝胶的特性将在后续各章节中进行介绍。表 0-1 是 SiO_2气凝胶的各项物理性质。

表 0-1 SiO_2气凝胶的物理性质

性质类型	特 征	数 值
物理学	密 度	0.001 9～0.75 g/cm^3
	孔隙率	50%～99.98%
	孔 径	<100 nm
	比表面积	200～1 500 m^2/g
	粒 径	<50 nm
热 学	熔 点	1 200 ℃
	热传导率	0.01～0.3 W/(m·K)
	热稳定性	约 650 ℃
	热膨胀系数	(2.0～4.0)×10^{-6}℃
电 学	相对介电常数	在 3～40 GHz 为 1.01～1.99
	耗损角正切值	在 3～40 GHz 为 10^{-4}～10^{-2}
	体积电阻率	10^{-4}～10^{-2} Ω·cm
	相对介电强度	在 60 Hz 为 120～140 kV/cm
光 学	折射率	1.0～1.4
力 学	泊松比	0.2
	弹性模量	10^6～10^7 N/m^2
	拉伸强度	16 kPa
	断裂韧性	0.8 kPa
	抗弯强度	≤0.69 MPa

续上表

性质类型	特　征	数　值
声　学	通过介质的声速	40～400 m/s
	声阻抗	10^3～10^5 kg/(m^2·s)

0.2　气凝胶的发展历程

气凝胶的诞生源于 Kistler 与 Charles 的一次打赌——看谁能够将凝胶内的液体换成气体，同时不使固体结构发生变化。

众所周知，如果直接通过蒸发将胶体中的液体与固体分离，由于毛细管力的强大作用，必然会导致固体的收缩和结构坍塌。Kistler 经过不断的探索，以硅酸盐为硅源，用水充分洗涤 SiO_2凝胶，然后用乙醇交换水，将凝胶在高压釜中进行加热，直到压力和温度高于临界压力 p_c和临界温度 T_c时将凝胶孔隙当中的乙醇蒸发掉，完美地解决了这个世界难题。就这样，世界上第一块气凝胶——SiO_2气凝胶诞生了。Kistler 的传奇人生见附录。

Kistler 于 1931 年在《科学》杂志上发表了关于气凝胶的第一篇论文，标题为"Coherent Expanded Aerogels and Jellies"。于是，大家就将 1931 年视作气凝胶诞生的时间。

气凝胶发展至今一般可以认为经历了四个阶段。

1. 独立研究阶段

Kistler 自成功制备出 SiO_2气凝胶后，又陆续制备了 Al_2O_3、Fe_2O_3、SnO_2、WO_3、NiO_2气凝胶。但由于制备工艺复杂且产品纯化困难，并未得到普遍的关注，在随后的 30 多年中，气凝胶的研究一直没有什么进展。

2. 初期发展阶段

20 世纪 70 年代后期，法国政府向 Stanislaus 寻求一种用于存储氧和火箭燃料的多孔材料。他找到了一种新的合成方法，即采用溶胶—凝胶化学方法制备 SiO_2气凝胶，推动了气凝胶科学的发展。

Stanislaus 以正硅酸甲酯(TMOS)取代了 Kistler 用的硅酸钠，在甲醇中水解 TMOS 获得湿凝胶，对乙醇流体进行超临界干燥，获得了高纯度的 SiO_2气凝胶。此方法克服了 Kistler 制备过程中的两个缺点，即不需要水与乙醇进行交换，避免了凝胶中残留无机盐。

1966 年，Peri 等用硅酯经一步溶胶—凝胶法制备出 SiO_2气凝胶，大幅度缩短了干燥周期。

20 世纪 80 年代初，溶胶—凝胶技术的发展使气凝胶制备技术有了很大的发展。1974

年，粒子物理学家Cantin等认识到SiO_2气凝胶是制造Cherenkov探测器的理想材料，并首次报道了将SiO_2气凝胶应用于Cherenkov探测器。1983年，Arlon在Berkeley实验室发现可用更安全、更便宜的TEOS取代有毒的TMOS制备SiO_2气凝胶。与此同时，微结构材料研究小组发现可用具有更低临界温度和临界压力的CO_2超临界流体取代乙醇作为超临界干燥的流体。1985年，Tewari等人改用CO_2为超临界干燥介质，降低了超临界温度，提高了设备的安全可靠性，使超临界流体干燥技术迅速地向实用化阶段迈进。

3. 多元化发展阶段

20世纪90年代，对气凝胶的研究更加深入，气凝胶材料的化学成分逐渐多元化。Rick制备了有机气凝胶，包括间苯二酚-甲醛气凝胶、三聚氰胺-甲醛气凝胶。其中间苯二酚-甲醛气凝胶能够被热解得到纯碳气凝胶，该方法开创了气凝胶研究的新领域。

1985年德国维尔兹堡大学物理所的Fricke教授在维尔兹堡组织了首届“气凝胶国际研讨会”(International Symposium on Aerogels，ISA)。此后，ISA每三年召开一次。

目前，国外气凝胶的研制主要集中在德国的BASF公司和DESY公司，法国的蒙彼利埃材料研究中心，美国的劳伦兹利物莫尔国家实验室和桑迪亚国家实验室，瑞典的LUND公司及美、德、日的一些高校。2011年，美国HRL实验室、加州大学欧文分校和加州理工学院合作制备了一种镍构成的气凝胶，密度为0.9 mg/cm^3，创下了当时最轻材料的纪录。

4. 国内快速发展阶段

在国内，同济大学是最早开展气凝胶研究与应用工作的单位。2003年，沈军等以正硅酸乙酯(ETOS)为原料，用溶胶—凝胶法和超临界干燥工艺制备了纳米多孔硅气凝胶，并系统研究了原料和溶剂的用量及催化剂的使用、老化等因素对硅气凝胶结构的影响，对材料结构进行纳米尺度上的控制，为气凝胶的应用开发奠定了基础。

2013年，浙江大学高超教授课题组合成了一种密度仅为0.16 mg/cm^3的“全碳气凝胶”，其密度仅是空气密度的1/6，刷新了当时世界上最轻材料的纪录。把这种材料放在蒲公英花朵上，柔软的绒毛几乎没有变形。

2014年，东华大学俞建勇院士课题组再一次刷新了已有的纪录，制备了密度仅为0.12 mg/cm^3的气凝胶。

2016年，哈尔滨工业大学李惠教授课题组与美国科研人员合作首次制备了超轻石墨烯气凝胶材料，密度为0.5 mg/cm^3。

国内相关气凝胶组织也逐渐发展起来。2015年，国内由南京工业大学发起，在南京举办了第一届气凝胶材料国际学术研讨会，以后每二年举行一次，2017年在济南、2019年在长沙举行。2016年5月，中国绿色建材产业发展联盟的气凝胶创新应用推进中心成立。2017年11月，中国绝热节能材料协会气凝胶材料分会成立。

0.3 气凝胶的地位和作用

科学家表示气凝胶将改变世界。

在美国第250期《科学》杂志上，气凝胶被列为十大热门科学技术之一。2007年8月20日英国《泰晤士报》报道，气凝胶是一种世界上最轻的固体，可以经受住1 kg炸药的爆炸威力，让你远离1 300 ℃以上喷灯的高温。科学家们正在探索将气凝胶用于超级隔热太空服、超级电容器、催化剂、下一代网球拍等各个领域。气凝胶有望和20世纪30年代的酚醛树脂、20世纪80年代的碳纤维和90年代的硅树脂等几代传奇材料相媲美。

气凝胶作为世界最轻的固体，多次入选吉尼斯世界纪录。气凝胶的导热性和折射率也很低，绝缘能力比最好的玻璃纤维还要强39倍。在俄罗斯“和平”号空间站和美国“火星探路者”的探测器上都有用到气凝胶来进行热绝缘，已经在航空航天领域发挥了至关重要的作用。

气凝胶具有高孔隙率、高比表面积、低热传导系数、低介电常数、低光折射率和低声速等独特的性能，在基础研究中引起人们广泛的兴趣，研究成果被应用到组织工程、控释系统、血液净化、传感器、农业、水净化、色谱分析、超级高效隔热隔声材料、生物医药、高效可充电电池、超级电容器、催化剂及载体、气体过滤材料和化妆品等领域。

0.4 气凝胶的分类

气凝胶种类丰富，几乎涵盖了所有的材料体系。一般按化学组成，可分为有机气凝胶、无机气凝胶和复合气凝胶等，见表0-2所示。气凝胶按主要成分，也可分为硅系、碳系、硫系、金属氧化物系、金属系等。

表0-2 气凝胶的分类

种类	定义	举例
无机气凝胶	基体为无机物	单元氧化物：SiO_2、Al_2O_3、TiO_2、ZrO_2、V_2O_5、SnO_2、B_2O_3、MoO_2、MgO、WO_3、N_2O_5、Cr_2O_3等 二元氧化物：Al_2O_3/SiO_2、TiO_2/SiO_2、B_2O_3/SiO_2、Fe_2O_3/SiO_2、P_2O_5/SiO_2、Nb_2O_5/SiO_2、Dy_2O_3/SiO_2、Er_2O_3/SiO_2、Lu_2O_3/Al_2O_3、CuO/Al_2O_3、NiO/Al_2O_3、PbO/Al_2O_3、Cr_2O_3/Al_2O_3、Fe_2O_3/Al_2O_3、Li_2O/B_2O_3 三元氧化物：$CuO/ZnO/ZrO_2$、$CaO/MgO/SiO_2$、$CuO/ZnO/Al_2O_3$、$B_2O_3/P_2O_5/SiO_2$、$MgO/Al_2O_3/SiO_2$

续上表

种　类	定　义	举　例
无机气凝胶	基体为无机物	碳族：碳气凝胶、石墨烯气凝胶、碳纳米管气凝胶 硫族：CdS、GeS_x、硫族（硒或碲）化合物 金属：Ag、Pb、Au 等
有机气凝胶	基体为有机物	有机聚合物：间苯二酚-甲醛（RF）、三聚氰胺-甲醛（MF）、苯酚-糠醛、间苯三酚-甲醛、聚氨酯、聚脲、聚双苯戊二烯、聚酰亚胺、聚苯乙烯，聚丙烯腈酚呋喃等 天然高分子：纤维素
复合气凝胶	有两种或两种以上具有不同化学和物理性质的材料制成：一种材料形成基体（或连续相），其他材料形成分散相	无机/有机复合气凝胶、无机/无机复合气凝胶 纤维复合气凝胶 纳米颗粒复合气凝胶 金属/氧化物气凝胶：Fe/ SiO_2、Pt/TiO_2、Cu/ Al_2O_3、Ni/Al_2O_3、Pd/ Al_2O_3
气凝胶复合材料	以气凝胶颗粒为添加剂的复合材料	气凝胶毡、气凝胶涂料

气凝胶还可以分为单组分气凝胶和多组分气凝胶。单组分气凝胶如 SiO_2 气凝胶、Al_2O_3 气凝胶、TiO_2 气凝胶、碳气凝胶等；多组分气凝胶如 SiO_2/Al_2O_3 气凝胶、SiO_2/TiO_2 气凝胶、有机/无机复合气凝胶等。

附录　“气凝胶之父”Kistler 的传奇人生

气凝胶的诞生源于天才的奇想，实现于不懈的探索与创造。

1900 年 3 月 26 日，Kistler 出生于美国加利福尼亚州东北部的塞达维尔（Cedarville）小镇。1917 年，Kistler 进入太平洋学院就读，主要学习化学、物理、天文学、地质学和植物学。1920 年，Kistler 转入斯坦福大学攻读学士，并于第二年获得了化学学士学位。在提交的论文中，Kistler 提出了超临界流体中氨基酸的结晶理论，这是他对超临界流体的早期探索，也是世界上最早研究超临界流体性能的科学家之一。

1922 年，Kistler 在加州标准石油公司工作了一小段时间。但酷爱化学研究的他毅然放弃了公司优厚的待遇，在 1923 年回到太平洋学院教授化学并继续他的化学研究。1927 年，Kistler 回到了斯坦福大学，攻读博士学位。

1931 年,Kistler 在《自然》杂志上发表的《共聚扩散气凝胶与果冻》(*Coherent expanded aerogels and jellies*)一文是关于气凝胶的第一篇论文,被大家视作气凝胶诞生的时间。

气凝胶的诞生源于 Kistler 与 CharlesLearned 的一次打赌——看谁能够将凝胶内的液体换成气体同时不使固体结构发生变化。众所周知,如果直接通过蒸发将胶体中的液体与固体分离,由于毛细管力的强大作用,必然会导致固体的收缩和结构坍塌。经过不断的探索,Kistler 终于用酒精超临界干燥技术完美地解决了这个世界难题。就这样,世界上第一块气凝胶——SiO_2 气凝胶诞生了。此后,Kistler 并不满足,又做出了多种材质的气凝胶,并花费了大量的精力来研究这种新物质形态的特点,附图 1 是 Kistler 从事科研的照片。

Kistler 当时就发现,气凝胶最神奇的特性就是隔热,气凝胶内部的纳米孔结构有效地阻止了空气对流产生的热传导,这就赋予了气凝胶非常惊人的隔热效果,就算在一片很薄的气凝胶下方放一盏点燃的煤气灯,几分钟后在气凝胶上方的鲜花依然芳香如故。于是,Kistler 在相关论文的结语中曾写道:"上述观察除了深具科学意义,气凝胶带来的新物理性质也很有意思。"

附图 1　Kistler 的工作照

在 20 世纪 40 年代早期,为了让气凝胶材料得到更广泛的应用,Kistler 与美国孟山都公司(Monsanto Corp.)签订了一份 SiO_2 气凝胶的生产许可协议。从此,孟山都公司开始在马萨诸塞州埃弗雷特的一家工厂进行生产,并以"Santocel"、"Santocelc-c"、"Santocel-54"和"Santocelz-z"命名产品,并曾销售了一些,但由于高昂的售价,当时的市场难以接受,孟山都的气凝胶项目夭折了。

1952 年,Kistler 离开私营企业回到大学校园,担任犹他州立大学工程学院院长。在这段时间里,Kistler 潜心于教学和研究工作,根据犹他州立大学关于 Kistler 的传记资料记载,Kistler 的专利多达 60 多项,并曾担任多家先进开发公司的特别顾问。

Kistler 将自己研发成果的授权费捐给了犹他州立大学工程学院,用于资助新项目和那些无法从传统渠道获得资金的特殊项目,并为学院购买了许多特殊设备。通过持续的努力,Kistler 使犹他州立大学工程学院成为全国最知名的工程学院之一。

1975 年,Kistler 这颗材料界的巨星陨落了。遗憾的是,他生前无缘见到气凝胶材料出人头地。不过,历史是公正的,气凝胶以王者的姿态于 20 世纪末进入了人们的视野,应用领域逐渐扩大,正在成为航空航天、建筑、石油化工、军工、热能工程、交通运输和家用电器等领域绝热材料的上佳选择。

参考文献

[1] KISTLER S S. Coherent expanded aerogels and jellies[J]. Nature, 1931(127): 741-741.

[2] PERI J B. Infrared study of —OH and —NH_2 groups on the surface of a dry silica aerogel[J]. The Journal of Physical Chemistry, 1996, 70(9): 2937-2945.

[3] CANTIN M, CASSE M, KOCH L. Silica aerogels used as Cherenkov radiators[J]. Nuclear Instruments Methods, 1974(118): 177-182.

[4] TEWARI P H, HUNT A J, LOFFTUS K D. Ambient-temperature supercritical drying of transparent silica aerogels[J]. Materials Letters, 1985, 3(9/10): 363-367.

[5] PEKALA R W. Organic aerogels from the polycondensation of resorcinol with formaldehyde[J]. Journal of Materials Science, 1989, 24(9): 3221-3227.

[6] ZHANG Q, ZHANG F, MEDARAMETLA S P, et al. 3D Printing of Graphene Aerogels[J]. Small, 2016, 12(13):1702-1708.

[7] HRUBESH L W. Aerogel applications[J]. Journal of Non-Crystalline Solids, 1998(225): 335-342.

[8] 沈立.最轻材料中国造[J]. 环境,2013(5):54-56.

[9] 沈晓冬,吴晓栋,孔勇,等. 气凝胶纳米材料的研究进展[J]. 中国材料进展,2018,37(09):671-680,692.

[10] DU A, ZHOU B, ZHANG Z H, et al. A special material or a new state of matter: a review and reconsideration of the aerogel[J]. Materials, 2013, 6(3): 941-968.

[11] SI Y, YU J, TANG X, et al. Ultralight nanofibre-assembled cellular aerogels with superelasticity and multifunctionality[J]. Nature Communications, 2014(5): 5802.

[12] 史亚春,李铁虎,吕婧,等.气凝胶材料的研究进展[J].材料导报,2013(9):20-24.

[13] NYSTRÖM G, MARAIS A, KARABULUT E, et al. Self-assembled three-dimensional and compressible interdigitated thin-film supercapacitors and batteries[J]. Nature Communications, 2015(6): 7259.

[14] 陈龙武,甘礼华.气凝胶[J]. 化学通报,1997(8): 22-28.

[15] 秦国彤,李文翠,郭树才.气凝胶结构控制[J].功能材料,2000,31(1):26-28,32.

[16] 李冀辉,胡劲松.有机气凝胶研究进展(Ⅱ)——有机气凝胶的特性与应用[J].河北师范大学学报,2001,25(4):374-394.

[17] STANISLAUS A, EVANS M J B, MANN R F . Kinetics and thermodynamics of oxygen chemisorption on an industrial vanadium oxide catalyst[J]. The Canadian Journal of Chemical Engineering, 1973, 51(6):725-732.

[18] RICK C, HEUPEL W, DAVID NES. Evidence for differences in sterol biosynthesis and derivatization in sorghum[J]. Journal of Natural Products,1984, 47 (2):292-299.

[19] 高超,方波. 石墨烯宏观组装及多功能复合材料[C]. 中国化学会高分子学科委员会. 中国化学会2017全国高分子学术论文报告会摘要集——主题M:高分子共混与复合体系. 中国化学会高分子学科委员会:中国化学会,2017:2.

[20] 曹雷涛,乌园园,俞建勇,等. 静电纺纳米纤维气凝胶的制备及吸音性能研究[C]. 中国复合材料学会、杭州市人民政府. 第三届中国国际复合材料科技大会摘要集-分会场6-10. 中国复合材料学会、

杭州市人民政府:中国复合材料学会,2017:146.

[21] LI H , DU T , XIAO H , et al. Crystallization of calcium silicate hydrates on the surface of nanomaterials[J]. Journal of the American Ceramic Society, 2017, 100(5):3227-3238.

[22] AEGERTER M A, LEVENTIS N, KOEBEL M M. Aerogels Handbook[M]. Berlin Springer, 2011.

无机气凝胶

无机气凝胶一般采用金属有机物作为原料，利用溶胶—凝胶过程在溶液内形成无序、枝状、连续网络结构的胶体颗粒，并采用超临界干燥工艺去除凝胶内剩余的溶液而不改变凝胶态的结构，由此得到多孔、无序、具有纳米量级连续网络结构的低密度非晶固态材料。

无机气凝胶以金属氧化物气凝胶为主，国内外几乎已经制备出了所有氧化物的气凝胶，本篇主要论述 SiO_2、Al_2O_3、TiO_2、碳、石墨烯等气凝胶的制备和性能。

第 1 章　SiO_2 气凝胶

SiO_2气凝胶是最早发现的气凝胶，也是目前研究和应用最多的气凝胶，原材料来源丰富，制备工艺简单，可控性好，是新一代的超轻绝热材料。

近年来，围绕 SiO_2气凝胶开展的研究很多，主要是完善制备工艺，降低工艺成本和增加力学强度等，尤其是通过有机复合或无机复合进行改性制备出了各种复合气凝胶材料。SiO_2基复合气凝胶及其产品和应用，将在第三篇中介绍。本章主要论述 SiO_2气凝胶的制备工艺、结构、性能的研究进展。

1.1　SiO_2气凝胶的制备

SiO_2气凝胶的制备通常有两个过程构成，即溶胶—凝胶过程和干燥过程。溶胶—凝胶法的反应条件较温和，化学体系较均匀，可以制备出纯度较高，颗粒均匀且分布范围窄的三维骨架结构的凝胶，有利于后续干燥工艺的顺利进行。干燥过程通常采用超临界干燥，为了降低成本，也可以采取常压干燥和冷冻干燥等。以正硅酸乙酯（TEOS）为原料，采用超临界干燥制备 SiO_2气凝胶的工艺流程如图 1-1 所示。所制备的 SiO_2气凝胶一般为半透明状态，如图 1-2 所示。

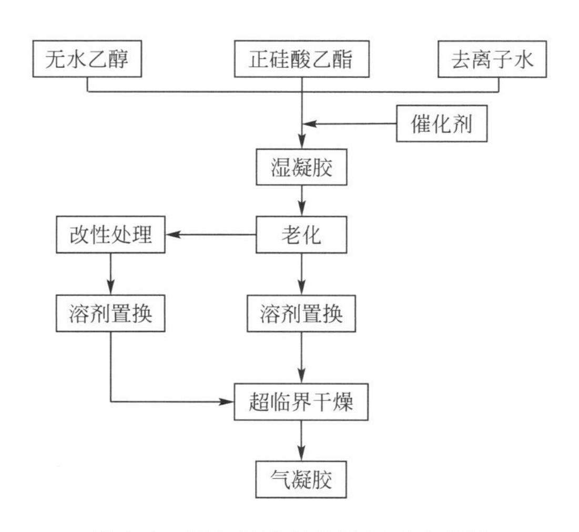

图 1-1　SiO_2气凝胶的制备工艺流程

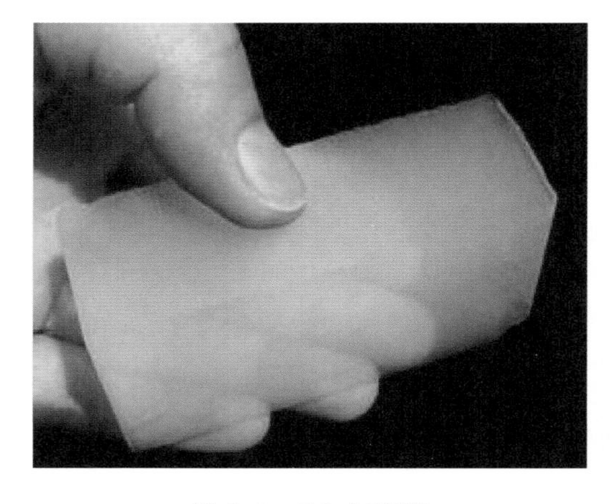

图 1-2　SiO_2气凝胶

1.1.1　溶胶—凝胶过程

气凝胶的多孔网络结构是通过溶胶—凝胶过程形成的。通常以金属有机化合物为母体，在一定条件下通过水解—缩聚反应形成具有空间网络结构的湿凝胶。

SiO_2 湿凝胶的制备通常以甲醇或乙醇为溶剂，将正硅酸甲酯（TMOS）或 TEOS 等有机硅与水混合，加入适量催化剂，使之发生水解反应。以硅醇盐为例，其水解过程如下：

$$Si(OR)_4 + 4H_2O \longrightarrow Si(OH)_4 + 4ROH \quad (R = CH_3, C_2H_5)$$

生成的水解产物进一步通过缩聚反应，可以增加—Si—O—Si—的交联，

$$2Si(OH)_4 \longrightarrow (OH)_3Si—O—Si(OH)_3 + H_2O \longrightarrow n(SiO_2)_3 + nH_2O$$

$$nSi(OH)_4 \longrightarrow n(SiO_2)_3 + nH_2O$$

通过水解和缩聚反应的不断进行，最终形成 SiO_2 网络结构，即 SiO_2 湿凝胶，如图 1-3 所示。两个反应过程通常用酸和碱来催化。目前 SiO_2 气凝胶制备普遍采用先酸后碱的两步法，低 pH 有利于硅源的水解，高 pH 有利于溶胶的缩聚，两种反应互相竞争。在酸性体系中提高 pH 会导致凝胶时间的急剧缩短。

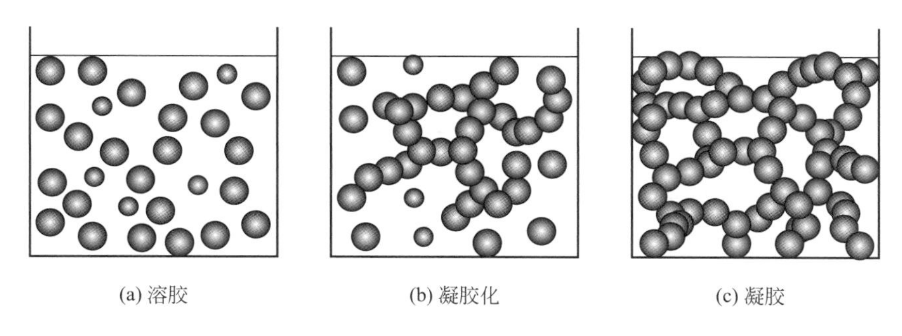

图 1-3　SiO_2 湿凝胶网络的形成过程

制备 SiO_2 湿凝胶的硅源主要包括硅酸钠和硅醇盐两大类。

1. 硅酸钠

硅酸钠又称作水玻璃，是 Kistler 最早用于制备 SiO_2 气凝胶的硅源。首先通过水解水玻璃的方法制得 SiO_2 湿凝胶，再对湿凝胶进行干燥制备出 SiO_2 气凝胶。在干燥过程中采用传统的蒸发干燥会使凝胶结构发生坍塌，得到密度较大的碎裂的小块干胶，而使用超临界干燥技术可以制得结构较为完整的气凝胶。但是因为制备的湿凝胶含有一定量的盐类副产物，需要通过复杂的清洗步骤才能除去，所以制备出的气凝胶纯度不高，性能较差。因此在以水玻璃为硅源的 SiO_2 气凝胶的制备过程中，最重要的工艺是利用水洗工艺去除水玻璃中的钠离子。

国内外许多科研人员采用交换树脂除去水玻璃中的杂质离子，获得了性能优良的 SiO_2 气凝胶。杨儒等在 SiO_2 湿凝胶老化过程结束后，用去离子水洗涤数次使 pH 达到 7，再用无

水乙醇置换洗涤数次，得到半透明状 SiO_2 湿凝胶，经过一系列干燥后获得质量较好的纳米 SiO_2 气凝胶粉末。任富建等在以水玻璃为硅源，使用无腐蚀催化剂磷酸制备 SiO_2 气凝胶的过程中，系统考察了在水洗过程中，水洗时间、水洗温度、水的用量及水洗次数对湿凝胶中电解质离子的影响，发现湿凝胶在水洗 4 h 之后，水洗液电导率变化减小，在水洗 10 h 之后水洗液电导率趋于平稳。水洗温度对湿凝胶水洗效果影响不大。水的用量和水洗次数对湿凝胶的影响较大。

沈军等认为杂质离子的存在并不会影响高效保温 SiO_2 气凝胶的制备，并使用了工业水玻璃作为硅源，在未经过离子交换的情况下，分别通过 HF 一步催化法与 HNO_3－NaOH 两步催化法，常压条件下成功制备了低密度、低热导率、高效隔热的 SiO_2 气凝胶。

从自然界易得的稻壳灰中提取硅酸钠制备 SiO_2 气凝胶，能够极大降低 SiO_2 气凝胶的生产制备成本，具有重要的经济和社会价值。稻壳为大宗农业废料，我国年产稻谷约 2 亿 t，稻壳约占稻谷质量的 30％，按其计算，我国稻谷加工厂年副产稻壳 6 000 万 t，未经处理的稻壳在较低的温度下裂解，得到杂质含量较高的 SiO_2。侯贵华用稻壳作为原料，经在稀盐酸中沸煮、干燥和煅烧，成功地制得了一种高纯度、高比表面积的 SiO_2 气凝胶。其纯度为 99.99％，比表面积为 280 m^2/g，平均孔径为 5.20 nm。

2. 硅醇盐

Nicolaon 等对气凝胶的制备过程做出了重大改进，首次使用 TMOS 制备了气凝胶，然后在高压釜中超临界干燥制备了 SiO_2 气凝胶。相比于利用水玻璃作为硅源，这一制备流程省去了烦琐的溶剂交换过程，简化了制备流程，且制备的气凝胶的固体颗粒更趋于细化，孔洞结构分布更加均匀，密度也更低。

由于 TMOS 具有毒性，且价格昂贵，Hunt 等利用 TEOS 作为硅源代替有毒的 TMOS 制备 SiO_2 气凝胶，由于采用 TEOS 为硅源，使制备 SiO_2 气凝胶的工艺条件相对比较温和，同时大幅度降低了 SiO_2 气凝胶的成本，且易形成气凝胶块材，因此用于制备 SiO_2 气凝胶的单一硅源大多选用 TEOS。

聚硅氧烷(PEDS)是用硅和甲醇在特定的催化剂条件下合成的，硅含量高于 TEOS，是一种比 TEOS 更廉价的有机硅源。邓忠生等利用多聚硅氧烷为硅源，用溶胶—凝胶法制备出了 SiO_2 气凝胶，研究了催化剂、温度、水等因素对其溶胶—凝胶过程的影响，所制备的 SiO_2 气凝胶具有纳米多孔结构(骨架颗粒约为十几纳米，孔洞尺寸约为 30 nm)。

Wagh 对上述三种不同前驱体的 SiO_2 气凝胶的光传输、导热系数和孔隙度等物理性能进行了研究，块体样品如图 1-4 所示。发现气凝胶的整体性依赖于前驱体和催化剂类型，1 cm 厚的 TMOS 和 PEDS 前驱体气凝胶样品对 900 nm 波长的光透过率大于 92％，而 1 cm 厚的 TEOS 前驱体气凝胶样品的光透过率是 70％。在 TEOS、TMOS 和 PEDS 前驱体气凝胶中，N_2 吸附的孔径分别为 30～180 nm、60～190 nm 和 80～200 nm，热导率分别为

0.060 W/(m·K)、0.020 W/(m·K)和 0.015 W/(m·K)，比表面积依次为 800 m^2/g、1 000 m^2/g和 1 100 m^2/g。

倍半硅氧烷(POSS)是一类本身含有无机和有机混合结构的物质，无机框架由 Si—O 键组成，有机取代官能团包括非极性和极性的官能团。POSS 结构和 SiO_2 结构类似，都由硅氧多元环形成的立方多面体组成，其中以笼形 POSS 中的六面体 POSS 最为典型，这种结构本身具有多孔性，结构稳定性强。同时，每个 POSS 分子都含有设计性很强的有机取代基，因此可选择具有一定反应性的取代基结构应用于 SiO_2 气凝胶的制备。任洪波分别采用八烷氧基六面体 POSS 和含有部分笼形结构的乙氧基硅氧烷(PES)为前驱体成功合成了密度较低的气凝胶。由选取的前驱体结构可知，规则的 SiO_2 可作为构建气凝胶的基础材料，在提高气凝胶骨架力学性能的同时，也增加了块材的孔隙率，有利于实现 SiO_2 气凝胶结构控制。

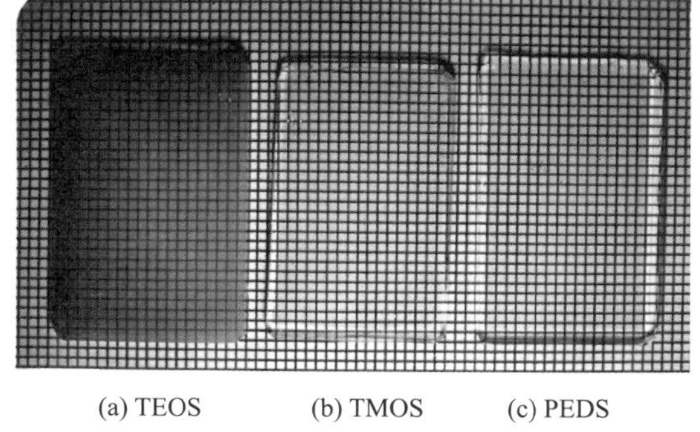

(a) TEOS (b) TMOS (c) PEDS

图 1-4 三种不同硅源制备的 SiO_2 气凝胶块体

1.1.2 超声凝胶法

超声波是频率范围在 20～106 kHz 的机械波，波速约为 1 500 m/s，波长为 0.01～10 cm。超声波的波长远大于分子的尺寸，说明超声波本身不能直接对分子产生作用，而是通过对分子周围环境的物理、化学作用而影响分子，即通过超声空化能量来加速和控制化学反应，提高反应速率，并引发新的化学反应。超声空化作用是指存在于液体中的微小气泡(空化核)，在声场作用下振动、生长扩大和收缩、崩溃的动力学过程。超声空化作用还可以产生化学效应，即在均匀液体中超声空化可以诱发产生自由基团。

传统制备 SiO_2 气凝胶的方法是采用水解和缩聚反应，因为烷氧基不溶于水而需要加入有机溶剂。利用超声空化作用来制备 SiO_2 气凝胶则克服了这种缺陷。

Enomoto 等发现超声空化作用能促使 SiO_2 颗粒表面的硅醇基团间发生脱水反应而团聚，形成 SiO_2 微球。随着超声波频率和强度的增加，SiO_2 微球的粒径也随之增大。团聚过程分为三个阶段：无团聚发生的孕育期、支状团聚体迅速形成期、团聚体致密化期。超声处理显著地强化了 SiO_2 微球的团聚过程。与用传统工艺得到的气凝胶相比，用超声制得的 SiO_2 气凝胶收缩率小，有利于与其他材料复合。

超声波的频率、强度和时间都对 SiO_2 气凝胶的结构有显著的影响。Rosa 等研究表明，SiO_2 气凝胶的孔结构主要由溶胶形成过程中 SiO_2 微球的团聚过程来控制，通过调节超声辐射的强度、时间等参数能有效地控制 SiO_2 微球的团聚状态，从而实现对 SiO_2 气凝胶结构的控制。Solano 等发现，与传统 SiO_2 气凝胶相比，超声气凝胶表面的—OH 覆盖率更高，有相当多的—OH 基被埋藏在微孔结构中，气凝胶的交联度比传统凝胶的交联度低，可能与超声空化作用强化 SiO_2 微球之间的碰撞有关。Ramesh 等在制备 SiO_2 气凝胶过程中，加入高沸点的有机溶剂（萘烷），阻碍了硅醇基团间的脱水反应，SiO_2 颗粒的团聚程度大大降低。

1.1.3 干燥过程

由溶胶—凝胶过程得到的湿凝胶固态骨架周围存在着大量溶剂（包括醇类、少量水和催化剂），要得到气凝胶，必须通过干燥去掉溶剂。干燥是将湿凝胶孔隙中的溶剂去除而得到气凝胶的过程，是气凝胶制备的关键步骤。

一般认为，湿凝胶在干燥过程中产生巨大的收缩应力，易发生弯曲、变形和碎裂，要避免凝胶碎裂，得到块状凝胶，需要采用极慢的干燥速率，干燥时间甚至超过一年。因此，要除去湿凝胶孔隙中的液态溶剂而保持纤细的多孔网络结构不变是极其困难的，对干燥条件的要求相当苛刻，需选用适当的干燥工艺，才能获得结构稳定、具有较强力学性能的气凝胶。

凝胶干燥可分为三个阶段，即恒速干燥期、第一降速期和第二降速期。在初期干燥过程中，液体的蒸发速率为一常数，这一阶段称恒速干燥期，凝胶的大部分收缩和变形发生在这个阶段。

1. 凝胶干燥应力分析

采用常规的干燥方法时，由于气液界面表面张力的存在会使凝胶逐步收缩、开裂。

液体蒸发会使固体相暴露出来，固/液界面将被能量更高的固/气界面所取代。为阻止体系能量增加，孔内液体将向外流动覆盖固/气界面。由于蒸发已使液体体积减小，气/液界面必须弯曲才能使液体覆盖固/气界面。对于一圆柱孔而言，由此产生的毛细管力 P（张力）为

$$P=\frac{-2\gamma_{LV}}{r}=\frac{2\gamma_{LV}\cos\theta}{r_p}$$

式中 γ_{LV}——气/液界面能；

θ——接触角；

r_p——孔半径。

张力作用于液体而使液体产生压缩应力，此应力使凝胶网络收缩。如果凝胶网络是柔性的，张力就保持在很小的水平。随收缩量的增加，网络刚性增加，开始抵御来自液体的压缩应力。当网络刚性足够大时，凝胶收缩就停止了，这一点称作临界点，至此恒速干燥阶段结束。临界点凝胶所受毛细管力最大，此后凝胶收缩和变形就很小了。气凝胶孔的大小主要决定于临界点时所受的力。对于非常柔软的材料，网络不能抵御毛细管力，因而没有临界点，最终孔将完全塌陷。

凝胶网络在干燥过程中发生收缩、变形和碎裂的推动力来自毛细管力。如果毛细管力是均匀的，网络结构将发生均匀收缩。但事实上干燥过程中凝胶体内产生了导致凝胶变形

和碎裂的压力梯度∇P。

由于孔结构的不均匀性，使得与孔结构有关的毛细管力产生力差，如图 1-5 所示，巨大的力差使得凝胶发生变形或碎裂。由于凝胶是多孔材料，液体在其中流动遵循达西定律，即

$$J=\frac{D}{\eta_L}\nabla P$$

式中　J——液体通量；

D——渗透率；

η_L——液体黏度。

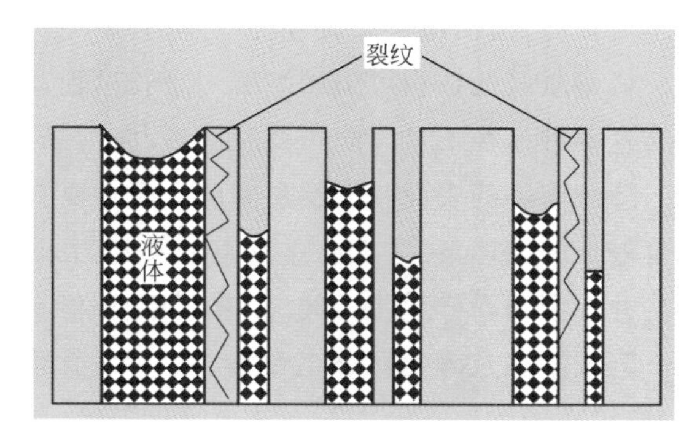

图 1-5　孔结构的不均匀性导致凝胶碎裂

在 CRP 阶段流向干燥表面的液体通量 J 与液体蒸发速率 v_E 相等，因而表面压力梯度$\nabla P_s=\eta_L v_E/D$。因此，引起凝胶破坏的张力梯度正比于蒸发速率（因而干燥速率越慢越安全），反比于渗透率。渗透率与孔径的平方有关，由于凝胶孔径很小，因而安全蒸发速率很低。

对于一个以中等速率干燥的厚度为 $2L$ 的凝胶而言，表面总应力σ_x，即作用于凝胶网络和液体的应力之和为

$$\sigma_x=C_N\frac{L\,\eta_L v_E}{3D}$$

式中，$C_N=\dfrac{1-2N}{1-N}$，N 为网络结构的泊松系数。

总应力随凝胶厚度的增加而增加。当蒸发速率很小时应力是很小的，即使在毛细管力很大的情况下也是如此。凝胶碎裂除了与总应力有关外，还受表面裂纹形状影响。对于一长度为 C，顶端半径为 r_c 的裂纹而言，裂纹伸展的条件为

$$\sigma_x>\frac{\frac{2}{\sqrt{\pi}}K_{IC}-\sigma_x\sqrt{r_c}}{2A\sqrt{C}-\sqrt{r_c}}$$

式中　K_{IC}——临界应力密度；

A——常数（$A\approx 1$）。

压力梯度分布于整个凝胶体，从此角度上看，由干燥产生的应力是宏观尺度的。如果应力局限于孔的尺度内，随干燥界面的前进，凝胶会碎成粉末。事实上在干燥过程中，由于贯穿整个凝胶的力场使裂纹扩展，凝胶常碎成几片。干燥过程中凝胶会产生变形，是应力具有宏观性质的又一佐证。凝胶碎裂过程可概括为：局部应力产生裂纹（如来自孔尺寸不均匀性的毛细管力差），宏观应力使裂纹扩展，导致凝胶碎裂。

提高凝胶网络强度，改善其结构，降低干燥应力可以预防凝胶碎裂。相应的技术措施有：①增大凝胶孔径并使凝胶孔径均匀化；②提高凝胶网络强度；③降低凝胶孔内液体表面张力及黏度；④消除干燥过程的气/液界面。

调整凝胶孔结构可采用溶胶—凝胶过程，增强凝胶的机械强度可通过凝胶老化实现，但只靠这两种途径不足以防止凝胶碎裂，必须采用一种有效的干燥技术。

降低液体的表面张力及黏度的方法主要有：一是加入表面活性剂；二是采用表面张力及黏度较低的液体；三是提高蒸发温度及压力来降低孔内液体的表面张力及黏度。但这三种方法并不能消除产生张力的气/液界面，从根本上避免凝胶碎裂。

凝胶收缩及碎裂源于毛细管力，因而消除气/液界面的干燥方法是行之有效的。消除气/液界面的方法有冷冻干燥和超临界干燥。

2. 超临界干燥

气凝胶的制备一般采用超临界干燥工艺，即将湿凝胶置于高压容器中并用干燥介质替换其中全部溶剂，然后控制容器的温度和压力，使其处于干燥介质的临界条件（即临界温度与压力），此时气液界面消失，表面张力不复存在，在此条件下通过排泄阀缓慢地释放出干燥介质就可以避免或减少干燥过程中由于溶剂表面张力的存在而导致的体积大幅度收缩和开裂，从而获得保持凝胶原有形状和结构的气凝胶。

典型的超临界干燥设备如图 1-6 所示，常用干燥介质有两种：①临界温度为 239.4 ℃，临界压力为 8.09 MPa 的甲醇；②临界温度为 31.0 ℃，临界压力为 7.39 MPa 的 CO_2。由于甲醇易燃且对人体有害，故目前大规模制备均采用 CO_2 干燥。在超临界干燥中，必须选择合适的超临界温度和压力以及适当的干燥速率才能得到高品质的气凝胶。

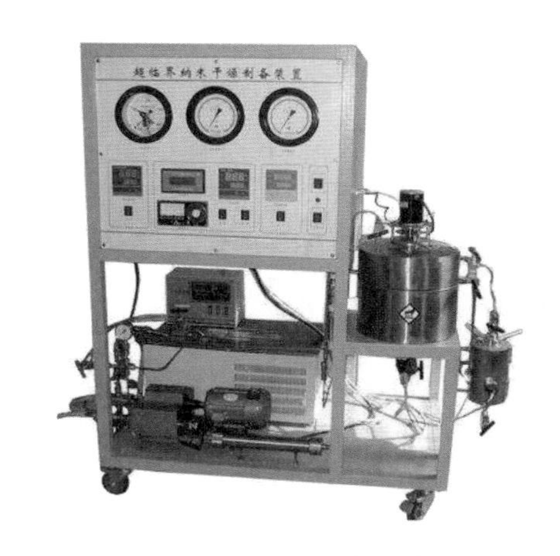

图 1-6　超临界干燥设备

在超临界干燥过程中，气凝胶孔隙结构中的气—液界面消失，表面张力变得很小甚至消为零。当超临界流体从凝胶孔隙中排出时，避免了溶剂表面张力对原有凝胶结构的破坏，能够得到具有凝胶原有结构的块状气凝胶材料。

1937 年，美国福斯坦大学的 Kistler，采用超临界干燥将湿凝胶中的溶剂去除，得到了气凝胶。但干燥条件苛刻，需要在高温高压下进行，且操作复杂，乙醇气体易燃易爆极其危险。1985 年，Tewari 等采用低临界温度的超临界干燥介质，大大提高了设备的安全可靠性，从而使气凝胶的制备技术向实用化、工业化的方向发展。

Canham 等用超临界干燥法来处理阳极氧化后的多孔硅，得到了在空气中不破裂的、完整的高多孔度(>90%)的多孔硅,极大地拓宽了多孔硅的研究范围。并且,多孔硅的光致发光性能也得到了很大的改善。杨儒等以水玻璃为原料,通过溶胶—凝胶法,并结合传统高温干燥,采用乙醇和 CO_2 超临界流体干燥技术分别制备了纳米 SiO_2 超细粉体,通过对两种超临界干燥工艺的比较发现,乙醇超临界干燥后的样品的比表面积相对较小,而 CO_2 超临界萃取干燥制备的粉体为高比表面积、粒度分布均匀、分散良好且孔结构丰富的纳米多孔 SiO_2 超细粉体。邓文芝等以 TEOS 为原料,应用溶胶—凝胶两步催化法制备 SiO_2 湿凝胶,湿凝胶用 CO_2 超临界干燥后得到 SiO_2 气凝胶。以比表面积和密度为评价标准,以 CO_2 流量、超临界温度、干燥时间和超临界压力为实验因素,设计了四因素三水平的正交实验,研究了 CO_2 超临界干燥的工艺条件,发现当 CO_2 流量为 12 kg/h、干燥釜温度为 45 ℃、干燥压力为 13 mPa、干燥时间为 6 h 时能获得性能较好的样品,气凝胶的比表面积为 927.37 m^2/g,密度为 0.195 6 g/cm^3。该样品由球形纳米颗粒堆积而成,颗粒尺寸范围 0～20 nm,孔径分布主要集中在 10 nm 左右,是连续的非晶结构纳米多孔材料,其性能明显优于常压干燥制备的样品。

3. 冷冻干燥

冷冻干燥是在低温下将气/液界面转化为能量更低的气/固界面。一般是先将凝胶冷冻,再使溶剂升华得到冷冻凝胶。但冷冻凝胶干燥成功率很低,常得到粉末或形成粗糙的孔,这主要是在冷冻过程中溶剂晶体生长所致。凝胶必须冷至溶剂正常熔点之下,溶剂才能结晶,晶核生成于凝胶表面,孔内液体会流向晶核,这样凝胶内就会形成与蒸发干燥非常相似的流动,并因此产生相似的应力破坏凝胶结构。另外,孔内结晶的生长排斥凝胶网络,致使凝胶网络断裂。

真空冷冻干燥就是将经过溶胶—凝胶过程后生成的凝胶分子冷冻后加入真空容器中,在一定的真空度下对容器加热,使容器内凝胶样品的网络骨架内的固体直接升华,升华后的水蒸气通过真空系统排走,从而获得高性能的气凝胶样品。Pons 等先将湿凝胶在叔丁醇中浸泡 209 天(开始的 5 天里,叔丁醇要更换 3 次;叔丁醇的体积为凝胶的 20～40 倍),在 30 ℃下进行溶剂置换;然后,用液氮进行急冷,在 5 MPa 应力下进行冷冻干燥,成功制备出 SiO_2 气凝胶。真空冷冻干燥技术在干燥过程中,不会产生气—液界面,避免了在干燥过程中因毛细管力的作用,使凝胶网络骨架因收缩变形而造成骨架破裂,最终提高气凝胶的产品性能。但是,由于真空冷冻干燥技术条件苛刻,增加了生产成本,且产品的生产周期长,因此要实现大规模工业化生产还有很大的距离。

4. 常压干燥

传统的超临界干燥是在高温高压环境下进行的,能耗高、危险性较大、设备复杂且昂贵等因素限制了气凝胶通过此技术进行连续大规模化生产。因此,采用常压干燥技术来替代超临界干燥技术,并对常压干燥制备方法中涉及的各种关键科学问题进行研究,对降低气凝胶制备成本、缩短制备周期、进行工业化生产和拓宽应用领域具有重要的学术价值和应用价值。常压干燥获得的 SiO_2 气凝胶如图 1-7 所示。

图 1-7　常压干燥获得的 SiO_2 气凝胶

常压干燥是在常压和较低的温度下，对湿凝胶进行缓慢干燥。据报道，为获得高质量的块状气凝胶，常压干燥时间甚至超过一年。由于凝胶骨架结构比较薄弱，难以承受常压干燥过程中产生的巨大毛细管压力，因此，为实现凝胶的常压干燥，就必须对湿凝胶进行有效预处理，如增加凝胶骨架的强度，改善凝胶孔洞的大小及均匀性，表面改性处理等。在凝胶的常压干燥过程中，只要凝胶的网络结构比较完整，具有足够的强度和柔韧性，就可以抵抗孔隙中液体的毛细管压力，凝胶就不会出现坍塌或大量收缩。一般而言，由酸催化得到的湿凝胶韧性较好，但强度较低。由碱催化得到的湿凝胶，其强度较高。

网络增强法是采用低表面张力溶剂经多次交换和长时间的老化处理来增强凝胶的骨架结构，并在常压下干燥制得 SiO_2 气凝胶。目前常用凝胶网络增强的方法包括在母液中老化湿凝胶或将湿凝胶浸入硅烷混合溶液中进行强化。Haereid 等发现凝胶在母液中强化后渗透性增强，有利于溶剂干燥，而且老化过程增大了团簇和颗粒尺寸，最终得到比表面积约为 700 m^2/g 的低密度 SiO_2 气凝胶。湿凝胶在老化过程中发生的结构变化对气凝胶性能有直接的影响，凝胶网络越坚硬，所承受毛细管压力的能力越强，越易干燥。延长老化时间可以增强硅凝胶的骨架结构，而提高老化温度则可缩短老化周期。He 等采用密封的高压釜在 100 ℃下用 TEOS/无水乙醇混合溶液浸泡老化 SiO_2 湿凝胶，实验发现在高于常温和高压下老化有利于提高凝胶的网络交联程度，提高骨架强度，所得到的气凝胶孔体积和孔径大小是常温下用纯乙醇溶液老化得到的气凝胶的两倍，而且气凝胶整体性较好。

老化是一种溶解和再沉积过程，受不同曲率半径的表面之间不同溶度的影响。颗粒越小，溶度越大，因此，较小的颗粒溶解，溶质粒子沉积在较大颗粒上，这种溶解—再沉淀常压干燥制备得到的气凝胶，对其结构、性能研究的结果是：固相静曲率减小，小颗粒消失，小孔隙被充填，界面积减小。这个过程使凝胶得到增强，从而使干燥过程中的收缩减至最小。Einarsrud 等人以 TEOS 及 TMOS 为硅源，详细研究了老化对凝胶强度和性质的影响。发现以 TEOS 制备气凝胶时，先将湿凝胶放置于体积分数为 20%的 H_2O/EtOH 溶液中 60 ℃老化 1 天，然后在 TEOS 纯溶液中老化 40 h，可以基本消除干燥时的体积收缩。表 1-1 为常用溶剂的表面张力。

表 1-1　常用溶剂的表面张力

溶剂	表面张力/($mN\cdot m^{-1}$)	溶剂	表面张力/($mN\cdot m^{-1}$)
甲醇	22.6	正己烷	18.4
乙醇	22.8	异丙醇	21.7
水	72.7	苯	28.2

湿凝胶干燥之前,凝胶中主要是表面张力较高的水和乙醇,需以表面张力较低的溶液进行置换,以减小干燥过程中的毛细管力,防止凝胶结构的坍塌。左军超等采用五种溶剂置换法,保证了气凝胶块体的完整性。这五种溶剂是:①异丙醇,②25%正己烷+75%异丙醇,③50%正己烷+50%异丙醇,④75%正己烷+25%(体积分数)异丙醇,⑤正己烷。赵善宇以水玻璃为硅源,制备不同比例的前驱体(1∶4、1∶9 和 1∶14),利用溶胶—凝胶法制备 SiO_2 水凝胶,采用叔丁醇进行溶剂交换,经过冷冻干燥处理,溶剂升华后,得到 SiO_2 气凝胶。

由正硅酸酯类、多聚硅烷等为前驱体制备的 SiO_2 气凝胶,孔洞内表面有大量的硅羟基存在,当其暴露在潮湿的空气中与水接触时吸附水分使气凝胶开裂,结构完全坍塌、粉化,限制了它的应用范围。疏水改性基本原理是首先用一种或者多种低表面张力的介质和表面修饰剂替换湿凝胶孔隙里的溶剂,增强凝胶网络的结构,同时减小凝胶网络的毛细管力,降低干燥过程中的收缩程度。

常压阶梯干燥是在常压干燥的基础上,在烘箱中,分别在不同的温度下,逐步升温再恒温的缓慢常压干燥,以减少湿凝胶干燥时受到的破坏力。Einarsrud 将 SiO_2 湿凝胶用含水20%(体积百分数)的乙醇—水溶液于 60 ℃浸泡,再用老化液(含 TEOS70%的 TEOS—乙醇溶液,凝胶与老化液的体积比约为 1∶3)于 70 ℃老化一定时间,老化后的湿凝胶用 50℃乙醇浸泡后,再用正庚烷浸泡,然后,常压下于 70 ℃、90 ℃、120 ℃和 180℃阶梯干燥,最后,将凝胶在 300 ℃空气中进行加热处理,以除去有机残余物,得到密度为 200 kg/m^3 的气凝胶。区叶秀以 TEOS 为前驱体,以无水乙醇为溶剂,以六甲基二硅氮烷为表面改性剂,采用酸—碱两步催化的常压溶胶—凝胶法,分段升温干燥(分别在 50 ℃、80 ℃、120 ℃、200 ℃下分段干燥 4 h、3 h、2 h、1 h)来获得低密度、结构完整的 SiO_2 气凝胶块体。赵善宇以水玻璃为硅源,利用乙醇/三甲基氯硅烷/正己烷溶液为改性剂,采用一步溶剂交换/表面改性的方法,在常压环境下,50 ℃和 80 ℃各保温干燥 2 h,使得溶剂在低温下缓慢蒸发,然后在 120 ℃和 180 ℃干燥 30 min,将剩余的溶剂全部蒸出,制备出憎水性气凝胶。卢斌等以 15%(质量分数)的碱性硅溶胶为硅源,通过常压分级干燥(80 ℃保温 1 h,100 ℃保温 2 h,120 ℃保温 2 h)得到 SiO_2 气凝胶。

陈龙武等通过对 TEOS 的两步水解—缩聚反应速率的调控,使生成的湿凝胶具有比较完整的网络结构,配合乙醇溶剂替换和 TEOS 乙醇溶液浸泡和老化,改善和增强凝胶的结构和强度,在分级干燥下实现了 SiO_2 气凝胶的非超临界干燥制备。实验表明,通过对 TEOS 的两步水解缩聚,调控水解和缩聚反应的速率,使产生的湿凝胶具有比较完整的网络状结构，随后配合乙醇溶剂替换和 TEOS 乙醇溶液浸泡、老化，改善和增强凝胶的结构和强度，在表面张力比水小得多的乙醇分级干燥下实现块状气凝胶的非超临界干燥制备，所得的 SiO_2 气凝胶具有一定的强度和较好的形态，外观与应用超临界干燥所得的气凝胶一样，其微观构造、粒径以及孔分布也完全一致。反应物配比、催化剂以及凝胶的浸泡与老化过程对所得气凝胶的品质有较大的影响。

沈军等采用相对廉价的多聚硅氧烷为硅源，利用表面修饰以及降低凝胶孔洞中液体的表面张力等技术，减小 SiO_2 凝胶在干燥过程中的收缩，成功地在常压下制备出了 SiO_2 气凝胶，避免了使用昂贵的超临界干燥技术，有利于 SiO_2 气凝胶的大规模工业应用。

甘礼华等以硅溶胶为主要原料，通过在硅溶胶体系的凝胶过程中加入了干燥控制化学添加剂（DOCA），通过凝胶过程和干燥过程的选择，采用非超临界干燥制备技术制备了块状 SiO_2 气凝胶。干燥抑制剂的作用可以抑制凝胶颗粒生长，使凝胶网络的质点和网络间隙大小均匀，还可以增加凝胶骨架的强度，使之能更好地抵抗毛细管力的作用，避免干燥过程中由于应力不均匀而引起的收缩和开裂。所得的 SiO_2 气凝胶密度为 0.2～0.4 g/cm^3，比表面为 250～300 m^2/g，空隙率约为 91%，平均孔径为 11～20 nm。

5. 其他干燥方法

气凝胶的干燥方法还有亚临界干燥和共沸蒸馏法等。

亚临界干燥是指凝胶的干燥是在环境条件（常温、常压）以上、临界点（临界温度、临界压力）以下进行的过程。实验结果表明，每一种溶剂都存在一个亚临界压力。在这个压力之上，凝胶不会产生明显的收缩，低于这个压力，凝胶会产生明显的收缩。魏建东等以多聚硅氧烷为硅源、三甲基氯硅烷的异丁醇溶液为干燥介质，用溶胶—凝胶法，通过亚临界干燥在 2.3 MPa 的压力下成功制备出拥有良好纳米网络结构的疏水 SiO_2 气凝胶，其骨架颗粒在十几微米，孔径分布在几到 100 nm，平均孔径为 14.5 nm，比表面积高达 708.3 m^2/g，接触角为 24.5°。这种制备方法大大降低了干燥过程中的压力，也降低了生产成本和危险性，同时提高了环境的适应能力，十分有利于 SiO_2 气凝胶材料的商业开发及应用。

根据拉普拉斯公式，若采用表面张力较小的液体溶剂，如有机溶剂等，一方面可以减弱在干燥过程中由于毛细管力引起的收缩变形而引起的凝胶网络骨架炸裂和破碎，从而提高凝胶的表面性能；另一方面，它还可以消除水分子氢键的架桥效应，阻止聚集作用的发生，有机溶剂会和凝胶微粒表面相互作用以代替原来表面就存在的羟基集团。刘海弟等研究了利用恒沸蒸馏脱除超细 SiO_2 滤饼中水分的可行性和具体实施方法。利用恒沸蒸馏可以明显地减弱颗粒之间的团聚和结块现象，蒸馏过程不会对 SiO_2 颗粒表面的活性基团造成明显改变。由于大部分游离水被脱除，取而代之的是正丁醇，可以在这时加入偶联剂等表面改性剂进行处理，使原来难以在水相中使用的部分偶联剂表面处理剂可以在蒸馏结束后得以使用。Land 等采用共沸蒸馏法大大地降低了常压干燥过程中因毛细管力现象所导致的孔结构塌陷，制备出了比采用超临界干燥技术更高的孔体积和介孔数的 SiO_2 气凝胶。采用共沸蒸馏技术可以在很大程度上抑制颗粒间的团聚甚至结块现象，同时维持气凝胶原有的纳米结构不改变，但是该技术耗时较长，能耗高，不利于实现大规模工业化。

1.2　SiO_2 气凝胶的结构与性能

1.2.1　气凝胶的显微结构

气凝胶的显微结构如图 1-8 所示，它是一种三维网状的微观结构，三维网状骨架由纳米级的颗粒连接而成，骨架本身以及骨架之间的孔隙都在纳米级。SiO_2 气凝胶就是由初级颗粒结合成次级颗粒，再由次级颗粒连接成的三维网状骨架。气凝胶的结构特征是拥有高通透性的圆筒形多分枝纳米多孔三位网络结构。

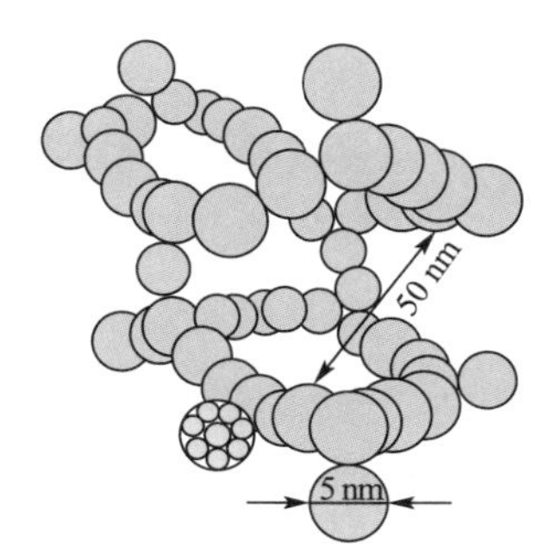

图 1-8　SiO_2 气凝胶的结构示意图

气凝胶是一种特殊的多孔材料，由两种不同的相组成，即固体相骨架和孔隙相。两者都可以通过一套基本参数进行表征。比如，固相与气相的含量，各相的特征以及彼此的连通性，相界面的物理和化学性质等，与这些性质相对应的不同表征技术见表 1-2，另外还可以通过测试吸附下的收缩、热导率、气态热导率、导电率等物理参数，间接进行结构表征。

表 1-2　结构表征与相关实验技术

结构特征	空隙率	孔尺寸	主干尺寸	孔连通性	主干连通性	界面特性	化学组成
参数表述	孔隙质量密度	平均孔径、孔径分布	粒子尺寸、表面积	—	—	表面粗糙度、表面官能团	—
相关实验技术	宏观体积和质量、浸液法、三维扫描	气体吸附、压汞法、热测定法、光散射、小角度散射、核磁共振	扫描电镜、透射电镜、原子力显微镜、光散射、小角度散射	流体渗透、压梁法	声速、弹性模量、压梁法、中子散射、布里渊散射	润湿、红外光谱、能谱仪、吸附、核磁共振	X 射线衍射、红外光谱、能谱仪

1.2.2　SiO_2 气凝胶的绝热性能

由于 SiO_2 气凝胶独特的纳米多孔结构，使其拥有极高孔洞率、极低的密度、高比表面积、超高孔体积率、极低热导率等特性。SiO_2 气凝胶的力学性能参数主要包括密度、强度、弹性和体积松弛能等。密度是从宏观反映 SiO_2 气凝胶力学性能的参数，密度越大，抗压强度越大。主要物理性能见绪论表 0-1 所示。

SiO_2气凝胶由于其特殊的纳米级孔和骨架颗粒，气凝胶的孔径小于空气分子的平均自由程，所以在气凝胶中没有空气对流。气凝胶的孔隙率极高，固体所占的体积比很低，使气凝胶的热导率很低，是目前公认热导率最低[常温下约为 0.015 W/(m·K)]的固态材料之一，在隔热领域具有广阔的应用前景，是一种比较理想的耐火、隔热材料。

SiO_2气凝胶的热量传递包括三种方式：固体热传导、气体热传导和辐射热传导。以固体和气体热传导为主，辐射热导率受实际使用温度环境的影响。SiO_2气凝胶的孔隙和纳米多孔网络的弯曲路径分别阻止了空气的气态热传导和凝胶骨架的固态热传导，通过掺杂红外吸收剂还可以阻隔热辐射。通过这三个方面的共同作用，几乎阻断了热传递的所有途径，使SiO_2气凝胶能起到很好的绝热效果。

纯气凝胶对近红外波长几乎透明，因而，在高温状态下，在这一波段的热辐射能量将几乎全部通过气凝胶，导致 SiO_2气凝胶的热导率急剧上升，遮光剂的加入可以显著抑制气凝胶的高温辐射性能。常见的遮光剂有炭黑、SiC、TiO_2和 ZrO_2等。但是，掺杂炭黑、TiO_2等大尺寸粒子会对凝胶网络结构有一定程度的破坏。

北京科技大学用水玻璃和 TEOS 为硅源，制备了生产满足热电池体系要求的 SiO_2气凝胶的绝热材料，600 ℃以下的热导率小于 0.1 W/(m·K)，耐压强度大于 0.2 MPa，绝缘电阻大于 200 Ω。

马佳等将玄武岩纤维和玻璃纤维分别与 SiO_2气凝胶复合，使之具有良好的隔热性能。徐广平等研究了 Al_2O_3纤维增强 SiO_2气凝胶复合材料的隔热性能，在能提高强度的同时，保持较低的热导率。石小靖等采用蓬松处理后的玻璃纤维薄层为增强相，通过溶胶—凝胶法在常压干燥条件下制备疏水性的 SiO_2气凝胶复合隔热材料，这种材料纤维含量低、密度小、导热系数低。前驱体液中水与硅的摩尔比会影响 SiO_2气凝胶的孔隙结构，从而影响复合材料的隔热性能。

王保民等研究了纳米碳纤维(CNFs)掺杂对 SiO_2气凝胶导热性能的影响，CNFs 复合气凝胶的导热系数明显低于纯气凝胶，说明 CNFs 起到了明显的红外遮光作用。吴会军等以碳纳米管为增强相，通过溶胶—凝胶和常压干燥制备出碳纳米管增强 SiO_2气凝胶隔热复合材料，并测试了材料的有效导热系数。加入碳纳米管后气凝胶平均孔径略有减小，红外辐射遮挡效率提高，使碳纳米管增强气凝胶复合材料具有超级绝热性能。

杜艾等研究了气凝胶热扩散系数和比热容与其密度的关系。随着密度的增加，样品的热扩散系数降低，而比热容增加。空气的热扩散系数较高，约 20 mm^2/s，而体积比热容较低，约 0.001 3 $MJ/(m^3 \cdot K)$。多晶 SiO_2则相反，其热扩散系数约为 0.8 mm^2/s，体积比热容约为 1.5 $MJ/(m^3 \cdot K)$。气凝胶密度增加则单位体积的固含量增加，同时孔隙率降低，对热扩散系数占主导作用的空气分数下降，而对体积比热容占主导作用的多晶氧化硅分数上升。

梯度气凝胶具有热学参数的单调梯度分布，从密度较低到密度较高的部分，其热扩散系数下降，而体积比热容上升。热导率与热扩散系数和比热容的乘积成正比，所以，气凝胶的热导率与密度并不成单调的上升或下降的关系，在低密度和高密度的情况下热导率较高，在中等密度的情况下热导率较低，其热扩散系数梯度特性有利于抵抗巨大的热冲击，延长其工作寿命。

黄冬梅等研究了 SiO_2气凝胶在 950～1 200 ℃的结构变化情况，如图 1-9 所示。图 1-9(a)为纳米孔和微孔组成的气凝胶结构。随着温度升高，结构发生变化，分为三个阶段：第一步，样品表面原生颗粒膨胀[见图 1-9(b)]；第二步，表面原生颗粒萎缩和孔塌[见图 1-9(c)]；第三步，样品内部原生颗粒萎缩和孔塌[见图 1-9(d)]。变化率与膨胀区的移动速度有显著的依赖关系，而在前两步中，仅观察到三维纳米多孔结构的有限变化。在第三步中，SiO_2气凝胶的结构被完全破坏，密度可达 1.6 g/m^{3}左右。

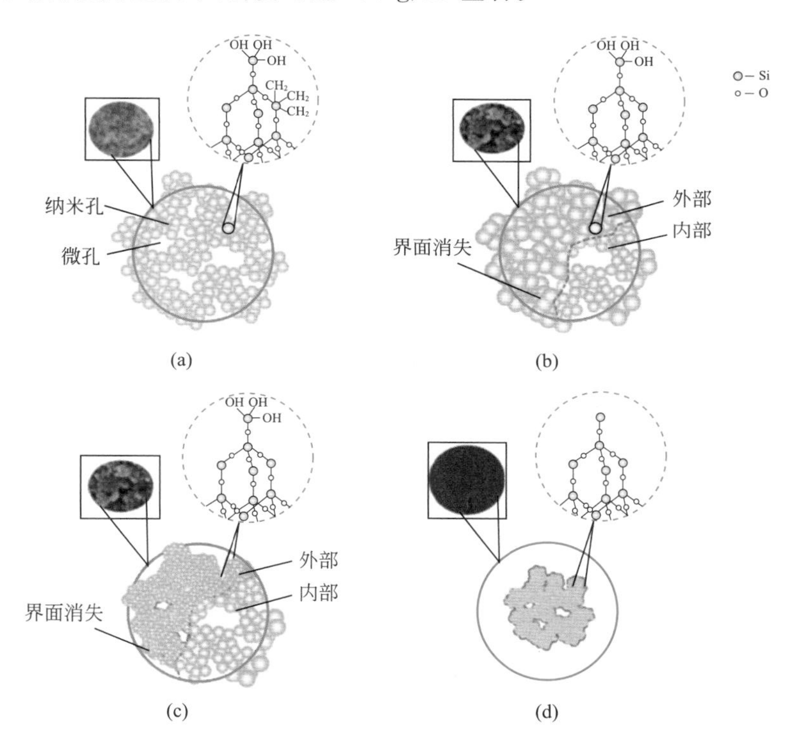

图 1-9　气凝胶结构随加热时间变化的网络结构示意图

1.2.3　SiO_2气凝胶的力学性能

SiO_2气凝胶的特殊网络结构及较高的孔隙率使其存在脆性大、力学性能低等缺点，在一定程度上限制了其应用。人们采用各种增强体对气凝胶进行增强，以提高气凝胶的力学性能，克服其强度低、易脆的缺点。

提高 SiO_2气凝胶力学性能主要有以下两个途径：一是通过控制制备工艺，从而控制其内部网络结构，改善材料本身的力学性能；二是通过材料复合法，在气凝胶制备过程中掺入增强材料，或将制得的凝胶颗粒与增强材料及黏合剂复合，经模压或浇注制成二次成型的复合体，使 SiO_2 气凝胶的力学性能得到改善。

1. 工艺改性

通过控制 SiO_2 气凝胶制备过程中的各项工艺参数来控制气凝胶的工艺参数，从而提升气凝胶的力学性能是一种最基本的力学性能改善的方法，主要包括溶液酸碱度、反应物配比、反应温度、水解时间以及后期处理等。

（1）pH

在气凝胶的溶胶—凝胶反应中，pH 的强弱对其水解和缩聚反应有很重要的影响。沈军等系统研究了在气凝胶制备中 pH 对溶胶—凝胶过程的影响，发现在没有添加催化剂时，TEOS 水解速度缓慢。在溶液中加入酸后，H^+ 促进了 TEOS 的水解，缩短了反应时间，此时硅酸单体的慢缩聚反应形成了聚合物状态的硅氧键，溶胶趋于向线型结构生长，形成弱交联、低密度的网络结构。但过低的 pH 会使凝胶时间变长，这是因为此时缩聚反应速率极低。在碱性条件下，OH^- 的存在促进了硅酸单体间的缩聚反应，形成致密的 SiO_2 胶体颗粒，此时制备出的气凝胶孔隙率高但比较脆弱。酸催化下形成的气凝胶力学性能较好，但通常结构致密，密度增加，保温隔热性能降低。

（2）反应物配比

反应物中溶剂的比例直接影响制备出的 SiO_2 气凝胶的密度以及孔结构，从而影响气凝胶的强度。吴会军研究了 SiO_2 湿凝胶中乙醇含量对制备出的气凝胶力学性能的影响，通过实验发现，适量乙醇促进了溶胶—凝胶反应的进行，乙醇在凝胶网络中占据较大的体积，通过调节乙醇的用量可以起到对凝胶网络和孔隙尺寸的控制作用。当乙醇用量较大时，所得的气凝胶密度小、脆性大。乙醇量过少会使水与硅源不能完全互溶，无法得到均匀的网格结构。

硅源与水通过水解缩聚发生反应形成凝胶，在这个过程中，水既是反应物又是生成物。李华在研究过程中发现，适量的水能够促进水解反应的进行，降低凝胶时间。但过多的用水量会使凝胶时间逐渐增长，主要原因是过多的用水量使溶液中的黏度降低，延长了凝胶时间，且过多的水不能与硅源完全互溶导致沉积在容器底部。

（3）反应温度

反应温度对溶胶—凝胶过程的快慢有明显的影响。孙丰云发现随着水解温度的升高，凝胶的时间大幅缩短，生成气凝胶的密度先减小后增大，比表面积先增高后降低，气凝胶的成块性较好，因为此时水解反应完全，体系中的硅酸数量增加，有利于下一步的缩聚反应。在缩聚反应中，温度的升高会促进反应的进行，但形成的气凝胶结构相对不均匀，易碎难以成块。过高的温度还会使反应中的溶剂挥发，导致反应物浓度上升，使得制备出的气凝胶孔结构和大小分布不均匀，密度变大，在实验室条件下通常选择的反应温度是25～50 ℃。适当的老化温度可以使凝胶结构增强，但过高的温度会导致溶胶内粒子团聚，使得内部骨架变得粗大密度升高。

（4）水解时间

罗凤钻研究了水解时间对 SiO_2 气凝胶孔隙率的影响，发现最佳水解时间在 16 h 左右。随着水解时间的增长，样品孔隙率逐渐上升，这是因为随着水解时间的增加，水解反应趋于完全，形成稳定的溶胶体系，有利于进一步形成均匀结构的凝胶。但是温度的进一步增加，体系中溶剂挥发，导致制备出的气凝胶孔隙率有所下降。当老化时间较短时，老化的效果不明显，随着老化时间的延长，制得的气凝胶比表面积和孔隙率都有所增长。但过长的老化时间会导致孔隙率和比表面积反而有所下降，这是因为过长的老化时间会使孔洞间单体和骨架表面基团之间进一步相互交联，凝胶体积进一步收缩，孔洞体积减小。沈军等通过实验发现老化时间为 48～72 h 制得的 SiO_2 气凝胶裂纹较少、韧性较好。

2. 掺杂改性

目前常用的复合掺杂方法包括纤维掺杂、添加剂法、二次复合法、聚合物法。

（1）纤维掺杂

纤维增强方法是将纤维通过化学和机械混合的方法，使其均匀分布在 SiO_2 气凝胶骨架中，得到复合气凝胶。纤维由于具有较低的密度和较高的抗拉抗压强度，可在凝胶中起支撑骨架和桥联的作用，使气凝胶的力学性能得到改善，纤维掺杂是目前使用最多的方法。目前常用的纤维主要包括多种无机纤维，如玻璃纤维、莫来石纤维、硅酸铝陶瓷纤维、复合纤维等，以及碳纤维、聚合物纤维等。

玻璃纤维是初期研究中使用较多的一种材料，它强度不高但是韧性好，可以有效降低材料的脆性。Kim 等以硅酸乙酯和玻璃纤维为主要原料，通过表面修饰、热处理和常压干燥等方法合成出韧性好的玻璃纤维/SiO_2 气凝胶复合材料。结果表明，加入玻璃纤维的气凝胶复合材料比单独用 TEOS 合成的 SiO_2 气凝胶韧性好。

Deng Z S 等在气凝胶中添加陶瓷纤维，制得的气凝胶材料的弯曲强度比纯气凝胶提高了近 6 倍，同时材料的收缩率仅 4%。高庆福等研究了陶瓷纤维体积分数对气凝胶力学性能的影响，结果表明纤维与气凝胶复合后，有效增强了气凝胶材料的力学性能，且材料的力学性能随纤维体积分数的增大呈现先增强后劣化的趋势。

董志军等研究发现莫来石纤维添加量控制在 3%左右可以使 SiO_2 气凝胶材料保持较低的热导率和较高的机械强度。

吴会军等以碳纳米管为增强相，通过溶胶—凝胶和常压干燥制备出碳纳米管增强 SiO_2 气凝胶隔热复合材料。碳纳米管本身强度高、韧性好，尺度与气凝胶相近，可在不破坏气凝胶网络结构的情况下保持两相之间的良好接触，可以提高气凝胶的韧性。结果表明，碳纳米管的加入对于气凝胶抗压强度具有明显的改善效果，随着碳纳米管含量的增大，复合材料的抗压强度增大。

(2)添加剂法

添加剂法是指在 SiO_2 气凝胶制备过程中掺入能与溶胶发生共聚的韧性添加剂来改善力学性能的方法，常用添加剂有环氧树脂、异氰酸酯、聚氨酯等。利用添加剂与溶胶进行交联，能使凝胶网络骨架得到加强。通常纯 SiO_2 气凝胶的强度和弹性模量不超过 10 MPa，而经过与添加剂交联的凝胶强度可达几百 MPa。

闫彭等制得异氰酸酯增强的 SiO_2 气凝胶，使用含有—NH_2 的硅烷偶联剂 APTES 与 HDI 反应，生成的聚合物外壳包裹 SiO_2 纳米骨架，增大了二级粒子间的接触面积，增强了整体结构的力学性能，从本质上克服了纯 SiO_2 气凝胶易碎的缺点。Meador 等采用穿插交联的方法在 SiO_2 气凝胶中加入环氧树脂增强凝胶网络骨架，在密度只增加 2～3 倍的情况下，凝胶强度提高超过两个数量级。

(3)二次复合法

二次复合法是先将 SiO_2 气凝胶制成颗粒或粉料，然后掺入增强纤维和黏合剂，经模压或浇注成型，最后制得二次成型复合体。一般情况下，经过二次复合法制得的材料强度能满足直接使用的要求，但是导热系数有明显增大。

(4)聚合物法

聚合物增强 SiO_2 气凝胶材料是通过共聚和嫁接的方法将带有活性基团的高聚物引入到气凝胶材料骨架或孔洞内。这种方法不仅可以引入新的活性中心，而且高聚物与 SiO_2 颗粒的有机交联可起到增强气凝胶骨架的作用。通过聚合反应在 SiO_2 纳米粒子表面包覆聚合物层，通过聚合物改性嫁接在纳米颗粒表面，有利于提高修饰后的纳米颗粒与聚合物的相容性，提高二者的结合力，这也是提高气凝胶机械强度的主要手段。高聚物交联强化 SiO_2 气凝胶能有效利用有机和无机材料各自的性能，使气凝胶功能多样化，机械强度也得到提高。

1.2.4 疏水 SiO_2 气凝胶

根据对水的亲和能力不同，气凝胶分为亲水型和疏水型两种类型。无机气凝胶为何种类型由表面基团决定，表面基团为—OR 时，气凝胶为疏水型(见图 1-10)，表面基团为—OH 时，气凝胶为亲水型。亲水型 SiO_2 气凝胶的孔洞内表面有大量的硅羟基存在，结构稳定性差，当其与水接触或暴露在潮湿的空气中时就会因吸附水分而使气凝胶开裂，结构坍塌甚至粉化，因此改善气凝胶的疏水性是提高其性能的重要方面。

图 1-10　漂浮在鱼缸里的疏水 SiO_2 气凝胶

制备疏水 SiO_2 气凝胶主要有原位法和表

面后处理法两种方法。

1. 原位法

原位法是指将含疏水有机基团的化合物和硅氧烷溶液混合后一起进行溶胶—凝胶过程，使疏水基团与硅凝胶表面的羟基反应形成疏水的 SiO_2 气凝胶。

王慧等以 TEOS 为前驱体，盐酸与氨水做催化剂，通过二步法制备了 SiO_2 气凝胶，并利用三甲基氯硅烷和正己烷做表面改性剂，采用共沸法逐级对湿凝胶进行表面改性。随着改性液浓度的增加，密度降低，外观变黄且不透明，当改性液中 TMCS 浓度为 3%时，气凝胶的疏水性更强，比表面积为 2.10 cm^2/g，中位尺寸为 838.6 m^2/g，疏水气凝胶在温度上稳定。在大于 350 ℃时，由于 CH_3 基团的氧化消失，疏水性消失。TMCS 活性大，与凝胶反应的过程不易控制，且单独以 TMCS 作为改性剂，极易破坏凝胶结构。

邓凌峰等以 TEOS 为硅源，TMCS/HMDSO（六甲基二硅氧烷）为混合表面改性剂，采用酸碱两步催化溶胶—凝胶法和常压干燥法制备疏水型 SiO_2 气凝胶。TMCS 和反应速率较慢的 HDMSO 的混合溶液作为改性剂，既可以改善 TMCS 的反应活性，又能保留其良好的改性效果。在用 TMCS/HMDSO 对湿凝胶改性过程中，当 TMCS 体积分数为 60%，改性温度为 60 ℃时，改性效果最佳。在最佳工艺条件下，采用 TMCS/HMDSO 作为改性剂制备出的气凝胶密度为 0.123 g/cm^3，比表面积为 899.8 m^2/g，孔体积为 2.856 cm^3/g。

陈素芬等采用六甲基二硅氮烷对 SiO_2 气凝胶进行疏水处理，得到了疏水型的 SiO_2 气凝胶。用红外光谱和热分析表征疏水处理前后 SiO_2 气凝胶的性质，用测量显微镜跟踪处理前后气凝胶柱在空气中直径变化，结果表明，处理后气凝胶的表面羟基明显减少，在空气中的吸潮性大大降低，对于密度 0.16 g/cm^3 左右的疏水型 SiO_2 气凝胶圆柱体在空气中的径向收缩率从 30%降至 3%。

冯军宗等利用超临界干燥法制备了 SiO_2 气凝胶，在经过 50℃ 热处理后与气相六甲基二硅胺烷（HMDS）在常温下反应，制备了疏水气凝胶。热处理使气凝胶表面的乙氧基氧化成羟基，羟基与 HMDS 反应，生成硅甲基，从而具有疏水性，反应质量增加率最大值为 10.5%。疏水气凝胶经受 350℃以上高温后变成亲水，可再与 HMDS 反应，又具有疏水性。随再疏水处理次数增加，平均孔径减小，机械强度增大。每次再疏水处理反应质量增加率为 5.5%～8.9%。

2. 表面后处理法

表面后处理法是用疏水试剂的溶液浸泡经水解制得的硅氧烷湿凝胶，再经干燥制得疏水 SiO_2 气凝胶。凝胶的疏水改性常采用三甲基氯硅烷为疏水改性剂，三甲基氯硅烷与凝胶表面硅羟基反应形成疏水硅甲基，但改性反应同时还生成盐酸，需要在改性完成后用大量的溶剂洗涤至基本无盐酸，尤其用作电极材料和绝缘材料时要求更高，洗涤操作繁杂且造成浪费，所以一般采用复合硅源来制备疏水型的 SiO_2 气凝胶，即在硅醇盐的溶胶—凝胶过程中加入含烷基、烷氧基或氯硅烷等疏水有机基团的化合物，构成复合硅源，该类化合物与凝胶表面的羟基反应形成疏水的 SiO_2 气凝胶。

陈一民等以聚二乙氧基硅氧烷（PDEOS）和甲基三乙氧基硅（MTES），以及氨水、水和乙醇组成自疏水的溶胶—凝胶体系，经过溶胶—凝胶过程可形成疏水的 SiO_2 凝胶，经正己烷溶剂交换后，可在常压条件下干燥，得到疏水 SiO_2 气凝胶。当 MTES/PDEOS 的质量比大于 0.3 时，所得气凝胶的密度和比表面积分别为 0.38～0.42 g/cm^3 和 965～1 020 m^2/g。

全氟烷基磺酸盐（PFAS）可以整齐地定向排列，具有一定的疏水性，可构建新型结构的 SiO_2 气凝胶。Zhou B 用 PEDS 和 PFAS 作为复合硅源制备了疏水性能良好的 SiO_2 气凝胶，气凝胶物理性能见表 1-3 所示。随着 PFAS 浓度的增加，凝胶化时间、体积收缩率以及密度都在增加，这可能与氟羟基的位阻效应有关。氟化的 SiO_2 气凝胶的比表面积远远大于纯 SiO_2 气凝胶的比表面积，尤其当 PFAS 和 PEDS 的体积比为 0.6 时，可以获得接触角为 145°、比表面积高达 1 010 m^2/g 的气凝胶。

表 1-3　不同 PFAS/PEDS 体积比的 SiO_2 气凝胶物理性能

PFAS/PEDS 体积比	凝胶时间/h		体积收缩率	密度/(g·mm^{-3})	比表面积/(m^2·g^{-1})
	20 ℃	50 ℃			
0	2	0.7	0.40	52.55	752.88
0.2	4	1.5	0.66	107.30	964.37
0.4	18	5	0.80	206.70	1 089.11
0.6	42	14	0.83	324.80	1 093.28
0.8	90	24	0.88	393.42	1 024.52
1	158	43	0.89	431.59	971.10

刘洋等将 TEOS、无水乙醇、去离子水按一定的质量配比混合，在磁力搅拌下加入一定量盐酸，控制溶液 pH 处于 3～4，充分搅拌 30 min。随后用稀氨水调节溶液 pH 至 6～8，将混合液密封置于室温下使其凝胶化。将所得凝胶在一定量无水乙醇中老化 48 h，用正己烷进行溶剂置换以替换孔洞内残留的乙醇溶剂。加入一定比例的 TMCS/Hexane（三甲基氯硅烷/正己烷）改性液对凝胶进行表面改性处理，以获得具有疏水性的 SiO_2 气凝胶。改性结束后用一定量的正己烷对凝胶表面进行清洗。最后将凝胶进行分级干燥，得到具有疏水性的 SiO_2 气凝胶，接触角达到 158°。

刘光武采用廉价的水玻璃为硅源，通过乙醇溶剂替换及六甲基二硅醚和盐酸混合液对湿凝胶的表面基团改性，常压干燥制得疏水介孔的 SiO_2 气凝胶块体，具有超疏水性，在 0～400 ℃温度下，疏水角为 155°～130°，密度为 0.08～0.2 g/cm^3，比表面积为 568 m^2/g，孔体积为 2.9 cm^3/g，室温下的热导率为 0.026 W/(m·K)。

1.2.5　柔性 SiO_2 气凝胶

柔性复合材料的制备不像刚性复合材料那样需要专用的模具，适用于大面积、复杂形状的航天和民用隔热领域。

柔性 SiO_2 气凝胶在受外力作用时发生形变，当外力撤除时，样品又能恢复到原来的形状，微观结构不发生变化。柔性气凝胶为解决气凝胶韧性差和容易破碎的缺点提供了可能。此外，柔性材料没有热匹配问题，可减少制造和安装方面的复杂性，具有质量轻、耐热震性好等优点。

吴文军等以 MTES 为前驱体，通过溶胶—凝胶法和超临界干燥制备出块状柔性 SiO_2 气凝胶，研究了前驱体浓度对材料化学组成、微观结构及柔韧性、热稳定性的影响。前驱体中甲基的存在使气凝胶分子网络的交联密度大幅度降低，未完全交联的分子链形成较为开阔的网络结构，具有一定的伸缩性，这是气凝胶具有柔韧性的根本原因。随着前驱体浓度降低，凝胶时间延长，样品表观密度下降，孔径分布变宽。同时，微观结构中颗粒堆积紧密程度下降，网络结构逐渐开阔，材料的柔韧性增强。此外，随着前驱体浓度降低，体系的缩聚程度下降，气凝胶中含有的 Si—OH 增多，Si—C 则减少。由于 Si—OH 的键能(约为 459.8 kJ/mol)高于 Si—C 键的键能(约为 317.7 kJ/mol)，采用低前驱体浓度制备的样品具有更高的热稳定性。表 1-4 为前驱体浓度对样品宏观性能的影响。

表 1-4　前驱体浓度对样品宏观性能的影响

甲醇与 MTES 摩尔比	凝胶时间/h	体积密度/($g \cdot cm^{-3}$)	孔隙率/%
6.5	2	0.163	91
13	6	0.105	95
19.5	13	0.060	97

Rao V 等以 MTMS 为前驱体，采用两步(酸碱)溶胶—凝胶法和超临界干燥法合成柔性超疏水 SiO_2 气凝胶，研究了不同的溶胶—凝胶参数对气凝胶柔性的影响，通过改变 MeOH/MTMS 的摩尔比(14～35)，得到了不同密度的气凝胶。气凝胶密度为 0.1～0.04 g/cm^3，弹性模量为 14.11～3.43×10^4 Pa，气凝胶接触角可达 164°。胡银等也以 MTMS 为前驱体，乙醇为溶剂，盐酸和氨水为过程催化剂，采用溶胶—凝胶两步法制备气凝胶固体，经老化及常压干燥制得试管状、饼状疏水性气凝胶，该气凝胶块体具有一定柔韧性及弹性，经一定外力压缩可恢复至原状。通过对气凝胶样品进行弹性恢复测试、疏水性测试、比表面积、热重和透射电镜等分析，测得样品弹性变化率为 31.25%，疏水接触角为 127°，比表面积为 457.79 m^2/g，平均孔径为 14.24 nm，在空气中的耐温点可提高至 251.15 ℃。样品具有连续多孔结构，且粒子堆积有序，为空间三维网络结构，骨架疏松。

柔性气凝胶也可单纯以 MTMS 为硅源，以甲醇或乙醇为溶剂，常压干燥制备。但这一般需要在强酸或强碱的条件下才能形成凝胶，并且会产生相分离，形成的网络结构不均匀，得到的凝胶透明度低甚至不透明。Kanamori 以表面活性剂和尿素为相分离抑制剂，以尿素为缩合反应促进剂，采用改进的溶胶—凝胶法制备了具有甲基硅氧烷网络结构的新型气凝胶。在超临界条件下干燥的经优化的气凝胶不仅表现出与常规纯 SiO_2 气凝胶相似的性质(例如高透明度和多孔性等),而且还具备抗压缩的优异机械强度,气凝胶在加载时急剧收缩,然后在卸载时恢复。祖国庆等以 MTMS 为硅源,水为溶剂,脂酸和氨水为酸碱催化剂,采用酸碱两步法,以六甲基二硅胺烷(HDMS)作为表面修饰剂,经常压干燥制备了半透明的柔性块体气凝胶,接触角为 158°,弹性模量为 3.1 MPa,热导率为 0.031 W/(m·K)。该柔性气凝胶热导率低,具有良好的保温隔热性能,含有大量甲基的甲基倍半硅氧烷网络结构,具有良好的机械性能,弹性大,有效地改善了气凝胶的成形性。经过 HDMS 表面修饰后,样品有更好的疏水性,进一步避免了不可逆收缩。利用该工艺能制备出收缩率很小的大块体气凝胶,有利于气凝胶的工业化生产应用。

以复合硅源制备的柔性 SiO_2 气凝胶除了拥有良好的机械性能以外,还保留了原有的独特性质。吴国友以 TEOS、MTMS 为混合硅源,无水乙醇为溶剂,通过溶胶—凝胶法制备了 SiO_2 湿凝胶,并经过超临界干燥得到的 SiO_2 气凝胶为轻质疏水块状固体材料,具有三维连续网络多孔结构,密度为 0.1 g/cm^3,比表面积为 1 070 m^2/g,孔隙率为 95.5%。MTMS 的引入使 SiO_2 气凝胶孔表面形成稳定的疏水基团(—CH_3),气凝胶表现出强疏水性,接触角达 140°,疏水耐温性从 250 ℃提高到 500 ℃以上。经 MTMS 改性后,SiO_2 气凝胶的比表面积、孔体积和孔隙率增大,平均孔径变宽,密度则降低。卢斌以 TEOS 和 MTMS 作为混合硅源,通过两步溶胶—凝胶法和常压干燥工艺制备出轻质多孔的 SiO_2 气凝胶,并研究了水、乙醇和氨水浓度对混合前驱体制备 SiO_2 气凝胶过程及其性能的影响,讨论了各因素对其过程和性能影响的原因。研究表明,水和前驱体最佳物质的量比为 4,乙醇和前驱体最佳物质的量比为 6,所加入氨水最佳浓度为 4 mol/L,该条件下制备的气凝胶性能比较好。Rao V 采用 TMOS 与 TMES 为共同前驱体,利用乙醇的超临界干燥技术制备了疏水型 SiO_2 气凝胶,考察了不同的 TMES 与 TMOS 质量比对气凝胶疏水性能的影响,发现随着 TMES 用量的增加,气凝胶的疏水性能增加,同时气凝胶具有较高的热稳定性,当温度达到 300 ℃时,仍具有良好的疏水性。但是,气凝胶的透明度却逐渐降低,这可能是由于随着 TMES 的增加,越来越多的 O—$Si(CH_3)_3$ 基团吸附在由 TMOS 作为前驱体形成的硅凝胶网络结构中,改变了凝胶的粒子尺寸和孔洞大小,使凝胶的网络结构呈致密化,从而降低了气凝胶的光学透明性。

1.3 SiO_2 气凝胶的结构模拟与性能计算

计算机模拟对材料设计方面的指导意义日益凸显,利用计算机技术不仅能模拟实验,还可以在制备材料前设计新材料和预测其性质。过去的理论解析方法是将实际体系孤立化和理想化,然后求解基本关系和定律。而现代计算方法的目标是尽可能详细地描述模拟实际体系的细节,避免了试验的不确定因素,补充了理论的不足。

计算机对材料行为的模拟按尺度分主要有三个方面:材料的微观行为、介观行为和宏观行为。材料的微观行为是指在电子、原子尺度上的材料行为，主要应用分子动力学（Molecular Dynamics，MD）、统计力学等理论方法进行模拟。材料的介观行为是指材料显微组织结构的转变，主要应用蒙特卡罗（Monte Carlo）方法、元胞自动机（Cellular Automata）方法和耗散粒子动力学方法（Dissipative Particle Dynamics，DPD）。材料的宏观行为主要指材料加工过程中的塑性变形、应力应变场及温度场的变化等，主要应用 ANSYS 软件进行分析。不同层次所用的理论及方法不同，不同层次间常常是交叉、联合的。

1.3.1　气凝胶的等效热理论

SiO_2气凝胶的孔隙和固相结构的特征尺寸均在纳米尺度范围内，在导热方面具有明显的纳米尺度效应，因此传统多孔材料的等效热导率模型并不适用于 SiO_2气凝胶。

宏观尺度下的流体力学是在远大于分子运动尺度的范围里考察流体流动，不考虑分子的个别行为，流体的性质如密度和速度定义为一定尺度下的流体的平均值，此时流体视为连续介质。而 SiO_2气凝胶孔隙的特征尺寸属于纳米尺度范围，其内的流体流动属于微尺度下的流体流动，现有的分析理论不能直接应用到此类流体的分析中，连续假设、壁面边界条件等已经不能适用。气凝胶的模拟应从微结构特点出发，研究纳米孔和固相结构的传热特性，从而建立可有效预测 SiO_2 气凝胶等效热导率的模型。

分子运动论是从物质的微观结构出发来阐述热现象规律的理论，更适合于分析微尺度下的流体流动。Zeng 等利用分子运动论对 SiO_2气凝胶内气体的热导率进行了研究，得到了与实验数据吻合较好的结果。

1.3.2　气凝胶的分子动力学模拟

分子动力学（Molecular Dynamics，MD）是一门结合物理、数学和化学的综合技术。MD 模拟是以组成系统的所有分子为基本研究对象，采用经典力学或经典量子力学方法对所有分子的动力学方程进行求解，从而获得系统的微观状态和演变规律的一种分子模拟方法。主要是依靠牛顿力学来模拟分子体系的运动，以在由分子体系的不同状态构成的系统中抽取样本，从而计算体系的构型积分，并以构型积分的结果为基础进一步计算体系的热力学量和其他宏观性质。同时，通过对系统微观状态的统计力学分析和计算，最终获得系统的宏观表现和特性，在热学中使用的主要是经典分子动力学模拟。MD 模拟作为一种应用广泛的模拟计算方法有其自身特定的模拟步骤，程序流程也相对固定。

MD 模拟包括平衡态分子动力学模拟（EMD）和非平衡态分子动力学模拟（NEMD）两种方法。NEMD 采用附加一定方向的热流，用来扰动系统的状态，并进而通过宏观方法中温度梯度和热流之间的关系，确定材料的热导率，比较适用于纳米颗粒的热导率计算。

气凝胶材料 MD 模拟研究集中在溶胶—凝胶过程中 SiO_2气凝胶的固体骨架结构的形成、力学性能及分形特征。有研究人员采用膨胀—冷却方法建立 SiO_2气凝胶模型，研究发现

分形维数随 SiO_2 气凝胶密度减小而逐渐降低。

刘育松等采用 Green-Kubo 模型，借助 MD 模拟研究了气凝胶纳米孔隙内的氮气导热系数，但其没有考虑 SiO_2 结构的影响。郭雨含等采用 MD 方法，对氩分子在 SiO_2 气凝胶骨架结构空隙中的运动进行了模拟，结果表明，气凝胶骨架结构的存在束缚了分子自由运动，导致气相传热能力降低，从而使气凝胶具有很好的隔热特性。

Coquil 等采用 NEMD 模拟研究了不同系统尺寸大小、不同孔隙直径大小以及不同孔隙率等对热导率的影响，研究表明，SiO_2 纳米多孔材料的热导率与孔隙大小无关而仅与孔隙率大小相关。Ng 等采用经典的 MD 方法模拟了氧化硅气凝胶材料的固体热导率，首先基于负压断裂的方法构建 SiO_2 气凝胶材料的三维骨架网络结构，进而采用 NEMD 模拟方法模拟气凝胶材料的固体骨架结构中的固相传热热导率。此研究没有考虑纳米多孔结构中的气相传热，也没有获得纳米孔隙中的气相传热规律以及气固耦合整体传热情况下的气凝胶材料热导率。魏高升发展了气凝胶复合材料导热结构模型，并计算了其有效导热系数。韩亚芬等为探索颗粒尺寸非均匀分布对气凝胶材料导热特性的影响，在考虑固体纳米颗粒尺寸非均匀分布的基础上，建立了气凝胶气固耦合导热模型，进一步开展了对气凝胶导热特性的研究。

苏高辉等通过 MD 方法建立了气凝胶骨架初级粒子单元的物理模型，并采用 NEMD 方法研究了粒子直径、界面直径、单元长度对粒子单元导热系数的影响。结果表明，在初级粒子的典型粒径范围内（2～6 nm），受粒径影响，导热系数出现了尺度效应，但是，粒径变化对单元导热系数影响较小。界面直径对粒子单元导热系数有着重要影响，界面的存在使得单元模型内部温度场出现阶跃，粒子之间出现了界面热阻，极大地降低了粒子单元的导热系数。

Kieffer 和 Angell 等通过对石英玻璃逐渐膨胀形成的 SiO_2 气凝胶进行模拟，膨胀致使 Si—O 键破坏并形成分形结构，并且分形维数随密度线性变化。Rivas 等通过膨胀 β-SiO_2 晶体，然后经过热处理得到不同密度下具有分形结构的气凝胶和干凝胶模型。通过拉伸试验模拟得到了气凝胶的机械性能（弹性模量、强度）和分形维数分别与密度具有相同类型的关系，意味着通过对系统膨胀及热处理形成了分形结构。

基于分子动力学理论计算固相热导率，模拟结果与实验值比较接近。将非晶态 SiO_2 结构中去除某些原子得到初级粒子的单元结构模型，基于 NEMD 计算得到初级粒子单元的导热系数与粒子直径的关系不大，主要受界面直径的影响。

Mahajan 等计算并对比了块状氧化硅材料和氧化硅纳米颗粒的热导率，计算结果表明，块状氧化硅材料的热导率高于纳米颗粒的热导率。也有人计算并对比分析了晶态和非晶态 SiO_2 纳米薄膜的热导率，薄膜热导率随温度变化的计算结果与测量值保持一致。

参考文献

[1] 吴国友，程璇，余煜玺，等. 常压干燥制备二氧化硅气凝胶[J]. 化学进展，2010，22(10)：1892-1900.

[2] RAO V，KALESH R. Comparative studies of the physical and hydrophobic properties of TEOS based silica aerogels using different co-precursors[J]. Science and Technology of Advanced Materials，2003，4(6)：509-515.

[3] SARAWADE P B，KIM J K，KIM H K，et al. High specific surface area TEOS-based aerogels with large pore volume prepared at an ambient pressure[J]. Applied Surface Science，2007，254(2)：574-579.

[4] DORCHEH A S，ABBASI M. Silica aerogel：synthesis，properties and characterization[J]. Journal of Materials Processing Technology，2008，199(1)：10-26.

[5] 王妮，任洪波. 不同硅源制备二氧化硅气凝胶的研究进展[J]. 材料导报，2014，28(1)：42-45.

[6] KISTLER S S. Coherent expended aerogels and jellies[J]. Nature，1931，127(3211)：741-741.

[7] 杨儒，张广延，李敏，等. 超临界干燥制备纳米 SiO_2 粉体及其性质[J]. 硅酸盐学报，2005，33(3)：281-286.

[8] 任富建，赵耀耀，李智. 水玻璃制备二氧化硅气凝胶的水洗工艺研究[J]. 无机盐工业，2016，48(4)：42-44.

[9] LEE S，CHA Y C，HWANG H J，et al. The effect of pH on the physicochemical properties of silica aerogels prepared by an ambient pressure drying method[J]. Materials Letters，2007，61(14)：3130-3133.

[10] 沈军，王际超，倪星元，等. 以水玻璃为源常压制备高保温二氧化硅气凝胶[J]. 功能材料，2009，40(1)：149-151.

[11] 侯贵华. 稻壳裂解制备 SiO_2 气凝胶的研究[J]. 无机材料学报，2003，18(2)：407-412.

[12] NICOLAON G A，TEICHNER S J. New preparation process for silica xerogels and aerogels，and their textural properties[J]. Bulletin de la Societe Chimique de France，1968(5)：1900-1906.

[13] 邓忠生，魏建东. 由多聚硅氧烷制备二氧化硅气凝胶[J]. 功能材料，2000，31(3)：296-298.

[14] WAGH P B，BEGAG R，PAJONK G M，et al. Comparison of some physical properties of silica aerogel monoliths synthesized by different precursors[J]. Materials Chemistry & Physics，1999，57(3)：214-218.

[15] 沈军，王珏，甘礼华，等. 溶胶—凝胶法制备 SiO_2 气凝胶及其特性研究[J]. 无机材料学报，1995(01)：69-75.

[16] 吴会军，胡焕仪，陈奇良，等. 通过控制湿凝胶强度常压制备低密度疏水 SiO_2 气凝胶[J]. 化工学报，2015，66(10)：4281-4287.

[17] 孙丰云，林金辉，任科法，等. 常压制备 SiO_2 气凝胶的温度控制研究[J]. 硅酸盐通报，2016，35(03)：984-988.

[18] 罗凤钻，吴国友，邵再东，等. 常压干燥制备疏水 SiO_2 气凝胶的影响因素分析[J]. 材料工程，2012，(03)：32-37，60.

[19] 沈军，王珏，甘礼华，等. 溶胶—凝胶法制备 SiO_2 气凝胶及其特性研究[J]. 无机材料学报，1995(01)：69-75.

[20] 王宝和，李群. 气凝胶制备的干燥技术[J]. 干燥技术与设备，2013，11(04)：18-26.

[21] ZHANG W. Progressin drying technology for nanomaterials[J]. Drying Technology, 2005, 23(1/2):7-32.

[22] CANHAM L T, CULLIS A G, PICKERING C, et al. Luminescent anodized silicon aero crystal networks prepared by supercritical drying[J]. Nature, 1994, 368(6467): 133-135.

[23] 杨儒,张广延,李敏,等. 超临界干燥制备纳米 SiO_2 粉体及其性质[J]. 硅酸盐学报,2005,33(3):281-286.

[24] 郑文芝,陈姚,于欣伟,等. CO_2 超临界干燥制备 SiO_2 气凝胶及其表征[J]. 广州大学学报(自然科学版),2010,09(6):77-81.

[25] HAEREID S, DAHLE M, LIMA S, et al. Preparation and properties of monolithic silica xerogels from TEOS-based alcogels aged insilane solutions[J]. Journal of Non-Crystalline Solids, 1995, 186(2): 96-103.

[26] HE F, ZHAO H, QU X, et al. Modified aging process for silica aerogel[J]. Journal of Materials Processing Tech, 2009, 209(3): 1621-1626.

[27] EINARSRUD M A, NILSEN E, RIGACCI A, et al. Strengthening of silica gels and aerogels by washing and aging processes[J]. Journal of Non-Crystalline Solids, 2001, 285(1-3): 1-7.

[28] 左军超. SiO_2 气凝胶及其复合材料的常压干燥制备工艺与性能研究[D]. 哈尔滨:哈尔滨工业大学,2009.

[29] 赵善宇. 介孔 SiO_2 材料及相应复合气凝胶体系的合成[D]. 大连:大连理工大学,2010.

[30] EINARSRUD M A. Light gels by conventional drying[J]. Journal of Non-Crystalline Solids, 1998, 225(1): 1-7.

[31] 赵善宇. 介孔 SiO_2 材料及相应复合气凝胶体系的合成[D]. 大连:大连理工大学,2010.

[32] 卢斌,周强,宋淼,等. 干燥溶剂介质对常压制备 SiO_2 气凝胶的影响[J]. 中南大学学报(自然科学版),2012,43(7):2560-2565.

[33] 魏建东,邓忠生,薛小松,等. 亚临界干燥制备疏水 SiO_2 气凝胶[J]. 无机材料学报,2001,16(3):545-549.

[34] PONS A, CASAS L, ESTOP E, et al. A new route to aerogels: Monolithic silica aerogels[J]. Journal of Non-Crystalline Solids, 2012, 358(3): 461-469.

[35] 刘海弟,郭锴. 利用恒沸蒸馏干燥超细二氧化硅凝胶的研究[J]. 无机盐工业,2002,34(6):1-3.

[36] LAND V D, HARRIS T M, TEETERS D C. Processing of low-density silica gel by critical point drying or ambient pressure drying[J]. Journal of Non-Crystalline Solids, 2001, 283(1-3): 11-17.

[37] WANG H, LIU S M, ZENG L K. Preparation and properties of hydrophobic silica aerogels by ambient pressure drying method[J]. Applied Mechanics & Materials, 2011, 71-78(10): 1040-1043.

[38] 王宝民,韩瑜,宋凯. SiO_2 气凝胶增强增韧方法研究进展[J]. 材料导报,2011(23):55-58.

[39] 杨凯,庞佳伟,吴伯荣,等. 二氧化硅气凝胶改性方法及研究进展[J]. 北京理工大学学报,2009,29(9):833-837.

[40] 廖云丹,吴会军,丁云飞. SiO_2 气凝胶力学性能的影响因素及改善方法[J]. 功能材料,2010(S2):201-203.

[41] KIM C, LEE J K, KIM B I. Synthesis and pore analysis of aerogel-glass fiber composites by ambient drying method[J]. Colloids Surrf A: Physicochem Eng Aspects, 2008(313-314): 179-182.

[42] DENG Z S, WANG J, WU A M, et al. High strength SiO_2 aerogel insulation[J]. Journal of Non-

Crystalline Solids，1998，225：101-104.

[43] 高庆福，冯坚，张长瑞，等. 陶瓷纤维增强氧化硅气凝胶隔热复合材料的力学性能[J]. 硅酸盐学报，2009，37(1)：1-5.

[44] 董志军，李轩科，袁观明. 莫来石纤维增强 SiO_2 气凝胶复合材料的制备及性能研究[J]. 化工新型材料，2006，34(7)：58-61.

[45] 吴会军，彭程，丁云飞，等. 碳纳米管增强气凝胶隔热复合材料的性能研究[J]. 广州大学学报(自然科学版)，2012(06)：32-37.

[46] 闫彭，周斌，杜艾，等. 异氰酸酯增强二氧化硅气凝胶的力学性能[J]. 原子能科学技术，2014(6)：1100-1105.

[47] 冯坚，高庆福，冯军宗，等. 纤维增强 SiO_2 气凝胶隔热复合材料的制备及其性能[J]. 国防科技大学学报，2010(1)：40-44.

[48] 陈晓红，胡子君，宋怀河，等. SiO_2 气凝胶常压干燥工艺与隔热应用进展[J]. 宇航材料工艺，2010(6)：10-15.

[49] 马佳，沈晓冬，崔升，等. 纤维增强二氧化硅气凝胶复合材料的制备和低温性能[J]. 材料导报，2015(20)：43-46，63.

[50] 王宝民，宋凯，马海楠. 纳米碳纤维掺杂气凝胶的合成及性能[J]. 哈尔滨工程大学学报，2013(5)：604-608.

[51] 邓凌峰，左小荣，卢斌，等. TMCS/HMDSO 混合改性剂对常压制备 SiO_2 气凝胶的影响[J]. 材料导报，2013，27(4)：75-78.

[52] 陈素芬，李波，刘一杨，等. 三甲基硅烷化改性二氧化硅气凝胶[J]. 强激光与粒子束，2009，21(1)：76-78.

[53] 冯军宗，冯坚，高庆福，等. 六甲基二硅胺烷对 SiO_2 气凝胶的表面改性[J]. 硅酸盐学报，2008，36(S1)：89-94.

[54] 陈龙武，甘礼华，侯秀红. SiO_2 气凝胶的非超临界干燥法制备及其形成过程[J]. 物理化学学报，2003，19(9)：819-823.

[55] 陈一民，谢凯，洪晓斌，等. 自疏水溶胶—凝胶体系制备疏水 SiO_2 气凝胶[J]. 硅酸盐学报，2005，33(9)：1149-1152.

[56] ZHOU B，SHEN J，WU Y，et al. Hydrophobic silica aerogels derived from polyethoxydisiloxane and perfluoroalkyl silane[J]. Materials Science & Engineering C，2007，27(5-8)：1291-1294.

[57] 吴文军，熊刚，王钦，等. 柔性 SiO_2 气凝胶的制备[J]. 宇航材料工艺，2013，43(4)：113-117.

[58] RAO A V，BHAGAT S D，HIRASHIMA H，et al. Synthesis of flexible silica aerogels using methyl trimethoxy silane (MTMS) precursor[J]. Journal of Colloid & Interface Science，2006，300(1)：279-285.

[59] 胡银，张和平，黄冬梅，等. 柔韧性块体疏水二氧化硅气凝胶的制备及表征[J]. 硅酸盐学报，2013(8)：1037-1041.

[60] KANAMORI K，AIZAWA M，NAKANISHI K，et al. Elastic organic-inorganic hybrid aerogels and xerogels[J]. Journal of Sol-Gel Science and Technology，2008，48(1-2)：172-181.

[61] 祖国庆，沈军，倪星元，等. 常压干燥制备高弹性气凝胶[J]. 功能材料，2011，42(1)：151-154.

[62] 吴国友，余煜玺，程璇，等. 甲基三甲氧基硅烷对块状 SiO_2 气凝胶性能和结构的影响[J]. 硅酸盐学报，2009，37(7)：1206-1211.

[63] 卢斌,胡科,刘琪,等.混合前驱体常压干燥制备 SiO_2 气凝胶及其性能研究[J].硅酸盐通报,2013,32(7):1443-1448.

[64] HUANGA D M, GUOA C N, ZHANG M Z, et al. Characteristics of nanoporous silica aerogel under high temperature from 950 ℃ to 1 200 ℃[J]. Materials & Design, 2017(129):82-90.

[65] WEI G, LIU Y, ZHANG X, et al. Thermal study on silica aerogel ang its composite insulation materials[J]. International Journal of Heat and Mass Transfer, 2011(54): 2355-2366.

[66] RAPAPORT D. The art of molecular dynamics simulation[M]. Cambridge: Cambridge University Press, 2004.

[67] 刘育松,张欣欣,于帆.纳米尺度孔隙内气体导热系数的分子动力学模拟[J].北京科技大学学报,2006(12): 1182-1185.

[68] 郭雨含,刘向东,王燕,等. SiO_2 气凝胶导热机理的分子动力学模拟研究[J].工程热物理学报,2011(1): 107-110.

[69] 张光磊,陈一泊,贾伟韬,等. SiO_2 气凝胶纳米多孔结构的自组装过程模拟[J].人工晶体学报,2017(12): 2514-2520.

[70] COQUIL T, FANG J, PILON L. Molecular dynamics study of the thermal conductivity of amorphous nanoporous silica[J]. Int J Heat Mass Transfer, 2011(54): 4540-4548.

[71] NG T Y, YEO J J, LIU Z S. A molecular dynamics study of the thermal conductivity of nanoporous silica aerogel, obtained through negative pressure rupturing[J]. Journal of Non-Crystalline Solids, 2012(358): 1350-1355.

[72] HUNT A J. Light-scattering studies of silica aerogels[J]. Lawrence Berkeley National Laboratory, 1983,2:1-12.

[73] ENOMOTO N , KOYANO T , NAKAGAWA Z E . Effect of ultrasound on synthesis of spherical silica[J]. Ultrasonics Sonochemistry, 1996, 3(2):S105-S109.

[74] ROSA-FOX N D L , MORALES-FLOREZ V, TOLEDO-FERNÁNDEZ J A, et al. SANS study of hybrid silica aerogels under "insitu" uniaxial compression[J]. Journal of Sol-Gel Science and Technology, 2008, 45(3):245-250.

[75] RAMESH S , KOLTYPIN Y , PROZOROV R , et al. Sonochemical deposition and characterization of nanophasic amorphous nickel on silica microspheres[J]. Chemistry of Materials, 2013, 9(2):927-933.

[76] 邓文芝.二氧化硅气凝胶研制及其结构性能研究[D].广州:华南理工大学,2010.

[77] 杜艾,周斌,归佳寅,等.空间高速粒子捕获用密度梯度气凝胶的热学与力学特性[J].物理化学学报,2012,28(05):1189-1196.

[78] 王慧,刘世明,程小苏,等.常压干燥法制备疏水性 SiO_2 气凝胶(英文)[J].硅酸盐学报,2009,37(10):1767-1771.

[79] 刘洋,张毅,李东旭.常压干燥制备疏水性 SiO_2 气凝胶[J].功能材料,2015,46(05):5132-5135.

[80] 刘光武,周斌,倪星元,等.水玻璃为源的超疏水型 SiO_2 气凝胶块体制备与表征[J].硅酸盐学报,2012,40(01):160-164.

[81] 苏高辉,杨自春,孙丰瑞.气凝胶初级粒子导热系数的分子动力学模拟[J].机械工程学报,2014,50(22):178-185.

[82] YEO J J , LIU Z S . Molecular dynamics analysis of the thermal conductivity of graphene and silicene

monolayers of different lengths[J]. Journal of Computational & Theoretical Nanoence, 2014, 11(8): 1790-1796.

[83] RIVAS MURILLO J S, BACHLECHNER M E, CAMPO F A, et al. Structure and mechanical properties of silica aerogels and xerogels modeled bymolecular dynamics simulation. J Non-Cryst Solids, 2010, 356: 1325-1331.

[84] MAHAJAN A M , PATIL L S , BANGE J P , et al. Growth of SiO 2 films by TEOS-PECVD system for microelectronics applications [J]. Surface & Coatings Technology, 2004, 183 (2-3): 295-300.

[85] 苏高辉,杨自春,孙丰瑞. 遮光剂对 SiO_2 气凝胶热辐射特性影响的理论研究[J]. 哈尔滨工程大学学报,2014(5):642-648.

第2章 Al_2O_3 气凝胶

Al_2O_3气凝胶最早由美国的 Yoldas 以金属有机化合物仲丁醇铝为前驱体，通过超临界干燥技术制备出来。由于 Al_2O_3气凝胶具有强度高、热稳定性强等性质，在作为高温隔热材料及高温催化剂材料领域具有广阔应用前景，因而备受关注。

2.1 Al_2O_3 气凝胶的制备方法

Al_2O_3气凝胶的制备通常包括两个步骤：一是通过溶胶—凝胶工艺制备 Al_2O_3湿凝胶；二是 Al_2O_3湿凝胶的干燥。

2.1.1 溶胶—凝胶工艺

1. 有机金属醇盐原料法

以有机金属醇盐为前驱体制备的 Al_2O_3气凝胶其网络结构稳定，具有高比表面积、高强度、热稳定好等优点，是目前应用最为广泛的一种。一般是将有机金属醇盐经过水解和缩聚形成凝胶，其中有机金属醇盐前驱体的水解、缩聚反应式如下：

水解反应 $Al(OR)_3+H_2O \longrightarrow Al(OH)_3+3HOR$

缩聚反应 $Al(OR)_3+Al(OH)_3 \longrightarrow Al_2O_3+3HOR$

$$2Al(OH)_3 \longrightarrow 3H_2O+Al_2O_3$$

式中，R 为烷基基团。其中有机金属醇盐通常为仲丁醇铝或异丙醇铝，将铝醇盐与溶剂、催化剂混合发生水解反应，水解反应后生成大量具有活性的单体，当这些活性单体足够多时，就开始形成胶体颗粒或溶胶。再经过脱水缩聚形成连续三维网络骨架结构的凝胶，凝胶网络中的溶剂失去流动性保留在凝胶网络的孔内。

由于有机金属醇铝中铝的活性较高，因此需要通过加入螯合剂来控制其水解和缩聚速率，通常使用的螯合剂有冰醋酸、乙酰乙酸乙酯、乙酰丙酮等。

Poco 等以仲丁醇铝为前驱体，采用溶胶—凝胶二步合成法，将仲丁醇铝溶解在乙醇和不足量水中，形成不充分水解的 Al_2O_3前驱体，然后再加入足量的水使其完全水解—缩聚，同时加入甲醇、乙酸，通过快速超临界干燥方法制备出的 Al_2O_3气凝胶孔隙率大于 98%，比表面积为 376 m^2/g，在 30 ℃、400 ℃和 800 ℃温度下的热导率分别为 29 mW/(m · K)、

98 mW/(m·K)和298 mW/(m·K)。

祖国庆等以仲丁醇铝为前驱体，采用丙酮–苯胺原位水生成法控制铝醇盐水解和缩聚速率，通过此方法将 Al_2O_3 气凝胶的热稳定性提高到1 300 ℃，在1 200 ℃和1 300 ℃热处理2 h之后，比表面积分别为261 m^2/g、136 m^2/g，收缩率分别降低到1%、5%。

用有机醇盐为原料可以制得纯度高、比表面积大、粒度分布均匀的凝胶。但是该方法过程复杂，水解—缩聚速率难以控制，往往需要加入螯合剂。另外，有机醇盐成本高，且易燃有毒。

2. 无机盐原料法

无机盐价格低廉，可以用作 Al_2O_3 气凝胶的前驱体。一般采用1,2–环氧丙烷为凝胶网络诱导剂，促进金属离子盐溶液快速凝胶。常用的无机盐为 $AlCl_3 \cdot 6H_2O$ 和 $Al(NO_3)_3 \cdot 9H_2O$。不同前驱体制备 Al_2O_3 气凝胶的显微结构如图2–1所示。

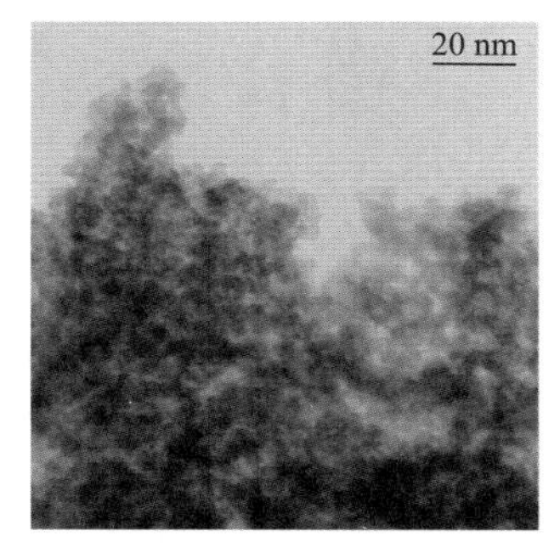

(a) 以 $Al(NO_3)_3 \cdot 9H_2O$ 为前驱体

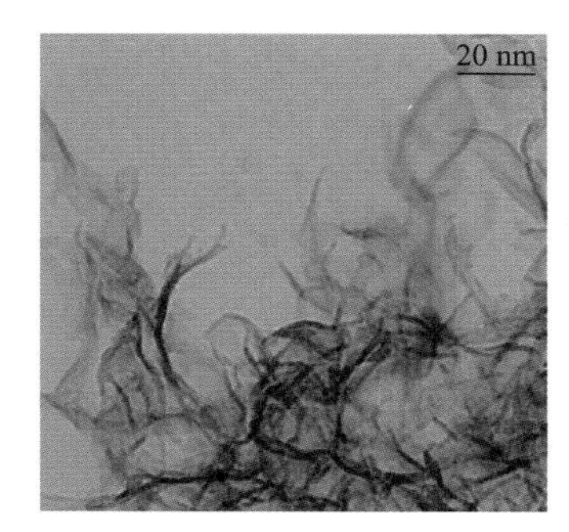

(b) 以 $AlCl_3 \cdot 6H_2O$ 为前驱体

图2–1 不同前驱体制备 Al_2O_3 气凝胶的显微结构图

徐子颉等以无机铝盐 $Al(NO_3)_3 \cdot 9H_2O$ 为前驱体，加入环氧丙烷促使 Al^{3+} 凝胶化，以甲酰胺(DCCA)作为干燥控制化学添加剂，使用TEOS的乙醇溶液对凝胶进行多次溶剂置换，通过常压干燥得到块状 Al_2O_3 气凝胶。Gao Bing Ying等以 $AlCl_3 \cdot 6H_2O$ 为前驱体，通过真空冷冻干燥制备出 Al_2O_3 气凝胶，用聚乙二炔功能化处理之后得到用于检测挥发性有机物浓度的可视觉检测材料。Theodore等以环氧丙烷为网络凝胶诱导剂，分别以 $Al(NO_3)_3 \cdot 9H_2O$ 和 $AlCl_3 \cdot 6H_2O$ 为前驱体，探究了使用不同无机铝盐制备得到的气凝胶在微观结构上的差别。结果表明，使用 $Al(NO_3)_3 \cdot 9H_2O$ 为前驱体时，其微观结构为直径5～15 nm的相互连接的球形颗粒组成，使用 $AlCl_3 \cdot 6H_2O$ 为前驱体时，其微观结构是具有伪薄水铝纤维的网状结构，直径2～5 nm，长度不等。

3. 典型溶胶—凝胶过程

阿尔穆尔卡尔森公司开发了一种 Al_2O_3 气凝胶的配方。异丙醇铝(AIP)、水和甲醇的摩尔比为1∶9.4∶34。甲醇放入试管，浸泡在40～45 ℃水浴中，在磁力搅拌下逐渐加入AIP，一旦所有的 AIP 都被加入，手动搅拌使 AIP 全部悬浮在甲醇中，然后盖住试管防止蒸发。将水浴温度提高到 60 ℃，磁力搅拌使 AIP 完全溶解。为了水解 AIP，添加一定量的 HNO_3 水溶液。混合物在室温不搅拌的情况下不发生沉淀。

Al_2O_3气凝胶可以用廉价的 $AlCl_3 \cdot 6H_2O$ 制备，以乙酰乙酸接枝聚乙烯醇(acac-PVA)为模板剂，环氧丙烷为凝胶引发剂，再加入分散剂，采用溶胶—凝胶法制备前驱体。acac-PVA 对铝具有较高的分散能力。离子通过络合作用，使得 Al^{3+} 的质量分数高达 37%，形成无沉淀、无裂纹的湿凝胶，收缩小。

凝胶形成过程如图 2-2 所示。acac-PVA 与 Al^{3+}、Al^{2+} 团簇相互作用，起到分散剂、络合剂和模板剂的作用，使无裂纹或沉淀的湿凝胶中 $AlCl_3 \cdot 6H_2O$ 含量增加，减少了原生 AlOOH 粒子的尺寸，防止了它们的聚集。

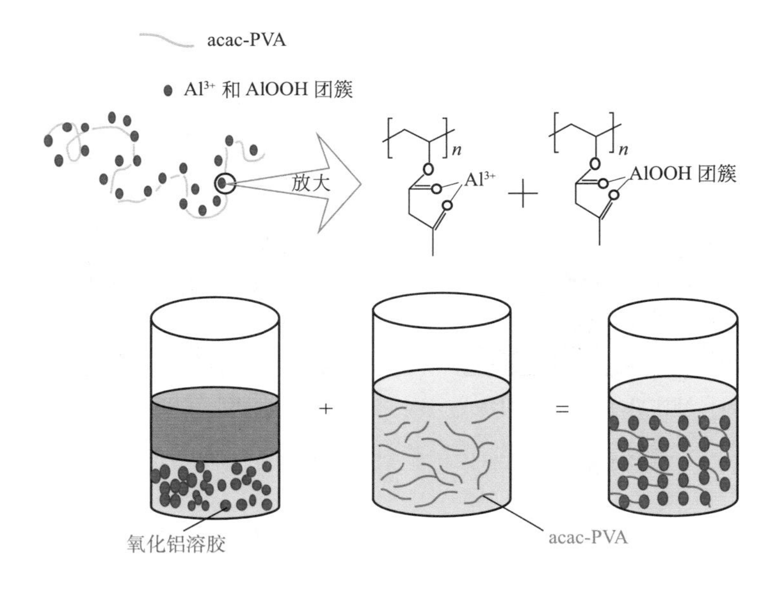

图 2-2　用 acac-PVA 制备凝胶的过程

acac-PVA 也是一种模板，它为薄铝石 AlOOH 颗粒提供了成核位置，并抑制了它们的生长。随着 acac-PVA 含量的增加，制备的 Al_2O_3 气凝胶的孔径减小。acac-PVA 用量越高，比表面积越大，孔径越小。但过量的 acac-PVA 会包覆在二次颗粒上，从而减少了二次粒子之间的相互作用，降低了干燥气凝胶的机械强度。

在空气中经高温处理去除活性炭-PVA 后，粗化现象没有明显缓解，细小的一次粒子长大为直径 10～20 nm、长度 30～70 nm 的纳米棒。

2.1.2　Al_2O_3 气凝胶的干燥

超临界干燥技术是气凝胶干燥手段中研究最早、最成熟的工艺。Pierre 等以仲丁醇铝为前驱体，加入乙酰乙酸乙酯为络合剂，以甲醇为超临界干燥介质并使用超临界干燥法制备出块状 Al_2O_3 气凝胶。Yang Jing feng 等以仲丁醇铝和 TEOS 为前驱体，以乙醇为超临界干燥介质制备出高比表面积的 Al/Si 复合气凝胶，且经过 1 000 ℃和 1 200 ℃煅烧后其比表面积为 311 m^2/g 和 146 m^2/g，表现出优异的耐高温性能。

徐子颉等为了防止凝胶收缩，采用 80% TEOS 的乙醇溶液对湿凝胶进行修饰，使得 TEOS 分子渗入到凝胶孔洞中，与凝胶骨架上的羟基反应，以增强网络结构并大大减小了凝胶在干燥过程中的收缩现象，最后通过焙烧将残留在孔洞中的有机物去除就获得块状气凝胶。Mei Jing 等通过常压干燥制备出孔径可调的 Al_2O_3 气凝胶。他以 $AlCl_3 \cdot 6H_2O$ 为前驱体，添加不同分子量的 PEG，在 600 ℃下进行常压干燥，从而实现调节 Al_2O_3 气凝胶的孔径。当添加 0.3 mol 的 PEG-8000 时，比表面积为 565 m^2/g，并且对甲醛的吸附率高达 95%。

Ren L 等提出一种新型有机溶剂升华干燥法，用于制备完整块体无机氧化物气凝胶（图 2-3）。该方法使用低表面张力、易升华、高凝固点的有机溶剂（如叔丁醇、乙腈等）替代湿凝胶孔隙内的溶剂，然后在低真空条件下缓慢进行干燥，但是该方法干燥时间较长，气凝胶收缩率高。

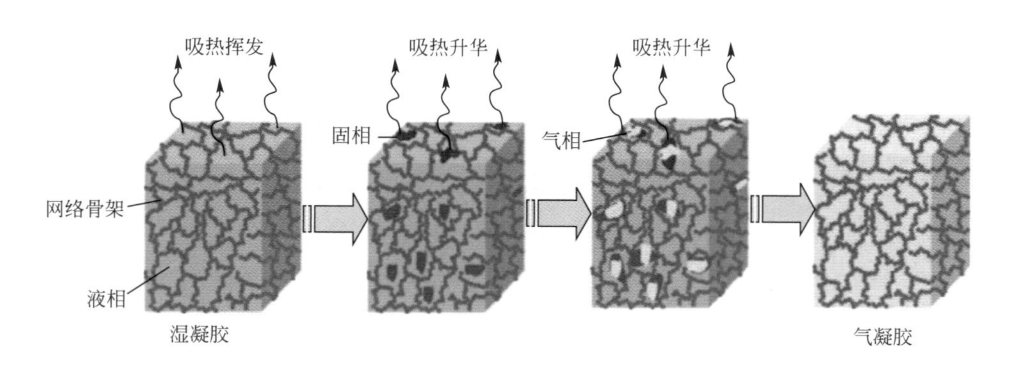

图 2-3　有机溶剂升华干燥法制备完整块体无机氧化物气凝胶的干燥示意图

采用异丙醇铝配方和快速超临界萃取工艺，可在 7.5 h 内将 Al_2O_3 气凝胶前驱体混合物转化为气凝胶单体，该工艺比高压釜甲醇萃取安全，比液态 CO_2 更快、更简单。通过在前驱体混合物中增加 HNO_3 水溶液的浓度，可以制备出比表面积显著提高、体积密度降低、微结构改变的气凝胶，比表面积达 460～840 m^2/g，体积密度为 0.025～0.079 g/cm^3。图 2-4 为快速超临界萃取法制备的 Al_2O_3 气凝胶及 SEM 图像。

He Fei 以勃姆石水溶胶和氧化铝纳米粉体为固溶体，在不同冷冻温度下同时制备了单向氧化铝气凝胶。

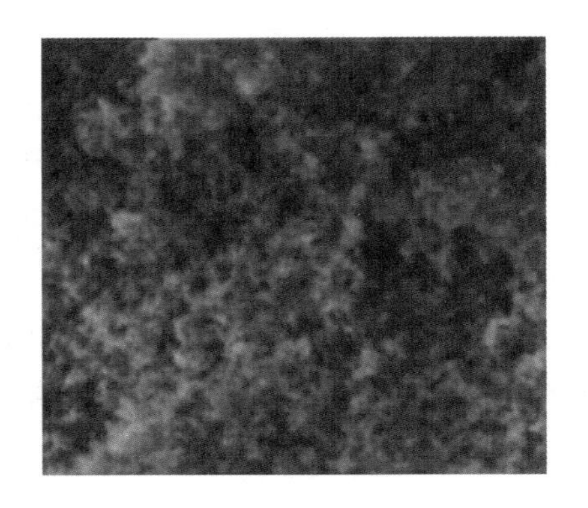

图 2-4 快速超临界萃取法制备的 Al_2O_3 气凝胶及 SEM 图像

2.2 Al_2O_3 气凝胶的性质

Al_2O_3 气凝胶具有高比表面积、高机械强度、高孔隙率、低密度、催化效果好等特点，并且具有良好的热稳定性。

2.2.1 高温热学性质

Al_2O_3 气凝胶表现出良好的耐高温和稳定性能，在高温隔热方面，特别是在高温催化、航天航空热防护结构中具有广阔的应用前景。然而，在 1 000℃以上 Al_2O_3 气凝胶会发生一系列的相变，形成 α-Al_2O_3 相，导致气凝胶收缩，不利于其在高温下使用。因此，Al_2O_3 气凝胶在高温下使用需要有很好的耐热性能，并且能够在长时间的高温状态下保持高比表面积。研究表明，在 Al_2O_3 气凝胶中引入 Si、La、Ba 等元素，形成二元或多元的氧化物气凝胶，可以提高 Al_2O_3 气凝胶的高温稳定性。因此，在 Al_2O_3 气凝胶中加入其他组分，形成多组分气凝胶和掺杂气凝胶成为当前国际上研究的热点之一。

Al_2O_3 气凝胶材料在隔热方面所表现的特殊性质引起了世界各国的关注，许多国家都非常重视 Al_2O_3 气凝胶及其隔热复合材料的研究。其中，美国 Aspen 公司在 NASA、各军兵种以及国防部高级研究计划署的支持下，对 SiO_2/Al_2O_3 气凝胶隔热复合材料在航空航天、军事以及民用等方面展开了研究，并且已经取得了许多重要的研究成果。在军工方面主要有：高超声速飞行器的热防护系统、运载火箭燃料低温贮箱及阀门管件保温系统、远程攻击飞行器蜂窝结构热防护系统、新型驱逐舰的船体结构防火墙隔热系统以及陆军的便携式帐篷等。目前，国防科技大学研制的气凝胶隔热材料和构件主要应用在航天飞行器、导弹等热防护及冲击发动机、军用热电池等保温隔热领域，主要材料体系为纤维增强 SiO_2/Al_2O_3 气凝胶隔热材料。

2.2.2 催化性质

Al_2O_3气凝胶常被用作气态烃燃烧、加氢催化剂、废气燃烧、苯酚与甲醇烷基化反应的载体或催化剂。γ-Al_2O_3是Al_2O_3的亚稳相，由于其比表面积大，被广泛用作催化剂和催化剂载体。现有的汽车催化器经常使用一层γ-Al_2O_3负载贵金属催化剂，如铂或钯。

Al_2O_3气凝胶被用作催化剂和催化剂载体，可减少贵金属的使用。纯Al_2O_3气凝胶可将NO转化为N_2，而镍铝气凝胶可以将CH_4、CO和NO转化为H_2、CO_2和N_2。这些气体（合成气）可以通过费舍尔-托氏反应转化为碳氢化合物，这种反应可以由含有铁或镍等金属的Al_2O_3气凝胶催化。Al_2O_3气凝胶在各种加氢和脱氢反应中对CCl_4的分解也非常有效。

Al_2O_3气凝胶避免了传统γ-Al_2O_3基催化剂的一些缺点。Al_2O_3气凝胶比表面积大于700 m^2/g，高于块状γ-Al_2O_3，并具有更高的高温转变温度。Al_2O_3在1 000～1 050 ℃时，转化为α-Al_2O_3。Al_2O_3气凝胶由于其多孔的纳米结构，减少了Al_2O_3晶粒间的接触，转变温度提高到1 220 ℃。掺杂改性可以进一步提高转变温度，比如，在含5%（质量分数）SiO_2的Al_2O_3气凝胶中，直到1 400 ℃时才形成α-Al_2O_3。

Al_2O_3气凝胶还具有高选择性，有利于活性组分的分散，使得气凝胶的催化活性高于其他催化剂，是催化剂及催化剂载体的最佳候选材料之一。目前已经有将Al_2O_3与其他材料复合制备成复合体系，以提高气凝胶的比表面积和孔隙率，从而提高其催化效率，例如NiO/Al_2O_3、CuO/Al_2O_3、$Cu/ZnO/Al_2O_3$、$Ni/SiO_2/Al_2O_3$等复合体系。其中，CuO/Al_2O_3体系对于催化环戊二烯加氢制环戊烯的选择性高达100%；$Cu/ZnO/Al_2O_3$体系在催化CO_2加氢制备甲醇的应用方面具有极高转化率。

可提高热稳定性和减少贵金属使用的Al_2O_3气凝胶作为催化剂具有更大的社会和环境效益。

2.3 掺杂改性的Al_2O_3气凝胶

改善Al_2O_3气凝胶耐高温性能的重要方法是引入添加剂改性处理。大量研究表明，在制备Al_2O_3溶胶的过程中添加稀土氧化物、碱土金属氧化物、SiO_2及其他氧化物可以延缓Al_2O_3气凝胶由高比表面积向低比表面积的转变，不同程度地抑制Al_2O_3气凝胶的高温烧结和高温相变。

2.3.1 二元Al_2O_3气凝胶

二元Al_2O_3气凝胶的改性作用主要在于第二相的加入导致Al_2O_3表面氢基减少进而抑制烧结，提高Al_2O_3气凝胶的耐高温性能。

1. NiO/Al_2O_3气凝胶

利用硝酸镍和异丙醇铝通过溶胶—凝胶法得到二元湿凝胶，再经超临界干燥可以得到NiO/Al_2O_3气凝胶，对其进行热处理后镍的阳离子以铝酸盐的形式分散在Al_2O_3尖晶石结构中。NiO/Al_2O_3气凝胶不仅具有耐高温性能，而且具有较高的催化活性和稳定性。

2. 稀土改性Al_2O_3

稀土元素可在Al_2O_3颗粒表面发生固相反应，形成的化合物可抑制过渡型Al_2O_3高温下向α相转变。α相转变温度越高，比表面积越大。

将嵌段共聚物与$La(NO_3)_3 \cdot 6H_2O$添加到伪薄水铝水溶胶中，可得到La_2O_3改性的Al_2O_3湿凝胶，对湿凝胶干燥处理后所得的干凝胶进行耐高温性能测试，发现在1 200 ℃热处理后比表面积仍能达到71 m^2/g左右，而未加La_2O_3改性的纯Al_2O_3干凝胶比表面积仅为5 m^2/g左右。La的稳定作用主要是因为形成了铝酸镧盐表层，减小了表面扩散的速率。

3. 碱土改性Al_2O_3

加入碱土金属元素同样能达到提高Al_2O_3气凝胶耐高温性能的目的。刘勇等人研究了$Sr(NO_3)_2$浸渍改性对γ-$A1_2O_3$的高温热稳定作用，考察了Sr含量以及热处理温度和气氛等影响因素。高温下Sr的引入明显地抑制了γ-$A1_2O_3$的烧结和α相变，从而维持了高温下样品的高比表面积。

4. SiO_2改性Al_2O_3

SiO_2对Al_2O_3的稳定作用优于碱土金属氧化物和稀土金属氧化物。Horiuchi等利用超临界干燥法制备得到掺有质量分数为2.5%～10%的Si元素的Al_2O_3气凝胶，在1 100 ℃热处理后比表面积高达200 m^2/g，在1 300 ℃下仍然能维持较高的孔隙率和比表面积，而纯气凝胶只有20 m^2/g的比表面积。XRD表征显示，含Si的Al_2O_3气凝胶未转变为α-Al_2O_3，说明Si的加入很好地抑制了气凝胶在高温下的晶型转变。Johnson认为Si的加入导致Al_2O_3表面羟基减少从而抑制了烧结。Beguin等将SiO_2的高温(1 220 ℃)稳定作用归因于Al_2O_3表面的—Al—OH被不易移动的—Si—OH取代，并在脱羟基过程中形成Si—O—Si或Si—O—Al桥，消除了Al_2O_3表面的阴离子空穴。Osaki等则认为Si离子的加入有效地减少了空缺总数，使得Al_2O_3在高温下的晶格振动延迟，从而抑制了引起α-Al_2O_3成核的原子重排。

5. Y_2O_3改性Al_2O_3

Y_2O_3的掺杂可以提高Al_2O_3气凝胶的高温热稳定性，维持较高的比表面积。

在Al_2O_3气凝胶中掺杂质量分数为2.5%～10%的Y_2O_3，相较于纯Al_2O_3气凝胶，高温下的比表面积明显提高。在1 000 ℃热处理后比表面积仍达380～410 m^2/g。掺杂后形成的微晶可以很好地阻碍气凝胶的高温相转变及烧结，相较于纯气凝胶在1 000 ℃和1 100 ℃下未出现$\gamma \rightarrow \theta$和$\theta \rightarrow \alpha$的相转变。

2.3.2 多元 Al_2O_3 气凝胶

二元气凝胶在抑制低温相向 α 相转变及耐高温性能方面提升有限，因此考虑复合其他第三元素或更多元素来消除 Al_2O_3 颗粒表面的羟基和阴、阳离子空穴，以进一步提高耐高温性能。张鎏等采用改进的溶胶—凝胶法和超临界干燥技术制备的超细三元 $NiO/La_2O_3/Al_2O_3$ 气凝胶催化剂，不仅保留了 Al_2O_3 气凝胶的主要特征，而且随着镍盐和镧盐的加入，气凝胶质量得到提高，Al_2O_3 更容易晶化成型，耐高温性能更好，吸附能力更强。

参考文献

[1] 李华鑫，赵春林，陈俊勇，等. 氧化铝气凝胶研究进展[J]. 金属世界，2018(04)：27-33.

[2] 温培刚，巢雄宇，袁武华，等. 耐高温氧化铝气凝胶研究进展[J]. 材料导报，2016，30(15)：51-56.

[3] 吴立昂. 基于无机盐溶胶凝胶过程调控的新型氧化铝(锆)基材料的制备技术研究[D]. 杭州：浙江大学，2015.

[4] 胡子君，周洁洁，陈晓红，等. 氧化铝气凝胶的研究进展[J]. 硅酸盐通报，2009，28(05)：1002-1007.

[5] 徐子颉，甘礼华，庞颖聪，等. 常压干燥法制备 Al_2O_3 块状气凝胶[J]. 物理化学学报，2005(02)：221-224.

[6] MEI J, YUAN G J, BAI J L, et al. One-pot synthesis of bimetallic catalyst loaded on alumina aerogel as green heterogeneous catalyst: Efficiency, stability, and mechanism[J]. Journal of the Taiwan Institute of Chemical Engineers, 2019(101): 41-49.

[7] ZHANG X K, ZHANG R, JIN S L, et al. Synthesis of alumina aerogels from $AlCl_3 \cdot 6H_2O$ with an aid of acetoacetic-grafted polyvinyl alcohol[J]. Journal of Sol-Gel Science and Technology, 2018, 87: 486-495.

[8] MARKOVA E B, CHEREDNICHENKO A G, SIMONOV V N, et al. Propane conversion in the presence of alumina-based aerogel[J]. Petroleum Chemistry, 2019, 59(1): 71-77.

[9] MEI J, YUAN G J, MA Y S, et al. Fe-doped alumina aerogels as a green heterogeneous catalyst for efficient degradation of organic pollutants[J]. Catalysis Letters, 2019, 149(7): 1874-1887.

[10] GAO M, LIU B X, ZHAO P, et al. Mechanical strengths and thermal properties of titania-doped alumina aerogels and the application as high-temperature thermal insulator[J]. Journal of Sol-Gel Science and Technology, 2019, 91(3): 514-522.

[11] KENAWY SAYED H, HASSAN MOHAMMAD L. Synthesis and characterization high purity alumina nanorods by a novel and simple method using nanocellulose aerogel template[J]. Heliyon, 2019, 5(6): e01816.

[12] BONO M S, ANDERSON A M, CARROLL M K. Alumina aerogels prepared via rapid supercritical extraction[J]. Journal of Sol-Gel Science and Technology, 2010, 53(2): 216-226.

[13] WALENDZIEWSKI J, STOLARSKI M, STEININGER M, et al. Synthesis and properties of alumina aerogels[J]. Reaction Kinetics and Catalysis Letters, 1999, 66(1): 71-77.

[14] GRADER G S, RIFKIN Y, COHEN Y, et al. Preparation of alumina aerogel films by low tempera-

ture CO_2 supercritical drying process[J]. Journal of Sol-Gel Science and Technology, 1997, 8(1-3): 825-829.

[15] AMEEN K B, RAJASEKAR K, RAJASEKHARAN T, et al. The effect of heat-treatment on the physico-chemical properties of silica aerogel prepared by subcritical drying technique[J]. Journal of Sol-Gel Science and Technology, 2008, 45(1): 9-15.

[16] POCO J F, SATCHER J H S, HRUBESH L W. Synthesis of high porosity, monolithic alumina aerogels[J]. Journal of Non-Crystalline Solids, 2001, 285(1-3): 57-63.

[17] BAUMANN T F, GASH A E, CHINN S C, et al. Synthesis of high-surface-area alumina aerogels without the use of alkoxide precursors[J]. Chemistry of Materials, 2004, 17(2): 395-401.

[18] ZU G Q,SHEN J,WEI X Q,et al. Preparation and characterization of monolithic alumina aerogels [J]. J Non-Cryst Solids,2011,357(15) : 2903-2906.

[19] PIERRE A , BEGAG R , PAJONK G . Structure and texture of alumina aerogel monoliths made by complexation with ethyl acetoacetate[J]. 1999, 34(20):4937-4944.

[20] YANG J F, WANG Q H, WANG T M,et al. Facile one-step precursor-to-aerogel synthesis of silica-doped alumina aerogels with high specific surface area at elevated temperatures[J]. Journal of Porous Materials, 2016,24:889-897.

[21] RENL K,IADAROLA M J,DUBNER R. An isobolographic analysis of the effects of N-methyl-D-aspartate and NK_1 tachykinin receptor antagonists on inflammatory hyperalgesia in the rat[J]. British Journal of Pharmacology, 1996, 117(1):196-202.

[22] WEN H F, HOCKENBERRY J M, CUMMINGS J R. The effect of medical marijuana laws on adolescent and adult use of marijuana, alcohol, and other substances[J]. Journal of Health Economics, 2015, 42(jul.):64-80.

[23] 温培刚,巢雄宇,袁武华,等.耐高温氧化铝气凝胶研究进展[J]. 材料导报,2016,30(15):15-56.

第 3 章　TiO_2 气凝胶

TiO_2具有低成本、易于制取、稳定性好、催化活性高、无毒等特点，一直受到国内外研究者的广泛关注，尤其是自从 1972 年 Fujishima 和 Honda 等报道了 TiO_2的光催化活性以来，TiO_2的多相光催化反应引起了人们浓厚的兴趣。

TiO_2气凝胶是一种由 TiO_2 纳米微粒相互交联形成，具有多孔网状结构的固态材料。TiO_2气凝胶结合了气凝胶材料结构特性和 TiO_2优异的光催化性能以及化学和光学稳定性，使 TiO_2气凝胶在太阳能转化、光催化降解等领域具有良好的应用前景。

3.1　TiO_2气凝胶的制备

TiO_2气凝胶的制备一般采用溶胶—凝胶法制备，包括 TiO_2湿凝胶的合成和冷冻干燥。

3.1.1　TiO_2湿凝胶的合成

以钛醇盐作为原料，在适当的反应条件下，使钛醇盐水解形成溶胶，同时溶胶不断发生缩聚反应，当缩聚反应完成后，即可形成胶状三维网状骨架结构的 TiO_2湿凝胶。合成步骤包括：首先将一定量的钛酸四丁酯（TBOT）和乙醇搅拌混合得到 A 溶液，将一定量的去离子水、乙醇和乙酸搅拌混合得到溶液 B，然后在基体中以一定的速度将溶液 B 滴入溶液 A 中。搅拌 5 min 后，加入适量的甲酰胺，在 70 ℃老化 6 h 后，可制得 TiO_2湿凝胶。虽然溶胶—凝胶反应过程较简单，但其影响因素很多。

1. 催化剂的影响

催化剂的种类不同可得到不同结构和形态的水解产物，采用 HCl、HNO_3等酸类催化剂时，可以获得交联度高的三维凝胶网络；采用二乙醇胺等碱类催化剂时，可以制备胶体粒子结构完善的 TiO_2溶胶。

催化剂量的控制也很重要，以水解钛酸丁酯（TTIP）制备 TiO_2凝胶为例，当加入的酸性催化剂较少时，水解速度较快，加水后瞬间即可产生白色的 $Ti(OH)_4$沉淀；但加入的酸性催化剂过量时，反应速度则很慢，难以形成稳定的三维网状结构 TiO_2凝胶。

此外，水的用量、加水的速率、溶剂的种类和用量、反应温度以及溶液值等对 TiO_2溶胶的形成均有很大的影响。

2. 老化介质的影响

不同的老化介质对 TiO_2 气凝胶性能的影响见表 3-1,以乙醇为老化介质制备的 TiO_2 气凝胶具有最佳结构与性能。经 850 ℃处理 2 h 后,转变为无定形态的锐钛矿,比表面积为 179.8 m^2/g,平均孔径为 20.97 nm。

表 3-1 不同老化介质浸泡制备 TiO_2 气凝胶的物理性能

物理性能	老化介质		
	乙醇	TBT-乙醇	TEOS-乙醇
线收缩率/%	57.5	28.5	7.2
密度/($g \cdot cm^{-3}$)	0.680	0.264	0.184
孔隙率/%	84	93.8	95.7
比表面积/($m^2 \cdot g^{-1}$)	167.5	335.4	389

吴绪洋等以 TBOT 为钛源,离子液体为模板剂和老化介质,在低温常压下制备了具有锐钛矿相的 TiO_2 气凝胶。随着老化介质浓度的升高,样品的结晶度逐渐降低,锐钛矿相含量逐渐减少,样品的块体尺寸和比表面积均先增大后减小。老化介质浓度为 2.5 mol/L 时,样品具有最优的综合性能,比表面积为 208.1 m^2/g,孔体积为 0.293 cm^3/g。

在 TiO_2 气凝胶溶胶—凝胶过程中,为了避免含有·OH 等亲水离子团的溶剂在蒸发过程中破坏纳米级气凝胶孔结构,可以在样品制备过程中加入室温离子液体作为溶剂兼表面活性剂。因室温离子液体具有极低的蒸汽压、低表面张力、热稳定性等特点,能在确保凝胶网络不收缩的同时延长老化时间,可于低温下实现结晶。离子液体一般含有咪唑环和一个相对较长的烷基链,该结构决定了它具有一定的双亲性,可作为模板来合成介孔(2~50 nm)材料。离子液体的加入提高了缩聚反应和结晶速率而使锐钛矿晶型容易形成,从而得到稳定的高孔率网络结构。

3.1.2 干燥方式的选择

1. 超临界干燥

传统的 TiO_2 气凝胶制备工艺都是将湿凝胶放入高压釜内,经超临界干燥制得。这一过程需要高压设备,条件控制和操作困难,制备效率低,难以实现连续性和规模化生产,制约了气凝胶的实际应用。

2. 冷冻干燥

Dagan 等将所得 TiO_2 湿凝胶移入丙酮溶液反应罐中,在 120 ℃下分别结晶 6~30 h,制备了锐钛矿型多孔 TiO_2 湿凝胶,并用冷冻干燥法进行干燥,比表面积可达 600 m^2/g,孔隙率为 85%,体密度为 0.5 g/cm^3。

Xian Yue 等为了提高 TiO_2 的光催化活性，提出了一种协同制备高比表面积 TiO_2 多孔结构的方法，即在低沸点的溶剂（乙醇、丙酮等）中，在较低的温度（120 ℃）下结晶，然后采用冷冻干燥和结晶法合成了高比表面积、高催化活性的 TiO_2 气凝胶。

3. 常压干燥

李兴旺等以 TBOT 为原料，利用溶胶—凝胶法、小孔干燥和老化液浸泡工艺在常压干燥下制备出了完整、无开裂的 TiO_2 气凝胶块体，并研究了小孔干燥和老化液浸泡技术对常压制备 TiO_2 气凝胶的影响。研究表明，小孔干燥能够降低 TiO_2 湿凝胶干燥过程中所受的不均匀收缩应力，而 TBOT 醇溶液和 TEOS 醇溶液浸泡处理，能够增强凝胶的骨架强度，有助于减轻凝胶在干燥过程中的收缩和开裂，制备出完整的高性能 TiO_2 气凝胶块体，其密度为 0.184 g/cm^3，比表面积达 389.5 m^2/g。

卢斌等以 TTIP 为钛源前驱体，乙酸为催化剂，甲酰胺为干燥控制化学添加剂，采用溶胶—凝胶法及溶剂置换等后续工艺，结合常压干燥法制备出了表观密度较小、比表面积较高、高温稳定性较强及成块性较好的 TiO_2 气凝胶。研究表明，适量甲酰胺可缩短凝胶时间，降低表观密度，提高比表面积，改善孔径分布范围，防止凝胶开裂。采用不同配比的甲酰胺制备的样品具有不同微观结构，其中以甲酰胺与 TTIP 物质的量比为 0.8 时，制备样品的凝胶时间最短，微观结构性能最佳。其样品制备态的晶型为无定形，表观密度为 0.18 g/cm^3，比表面积为 579.6 m^2/g，平均孔径为 19.4 nm，块体较大，且热稳定性较好。经 850 ℃高温热处理后，主要晶型转变为锐钛矿，比表面积有所降低，具有较好光催化性能。另外，水对 TTIP 水解缩聚反应影响很大，在老化液中添加水，可促进凝胶在老化过程中继续进行水解缩聚反应，提高凝胶骨架强度，抵抗干燥过程中的毛细管力。

赵乐乐等以廉价的四氯化钛为前驱体，环氧丙烷为促凝剂，甲酰胺为干燥控制化学添加剂，有机配体丙酸为水解降速剂，采用正交实验设计以常压干燥结合溶胶—凝胶法制备了 TiO_2 气凝胶。当四氯化钛、去离子水、甲酰胺、丙酸和氧丙烷的含量之比为 1∶14∶2∶0.5∶10 时，制备的 TiO_2 气凝胶比表面积为 632.87 m^2/g，平均孔径 7.87 nm，孔体积 1.24 cm^3/g。当平均孔径小、孔体积大时比表面积较高，反之，比表面积很低。随着焙烧温度升高，晶化度增强，仍未出现金红石相衍射峰，表明具有较好的热稳定性。TiO_2 气凝胶孔体积较小时，锐钛矿相结晶度好，反之，结晶度差。孔体积居中的 TiO_2 气凝胶出现游离的无定型 SiO_2，而较低的丙酸含量有利于提高焙烧后样品的晶化度。

3.1.3 模板法

模板法是指以具有三维网络孔道结构的高分子聚合物脲醛树脂为模板，以 Ti 的金属醇盐为前驱体，采用负压浸渍结合高温去模板技术制备得到 TiO_2 块体气凝胶。用该方法制备的气凝胶内部具有双孔和双连续结构分布的特点，双孔即微米级穿透孔和纳米级介孔，双连续结构指彼此交联的基质骨架和相互连通的穿透孔，骨架和穿透孔相互穿插交织形成网络结构。连续的微米级穿透孔能提供较高的渗透性，降低溶液的渗透阻力，有利于溶液浸入材料内部。位于骨架表面的介孔能提供高的比表面积，有利于增加材料的活性位点。

1. 脲醛树脂模板的制备

脲醛树脂是尿素和甲醛水溶液在酸或碱的催化条件下缩聚得到的线性脲醛低聚物。脲醛树脂模板的制备过程一般是：首先在中性或弱碱性条件下，尿素和甲醛进行亲核加成反应，生成稳定的一羟甲基脲和二羟甲基脲等活性中间体，然后在酸或碱的催化下，羟甲基与氨基进一步缩合，随着缩聚反应的进行，反应液凝胶，得到脲醛树脂的高分子聚合物。整个反应包括加成和缩聚两个反应，控制这两个反应步骤，并加入相分离剂引导体系发生相分离，最终形成相互连接的有机聚合物骨架及溶剂相，干燥除去溶剂就可以得到具有穿透孔的脲醛树脂模板。

2. TiO_2块体的制备

以钛酸四正丁酯为前驱体，乙醇为溶剂，乙酰丙酮为改性剂，用硝酸调节体系的 pH 为 4～5，然后加入一定量的二次蒸馏水，将整个体系搅拌均匀后即可得透明的亮黄色钛溶胶。

将脲醛树脂模板浸泡到钛溶胶中 24 h，然后用负压浸渍 15 min，再将模板从溶胶中取出后，在室温下干燥 2 h。整个负压浸渍—干燥的过程重复几次后，就可得到脲醛树脂/TiO_2复合块体材料。

将此复合块体材料置于坩埚中，用砂石进行包埋后置于马弗炉中，从室温/升温至 500 ℃，保温 4 h，以充分去除模板，即可制得 TiO_2气凝胶块体材料。

3.2 TiO_2气凝胶的结构

TiO_2气凝胶的微观结构由三维的细长板状网络组成，如图 3-1 所示。颗粒直径一般在 2～5 nm，长度范围为 10～30 nm。

TiO_2气凝胶具有天然的脆弱性，添加自支撑三维多孔碳泡沫（CF）不仅便于光催化处理后的分离和收集，而且可以作为 TiO_2气凝胶在光催化中长期应用的支架，显微结构如图 3-2 所示。三维多孔 CF 既可以作为 TiO_2气凝胶的载体，又可以提高光的利用效率，将 TiO_2的光响应扩展到可见光区域。

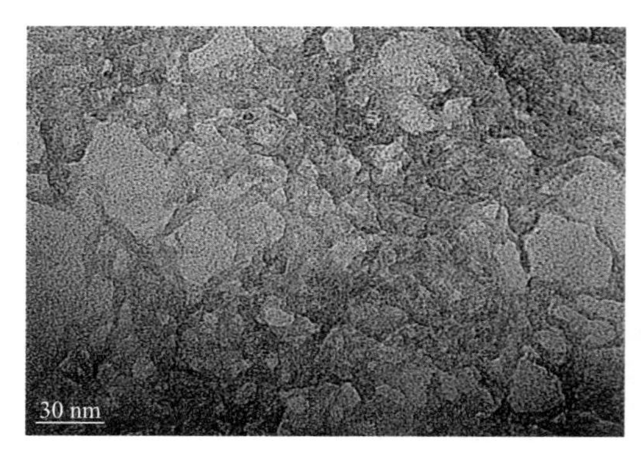

图 3-1 TiO_2气凝胶的微观结构图

溶胶—凝胶法制备的 TiO_2气凝胶一般为非晶态，高温煅烧后仅在结晶状态下表现出特殊的催化性能，但煅烧会显著降低气凝胶的比表面积。在不经退火的情况下，以氯化亚锡为掺杂剂，采用超声波辅助溶胶—凝胶法合成制备的共存晶相 Sn-TiO_2 气凝胶，由非晶态相和锐钛矿相组成，比表面积可达 172.4 m^2/g，能充分发挥吸附和光催化的协同作用。

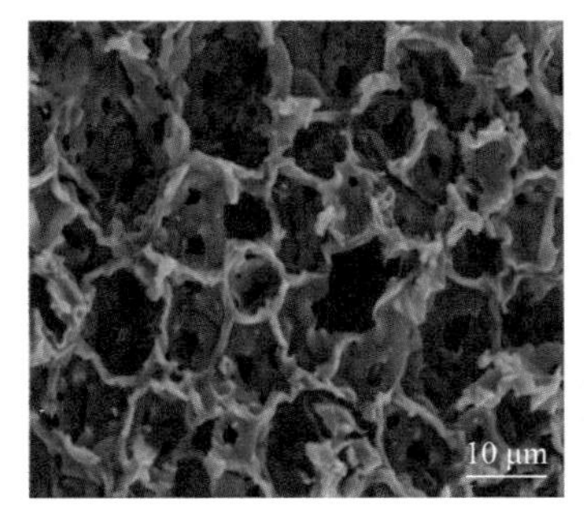

(a) CF的SEM图

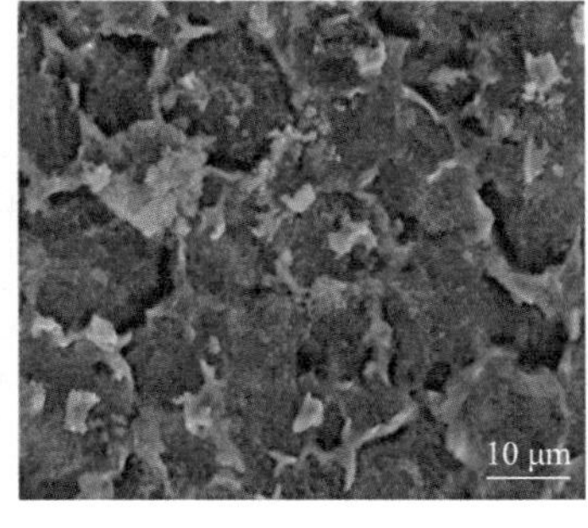

(b) CF/TiO_2气凝胶的SEM图

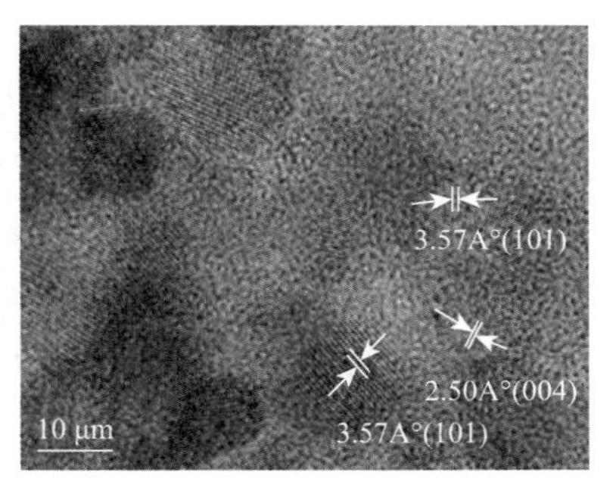

(c) CF/TiO_2气凝胶的HRTEM图

图 3-2　CF 和 CF/TiO_2 气凝胶显微结构图

有人采用溶胶—凝胶法和超临界干燥法制备了 N 掺杂气凝胶，并研究了 N 掺杂气凝胶的形态结构和光催化降解水杨酸的性能。XPS 测量显示，氮在 TiO_2 晶格中以取代(O—Ti—N)和间隙(O—N—Ti)的形式存在，高温处理时，常以间隙形式存在。热处理温度和时间对颗粒尺寸和微应变、氮的掺入量和表面 OH 基的浓度有重要影响。

3.3　TiO_2 气凝胶的特性与应用

随着现代工业、社会经济的发展，人类对能源的需求越来越大，伴随着石油开采、输运、冶炼的过程，产生了大量的含油污水，对环境造成了严重的危害，对含油污水进行有效治理，已成为亟待解决的环境问题。TiO_2 被认为是最有效、最环保的光催化材料之一。它已广泛应用于光催化降解各种污染物。通过高温热处理(>600℃)获得的锐钛矿晶型通常显示出较高的催化活性。

3.3.1　TiO_2 的光催化机理

TiO_2 是一种 n 型半导体氧化物，Hoffmann 等根据半导体的能带理论提出了 TiO_2 光催化原理，如图 3-3 所示。

TiO_2 接受能量大于禁带宽度(Eg)的光照射时，处于价带上的电子受激发跃迁进入导带，形成具有高活性的光生电子(e^-)，同时在价带上也可得到带正电荷的空穴(h^+)。锐钛矿型 TiO_2 的禁带宽度为 3.2 eV，其对应的吸收波长为 387.5 nm，因此当吸收了波长小于或等于 7.5 nm 的光子时，价带电子就会激发到导带，从而形成具有很强活性的光生电子—空穴对 e^--h^+，二者迁移到 TiO_2 表面，e^- 可与吸附在 TiO_2 表面的 O^{2-} 结合形成超氧自由基

(·O^{2-}),空穴则促使吸附在 TiO_2 表面的 H_2O 和 OH^- 反应生成具有强氧化性的羟基自由基(·OH)。高活性的超氧自由基(·O^{2-})、羟基自由基(·OH)和空穴能将有机物氧化,生成 CO_2、H_2O 及一些简单的无机物,从而能够达到去除有机污染物的目的。

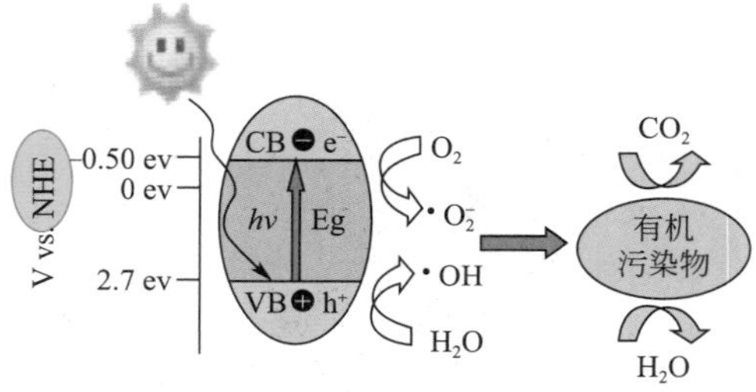

TiO_2 的光催化反应活性与 TiO_2 的晶粒大小、晶体形貌和表面积等因素密切相关。TiO_2 有三种晶型:锐钛矿相、金红石相和板钛矿相,应用在光催化方面的主要是锐钛矿相。

图 3-3 半导体光催化机理

利用光催化纳米 TiO_2 可以降解各种有机、无机污染物,用于治理环境污染。尤其是纳米 TiO_2 对含油污水具有十分优异的光催化降解性能,降解速度快,降解率高,能耗低,反应条件温和,操作简便,适用范围广,无二次污染。

受辐射的 TiO_2 表面能发生水的继续氧化还原反应,也就是宽禁带半导体材料的光催化反应。但纳米 TiO_2 回收困难,难以在实际工业中推广应用。为此,近年来开展了负载型 TiO_2 光催化剂和 TiO_2 光催化薄膜的研究,较好地解决了 TiO_2 回收问题,但却降低了 TiO_2 的有效比表面积,因而降低了光催化效率。

3.3.2 TiO_2 气凝胶的光催化

TiO_2 气凝胶是一种纳米多孔材料,既具有纳米 TiO_2 独立的纳米粒子特性,又具有超高的比表面积。与非固定相光催化剂 TiO_2 粉末相比,TiO_2 气凝胶具有以下优点:

(1)TiO_2 气凝胶可以制成块状或颗粒状固体,从而增大光催化剂的表观粒径,使其方便回收再利用。

(2)TiO_2 气凝胶与 TiO_2 粉体和 TiO_2 薄膜不同,它是具有高比表面积的介孔材料,因此污染物可在其内外表面同时进行吸附和降解。

(3)由于 TiO_2 气凝胶为透明或半透明状固体,紫外光几乎可以完全穿透气凝胶颗粒,激发气凝胶表层及内部的 TiO_2,使 TiO_2 释放出空穴和电子,通过光催化可氧化吸附在其表面上的污染物质。

(4)构成 TiO_2 气凝胶的基本颗粒非常小(通常为 10 nm 以下),处在量子尺寸范围,当紫外光照射激发时其表面生成的空穴和电子不易复合,从而大大提高了光催化活性。

TiO_2 气凝胶虽然具有良好的光催化活性,但在光催化时存在以下两个问题:一是禁带宽度大,只能被波长小于 387 nm 的光激发;二是电子和空穴的复合率高。这在一定程度上限制了 TiO_2 气凝胶的高效应用。

用高温煅烧后的锐钛矿相 TiO_2 气凝胶催化降解渤海原油污水模拟溶液,在 TiO_2 气凝胶加入量为 400 mg/L 的情况下,90 min 内对渤海原油污水的去除率最高可达 91%。

为了提高 TiO_2 气凝胶的光催化活性和对可见光的利用率，可以对其进行掺杂改性和结构调控，从而使 TiO_2 对光的吸收带向可见光区移动，拓展光影响范围，同时能再产生晶格畸形，有效抑制光生载流子的复合，达到提高光催化活性和对可见光利用率的目的。

近年来的研究表明，通过碳化聚合物和溶胶—凝胶法制备的 TiO_2 气凝胶/CF 复合材料，在光催化领域具有重要的应用价值。TiO_2/C 复合材料作为太阳能光催化剂，因综合了 TiO_2 良好的光催化活性和 C 增强的电荷载体分离的优点，从而得到了广泛的研究。复合催化剂的性能优于纯 TiO_2 气凝胶，可用于有机污染物的降解和废水的处理等。

TiO_2 气凝胶还可以作为电子传输层应用在太阳能电池中。通过改性 TiO_2 气凝胶，可以增加接触面，使钙钛矿沉积浓度更高，并增强了层间相互渗透过程。为了避免气凝胶层中针孔的存在造成短路，可以再沉积一层 TiO_2 浆料薄膜。TiO_2 气凝胶涂层能将光电转化效率提升两倍以上。因此，气凝胶涂层在高性能钙钛矿型太阳能电池中具有广阔的应用前景。

3.3.3 掺杂与改性

Choi 等对金属离子对 TiO_2 的光催化活性影响进行了系统的研究，详细探讨了 21 种金属离子掺杂对 TiO_2 光催化活性的影响，实验发现，低浓度的 Fe^{3+} 掺杂效果最佳。

Sadrieyeh 等制备了 Au/Ag 掺杂 TiO_2 气凝胶，既具有独特的气凝胶形态特征，又结合了 TiO_2 固有的物理、化学和光催化性能，以及金属纳米粒子(Au 和 Ag)的强等离子体效应。因此，能克服传统 TiO_2 固有的缺点，可作为一种理想的光催化剂。

Asahi 等研究了氮对 TiO_2 光催化活性的有益影响。氮掺杂的 TiO_2 在可见光区域具有吸收特性，并且在可见光照射下光催化活性得到显著增强。通过对氮掺杂的化学性质及其对 TiO_2 能带结构的影响研究表明，氮对 TiO_2 的影响取决于以下因素：合成过程(溶胶—凝胶、离子注入、磁控溅射、氮化钛氧化等)、二氧化钛结构中氮物种(氮氧化物、替代氮或氮氧化物)的位置、氮与氧空位之间的相互作用。通常，NH_3 的掺杂是通过使用气态 NH_3-Ar 混合物或在合成过程中在反应混合物中添加 NH_3 溶液。

参考文献

[1] 卢斌，孙俊艳，宋淼，等. 老化介质对常压干燥制备 TiO_2 气凝胶性能的影响[J]. 硅酸盐通报，2012，05：1106-1110.

[2] 卢斌，张丁日，宋淼，等. 水对常压干燥制备块状 TiO_2 气凝胶显微结构的影响[J]. 中国有色金属学报，2013，23(7)：1990-1995.

[3] 卢斌，宋淼，张丁日，等. 甲酰胺对 TiO_2 气凝胶微观结构的影响[J]. 中南大学学报(自然科学版)，2013，44(1)：75-82.

[4] SCHNEIDER M，BAIKER A. Titania-based aerogels[J]. Catalysis Today，1997，35(3)：339-365.

[5] AYERS M R，HUNT A J. Titanium oxide aerogels prepared from titanium metal and hydrogen per-

oxide[J]. Materials Letters, 1998, 34:290-293.

[6] 赵乐乐,王守信,王远洋. 常压干燥溶胶—凝胶法制备的 TiO_2 气凝胶织构和结构研究[J]. 工业催化,2015(1):19-25.

[7] 胡久刚,陈启元,李洁,等. 常压干燥法制备 TiO_2 气凝胶[J]. 无机材料学报,2009,24(4):685-689.

[8] 龙涛. 块状钛基气凝胶的制备及光催化降解废水中有机污染物实验研究[D]. 武汉:中国地质大学,2016.

[9] 刘朝辉,苏勋家,侯根良. Si 含量对 TiO_2/SiO_2 复合气凝胶结构及光催化性能的影响[J]. 无机材料学报,2010,25(9):911-915.

[10] 刘朝辉,侯根良,苏勋家,等. 热处理温度对 TiO_2/SiO_2 复合气凝胶光催化性能的影响[J]. 无机材料学报,2012,27(10):1079-1083.

[11] AKPAN U G,HAMEED B H. The advancements in sol-gel method of doped-TiO_2,photocatalysts[J]. Applied Catalysis A General,2010,375(1):1-11.

[12] DAGAN G, TOMKIEWICZ M. Titanium dioxide aerogels for photocatalytic decontamination of aquatic environments[J]. Phys. Chem., 1993, 97(49): 12651-12655.

[13] 王亚波,潘自红,秦德志,等. 钬掺杂 TiO_2/碳气凝胶电极电吸附光催化降解双酚 A[J]. 中国稀土学报,2016,34(5):549-554.

[14] 李兴旺,吕鹏鹏,姚可夫,等. 常压干燥制备 TiO_2 气凝胶及光催化降解含油污水性能研究[J]. 无机材料学报,2012,27(11):1153-1158.

[15] 郭兴忠,孙赛,李文彦,等. 二氧化钛气凝胶的常压干燥制备及热处理[J]. 稀有金属材料与工程,2012,41(S3):475-478.

[16] 林本兰,沈晓冬,崔升,等. 锐钛矿型 TiO_2 气凝胶的制备和光催化性能[J]. 南京工业大学学报(自然科学版),2016,38(02):20-26.

[17] 刘天时,何帅杰,张勇,等. TiO_2 改性三聚氰胺-甲醛气凝胶的制备与表征[J]. 武汉理工大学学报,2013,35(03):11-14.

[18] 卢斌,张丁日,宋淼,等. 常压干燥法制备铁掺杂二氧化钛气凝胶[J]. 人工晶体学报,2012,41(04):905-910, 915.

[19] 伏宏彬,金灿,夏平,等. 钛硅复合气凝胶的制备工艺与光催化能力研究[J]. 无机盐工业,2009,41(11):26-28.

[20] ZHANG C, LIU S T, QI Y C, et al. Conformal carbon coated TiO_2 aerogel as superior anode for lithium-ion batteries[J]. Chemical Engineering Journal, 2018,351: 825-831.

[21] POPA M, MACOVEI D, INDREA E, et al. Synthesis and structural characteristics of nitrogen doped TiO_2 aerogels[J]. Microporous and Mesoporous Materials, 2010, 132(1-2): 80-86.

[22] WEI X, CAI H D, FENG Q G, et al. Synthesis of co-existing phases Sn-TiO_2 aerogel by ultrasonic-assisted sol-gel method without calcination[J]. Materials Letters, 2018, 228: 379-383.

[23] PINHEIRO G K, SERPAB R B, SOUZA L V, et al. Increasing incident photon to current efficiency of perovskite solar cells through TiO_2 aerogel-based nanostructured layers[J]. Colloids and Surfaces A: Physicochemical and Engineering Aspects, 2017,527: 89-94.

[24] PARALE V G, KIM T, PHADTARE V D, et al. Enhanced photocatalytic activity of a mesoporous TiO_2 aerogel decorated onto three-dimensional carbon foam[J]. Journal of Molecular Liquids, 2019, 277:424-433.

[25]　CHOI W，TERMIN A，MICHAED R H. Role of metal ion dopants in quantum-sized TiO_2 [J]. Phys. Chem.，1994，98(51)：13669-13679.
[26]　SADRIEYEH S，MALEKFAR R. Photocatalytic performance of plasmonic Au/Ag-TiO_2 aerogel nanocomposites[J]. Journal of Non-Crystalline Solids，2018，489：33-39.
[27]　BAIA L，PETER A，COSOVEANU V，et al. Synthesis and nanostructural characterization of TiO_2 aerogels for photovoltaic devices[J]. Thin Solid Films，2006，511-512：512-516.
[28]　吴绪洋. 离子液体中贵金属改性 TiO_2 气凝胶的制备及性能研究[D]. 大连工业大学，2013.
[29]　YUE X，SCHUNTER A，HUMMON A B. Comparing multistep immobilized metal affinity chromatography and multistep TiO_2 methods for phosphopeptide enrichment[J]. Analytical Chemistry，2015，87：8837-8844.
[30]　ASAHI R，TAGA Y，MANNSTADT W，et al. Electronic and optical properties of anatase TiO_2 [J]. Physical Review B Condensed Matter，2000，61(11)：7459-7465.

第4章 碳气凝胶

碳气凝胶(carbon aerogel)是一种轻质、多孔、非晶态、块体纳米碳材料,具有连续的三维网络结构,并可在纳米尺度控制和剪裁。碳气凝胶是由美国 Lawrance Livermore 国家实验室的 Pekala 在 1989 年首先制备的,除了具有一般气凝胶的特性,如形状、密度、比表面积和网络结构连续可调外,还具有高导电率和高水热稳定性,大大拓展了气凝胶的应用领域。

碳气凝胶与传统的无机气凝胶(如 SiO_2 气凝胶)相比,不仅可以作为催化剂的载体、吸附剂、模板剂、色谱仪的填充材料、热绝缘体,而且还是制备超级电容器和锂电池的理想材料,可用于制造人造生物组织、人造器官及器官组件、医用诊断剂及胃肠外给药体系的药物载体,在储氢方面也有很好的应用前景。

4.1 碳气凝胶的制备

碳气凝胶一般是由有机气凝胶在惰性气氛下碳化得到的。传统有机气凝胶的制备方法为:间苯二酚与甲醛混合溶液在碱性催化剂作用下发生溶胶—凝胶反应,交联聚合成有机湿凝胶,有机湿凝胶经超临界干燥排除内部液相成分,并以空气代替,得到有机气凝胶。

第一批碳气凝胶是通过间苯二酚-甲醛气凝胶(RF 气凝胶)的碳化而制得的。通常人们把它看成是一种高气孔率的无定形的石墨基质的泡沫。制备碳化气凝胶的基本思想是:将高含碳率的样品在高温(通常 800~1 200 ℃)、常压以及惰性气体的环境下热解。1996 年,Hanzawa 等研制出了一种制备极高比表面积的碳化气凝胶的方法,这种方法通过使用 CO_2 活化碳骨架,使其腐蚀,产生更多的微孔和活化界面,有利于催化作用、吸附作用、去离子作用和电化学作用。通过使用激光加热金刚石对顶砧产生高温高压环境,将不规则的碳化气凝胶结晶成金刚石气凝胶,证明了通过严格的结晶过程和相变过程,气凝胶可以保持它的纳米骨架。气凝胶态的金刚石具有十分广阔的前景。

4.1.1 碳气凝胶的原料

1. 酚-醛凝胶体系

传统碳气凝胶的制备原料是间苯二酚(R)、甲醛(F)和碳酸钠(催化剂),但由于间苯二酚价格较高，为了降低碳气凝胶制备成本，可以用其他价格相对较为低廉的原材料如甲酚来部分代替间苯二酚来制备碳气凝胶。也可采用三聚氰胺和甲醛，酚醛树脂和糠醛，线性高分子 N-羟甲基丙烯酰胺和间苯二酚，混甲酚和甲醛，2,4-二羟基苯甲酸和甲醛等作为制备碳气凝胶的原料。

制备碳气凝胶时，间苯二酚与甲醛先生成中间体混合物，进一步交联形成具有体形结构的团簇，团簇聚集键联形成凝胶。

2. 生物质原料

随着溶胶—凝胶技术发展，生物质原料也被用于碳气凝胶的合成。比如纤维素、木质素、生物质衍生物等。

3. 水热反应原料

球状有机气凝胶可以采用一步水热法制备。以葡萄糖为碳源，聚乙烯吡咯烷酮为模板剂，在冰乙酸催化作用下水热反应生成。

4.1.2 有机气凝胶碳化

干燥后得到的有机气凝胶，在氩气等惰性气体保护下在高温环境中进行热分解，H、O原子挥发，转变成为以碳为主要成分的具有三维网络状结构的碳气凝胶。

在碳化过程中，有机气凝胶官能团热解成气体小分子逸出，在气凝胶骨架上留下许多细小空洞，这些孔洞以微孔为主，大大提升了碳气凝胶的比表面积。

在 700～900 ℃范围内，碳化工艺条件对碳气凝胶结构和性能的影响顺序为：升温速率＞碳化温度＞碳化时间，升温速率越慢，碳化终温越高，碳气凝胶密度越低。碳气凝胶的微孔会随着碳化温度的升高而减少。

高温煅烧有利于微孔(孔径小于 2 nm)的形成，从而提升碳气凝胶的比表面积。

4.1.3 碳气凝胶活化

碳气凝胶的活化是在碳化基础上，进一步对碳气凝胶孔结构进行调控。活化分为物理活化和化学活化。

1. 物理活化

物理活化是指碳气凝胶在水蒸气或 CO_2 等氧化性气氛下，在高温环境中对碳气凝胶骨架进行蚀刻，达到扩孔、开孔、增孔的目的。物理活化在增大碳气凝胶比表面积与孔隙率的同时，更偏向于增多微孔数量。

以 CO_2 活化为例，将碳气凝胶在管式炉中，在 CO_2 气氛保护下，以 2.8 ℃/min 的升温速率升温至活化温度(800～1 000 ℃)，保温 3 h 后在 CO_2 气氛保护下随炉冷却，可得到活化碳气凝胶。

CO_2 活化的主要机理是在高温条件下与碳气凝胶上的一些活性位点(活跃的碳原子)发生氧化还原反应:

$$C+CO_2 \xrightarrow{\text{高温}} CO+C(O)$$

C 的消耗过程主要分为造孔、开孔和扩孔。①造孔。CO_2 优先在碳气凝胶颗粒表面或孔壁上进行选择性蚀刻,产生微孔。②开孔。CO_2 与碳化沉积在碳气凝胶内部孔道中的无定形碳粒子发生反应,使闭孔打开。③扩孔。CO_2 分子通过疏通后的孔道得以在碳气凝胶内部扩散,与碳气凝胶接触面积增大,CO_2 与空隙内表面部分碳反应生成 CO 气体排出,使原有孔径增大,同时,孔壁的烧蚀使得孔径相互连通,形成裂隙孔(气体通道),更有利于 CO_2 向内部扩散。CO_2 与碳气凝胶骨架不断反应,从而不断增大材料孔洞。

2. 化学活化

化学活化是将碳气凝胶与 KOH 等活性物质进行低温共烧或浸泡在醋酸溶液等活性物质中进行活化,达到调控碳气凝胶孔结构的目的。化学活化有利于碳气凝胶介孔的保持。

以 KOH 活化为例,可分为浸渍活化与研磨活化两种方法。浸渍活化过程为:将 1 g 碳气凝胶溶于 30 mL 浓度为 10%的 KOH 溶液中,磁力搅拌 1 h,超声处理 2 h,在室温下静置 12 h,令碳气凝胶充分润湿。将混合液混以适量酒精在 120 ℃干燥 1 天后,在氩气保护下以 10 ℃/min 升温速率升温至 800 ℃,保温 2 h 后随炉冷却至室温,将产物用 10%稀盐酸洗涤数次,用去离子水清洗抽滤至 pH 显中性后在 120 ℃干燥 1 天即得到 KOH 活化碳气凝胶。研磨活化方法为:将 1 g 碳气凝胶与 1~5 g 的 KOH 研磨混合至看不见白色的颗粒,静置 12 h,静置后的煅烧与酸洗过程与浸渍活化类似。

任子君通过一步水热法制备得到碳气凝胶前驱体。他将 NaOH 与碳气凝胶按质量比 3 : 1 进行混合以及加工后,在管式炉氮气气氛 850 ℃下活化 2 h 后制备得到活化多孔碳,比表面积高达 2 492.6 m^2/g,制成的电极在 0.5 A/g 扫描速率下,比电容达到 299 F/g。

4.1.4 球形碳气凝胶的制备

用传统工艺制备出的碳气凝胶的形态以柱状、块状和粉末状为主。近年来,球形碳气凝胶的制备也引起了人们的注意。

球形碳气凝胶主要通过反相乳液聚合法制备得到。在溶胶—凝胶过程中加入互不相溶的另一相环己烷,并持续地高速搅拌,在巨大剪切力的作用下,原体系就会以极小的液滴形式分散在新相中。由于两液相间的界面积增大,界面自由能增大,体系的不稳定性增加,自发地趋于向自由能降低的方向运动,即小液滴互碰后聚集成大液滴。加入表面活性剂后,在降低界面张力的同时必然会在界面处吸附并形成界面膜,此膜对分散相液滴起保护作用,使其在相互碰撞后不易合并。液滴内的体系继续进行凝胶化反应,生成三维网络结构,使得水凝胶变得更黏稠，最终生成一个个分散的湿凝胶微球。图 4-1 是有机气凝胶的成球机理图。

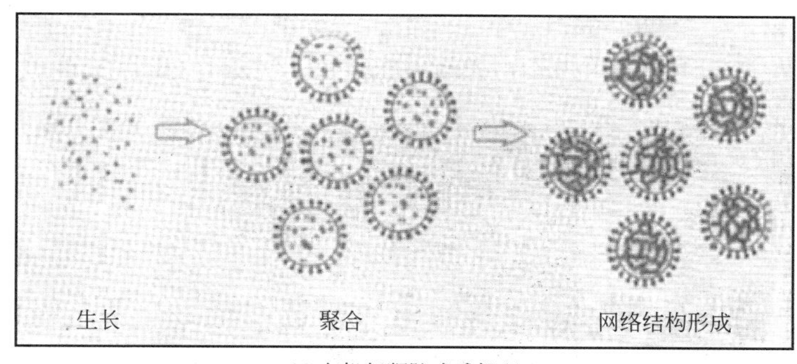

(a) 有机气凝胶成球机理

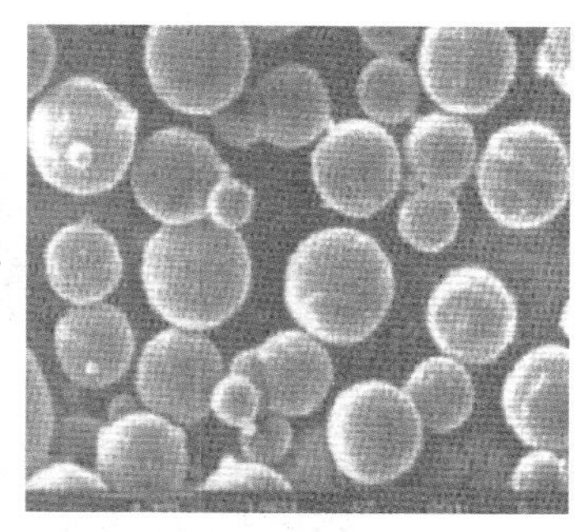
(b) 气凝胶微球

图 4-1 球形碳气凝胶

用间苯二酚和甲醛为原料，碳酸钠为催化剂制备有机水溶胶，在溶胶失去流动性之前，将其加到含有表面活性剂 $SPAN_8O$ 的环己烷中，然后在凝胶温度下搅拌直到分散的颗粒形成凝胶，经冷冻干燥和碳化后，就可得到球状碳气凝胶。改变有机溶胶的表观黏度和搅拌速度可控制凝胶粒径的大小。平均直径为 20 μm 的球形碳气凝胶比表面积可达800 m^2/g，平均孔径为 1.78 nm。用同样的方法，将石油醚作为超临界干燥介质，可制备出直径 40 μm 的球形碳气凝胶。

利用廉价且广泛使用的琼脂糖生物质作为碳的前驱体可合成超轻和超多孔的碳气凝胶，密度为 0.024 g/cm^3，比表面积为 516 m^2/g，孔体积为 0.58 cm^3/g。该方法是一种可大规模生产的环境友好方法，在有机污染物的吸附方面有很大的应用潜力。

4.1.5 模板法

金属有机骨架（MOF）前驱体的热转变是制备碳材料的一个重要途径。然而，MOF 衍生碳的形态在很大程度上是由母体 MOFs 决定的。Yang Chen 等提出了一种无交联剂的自模板化方法，通过改变机械压力和母体 MOFs 的后热转变，合成了最高比表面积为 1 916 m^2/g（孔体积约 5.19 cm^3/g）的功能化碳气凝胶，突破了 MOF 衍生碳的尺寸限制。作为碳载体，MOFs 压力诱导的整体碳气凝胶有利于负载 SnO_2 纳米颗粒，在 0.2 A/g 和 1 A/g 的条件下分别表现出 1 420.7 mA · h/g 和 850.5 mA · h/g 的优异性能，在 5 A/g 下也表现出 514 mA · h/g 的优异速率容量。

4.2 碳气凝胶的结构

4.2.1 微观形貌

有机气凝胶具有明显三维网络骨架结构，孔隙度很高，且孔的孔径都较大，骨架比较纤细。有机气凝胶碳化后得到的碳气凝胶结构更加紧密，由许多碳颗粒堆积而成，孔径趋于纳米量级。图 4-2 所示为有机气凝胶经过碳化得到的碳气凝胶[图 4-2(a)]以及 CO_2 活化得到的活化碳气凝胶[图 4-2(b)]的扫描电镜图谱。可以看到，碳气凝胶由许多碳纳米颗粒团聚而成，碳颗粒之间的孔隙为碳气凝胶贡献了极高的孔隙率。

图 4-2 碳气凝胶的显微结构

4.2.2 内部孔道结构

碳气凝胶内部具有三维联通的孔道结构，气孔率高达 80%～98%，具有很高的比表面积（200～2 000 m^2/g），碳气凝胶孔径尺寸以微孔（小于 2 nm）为主。介孔（2～50 nm）及大孔（大于 50 nm）主要是在溶胶凝胶反应过程中形成的。不同温度活化处理后，碳气凝胶的孔径结构测试表征结果见表 4-1。

表 4-1 活化前后碳气凝胶孔结构参数

活化温度-时间	比表面积/($m^2 \cdot g^{-1}$)	微孔比表面积/($m^2 \cdot g^{-1}$)	平均孔径/nm	总体积/cm^3	微孔体积/nm^3	微孔比例/%
碳气凝胶	739.62	801.66	4.10	0.758	0.285	37.6
900 ℃-10 h	2 027. 83	2 083.45	2.85	1.445	0.740	51.2
950 ℃-4 h	2 088. 85	2 106.38	2.88	1.450	0.749	51.7
950 ℃-6 h	3 165.32	3 232.94	3.03	2.394	1.149	48.0
950 ℃-10 h	4 068.55	3 890.93	3.02	3. 077	1.383	45.0
1000 ℃-4 h	3 498.75	3 322.69	2.83	2.477	1.181	47.7

4.2.3 相 组 成

碳气凝胶骨架由无定形碳及部分石墨构成。图 4-3 所示为不同碳化温度得到的碳气凝胶球的 XRD 衍射图谱，图谱中在 24.5°和 43°附近有两个比较宽泛的散射峰，对应石墨微晶的(100)和(002)特征吸收峰，衍射强度代表了碳气凝胶石墨化的程度，可以看到，碳气凝胶石墨化程度较低，随着碳化温度升高，衍射峰在逐渐增强，说明碳气凝胶结构逐渐向石墨结构过渡，这将有效地改善碳气凝胶的导电性能。

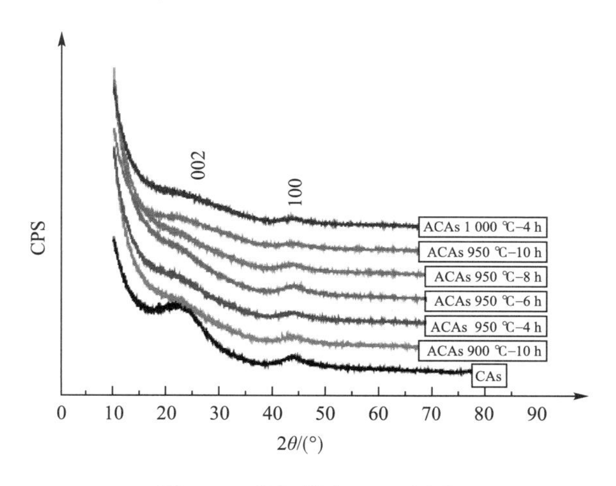

图 4-3 碳气凝胶 XRD 图谱

4.3 碳气凝胶的性能

碳气凝胶的孔隙率为 80%～98%，典型的孔隙尺寸小于 50 nm，网络胶体颗粒直径 3～20 nm，比表面积 600～1 100 m^2/g。

4.3.1 热导率

在环境压力下，材料中 1～100 nm 的孔能够降低气态的热传导。相比于自由非对流空气的气态热传导率，碳气凝胶的热导率在 0.03～0.05 W/(m·K)。为了用作高温绝热器，必须将碳气凝胶排空，否则碳气凝胶能够在氧化的氛围中燃烧。在一个排空的样品中，气态的热传导降为零，碳骨架能够有效降低辐射热传递。由于高度的多孔性，碳气凝胶的固态热导率也非常小。

4.3.2 比表面积

碳气凝胶有很高的比表面积和孔体积，而且其孔径可控，是比较理想的模板材料。碳气凝胶活化后的比表面积高达 2 500 m^2/g 以上，孔隙率可达到 20 m^3/g 以上，孔径分布为 0.3～100 nm。

4.3.3 声阻抗

随着密度的改变，碳气凝胶的声阻抗可以在一个较大的范围内变化，是一种理想的声阻抗耦合材料,能够降低声波的投射效率以及器件应用中的信噪比。利用密度—梯度气凝胶,将极大地增强声耦合。其纵向声速传播率极低,是一种理想的声延迟材料以及高温隔音材料。

4.3.4 电学性质

碳气凝胶具有优良的导电性能、极高比表面积和可调多孔结构,可以用作超级电容器和可充电电池的电极材料。

高比表面积、均一纳米结构、强耐腐蚀性、低电阻系数及宽密度范围的碳气凝胶是高效高能电容器的理想材料。孟庆函等用线性酚醛树脂-糠醛制备的碳气凝胶作为超级电容器的电极材料,0.5 mA 充放电时,电极的比电容达 121 F/g。

程勇等通过在前驱体溶液中加入乙酸镍与适量十二烷基苯磺硫酸钠,制备出负载 Ni 的碳气凝胶离子电极。研究表明,Ni 的加入可以有效提升碳气凝胶比表面积和孔体积,并增强对甲基橙废水的电催化氧化能力,在最优操作条件下,甲基橙的降解率达到 98.9%,化学需氧量(COD)去除率达到 95.1%。

Farmer 等做了一个电学脱盐实验发现,相比于其他碳衍生材料而言,碳气凝胶的使用可以提高电学性能。

4.3.5 吸 附 性

1. 亲油性能

碳气凝胶由于其高孔隙率以及亲油性能而被广泛用作吸附分离材料,有望被用于处理海上的漏油。浙江大学高超课题组利用冷冻—解冻法制备得到高弹性、强吸附的碳气凝胶,被压缩 80%后仍可恢复原形状,对有机溶剂具有超快、超高的吸附能力,可以吸附自身重量 250~900 倍的有机溶剂,具有良好的弹性,可以重复使用。

纯碳气凝胶本身是亲油的,用硝酸对碳气凝胶进行活化,不仅可以对其孔径结构进行调控,硝酸液相氧化作用还可使碳气凝胶表面引入亲水官能团。可以有效改善碳气凝胶的亲水性,提升其作为电极对水性离子电解液的浸润性,降低离子迁移电阻,提升材料电化学性能。

2. 吸附蒸汽

碳气凝胶及有机气凝胶对各种有机蒸汽吸附容量、室温脱附效率均高于市售活性炭类吸附材料。研究表明,碳气凝胶及有机气凝胶对极性有机蒸汽的吸附量要高于非极性有机蒸汽,有机气凝胶对极性有机蒸汽的吸附效果要优于碳气凝胶。对于低浓度的极性有机蒸汽,气凝胶吸附主要取决于微孔含量,随着碳化温度的升高,碳气凝胶对其吸附量升高;而对于高浓度极性有机蒸汽,气凝胶吸附主要取决于吸附剂表面羟基等极性官能团与吸附质的物理化学作用，因此随着碳化温度升高，碳气凝胶极性减小，吸附效果变差。

3. 吸附离子

碳气凝胶还可以用于吸收工业废水和土壤中的重金属离子，降低工业生产对自然环境造成的破坏。采用溶胶—凝胶法制备得到的碳气凝胶，在 600 mg/L 的铜溶液中对铜离子的吸附量达到 424 mg/g，吸附铜离子的碳气凝胶在 1.0 A/g 的电流密度下，其比电容高达 255 F/g，在 1.5 A/g 电流密度下进行 5 000 次循环后测得电容保持率为 97%。

4.4 碳气凝胶的最新进展

4.4.1 全碳超轻气凝胶

浙江大学高超等制备了全碳超轻气凝胶材料，密度仅为 0.16 mg/cm^3，由碳纳米管和石墨烯组成，根据应用需要，可获得密度大于等于 0.16 mg/cm^3 的任意模型气凝胶。在空气中或非极性溶剂中受压缩时，该气凝胶均可导电，是一种良好的压电材料。另外，对泵油的吸附效果优异，吸油量可达自身质量的 300 倍左右，是一种性能优异的吸附材料。多功能超轻协同自组装碳气凝胶的形貌、显微结构以及压电、吸附过程如图 4-4 所示。

(a) 碳气凝胶形貌　(b) 显微结构

(c) 压电过程

(d) 吸附过程

图 4-4　多功能超轻协同自组装碳气凝胶及压电、吸附过程

4.4.2 碳纳米管气凝胶

中国科学技术大学的倪勇教授与俞书宏教授团队以北极熊毛发的微观结构为灵感通过溶液方法制备了一种具有超弹性和优良隔热性能的宏观尺度轻质碳纳米管气凝胶，显微结构如图 4-5 所示。热导率和超弹性在很大程度上取决于内部交联的碳纳米管的壳层厚度以及气凝胶的孔径。值得注意的是，优化后的气凝胶在 30%应变下经过 100 多万次压缩释放循环或在 90%应变下经过 10 000 次压缩释放循环仍能够保持结构的完整性。

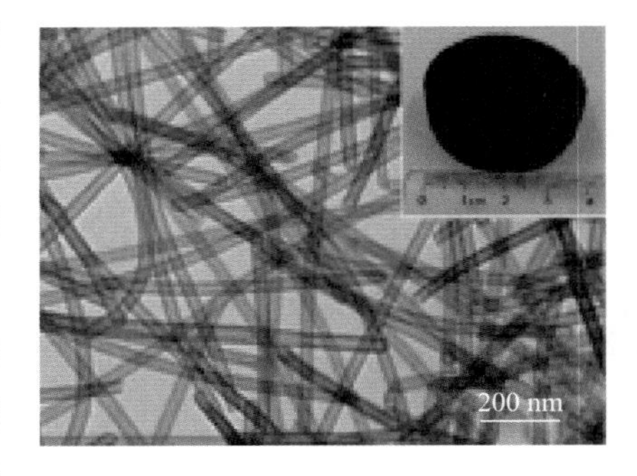

图 4-5 碳纳米气凝胶的显微结构

此外，这种仿生气凝胶对宽频带力能够产生快速准确的动态压阻响应。尤其是在传统弹性材料中通过标准落钢球测得的最快反弹速度 1 434 mm/s，进一步证实了该仿生碳纳米管气凝胶的超弹性。此外，该气凝胶优化后的最小热导率低至 23 mW/(m · K)，这一性能优于干燥空气的导热系数。

2007 年，Bryning 首次在超声波条件下将碳纳米管溶解在富含表面活性剂的溶液中，通过凝胶和干燥过程制得气凝胶，使碳纳米管气凝胶的性能得到显著提高。

2009 年，Aliev 等报道了一种从多壁碳纳米管中剥离得到气凝胶片的方法，气凝胶片的厚度是 20mm，面密度是 1～3 mg/cm^2，可以在透明电极中永久冻结。这种气凝胶片能够产生巨大的伸长率和伸长速率，分别达 220%和(3.7×10^4)%/s，工作温度 80～1 900 K。泊松比达到 15，比传统橡胶高出 30 倍，大泊松比值表明试样在宽度和长度方向上的变化相反，材料呈现罕见的负线性压缩性和拉伸致密化特性。

另一种干燥合成制备碳基质气凝胶的方法是，采用在氧化锌网状结构样品上沉淀纳米结构的石墨(化学气相沉淀)，然后在氢气氛围下用 Zn 来替代 ZnO，最后在高温下将 Zn 升华出来。这样所得到的产物有极低的密度(<0.2 mg/cm^3)，也被称为气石墨或飞行的石墨(aerographite)。

4.4.3 硬碳气凝胶

由于 sp^3-C 引起的乱层“纸牌屋”结构，硬碳气凝胶在力学强度和结构稳定性方面显示出很大的优势。然而，制造超弹性硬碳气凝胶仍然是一个挑战。受大自然的启发，俞书宏等研发了一种简单且通用的方法，通过使用间苯二酚-甲醛树脂作为硬碳源，制造具有纳米纤维网络结构的超弹性和抗疲劳硬碳气凝胶。采用纳米纤维，包括细菌纤维素纳米纤维、碲纳米线和碳纳米管等，作为纳米纤维气凝胶的结构模板，将有机组分退火成硬碳，制备了稳固和超弹性的硬碳气凝胶。这种硬碳气凝胶具有优异的力学性能和结构稳定性，包括超弹性、高抗压强度、高恢复速度(860 mm/s)、低能量损失系数(<0.16)、长周期寿命和耐热/耐寒性。

4.4.4 碳气凝胶的金属杂化

在碳气凝胶中引入金属，不但碳气凝胶的表面形态和微观结构会发生变化，而且材料被赋予电磁性、催化活性等特殊性能。将金属引入碳气凝胶的骨架中主要有以下四种方法。

1. 浸渍法

通过常压法制备有机气凝胶，然后将此多孔材料在硝酸银溶液中浸渍一段时间，干燥后在氮气气氛中进行碳化。碳气凝胶的体积密度和银含量可以通过浸渍时间和硝酸银的浓度来改变。银的含量、浸渍时间和碳化温度都会影响银颗粒的分布和尺寸大小。

将钴通过浸渍也可引入碳气凝胶中。低温处理掺杂的碳气凝胶时，形成 2 nm 以下的钴颗粒。温度越高，颗粒尺寸大，而且颗粒表面包覆着一层碳。加热到 1 050 ℃时，会生成大量石墨纳米带。浸渍法操作工艺简单易行，但难以控制所掺杂金属的数量和均匀性。

研究发现，浸渍法可以得到高分散的铂纳米粒子(1～3 nm)，能均匀分散的铂纳米粒子质量分数可达到 10%～40%。

2. 溶解法

将可溶性的金属盐加入碳气凝胶的前驱体溶液中，凝胶后，金属盐被包覆在凝胶结构中。金属盐还可以取代酸性或碱性催化剂，参与到溶胶—凝胶反应中。加入的金属盐可以改变聚合度、凝胶过程和碳化过程，从而影响有机气凝胶和碳气凝胶的形态和孔结构。将 Ce 和 Zr 引入碳气凝胶中，会促进微孔的形成；掺杂 Ti 可以形成大孔和中孔双元分布；掺杂 Fe、Co、Ni 这些具有催化活性的金属，不仅可使碳气凝胶孔结构发生改变，同时，材料的晶化程度也发生改变，碳化产物中发现有序排列的石墨化碳层和碳纳米带存在。该方法操作简单，缺点是反应溶液难以提供官能团以固定金属离子，使其很均匀地分散于凝胶基体中，在随后的碳化过程中由于金属粒子的团聚，很难得到均匀分散的金属单质或化合物的纳米颗粒。溶液中的金属前驱体会干涉聚合反应，从而降低有机气凝胶的性能。

3. 离子交换法

Baumann 等采用 2,4-二轻基苯甲酸取代间苯二酚作为反应物的前驱体制备有机气凝胶和碳气凝胶。2,4-二羟基苯甲酸带有羧基官能团，能通过离子交换引进金属离子。由于有机物的每个重复单元上都能够为金属离子提供一个结合位置，可以使掺杂物均匀地分散在基体中。例如，在基体中引入 Cu，会使磁化系数变大，电导率也有很大的提高，且电阻系数随着铜含量的增加而降低。虽然此种方法易于控制金属的掺杂量与掺杂均匀性，但制备碳气凝胶的原料受限制，制备时间较长。

4. 沉积法

沉积法是将金属的前驱体溶解于 CO_2 超临界流体中，然后注入到多孔的有机或碳气凝胶中，再还原成金属。将金属还原有四种方法：常压下在惰性气氛中加热还原金属；在 CO_2 超临界流体中加热还原金属;在 CO_2 超临界流体中用氢气还原金属;在常压下用氢气还原金属。用沉积法可以得到高分散的纳米粒子,并且纳米粒子不易团聚。但操作工艺较复杂,通用性较差。

参考文献

[1] 梁长海,郭树才. 碳气凝胶研究进展[J]. 化工进展,1997(5):13-15.

[2] 何蕊,刘振法. 新型碳气凝胶的制备及表征[J]. 河北科技大学学报,2013,34(1):26-29.

[3] 张睿,梁晓怿,詹亮,等. 酚醛—糠醛基碳气凝胶的合成和表征[J]. 新型炭材料,2002,17(4):23-28.

[4] 沈军,刘念平,欧阳玲,等. 纳米多孔碳气凝胶的储氢性能[J]. 强激光与粒子束,2011,23(06):1517-1522.

[5] 王芳,姚兰芳,开至诚,等. CO_2 活化温度对碳气凝胶超级电容器性能的影响[J]. 上海理工大学学报,2016,38(01):93-97.

[6] MATSUOKA T,HATORI H,KODAMA M,et al. Capillary condensation of water in the mesopores of nitrogen-enriched carbon aerogels[J]. Carbon,2004,42(11):2346-2349.

[7] YU Z L, QIN B, MA Z Y, et al. Superelastic hard carbon nanofiber aerogels[J]. Advanced Materials, 2019, 31(23):1900651. 1-9.

[8] HORIKAWA T,HAYASHI J,MUROYAMA K. Size control and characterization of spherical carbon aerogel particles from resorcinol-formalde hyderesin[J]. Carbon,2004,42(1):169-175.

[9] ZHANG S,FU R,WU D,et al. Preparation and characterization of antibacterial silver-dispersed activated carbon aerogels[J]. Carbon,2004,42(15):3209-3216.

[10] FU R,DRESSELHAUS M S,DRESSELHAUS G,et al. The growth of carbon nanostructures on cobalt-doped carbon aerogels[J]. Journal of Non-Crystalline Solids,2003,318(3):223-232.

[11] BEKYAROVA E,KANEKO K. Structure and physical properties of tailor made Ce, Zr-doped carbon aerogels[J]. Advanced Materials,2000,12(21):1625-1628.

[12] FRACKOWIAK E,BéGUIN F. Carbon materials for the electrochemical storage of energy in capacitors[J]. Carbon,2001,39(6):937-950.

[13] JOB N, PIRARD R, VERTRUYEN B, et al. Synthesis of transition metal-doped carbon aerogels by cogelation[J]. Journal of Non-Crystalline Solids, 2007,353:2333-2345.

[14] FU R, BAUMANN T F, CRONIN S, et al. Formation of graphitic structures in cobalt- and nickel-doped carbon aerogels[J]. Langmuir, 2005, 21(7):2647-2651.

[15] SáNCHEZPOLO M,RIVERAUTRILLA J,MéNDEZDíAZ J,et al. Metal-doped carbon aerogels. new materialsfor water treatments[J]. Industrial & Engineering Chemistry Research,2008,47(16):6001-6005.

[16] WANG C H, KIM JEONGHUN, TANG J, et al. Large-scale synthesis of MOF-derived superporous carbon aerogels with extraordinary adsorption capacity for organic solvents[J]. Angewandte, Chemie International Edition, 2019, 59(5): 2066-2070.

[17] YANG C, LIU D, HUANG S M,et al. Pressure-induced monolithic carbon aerogel from metal-organic framework[J]. Energy Storage Materials. 2020,28:393-400.

[18] YANG X, LIU X G, CAO M,et al. Tailoring porous carbon aerogels from bamboo cellulose fibers

for high-performance supercapacitors[J]. Journal of Porous Materials, 2019, 26(6): 1851-1860.

[19] NAGY B, BAKOS I, GEISSLER E, et al. Water-ionic liquid binary mixture tailored resorcinol-formaldehyde carbon aerogels without added catalyst[J]. Materials, 2019, 12(24): 4208.

[20] ALIEV A E, OH J Y, KOZLOV M E, et al. Giant-stroke, superelastic carbon nanotube aerogel muscles[J]. Science, 2009, 323: 1575-1578.

[21] BRYNING M B, MILKIE D E, ISLAM M F, et al. Carbon nanotube aerogels[J]. Adv. Mater. 2007, 19: 661-664.

[22] 孔令宇,黄慧娟,杨喜,等.生物质基炭气凝胶复合材料在超级电容器中应用的研究进展[J].材料导报,2019,33(S2):32-37.

[23] 王永强,史非,刘敬肖,等.磁性碳气凝胶的制备及其吸附性能[J].大连工业大学学报,2019,38(05):370-373.

[24] 李坚,焦月,万才超.负载 $Ni(OH)_2/NiOOH$ 微球碳气凝胶的水热合成与储能应用[J].森林与环境学报,2018,38(03):257-264.

[25] 魏燕红.多功能碳气凝胶的结构与性能研究[D].成都:四川师范大学,2018.

[26] 杨喜,刘杏娥,马建锋,等.生物质基碳气凝胶制备及应用研究[J].材料导报,2017,31(07):45-53.

[27] 刘海花,杨莉丽,闫美芳,等.不同催化剂对碳气凝胶结构及电化学性能的影响[J].化工新型材料,2016,44(10):161-163.

[28] 刘冬,沈军,李亚捷,等.碳气凝胶的孔结构及其对电化学超级电容器性能的影响[J].物理化学学报,2012,28(04):843-849.

[29] 李俊,王先友,黄庆华.碳气凝胶的制备及其在超级电容器中的应用[J].电源技术,2006(07):555-559,562.

[30] 秦仁喜,沈军,吴广明,等.碳气凝胶的常压干燥制备及结构控制[J].过程工程学报,2004(05):429-433.

[31] 程勇,孟庆函,曹兵.负载Ni碳气凝胶粒子电极电催化氧化处理甲基橙废水的研究[J].环境工程学报,2011,5(05):1086-1090.

[32] FARMER J C, RICHARDSON J H, FIX D V. Desalination with carbon aerogel electrodes. lawrence livermore national laboratory report: UCRL-ID-125298[R]. United States, 1996.

[33] HANZAWA H , UEDA D , ADACHI G , et al. Persistent spectral hole burning of Eu (Ⅲ) complex dispersed silica composite materials prepared by sol-gel method[J]. Journal of Luminescence, 2001, 94(none):503-506.

[34] 任子君.改性碳气凝胶的超级电容器性能研究[D].西北大学,2017.

第5章 石墨烯气凝胶

石墨烯气凝胶(graphene aerogel,GA)通常是指以石墨烯为主体的三维多孔网络结构,具有石墨烯的纳米特性和气凝胶的宏观结构,并具有很强的机械强度、电子传导能力和传质速率,多孔的网络结构还使它具有极大的比表面积和孔隙率。石墨烯气凝胶由 Wang J 等人于 2009 年首次制备出来。

5.1 石墨烯的概念

石墨烯是单层碳原子经 sp^2 杂化形成的二维蜂窝状晶格结构,如图 5-1 所示,具有优异的导热性、电学性能、机械性能、比表面积。石墨烯的理论比表面积为 2 630 m^2/g。

图 5-1 石墨烯的原子结构

平面石墨烯一直被认为不存在于自由状态,对于形成碳烟、富勒烯和纳米管等弯曲结构是不稳定的。

目前能够制备厚度小于几个原子层或单层的石墨烯片,可用于器件制造和电子特性研究。高密度石墨烯薄膜内的二维电子在亚微米距离上的传输是弹道式的。在金属场效应晶体管中,通过改变栅极电压,可以在二维电子和空穴气体之间切换导电沟道。自然环境条件下,没有其他能媲美石墨烯厚度、导电性和连续性的薄膜存在。

由于具有超大比表面积,石墨烯在吸附剂领域具有很大应用潜力。英国曼彻斯特大学的 Andre 和 Konstantin 用微机械剥离法成功从石墨中分离出石墨烯,因此共同获得 2010 年诺贝尔物理学奖。完美的石墨烯由单层的碳原子六边形晶格组成二维结构,碳原子之间由共价键连接，上述结构赋予了石墨烯极好的导电、导热性能，极高的机械强度和极大的比表面积，石墨烯在电子、能源、材料和生物等方面的应用被广泛研究。

2018 年 3 月，我国首条全自动量产石墨烯有机太阳能光电子器件生产线在山东菏泽启动，主要生产可在弱光下发电的石墨烯有机太阳能电池，破解了应用局限、对角度敏感、不易造型这三大太阳能发电难题。2018 年 6 月，中国石墨烯产业技术创新战略联盟发布新制订的团体标准《含有石墨烯材料的产品命名指南》。这项标准规定了石墨烯材料相关新产品的命名方法。

石墨烯是碳同素异构体中的一种，由碳原子通过 sp^2 杂化得到六边形的二维平面材料，此材料具有单原子厚度的晶体结构。这种准二维的平面从数学角度来讲，相当于建筑单元，可以构成其他维数的结构。图 5-2(a)所示为零维的富勒烯球；图 5-2(b)所示为一维的碳纳米管；图 5-2(c)所示为三维的石墨。

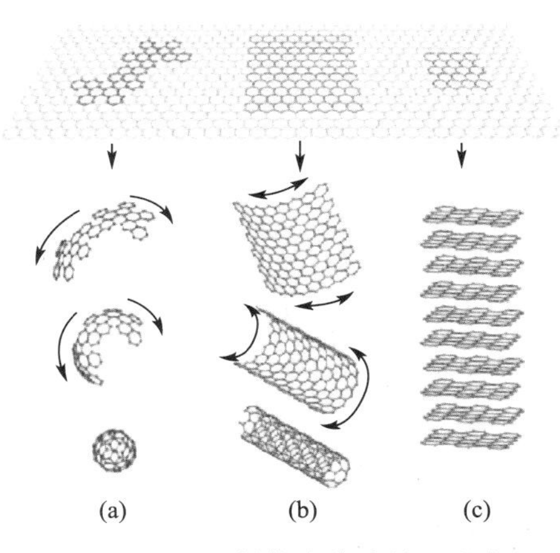

图 5-2　石墨烯作为构建单元形成不同维度的碳材料

石墨烯具有高的弹性模量(1.0 TPa)及断裂强度(130 GPa)，其优异的力学特性是因为碳原子之间通过 sp^2 轨道，以 σ 键的方式形成共价键，从而使它表现出高的强度与弹性模量。石墨烯的热导率约为 5 000 W/m·K，其导热系数高于 CNTS 和金刚石。此外，还具有优异的光学特性，在可见光区域，其透光率为 97.7%，呈透明状。石墨烯的电子导电率很高，可达 200 000 cm^2/V·s，这是由石墨烯 π 轨道的非定域结构造成的。这个数值比单晶硅材料(导电率为 1 400 cm^2/V·s)高约 150 倍，能取代单晶硅在晶体管上的应用。

石墨烯因具有较高的比表面积和大量的官能团，被作为吸附剂应用于水中的重金属和有机物等污染物的吸附去除，但是由于二维的石墨烯片层之间强烈的 π-π 堆叠和范德华力的作用，石墨烯在水溶液中容易团聚，实际比表面积远低于理论值(2 630 m^2/g)，在一定程度上降低了石墨烯的吸附性能。此外，呈粉末状的石墨烯吸附剂在实际应用中存在分离困难的问题，同时纳米尺度的石墨烯在环境中还可能存在纳米毒性，因分离和纳米毒性所导致的二次污染在很大程度上限制了石墨烯在吸附中的应用。因此，将纳米材料宏观化是目前纳米技术发展的热点趋势，也是解决纳米粉体吸附材料在水中有效分离，促进实用化的方法之一。

氧化石墨烯(graphene oxide，GO)是一种通过氧化石墨得到的层状材料。块体石墨经发烟浓酸溶液处理后，石墨烯层被氧化成亲水的石墨烯氧化物，石墨层间距由氧化前的 0.335 nm 增加到 0.7～1 nm，经加热或在水中超声剥离，很容易形成分离的石墨烯氧化物片层结构。氧化石墨烯含有大量的含氧官能团,包括羟基、环氧官能团、羰基、羧基等。羟基和环氧官能团主要位于石墨的基面上,而羰基和羧基则处在石墨烯的边缘处。

5.2 石墨烯气凝胶的结构与特性

石墨烯气凝胶的空间多孔网络结构是由石墨烯分子之间或者以石墨烯为主体和其他有机或无机分子在一定条件下相互连接形成的,基本结构单元是具有独特二维蜂巢晶格的石墨烯片层,石墨烯片层间相互堆叠组装。

石墨烯、氧化石墨烯结构图及其石墨烯气凝胶形态如图 5-3 所示。由于石墨烯存在范德华力等物理作用,能够通过自组装,成为三维石墨烯,此外,通过物理或化学交联剂也能使石墨烯成为三维宏观体。作为宏观体,不同制备方法获得的三维石墨烯形态呈现多样化,但结构上均具有良好的整体性,以块状、片状等形式存在。

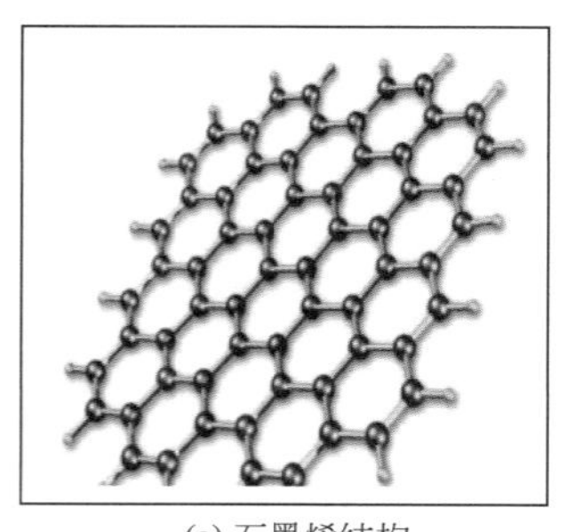

(a) 石墨烯结构

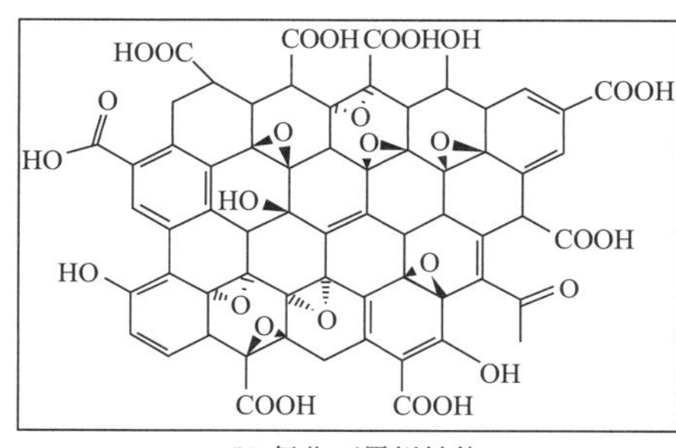

(b) 氧化石墨烯结构

(c) 石墨烯气凝胶光学图片

图 5-3 石墨烯、氧化石墨烯结构图以及石墨烯气凝胶的光学图片

石墨烯气凝胶是一种高强度氧化气凝胶,具有高弹性、强吸附的特点。石墨烯气凝胶独特的结构不仅能够充分利用单片层石墨烯固有的理化性质,解决了石墨烯片层间易团聚的难题,还赋予了它均匀密集的孔隙率,可以极大改善吸附效果,并且石墨烯宏观结构在水相中使用后易于回收,降低对环境带来的二次污染,极大地拓宽了石墨烯材料在吸附方面的应用范围。

石墨烯气凝胶不仅保持了石墨烯的良好机械性能,可以负担超过其本身 14 000 倍的重量,而且宏观结构拥有很多集成的物化特性。三维的石墨烯气凝胶结构中包含许多微孔、中孔、大孔,微孔和中孔提供了极大的比表面积,通过 KOH 活化所得的石墨烯气凝胶的比表面积可达到 3 100 m^2/g,同时大孔保证了表面的可及性,孔隙也降低了密度,可低达 0.16 mg/cm^3,仅为空气的 1/6。

石墨烯气凝胶三维的宏观结构避免了石墨烯片层间的团聚,并且改善了质量传送和电子传输效果。石墨烯气凝胶组装的前驱体一般采用氧化石墨烯,其表面具有很多的含氧官能团,这些官能团有利于石墨烯气凝胶的进一步修饰,比如掺杂氮、磷等无机元素,与其他碳材料结合或将金属及其氧化物引入其中，这些修饰都会在不同程度上改变石墨烯气凝胶的物化特性，不同的制备过程和实验条件所得的石墨烯气凝胶的结构和特性差异很大。

吸附效率与吸附剂的表面积、孔隙率和孔径有关。石墨烯气凝胶中分布的细密均匀的孔隙不仅保证了高的比表面积，为吸附水中污染物提供了大量的吸附位点，同时也减少了污染物由表面进入气凝胶内部的阻力和距离，为吸附提供了更加便利的条件。石墨烯气凝胶具有很多的含氧官能团，这些官能团一方面可以和水中污染物结合，直接提高吸附能力；另一方面也方便了进一步修饰，间接提高吸附能力。比如 FeOOH 的加入可以有效地提高石墨烯气凝胶对于重金属的吸附能力，对六价铬和二价铅离子的最大吸附容量分别可达 139. 2 mg/g 和 373. 8 mg/g。

石墨烯气凝胶具有良好的热稳定性和弹性，当吸附剂解吸处理时并不会对它的结构造成明显的影响，确保了再生后的性能。经过 8 次的吸附—解吸实验，其对于油类的吸附容量仍可达到初始吸附容量的 93%，显示出良好的再生性能。

石墨烯气凝胶极低的密度和极强的疏水性能使其在用于油水分离时快速且高效，5 min 内对油的吸附量高达 28 L/g(非扰动状况下)。石墨烯气凝胶呈现三维块体状，应用于吸附中不仅避免了纳米级吸附剂残留在水中会造成二次污染的问题，而且其作为宏观体更有利于吸附后的固液分离。

5.3　石墨烯气凝胶的制备

根据解决石墨烯在组装过程中无效团聚的方法不同，三维石墨烯的制备方法主要有模板法、支撑法、基面法、凝胶法、热液组装法和交联增韧法等。

5.3.1　石墨烯气凝胶的形成机理

三维石墨烯气凝胶的制备通常是利用氧化石墨烯作为前驱体，将氧化石墨烯在水溶液中稳定分散，由于石墨烯是两性共轭聚合高分子电解质的二维结构，具有疏水的底面和大量的亲水含氧基团，如羧基、羟基、环氧基等，层与层之间的范德华力和静电斥力的平衡使其在分散系中稳定存在，当进行物理操作或向其中添加化学物质时，通常会还原氧化石墨烯中的部分亲水基团，并且恢复了部分芳香结构，底面和边缘的亲水基团减少，材料疏水性增强，氧化石墨烯片层倾向于与溶液分离，同时氧化石墨烯片层之间 π-π 堆叠和范德华力的作用使片层之间重新组装形成新的结构，也就制备出各种各样的三维石墨烯复合材料。

由于二维的石墨烯片层之间在组装过程中很容易发生不可控的团聚，这样单层的石墨烯所具有的高比表面积、导电性等优良性能就大打折扣。为了有目的地控制三维石墨烯的组装过程，充分避免片层间的无效团聚，充分发挥石墨烯的优良性能，通常采用以下五种方法：

(1)将石墨烯通过溶胶—凝胶方法形成三维结构;

(2)采用模板控制三维石墨烯气凝胶的微观孔洞和宏观形状;

(3)在石墨烯层间添加垫片避免接触;

(4)以基面作为基础来控制石墨烯气凝胶的结构,或者不添加支撑剂;

(5)自行支撑形成三维石墨烯结构。

添加垫片或者模板可以构成支撑石墨烯片层的框架,框架的支撑力能够对范德华力、静电作用力起到制衡作用;采用水流或气体充满层间,可以减少组装时石墨烯片层之间直接接触,从而避免石墨烯片层间的无效团聚。简而言之,石墨烯气凝胶的制备过程是对稳定的石墨烯分散系进行操作,有目的地控制石墨烯的组装,使之形成多孔的空间网络结构的过程。

5.3.2 模板法

模板法是一种简单有效的制备三维多孔石墨烯气凝胶的方法,以有机分子或其自组装的体系为模板,通过氢键、离子键和范德华力等的作用,在溶剂条件下使模板剂对游离状态下的无机或有机前驱体进行引导,从而生成界限明确、结构有序的石墨烯支架或薄膜状石墨烯气凝胶。根据模板的类别不同,一般分为化学气相沉积(CVD)定向模板法、有机高分子胶体模板法和单向冻结(ISISA)冰模板法等。

1. CVD定向模板法

CVD定向模板法基本制备流程如图5-4所示,利用Ni前驱体制备出Ni泡沫模板并利用CVD使石墨烯结构在其中生长,通过酸化或者氧化去除模板制备出石墨烯气凝胶。应用CVD定向模板法制备石墨烯气凝胶的优势在于它可以有效避免易塌陷、低性能的缺点,可制备出具有独特的结构、高导电率、高比表面积、良好机械稳定性的气凝胶,在吸附方面潜力巨大。

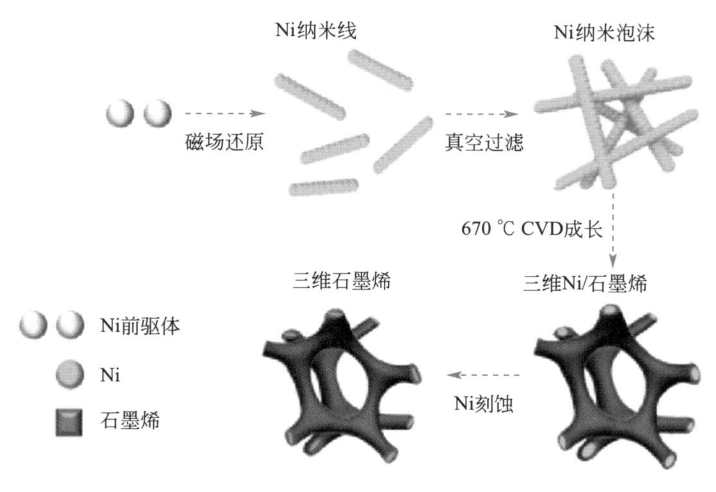

图5-4 CVD定向模板法制备石墨烯气凝胶示意图

陈武峰等首先以 Ni 泡沫作为模板，通过分解甲烷（CH_4）使石墨烯薄膜起皱生长，当 Ni 模板被无机酸腐蚀后，得到互连的宏观三维石墨烯泡沫结构，其中石墨烯片层在三维结构中直接接触，石墨烯自身的优良特性和三维结构中的交联方式赋予材料低密度（约为 5 mg/cm^3）、高孔隙率（约为 99.7%）和较大的比表面积（约为 850 m^2/g）。Cao L 等对上述方法进行了改良，制备出石墨烯泡沫状气凝胶（GF），用乙醇来代替甲烷提高了制备过程的安全性，并且有效降低成本。

2. 有机高分子胶体模板法

有机高分子胶体粒子，如聚苯乙烯（PS）、海绵（聚氨酯）等常常作为牺牲模板用于静电诱导组装形成石墨烯气凝胶。高分子作为模板和石墨烯进行组装形成三维结构时，去除模板可以产生大量的孔，有效提高气凝胶的比表面积。

Choi 等用聚苯乙烯（PS）胶体颗粒作模板获得三维交联的石墨烯结构，通过去除模板密集均匀的大孔，制备出三维石墨烯膜状气凝胶。制备过程是：将均质化学改性石墨烯（CMG）溶液和 PS 胶体颗粒悬浮液的混合溶液在 pH＝2 的条件下混合，此时，CMG 和 PS 粒子都带正电，从而避免了团聚的发生，之后在 pH＝6 的条件下进行真空过滤，此时，CMG 带负电，PS 带正电，促进了两者之间的静电组装，之后去除 PS 模板制备出大孔三维 e-CMG 气凝胶，通过沉积 MnO_2 可以得到复合薄膜，如图 5-5 所示。

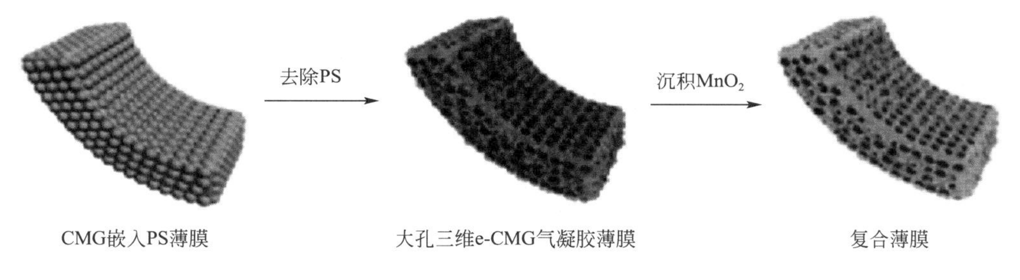

图 5-5 三维石墨烯薄膜状气凝胶示意图

Jemma 等将表面覆有聚烯丙胺盐酸盐（PAH）的带正电的聚苯乙烯水溶液加到一定比例的聚苯乙烯磺酸稳定的氧化石墨烯片（PSS-G）分散体中，然后将该混合物高速涡旋 30 s，之后在去离子水中三次离心和再分散，纯化干燥后用 SEM 观察发现，聚苯乙烯粒子的表面上均匀地涂覆有 PSS-G 片。在甲苯中浸渍 15～20 min，聚苯乙烯粒子模板溶解，凝集放气产生具有连通球状空心的石墨烯气凝胶。

将海绵浸入石墨烯溶液中，待吸满溶液后干燥，将该过程重复几次后使海绵饱和，高温退火 2h 即可得到石墨烯气凝胶。气凝胶的形状可以随海绵的形状任意改变。海绵的使用使气凝胶充满了开放的大孔，并且提高了气凝胶的比表面积和电容性能，是电容去离子电极材料的理想选择。

3. 单向冻结冰模板法

单向冻结，也称为冰分凝诱导自组装，是一种形成多孔材料的湿式成形技术。在单向冻结时紧密堆积的冰晶体环比增长，压缩相邻晶体的边界，使升华的冰沿冷冻方向取向形成微观结构，将其用于生产石墨烯气凝胶时可以提高结构的可控性。

将 PSS-G 和聚乙烯醇（PVA）的均质溶液滴于液氮中单向冻结，之后将冻结的框架结构冷冻干燥，使冰晶升华，可制备出多孔的三维海绵状石墨烯气凝胶。石墨烯气凝胶的框架结构极具质感，并且可以通过不同位置的凝固速率和相关联的温度梯度实现不同的图案。

将全氟磺酸、氧化石墨烯、铂盐的混合溶液运用冰模板法形成多孔的三维氧化石墨烯气凝胶，如图 5-6 所示，之后原位还原氧化石墨烯为石墨烯纳米片，并将 Pt 纳米颗粒负载在气凝胶上，可制备出负载金属的三维石墨烯气凝胶薄膜。

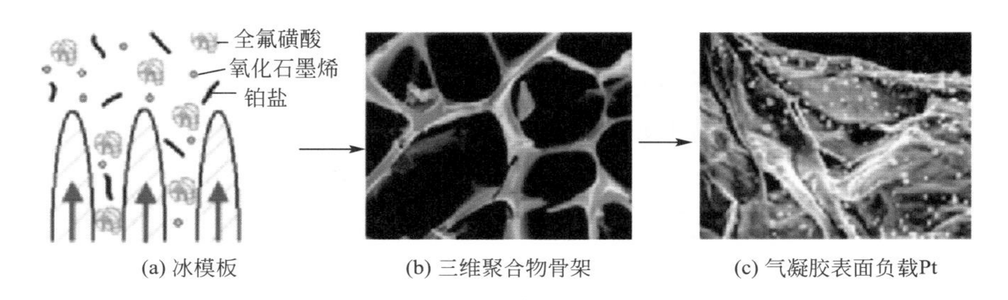

图 5-6　冰模板法制备 Pt 负载的石墨烯气凝胶示意图

通过冰模板法将氧化石墨烯和大肠杆菌结合，可制备出分级多孔的三维石墨烯气凝胶，该方法应用自然中广泛存在的原材料，绿色环保地制备石墨烯气凝胶的方法。

浙江大学高超课题组采用无模板冷冻干燥法，将溶解了石墨烯和碳纳米管的水溶液在低温下冻干，获得了“碳海绵”，并且可以任意调节形状，令生产过程更加便捷，使这种超轻材料的大规模制造和应用成为可能。“碳海绵”具备高弹性，被压缩 80%后仍可恢复原状。它对有机溶剂具有超快、超高的吸附力，是迄今已报道的吸油力最高的材料。现有的吸油产品一般只能吸附自身质量 10 倍左右的液体，而“碳海绵”的吸收量是 250 倍左右，最高可达 900 倍，而且只吸油不吸水，每克每秒可以吸收 68.8 g 有机物。“碳海绵”还可能成为理想的相变储能保温材料、催化载体、吸音材料以及高效复合材料。

4. 泡沫模板法

以聚合物泡沫、金属及其氧化物为模板，利用溶液浸渍或者气相沉积的方法在这些模板上生成石墨烯，此方法制备出的气凝胶结构形貌受到模板自身的限制。

在氧化石墨烯分散液中加入水合肼并将聚氨酯泡沫浸入其中，通过挤压和真空脱气使其充分混合，再放入反应釜中加热得到凝胶状的产物，干燥后可得到气凝胶。具有优良的导电疏水性，优异的机械性能，可用作弹性柔韧导体以及油水分离剂。

在三聚氰胺泡沫上负载氧化石墨烯和维生素 C，再经水热透析冷冻干燥得到气凝胶，在不同的压缩比和循环次数下，气凝胶拥有良好的压缩性能和耐久性，同时还具有发达的孔结构和优良的疏水性，是制备可压缩电极的理想材料。

德国一研究团队通过 CVD 法向 ZnO 模板上蒸镀甲烷蒸汽得到多层石墨烯相互连接的多孔纳米架结构，具有良好的导电性、柔韧性、疏水性、光学吸收性、高温稳定性、化学耐受性、一定的机械性能，在不失去其结构完整性的前提下具有一定的可压缩性。其后又利用快速氢化物气相外延法在石墨烯框架上制备一种飞行石墨和氮化镓混合的柔性网络骨架，阴极发光测试表明，这种氮化镓纳米微观结构表现出强烈的近带边缘紫外辐射，具有良好的柔韧性，电导率对压力变化极其敏感，可被设计成各种传感器和自检测自感应智能材料。

5. 冰晶模板

将氧化石墨烯分散液冷冻，通过控制冷冻条件调节冰冻过程中冰晶的生长，而冰晶的形貌与分布会调控氧化石墨烯片层在形成凝胶过程中的分布与交联状况，进而影响制得的石墨烯气凝胶中孔洞的结构和分布以及整体骨架的形貌，如图 5-7 所示。

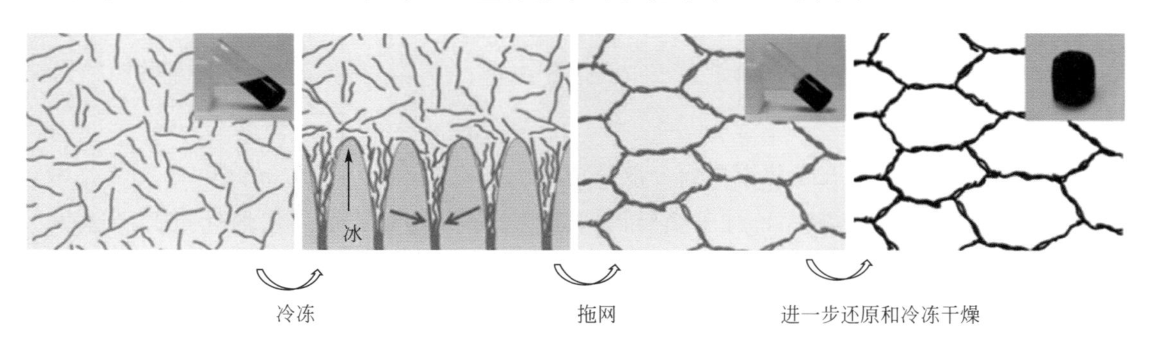

图 5-7　冰晶模板法制备弹性石墨烯气凝胶示意图

在氧化石墨烯分散液中加入抗坏血酸还原，在干冰中冷冻后再将其置于沸水浴中进一步还原，得到的凝胶用去离子水透析，经冷冻干燥和热处理后可得到具有弹性的石墨烯气凝胶。

将羧甲基纤维素溶液和氧化石墨烯分散液混合后加入硼酸钠交联剂，倒入不同热导率的模具内冷冻干燥。控制热传递速率可以实现气凝胶的各向同性或各向异性，各向同性的气凝胶的压缩强度高，且热导率也低，相当于聚苯乙烯泡沫的热导率，有替代传统隔热材料的潜力。将氧化石墨烯分散液放入液氮冷冻干燥，加热后溶于去离子水超声分散，螺旋搅拌，再由液氮冷冻干燥得到的气凝胶，具有低密度、弹性机械响应、压电性能优良的特点，可用作压力传感和油品吸附。Xiao Jianliang 等采用冷冻干燥法制备氧化石墨烯气凝胶，再利用甲基三乙氧基硅烷高温还原得到石墨烯气凝胶，密度最低仅为 0.35 mg/cm^3，压力作用于气凝胶使其发生 99.5%的形变，撤去压力仍可恢复到原有的高度，具有超弹性，同时还有良好的吸附能力，其电阻率对压力变化极其敏感，可以感知水滴的轻微运动。Yang Miao 小组将氧化石墨烯和聚乙烯醇分散于去离子水后倒入带有聚二甲硅氧烷楔的方管中，利用低温乙醇进行冷冻，将样品冷冻干燥后放入管式炉中进行热处理还原，得到模拟天然多孔材料的高强弹性气凝胶。

Wang Chunhui 小组在氧化石墨烯分散液中加入乙醇，通过双向冷冻法调控模板中冰晶的径向生长从而得到理想的凝胶结构，经由冷冻干燥得到的气凝胶拥有更加优异的弹性和压缩性能，且其表面具有宽度可控的线性通道，有利于吸附应用。Wan Yanjun 等通过冰晶模板法和热处理得到纤维素石墨烯复合气凝胶。该气凝胶在制备过程中的体积收缩小，独特的三维结构赋予其优异的弹性、导电性以及优良的电磁干扰屏蔽性能，可承受 80%的可逆极限应变，10 个循环后仍可保持结构完整，可应用于航空航天和可穿戴电子设备。

Mi H Y 小组通过双向冷冻冰晶模板法制得一种纳米纤维素氧化石墨复合气凝胶，用十二烷基三乙氧基硅烷进行改性，CVD 真空加热使硅链与气凝胶表面的羟基发生硅烷化反应，得到疏水气凝胶。这种气凝胶具有双向定向多孔结构，优异的压缩恢复性，当应变为 60%时可恢复 99.8%，应变为 90%时可恢复 96.3%，可吸附自身质量 80～197 倍的不同种化学溶剂，通过机械挤压就可去除结构中吸附的溶剂以重复利用，重复使用 10 次吸附能力损失小于 10%。

6. 乳液模板

Zhang Bingxing 等在氧化石墨烯分散液中加入正己烷和还原剂 $NaHSO_3$ 得到乳浊液，以乳液为模板水浴得到凝胶，冷冻干燥后得到密度小于 $3mg/cm^3$ 的石墨烯气凝胶。此方法得到的气凝胶不仅是一种超轻材料，而且具有优异的机械弹性。其拥有发达的孔结构，而且各个大孔直接相互交联，具有良好的质量扩散效应，可用于有机反应物的吸收。此类石墨烯气凝胶还可作为一种理想的反应容器用于催化氢化反应，尤其是钯负载的石墨烯气凝胶对苯乙炔具有选择性氢化反应，有极其优秀的催化活性。

Cao Hailiang 等将石蜡加热融化后倒入氧化石墨烯分散液中并剧烈搅拌得到皮克林乳液，以其为模板通过真空辅助浸渍使苯丙乳液和石蜡颗粒浸入气凝胶结构中，经真空冷冻干燥得到气凝胶。苯丙乳液石墨烯气凝胶石蜡颗粒复合物具有一定的弹性，抗形变能力，具有良好的热导率和热稳定性，可作为一种相变材料。王振有等采用氧化石墨烯稳定的皮克林乳液为模板，制备聚乙烯醇-石墨烯气凝胶。挤压实验发现其具有轴、径双向挤压回弹性，重复挤压 200 次以上仍然具有良好的弹性，对纯有机物的吸附量最高可达 28 g/g。

7. 气泡模板法

Lv Lingxiao 等向氧化石墨烯分散液中加入十二烷基磺酸钠和稀释的乙基苯基聚乙二醇，在滴加过程中不断搅拌使分散液中产生均匀的微小气泡，由于气液界面的存在，氧化石墨烯可固定到气泡的边缘，剩下的氧化石墨烯片层在冷冻干燥的过程中聚集在气泡之间，接着进行固化和热处理得到具有极高可逆极限应变和超弹可压缩性的气凝胶。在 1 000 次循环压缩后仍有 99%的可逆极限应变并能承受 5.4 MPa 的压缩应力。

5.3.3　支 撑 法

1. 垫片支撑法

垫片支撑法是指向石墨烯的片层间添加垫片，用于支撑石墨烯片层，通过避免片层间的接触来防止石墨烯片层无效团聚，从而形成三维交联的石墨烯气凝胶结构。

Yang 等发现了一种不添加任何表面活性剂制备自堆叠的、溶剂化的石墨烯气凝胶的方法。将水作为垫片充满片层间时，溶剂化的 CMG 片层呈几近平行的独立状态，有效阻止了 CMG 片层之间面对面的接触，从而有效避免了石墨烯的团聚，制备出高比表面积、开放多孔的三维石墨烯气凝胶。

利用硼酸中的羧基和氧化石墨烯上的羟基形成的硼酸酯作为"垫片"来支撑氧化石墨烯的片层，可制备三维石墨烯框架气凝胶。Loh 等通过溶剂热法一步合成三维石墨烯/金属框架气凝胶结构，将卟啉功能化的还原氧化石墨烯作为基础块，将其和 $FeCl_3$ 等置于二甲基甲酰胺(DMF)-甲醇混合溶剂中高温处理，制备出具备高比表面积的三维框架结构，还原氧化石墨烯的引入改变了铁和卟啉的结晶化过程，增加了材料的孔隙率和电子传输性能。

Li 等将氧化石墨烯和聚偏氟乙烯(PVDF)分别置于 DMF 溶剂中充分溶解成均一溶液，之后混合并超声处理，再置于高压反应釜中 160℃下高温反应，10 h 后取出进行多次洗涤并冷冻干燥，制得超疏水及亲油的氧化石墨烯/PVDF 气凝胶，并且展示出较强的性能稳定性，多次吸附-脱附试验后依然保持与原材料相当的性能。

2. 自支撑法

自支撑法是指不添加模板或垫片等支架，利用碱活化或者气体的隔离作用，形成自支撑的三维石墨烯气凝胶的方法。

KOH 活化常常被用于制备高导电性和比表面积的自支撑三维还原氧化石墨烯薄膜。首先将一定浓度的 KOH 逐滴加入 1 mg/mL 的氧化石墨烯分散系中，将所得的悬浮液在 100℃下蒸发并持续搅拌，直至形成一定厚度的"油墨糨糊"，将所得的氧化石墨烯/KOH 复合薄膜前驱体置于聚四氟乙烯薄膜上在定向流中进行真空过滤，在 80 ℃条件下干燥 24 h，将干燥后的薄膜前驱体置于水平的管式炉，在 800 ℃氩气流中活化 1 h，清洗干燥后制得具有光滑表面和均一厚度的自支撑石墨烯气凝胶。这种气凝胶具有超高的比表面积和导电性能。

真空离心蒸发是一种新兴的大规模制备不含添加剂的石墨烯气凝胶的方法。首先制成胶体状的氧化石墨烯分散系，之后在真空蒸发和离心力共同作用下促进溶剂挥发，氧化石墨烯以层层堆叠的方式自组装形成宏观多层的氧化石墨烯三维结构。在低温(40 ℃)下，向外的离心力比向上的蒸发力更具优势，氧化石墨烯倾向通过范德华力作用，自组装形成三维石墨烯海绵状气凝胶。这种海绵状气凝胶比表面积较大并且具有典型的多孔结构；在高温(80 ℃)下，蒸发力更具优势，由下到上，每层的氧化石墨烯依次在液体和真空的界面快速自组装形成三维石墨烯薄膜状气凝胶。该方法不添加任何的支撑物，也不需其他后处理过程。

受烘焙时应用发酵粉制作蓬松多孔的面包和糕点的启发，Chen 等利用发酵的原理将致密的氧化石墨烯薄膜制成蓬松多孔的自支撑三维还原氧化石墨烯架构，如图 5-8 所示。将氧化石墨烯溶液组装成致密的层状薄膜当作“生面团”，再通入肼蒸气将氧化石墨烯还原为还原氧化石墨烯，同时产生大量的气体用以阻止氧化石墨烯片层的团聚，制备出自支撑的三维还原氧化石墨烯泡沫状气凝胶。

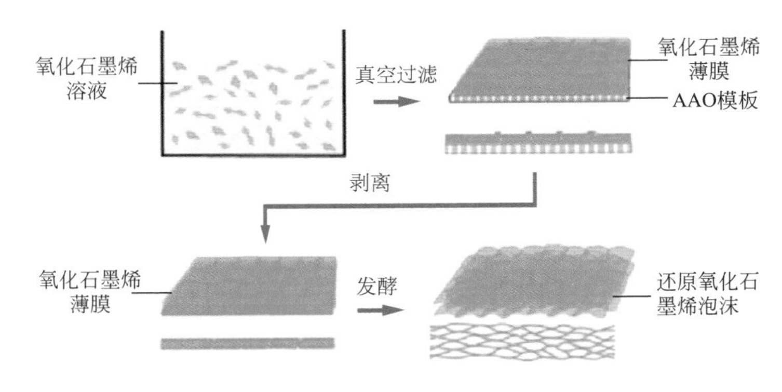

图 5-8　发酵式自支撑法制备石墨烯气凝胶流程示意图

5.3.4 基面法

基面法是指将化学改性石墨烯(CMG)溶液滴铸于水平基面成型，通过溶剂蒸发或辅以水分蒸发制备出三维石墨烯薄膜状气凝胶的方法，通常分为水辅助法和流延成型法。水辅助法利用有机溶剂挥发时聚合物溶液表面温度迅速降低，潮湿空气中的水滴在膜表面规整凝结，水分和溶剂蒸发完全时形成蜂巢般的大孔石墨烯膜状气凝胶。

Lee 等在潮湿的氮气流中，将 PS-氧化石墨烯晶片分散在有机溶剂苯中并滴铸于 SiO_2 基面上，苯蒸发时吸热，液滴在有机溶液表面自发凝结并紧密堆积，随后的干燥和热解促进了氧化石墨烯晶片的热还原，从而得到超疏水性的三维柔性大孔石墨烯薄膜状气凝胶，如图 5-9 所示。

利用活性表面剂溴代二甲基双十八烷基铵(DODA-Br)与氧化石墨烯溶于氯仿中并在 85％湿度下滴铸于玻璃基面，通过水辅助法可制备出蜂巢状的石墨烯薄膜状气凝胶，它是良好的锂电池电极材料。湿度是水辅助法的关键因素，通过控制湿度可以调节气凝胶蜂巢孔洞的密度和孔径，当湿度低于 30％时则不能形成孔洞结构。

流延成型法(tapecasting)是指控制胶态悬浮液通过基板和刀片相对移动产生的缝隙大小，通过溶剂蒸发制备出薄膜状三维石墨烯气凝胶的方法。

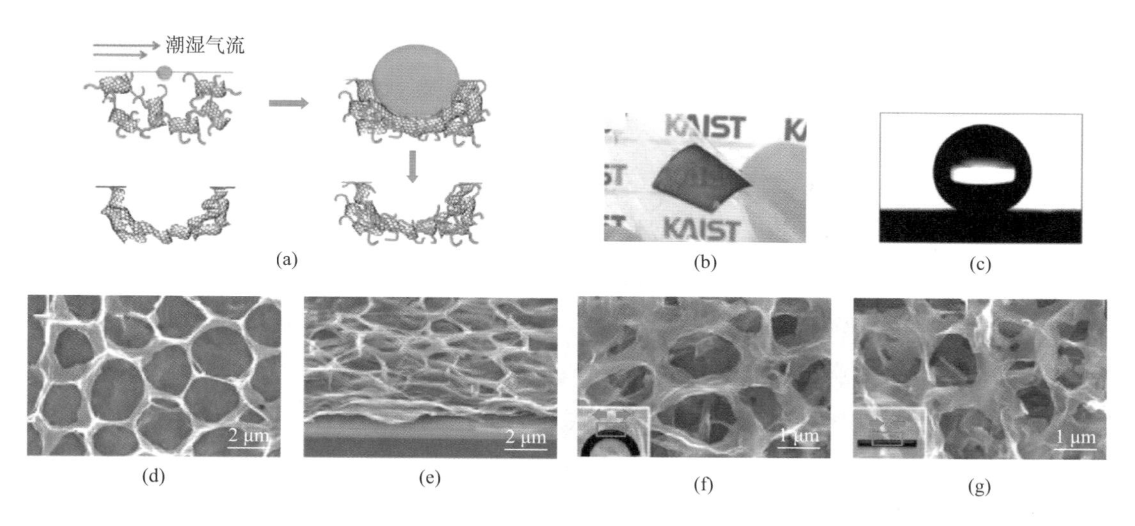

(a) (b) (c) (d) (e) (f) (g)

图 5-9　水辅助法制备石墨烯气凝胶流程示意图

用 PEO-b-PPO-b-PEO 三嵌段共聚物(F127)作为稳定剂,将 CMG 分散在水中,然后与聚合物黏合剂——聚氧化乙烯(PEO)混合,得到 CMG/F127/PEO 的悬浮液。将悬浮液用流延成型法处理后热解,可生成具有高比表面积、优越的导电性能和机械强度的石墨烯气凝胶。

5.3.5　凝 胶 法

石墨烯的凝胶化是制备三维石墨烯气凝胶的常用方法。石墨烯片层之间或与交联剂之间通过物理或化学的方法相互连接在一起,形成空间网状的石墨烯气凝胶结构。一般分为氧化石墨烯凝胶化、还原氧化石墨烯原位凝胶化、双网络凝胶三种。

1. 氧化石墨烯凝胶化

制备氧化石墨烯凝胶的一个常用方法就是添加交联剂,DNA、蛋白质、具有阳离子电荷和氢键受体的合成聚合物、小分子季铵盐类和金属离子都是氧化石墨烯凝胶的有效交联剂。这些物质都可以调节以氧化石墨烯为基础的胶体体系中的静电排斥、疏水作用和氢键的平衡,从而制备出水凝胶。Bai 等首次用 PVA 作为交联剂来制备氧化石墨烯/PVA 复合水凝胶,将氧化石墨烯与聚乙烯醇水溶液混合,剧烈搅拌 10 s,经过超声处理 20 min,制成氧化石墨烯/聚乙烯醇复合水凝胶。PVA 链上丰富的羟基和氧化石墨烯上的含氧基团之间强烈的氢键相互作用使之形成交联位点。当交联位点的数目足够高时,氧化石墨烯形成稳定的复合水凝胶。

以 Mg-Al 双层氢氧化物作为交联剂,直接将双层氢氧化物的溶液加入氧化石墨烯分散系中超声分散 1 h,室温下保持 1 h 并冷冻干燥即可获得极疏水、对重金属和染料都有超强去除能力的三维石墨烯气凝胶。利用双层氢氧化物的无机片层和带正电的框架结构,促进双层氢氧化物与氧化石墨烯之间的氢键和静电作用形成三维网络结构。在利用这种方法制备成的水凝胶中，交联剂和氧化石墨烯之间通过氢键和静电作用交联，称之为物理交联。

Worsley 在石墨烯片层或与交联剂之间形成化学交联，以改善物理交联形成的凝胶的低表面积、低导电性等缺点。使用间苯二酚和甲醛(RF)溶胶—凝胶化学法首先制成氧化石墨烯-RF 湿凝胶，再干燥热解来制备出石墨烯气凝胶，用这种方法制备出的气凝胶之间呈共价键交联，其比表面积和导电性能都远优于物理交联制备出的气凝胶。他们团队还应用溶胶—凝胶法制备出碳纳米管(CNT)气凝胶，表现出超低的密度(10 mg/cm^3)和高于物理交联制备出的气凝胶两倍的导电能力。通过调节石墨烯分散系的 pH、超声的方法可获得不含添加剂原生态的石墨烯水凝胶。

Bai 等将 5 mg/mL 的氧化石墨烯溶液(原始 pH＝4.6)不断酸化，酸化会削弱氧化石墨烯在分散系中稳定存在的斥力，当 pH 达到 0.6 时，氧化石墨烯水凝胶迅速形成，当氧化石墨烯溶液浓度为 4 mg/mL 时就可以形成稳定的水凝胶。

Compton 等通过超声把氧化石墨烯片分解成较小的碎片，暴露出不稳定的边缘，边缘之间相互“交联”使氧化石墨烯凝胶化，如图 5-10 所示。该方法制备的水凝胶不仅具备良好的机械性能，而且通过控制超声时间和强度可以调节制备氧化石墨烯水凝胶的临界凝胶浓度(低达 0.05 mg/mL)，使之成为高浓度纳米颗粒、生物分子等在内的化学制品的理想的传输工具，并且“声波降解”可以完全消除传统工艺中的化学修饰过程，提高其储存和传输过程中的安全性。

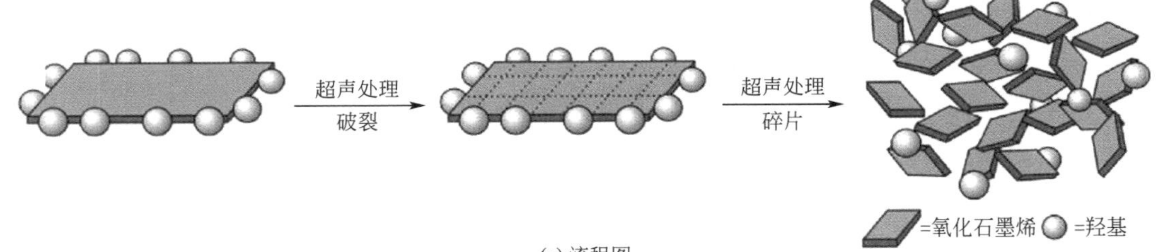

(a) 流程图

(b) 光学照片

图 5-10 超声制备石墨烯水凝胶的流程图和光学照片

2. 还原氧化石墨烯的原位凝胶化

相比于氧化石墨烯，由于存在修复的芳香结构，三维的还原氧化石墨烯架构会赋予石墨烯更多的功能和更高的导电性。形成三维还原氧化石墨烯体系的最简单方法就是还原氧化石墨烯，在水或有机溶剂中原位自组装。氧化石墨烯的还原可增加石墨基面之间的范德华力，形成还原氧化石墨烯凝胶或沉淀。静电斥力和平面间范德华力相互作用的平衡在形成还原氧化石墨烯凝胶中占主导地位。还原氧化石墨烯的原位凝胶化分为氧化石墨烯的水热还原法和化学还原法两种。

一般认为，水热还原法制备还原氧化石墨烯水凝胶的机理如下：还原之前充足的亲水基团和较强的静电排斥使二维氧化石墨烯片随机地分散在水中。水热还原去除了氧化石墨烯的环氧基和羟基，并恢复了它的共轭域，使其基面具有疏水性，从而导致柔性石墨薄片之间随机的三维堆叠，使还原氧化石墨烯原位组装成三维网络结构。如果氧化石墨烯的浓度足够高，就可以使三维网络结构的孔径能够达到几微米。

将掺有重金属纳米晶体和葡萄糖的氧化石墨烯悬浮液置于聚四氟乙烯内衬的不锈钢高压釜中进行水热处理，可制备 3D 多孔还原氧化石墨烯复合材料，通过冷冻干燥可保持其良好的机械特性。控制反应容器的体积可以调节所得复合材料的宏观尺寸，也可以通过调节氧化石墨烯的浓度来调节孔的尺寸和密度。

Xu 等则将一定浓度的水化氧化石墨烯悬浮液直接水热处理制成还原氧化石墨烯水凝胶。制备过程是：将 2.0 mg/mL 的氧化石墨烯悬浮液分散体密封在一个聚四氟乙烯内衬的高压釜中，180 ℃下加热 12 h，形成含水为 97. 4%（质量分数）的互连的三维多孔结构还原氧化石墨烯水凝胶。还原氧化石墨烯水凝胶具有良好的导电性（5 000 S/cm）、热稳定性（25～100 ℃）和机械强度。其结构和性能可以通过改变水热反应时间和氧化石墨烯的浓度调节。

受水热还原方法的启发，同时为了解决水热还原法受到仪器、温度、时间等方面限制的问题，通过化学还原法用抗坏血酸钠原位还原氧化石墨烯可制备出自组装的石墨烯水凝胶。化学还原促进了氧化石墨烯的疏水性和石墨烯片层之间的 π-π 作用，使其自组装成一个孔径范围从亚微米到几微米的三维结构。

Zhang 等将草酸和无水碘化钠作为还原剂加入氧化石墨烯悬浮液中，经过超声处理和油浴锅加热，在萃取器中用乙醇和水清洗剩余的杂质后冷冻干燥，通过这种方法原位组装形成的还原氧化石墨烯气凝胶具有低密度、高孔隙度和良好的导电特性。利用类似的原理，用 L-抗坏血酸还原氧化石墨烯，超临界温度或冷冻干燥还原氧化石墨烯水凝胶制备导电的还原氧化石墨烯气凝胶。到目前为止，各种类型的还原剂，例如次磷酸碘、亚硫酸氢钠、硫化钠、碘化氢、氢醌已被用于在大气压力下化学还原氧化石墨烯，通过原位自组装来制备还原氧化石墨烯三维石墨烯架构。

3. 双网络凝胶

二维还原氧化石墨烯片和 F127 在 α-环糊精（α-CD）的催化作用下，可生成稳定的双网络水凝胶。F127 不仅起到分散还原氧化石墨烯的作用，同时自己也形成了微凝胶。疏水 PPO 链段通过疏水作用与还原氧化石墨烯的疏水基面相结合，亲水性的 PEO 链段延伸进入水中，而由于 PEO 链段和 α-环糊精之间形成超分子类轮烷结构，从而形成超分子的水凝胶。这种水凝胶随着温度升高呈现出凝胶—溶胶的过渡，在药物传递中有潜在的应用。

通过共价键将氧化石墨烯和 PNIPAM-co-AA[PNIPAM(聚 N 异丙基丙烯酰胺)，AA(丙烯酸)]微凝胶交联，一步合成氧化石墨烯和 PNIPAM 互穿聚合物水凝胶结构，并且该结构兼具双热、高速和可逆响应 pH 变化的优点，可以应用于承载和传送小生物分子。

5.3.6 热液组装法

氧化石墨烯的片层上及片层边缘分布有许多含氧官能团，当其分散于水中时，含氧基团的存在使片层之间由于静电作用相互排斥，在水中稳定分散，当氧化石墨烯分散液的浓度达到一定值时，在水热反应过程中，氧化石墨烯片层间的静电平衡被破坏，片层上的含氧官能团部分脱除，片层之间相互连接形成稳定的三维整体凝胶结构。将得到的凝胶进行冷冻干燥或者二氧化碳超临界干燥可得到石墨烯气凝胶。若将氧化石墨烯分散于乙醇或者其他溶剂中，此时制备凝胶的过程为溶剂热反应过程，通过水热和溶剂热组装石墨烯水凝胶的方法统称为热液组装法。图 5-11 为热液组装法制备弹性石墨烯基气凝胶的基本流程。

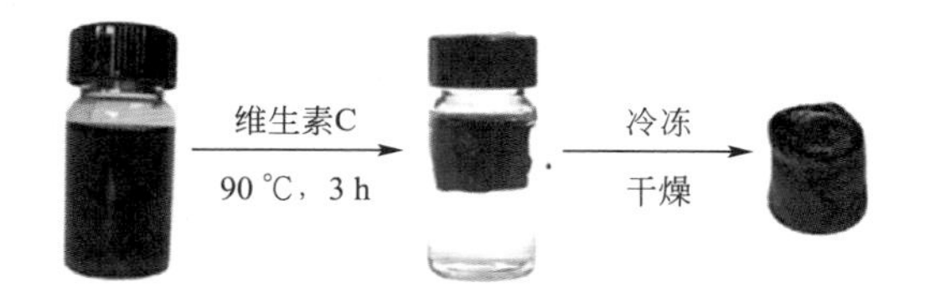

图 5-11　利用热液组装法制备弹性石墨烯基气凝胶流程示意图

通过水热法处理氧化石墨烯分散液可得到与弹性塑料泡沫相似的稳定凝胶结构，在较小的应力时有线弹性特征，凝胶的弹性模量和屈服应力分别为 0.29 MPa 和 24 kPa。石墨烯片层的优异机械性能以及片层之间的强力交联赋予了石墨烯水凝胶良好的机械性能，氧化石墨烯分散液的浓度及水热时长对形成凝胶的结构有很大影响。

Wu Yingpeng 等利用乙醇溶剂热法制备凝胶，冷冻干燥，并在氩气气氛中热处理得到气凝胶。该气凝胶在－196 ℃到 900 ℃的温度区间表现出可逆超弹性，对气凝胶施加压力使其发生应变，在应变到达 98%时撤去应力仍可恢复原状，且可以吸收自身质量 1 010 倍的液体并重复利用。

在氧化石墨烯分散液的水热反应过程中加入还原剂，通过还原剂与氧化石墨烯片层上含氧官能团发生作用去除含氧官能团，可促进片层之间交联形成石墨烯凝胶结构。但是一些还原剂如水合肼在与氧化石墨烯反应时会产生大量的气体，阻碍片层之间的相互交联搭接，不利于形成稳定的凝胶结构。

张学同等提出的利用 L–抗坏血酸（维生素 C）作为还原剂，加热氧化石墨烯分散液和抗坏血酸的混合液静置一段时间后得到石墨烯水凝胶，通过超临界干燥或者二氧化碳超临界干燥得到石墨烯气凝胶。此方法制备的石墨烯气凝胶可承受的质量是自身质量的 14 000 倍，同时还有密度低、比表面积大、导电性好的特点。

以维生素 C 为还原剂制备的石墨烯气凝胶具有优良的弹性，压缩后可恢复，可作为环境修复材料用于六价铬及有机溶剂的吸附。利用亚硫酸氢钠为还原剂，水热后冷冻干燥可制得弹性模量为 0.13 MPa、屈服应力为 28 kPa 的石墨烯气凝胶。

Li Jihao 等也报道了一种通过在氧化石墨烯分散液中加入亚硫酸氢钠，经水热反应，冷冻干燥以及高温热处理进一步还原制备石墨烯气凝胶的方法。该气凝胶具有弹性且通过机械施压可改变气凝胶的电导率（弹性响应电导率），还具有出色的微波吸附能力和防火性。胡涵等利用乙二胺为还原剂，通过其与氧化石墨烯分散液水热反应制得凝胶，冷冻干燥后利用微波辐射得到超轻可压缩石墨烯气凝胶，可承受 90% 的极限压缩应变，撤去压力后可恢复原本形状且结构不被破坏。成会明在氧化石墨烯分散液中加入硫脲，通过硫脲在水热过程中分解出的气体对氧化石墨烯进行还原和组装，得到的气凝胶在多个加载卸载的压缩循环后仍具有完好的结构，在 25% 的极限应变时可承受 14 kPa 的压力。汪利娜等以二乙烯三胺为结构增强剂和还原剂，180 ℃ 水热反应成功制备了超弹性石墨烯气凝胶，压缩强度可达 6.8 MPa，且表现出较好的抗疲劳性，对有机溶剂有良好的吸附性能。

5.3.7　交联增韧法

石墨烯气凝胶的弹性在很大程度上受到石墨烯片层之间的骨架结构强度和柔韧性的影响，通过化学交联或者物理搭接将其他链状或纤维状结构引入石墨烯气凝胶骨架中进行增强增韧。当受到压缩时石墨烯骨架弯曲折叠，压力撤去时储存的能量被释放，骨架恢复原有的形状，表现出优异的弹性。

Xu Xiang 及其他研究人员利用乙二胺为还原剂，将硼酸钠加到氧化石墨烯分散液中水热反应后常温自然干燥，再经热处理还原得到超弹性石墨烯基气凝胶。可承受 99% 压缩应变，在撤去压力后恢复原有形貌，该气凝胶还有良好的电导率和稳定的弹性响应电导率。

Zhu Cheng 小组通过在氧化石墨烯分散液中加入间苯二酚和甲醛溶液进行交联，成功制备出一种可用于 3D 打印的石墨烯基气凝胶墨水。通过程序控制打印出石墨烯凝胶结构后，利用二氧化碳超临界干燥及高温热还原可得到石墨烯基气凝胶。此气凝胶表面积大、导电性好、密度低、可压缩性好，比同密度的其他石墨烯基气凝胶更加稳定，为石墨烯基复合材料的制备提供了一种范例。可将该制造方案应用于其他气凝胶系统，使通过 3D 打印技术制备的气凝胶结构能够满足众多新兴科技对高表面积、低密度材料的需求。

将碳纳米管引入石墨烯气凝胶结构中，如图 5-12 所示，将石墨烯与碳纳米管交联，石墨烯和碳纳米管同为纳米碳材料，拥有优异的电学、热学和机械性能，两者交联得到的气凝胶不仅呈现极低的密度和优良的电导率，同时还表现出优良的弹性。Sui Zhuyin 等以氧化石墨烯分散液和碳纳米管分散液为前驱体，维生素 C 为还原剂，加热得到凝胶再经二氧化碳超临界干燥得到气凝胶。其结构中微米孔的孔壁由褶皱的石墨烯和随机分布的碳纳米管构成，纳米孔则被碳纳米管和石墨烯片层包裹，这种结构使气凝胶拥有优异的弹性以及吸附能力。高超课题组将氧化石墨烯分散液和碳纳米管分散液混合冷冻干燥，用水合肼还原制备出石墨烯碳纳米管复合全碳气凝胶。发现碳纳米管在石墨烯片层上缠绕交联并随机分布，气凝胶密度可低至 0.16 mg/cm^3，在 −190～300 ℃保持优异的弹性，有极高的有机液体吸附能力及优良的弹性响应电导率。该课题组又用湿法纺丝法制备石墨烯碳纳米管复合气凝胶球，具有独特的核壳结构，表面褶皱内部呈蜂窝状，有良好的弹性和抗疲劳性能，承受 95%压缩应变后可恢复原状，经过 1 000 次 70%的压缩应变后结构完好。其电导率对压力的变化敏感，可组装成柔性压阻传感器，用于空间压力分布测量和物体形状识别。Lv Peng 等用酸化后的碳纳米管加入氧化石墨烯分散液制得气凝胶，能够承受 80%的压缩应变并恢复原有尺寸，还具有优良的热导率以及极低的热阻抗，可作为先进的温度管理材料。BN 纳米管也被用于改善石墨烯气凝胶的弹性等机械性能。Wang M 等在氧化石墨烯分散液中加入氮化硼纳米管，水热反应冷冻干燥得到气凝胶后将熔融的聚乙烯醇加入其中得到复合物。分析发现氮化硼纳米管在气凝胶中的分布与碳纳米管的分布类似，气凝胶拥有良好的弹性和疲劳韧性。

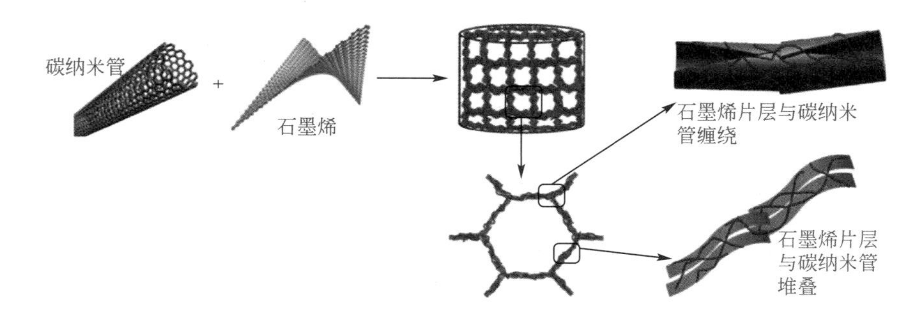

图 5-12　碳纳米管交联增韧制备弹性石墨烯基气凝胶

硅烷通常用来对石墨烯气凝胶进行疏水改性，此外硅烷水解后产生的硅醇基团可与氧化石墨烯片层上的含氧基团反应脱水，在制备石墨烯凝胶的过程中通过此类反应使硅链与石墨烯交联进入凝胶结构中，增强凝胶的机械性能。Guan Lizhi 研究团队在氧化石墨烯分散液中加入一定量的氢碘酸和硅烷偶联剂，水热及冷冻干燥得到气凝胶。硅烷偶联剂在凝胶结构中通过调控孔洞的形貌以及石墨烯片层的结构使石墨烯网络结构更加稳定密实。这种气凝胶拥有极高的可逆压缩量，优异的循环弹性性能，稳定的黏弹性和热稳定性，同时还具有优异的导电性、疏水性及极为敏感的弹性响应电导率。Li J 等利用乙二胺为还原剂，在氧化石墨烯分散液中加入 TEOS 制备有机硅链增强的石墨烯气凝胶。在 100 次压缩循环后该气凝胶仍保有优异的弹性恢复性能，同时还良好的导电性和优异的吸附性能。

通过聚合物对石墨烯气凝胶进行改性是改善石墨烯气凝胶弹性的常用方法。Huang Huan 等报道了一种以氧化石墨烯分散液为前驱体，聚乙烯亚胺为交联剂，葡萄糖酸-δ-内酯为凝胶助剂在室温下凝胶后通过超临界干燥制得的气凝胶，该氧化石墨烯气凝胶具有高达20 MPa 的弹性模量和1 MPa 的屈服强度，对机械能具有超高的吸附能力且对某些还原性气体具有独特的化学活性。Xiang Yu 等将分子胶 OPBA 和牛血清加入氧化石墨烯分散液中，通过水热生成凝胶并浸入聚合物中，经冷冻干燥得到弹性气凝胶。分子胶通过连接石墨烯骨架和聚合物涂层增加骨架的强度及韧性，从而改善气凝胶的弹性。这种强集成石墨烯气凝胶可以应用于亲水亲油的智能可压缩电传感器中。Song Shiqiang 等向 PDMS-PGMA 共聚物和 PMMS 中加入1-二甲基甲酰胺，与氧化石墨烯分散液混合形成凝胶，利用三乙胺和盐酸多巴胺三氯化钠溶液进行改性，经溶剂置换和冷冻干燥得到气凝胶。在2%的应变时展现出高达9.4MPa 的压缩弹性模量，远远高于已报道的任何石墨烯基气凝胶材料，同时拥有良好的热导率、优良的吸附能力，可用于极端条件在外界压力较大情况下的油水分离和热量吸收。Zhang E 小组将聚吡咯、维生素C 和二甲基甲酰胺加到氧化石墨烯分散液中，水热生成凝胶，清洗后冷冻干燥，得到的气凝胶密度低，弹性模量高。

纤维素和木质素可以从植物中提取，原料广泛地存在于自然界中，无毒无害，易降解，被广泛地用于与氧化石墨烯交联制备气凝胶。Huang Zhiming 等在氧化石墨烯分散液中加入羧甲基纤维素作为交联剂，形成凝胶且冷冻干燥后利用水合肼还原制得石墨烯基气凝胶。该气凝胶具有低密度、高弹性、压缩恢复循环稳定性优良，可承受超过4 000 次加载卸载测试等机械性能，同时拥有敏感的压力阻抗响应、弯曲阻抗响应和优异的机电循环稳定性，可用于应变传感器及可穿戴装备。Chen C 等将氧化石墨烯分散于乙醇溶液，加入木质素经溶剂热反应和冷冻干燥得到气凝胶。在制备过程中木质素骨架与氧化石墨烯片层通过氢键或者范德华力相连接，提高石墨烯的柔韧性和坚固性，进而增加整个结构的弹性。该气凝胶可吸附自身质量350 倍的石油、甲苯、四氯化碳、氯仿，并在数次压缩释放循环后的吸附能力仍有初始值的96%，碳化处理后可吸附自身质量522 倍的溶剂，是一种非常有效的吸附材料。

5.3.8 其他方法

Luo J 等通过真空辅助自组装法，将羧甲基壳聚糖加入去离子水中搅拌，离心洗涤去气泡，然后加入氧化石墨烯分散液混合，再加入三磷酸或戊二醛搅拌，用混合纤维素过滤膜真空过滤混合后的液体，在滤纸上得到凝胶，冷冻干燥后制得气凝胶，其流程如图5-13 所示。羧甲基壳聚糖能够防止氧化石墨烯的过度堆积并在氧化石墨烯表面形成氢键。此外，羧甲基壳聚糖柔韧的结构能够防止气凝胶承受压力发生脆性断裂，赋予复合气凝胶优异的弹性，具有高达16.77 MPa 的压缩强度和368.35 MPa 的弹性模量。

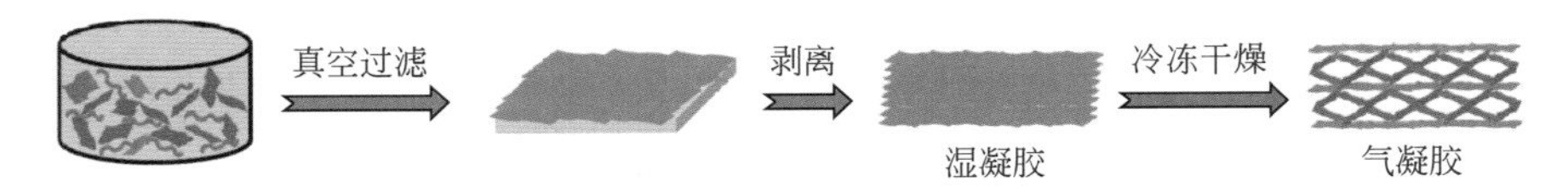

图 5-13 真空辅助法制备弹性石墨烯基气凝胶

5.4 石墨烯气凝胶的发展趋势

石墨烯气凝胶不仅保留了单片层石墨烯固有的高比表面积、良好的导电导热性能、优异的力学性能和生物相容性等理化性质，而且其交联的三维网络结构对于石墨烯材料的大规模应用和材料回用都十分有利，展示出良好的应用前景。近年来，石墨烯气凝胶的制备和应用都取得了长足的进步，但是在以下方面依然需要作出改进。

第一，石墨烯气凝胶虽然有极强的疏水能力和极大的比表面积，对于吸附水中污染物十分有利，但是气凝胶中包含大量的空腔又不可避免地吸收一定的水分，这在一定程度上降低了其吸附性能。因此，如何减少气凝胶吸附过程中同时吸收水分将是一个研究方向。

第二，在向石墨烯气凝胶中加入各类金属离子、聚合物、无机物等进行修饰时，会占用石墨烯本身的一些吸附位点。因此，需要在吸附位点的减少和修饰带来的吸附容量的增加之间权衡，以求达到最佳的吸附效果。

第三，现有对石墨烯气凝胶吸附性能的研究主要还是停留在重金属、有机物、染料常规污染物上，对于致癌、致畸、致突变的三致物质、持久性有机污染物、激素类物质等新型污染物尚未涉及。因此，充分利用石墨烯气凝胶的高吸附容量和吸附选择性，拓展其在新型污染物吸附、污染物预浓缩与分类方面的应用十分必要。

第四，石墨烯气凝胶因为其宏观的结构相对于传统石墨烯材料的纳米毒性已经有所降低，但是仍然没有一个确切的结论，并且在组装石墨烯气凝胶时，加入的重金属或者其他有机物很可能对水体也有一定毒性。因此，对于石墨烯材料的纳米毒性的研究有待加强，同时将大规模石墨烯气凝胶材料用于水体吸附时，要对其纳米毒性有所顾忌，以免造成二次环境污染。

第五，石墨烯气凝胶功能化过程中的可控性依旧需要提高，这对于石墨烯气凝胶材料在吸附、光催化等方面的应用均具重大意义。并且，可控的功能化过程也有利于材料的再生和再利用。

第六，如何进一步提高石墨烯气凝胶的性能，降低制备成本，开发出简单易于大规模操作的制备方法仍是一个重要研究方向。

以氧化石墨烯为前驱体的还原氧化石墨烯基三维气凝胶的导电性和载流子迁移率往往受到限制，主要是因为本征缺陷的存在破坏了氧化石墨烯片域中的二维 π 共轭。通过引入高导电性商用石墨烯(EGR)可以提高还原氧化石墨烯气凝胶导电性。氧化石墨烯作为一种“高分子表面活性剂”,可以为溶液法合成提供基础骨架,同时解决溶液分散性低的固有缺陷。合成的复合气凝胶具有良好的导电性,有利于光生载流子的高效分离和转移,具有更高的光催化活性。

5.4.1　3D打印石墨烯气凝胶

3D打印石墨烯材料是3D打印发展迅速的一个领域。张强强等在国际上首次实现了三维石墨烯悬空复杂拓扑结构的可剪裁设计,即利用石墨烯氧化物与水的混合物作为“墨水”,通过滴落方式,在−25℃的温度下将其3D打印到一个表面上。每打印出来的一层都会被冰冻住,然后在冰的支持下再打印下一层,从而构建由冰作为悬空空间“支架”的三维气凝胶结构,如图5-14所示,该材料密度低至0.5 mg/cm^3。

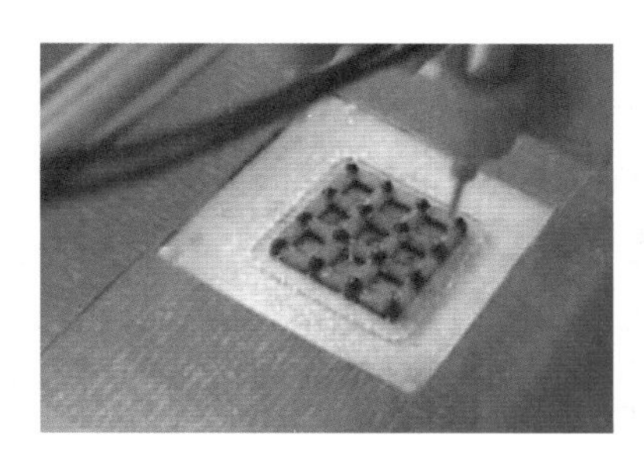

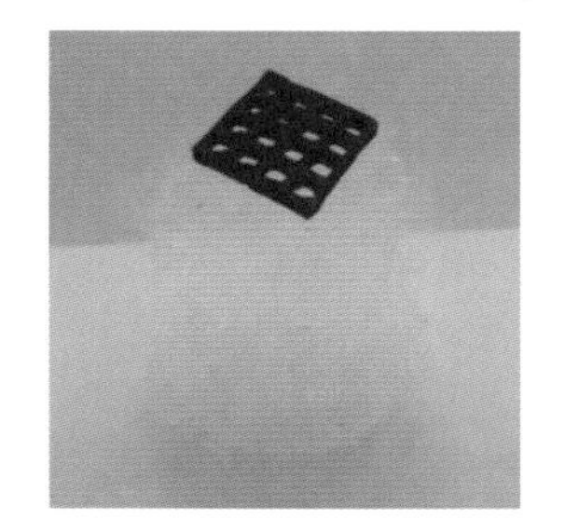

图5-14　石墨烯气凝胶的3D打印

Yao Bin等提出了一种表面功能化的3D印刷石墨烯气凝胶(SF-3D GA),该气凝胶不仅在100 mA/cm^2的高电流密度下可获得2 195 mF/cm^2的基准面电容,而且在12.8 mA/cm^2的高质量负载下也能获得309.1 mF/cm^2的超高本征电容。动力学分析表明,SF-3D GA电极的电容(93.3%)主要来自快速动力学过程。该电极具有开放式结构,使官能团均匀覆盖在碳表面,在高电流密度和大质量负载/电极厚度的情况下,也能促进这些表面官能团的离子可及性。以SF-3D GA为负极,MnO_2修饰的3D打印石墨烯气凝胶(GA)为正极的非对称器件在164.5 mW/cm^2的超高功率密度下可实现0.65 mW·h/cm^2的显著能量密度,性能优于相同功率密度下的碳基超级电容器。

Zhu Cheng等以改性氧化石墨烯前驱体悬浮液为打印墨水,制备了周期性石墨烯气凝胶微晶格,具有比表面积大、导电性好、相对密度低、超压缩性好等优点,比相同几何密度的块体石墨烯坚硬。该方法有助于探索石墨烯在自支撑、结构可调和三维宏观形态等方面的性质和应用。

3D打印气凝胶的力学性能和可压缩性能是其他工艺无法企及的,在多功能材料、柔性电子器件、储能单元、传感器件、生物化学催化载体、超级电容器等领域具有广阔的应用前景。

5.4.2 石墨烯气凝胶复合材料

Tian Xiaohui 等采用溶剂热法制备了三维石墨烯气凝胶包裹 $LiFePO_4$ 亚微米棒的复合材料（LFP@石墨烯气凝胶）。单分散 $LiFePO_4$ 亚微米棒与石墨烯层包裹良好，进一步形成多孔导电的三维结构，导致复合电极整体电子传输迅速，为锂离子的快速供应和电解液的存储提供了许多交织的孔。此外，棒状 LFP 与多孔 3D 结构的结合，可以有效地缓解 Li^+ 插入/脱插入过程中结构变化带来的应力。LFP@ 石墨烯气凝胶复合材料具有高的放电容量（0.1 ℃时为 162.7 mA · h/g）、显著的倍率容量（5 ℃时为 119.9 mA · h/g）和在 1 ℃时 1 000 次循环后的良好长期循环稳定性（86.5%的容量保持率），在锂离子电池中具有潜在的应用前景。

5.4.3 自然干燥技术制备石墨烯气凝胶

Xu Xiang 等开发了一种自然干燥技术，利用普通透析和预冷冻技术，通过硼酸盐介导的水热还原制备石墨烯气凝胶。这种技术可增强气凝胶初始骨架刚度，降低溶剂蒸发毛细管压力，几乎消除了自然干燥过程中的体积收缩和结构开裂。制备的气凝胶具有超弹性（99%）、可调泊松比（$0.30<\nu<0.46$）、高导电性（约 1.3 S/cm）、稳定的压电效应和超低导热性[0.018 W/(m · K)]。与传统的冷冻干燥和超临界干燥技术相比，这种廉价、高效、简单的自然干燥方法为大尺寸、大规模商业化生产高性能石墨烯气凝胶铺平了道路，并为石墨烯超材料的泊松比定向设计提供了一种有效思路，在软驱动器中具有潜在的应用前景，可应用于软机器人、传感器、可变形电子设备、药物释放、隔热和保护材料。

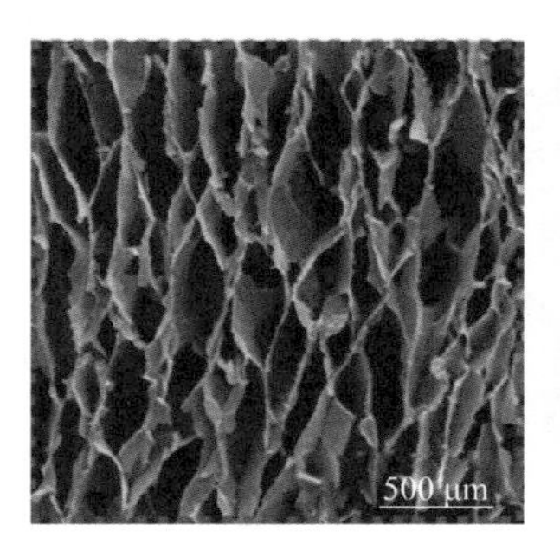

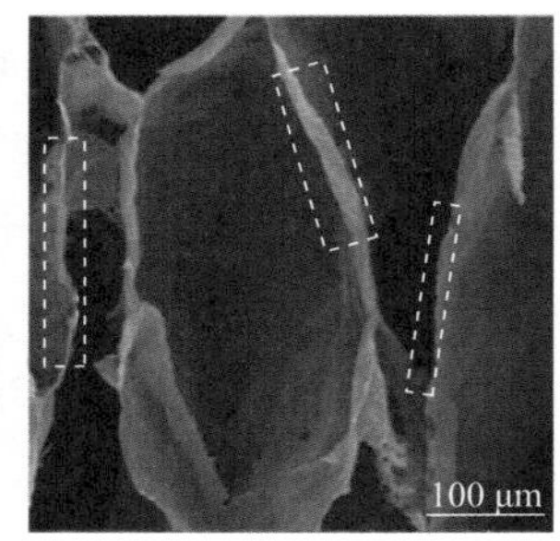

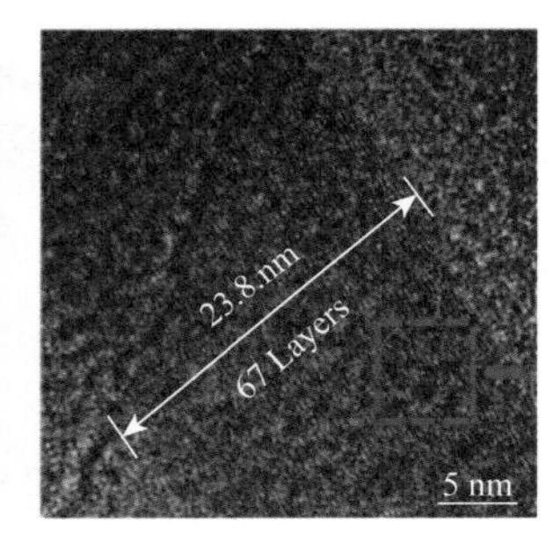

图 5-15 自然干燥的石墨烯显微结构

参考文献

[1] 付长璟. 石墨烯的制备、结构及应用[M]. 哈尔滨：哈尔滨工业大学出版社，2017.

[2] 孙怡然，杨明轩，于飞，等. 石墨烯气凝胶吸附剂的制备及其在水处理中的应用[J]. 化学进展，

2015, 27(8):1133-1146.

[3] 乔秀丽,曾祥惠,张凯强,等.二氧化钛/石墨烯气凝胶的制备及其可见光催化性能[J].化工环保,2018,38(5):535-540.

[4] 汪利娜,张弛道,王新灵,等.超弹性石墨烯气凝胶的制备及其性能[J].功能高分子学报,2018,31(5):83-88.

[5] 王振有,刘会娥,朱佳梦,等.乳液法制备聚乙烯醇-石墨烯气凝胶及其对纯有机物的吸附[J].化工学报,2018,70(3):1152-1162.

[6] WANG J, ELLSWORTH M W. Graphene aerogels[J]. ECS Transactions, 2009,19(5):241-247.

[7] WANG Z, YUE L, LIU Z T, et al. Funtional grapheme nanocomposite as an electrode for the capacitive removal of $FeCl_3$ from water[J]. Jounal of Materials Chemistry, 2012,22(28):14101-14107.

[8] NOVOSELOV K S, GEIM A K, MOROZOV S, et al. Electric field effect in atomically thin carbon films[J]. Science, 2004, 306: 666.

[9] NOVOSELOV K S, FAL V, COLOMBO L, et al. A road map for graphene[J]. Nature, 2012,490: 192-200.

[10] Xu X, ZHANG Q Q, YU Y K, et al. Naturally dried graphene aerogels with superelasticityand tunable Poisson's ratio[J]. Adv. Mater., 2016, 3079:1-8.

[11] XU Y X, SHENG K X, LI C, et al. Self-assembled graphene hydrogelviaa one-step hydrothermal process[J]. ACSnano, 2010, 4(7):4324-4330.

[12] WU Y P, YI N B, HUANG L, et al. Three-dimensionally bonded spongy graphene material with super compressive elasticity and near-zero Poisson's ratio[J]. Nature Communications, 2015, 6:6141.

[13] ZHANG X T, SUI Z Y, XU B, et al. Mechanically strong and highly conductive graphene aerogel and its use as electrodes for electrochemical power sources[J]. Journal of Materials Chemistry, 2011, 21(18):6494-6497.

[14] DONG S, XIA L, GUO T, et al. Controlled synthesis of flexible grapheneaerogels macroscopic monolith as versatile agents for wastewater treatment[J]. Applied Surface Science, 2018, 445(1):30-38.

[15] CHEN W F, YAN L F. In situ self-assembly of mild chemical reduction graphene for three-dimensional architectures[J]. Nanoscale, 2011, 3(8):3132-3137.

[16] LI J H, LI J Y, MENG H, et al. Ultra-light, compressible and fire-resistant graphene aerogel as a highly efficient and recyclable absorbent for organic liquids[J]. Journal of Materials Chemistry A, 2014, 2(9):2934-2941.

[17] HU H, ZHAO Z, WAN W, et al. Ultralight and highly compressible graphene aerogels[J]. Advanced Materials, 2013, 25(15):2219-2223.

[18] ZHAO J, REN W, CHENG H. Graphene sponge for efficient and repeatable adsorption and desorption of water contaminations[J]. Journal of Materials Chemistry, 2012, 22(38): 20197.

[19] XU X, ZHANG Q Q, YU Y K, et al. Naturally dried grapheneaerogels with superelasticity and tunable Poisson's ratio[J]. Advanced Materials, 2016,28(41): 9223-9230.

[20] ZHU C, HAN T Y, DUOSS E B, et al. Highly compressible 3D periodic graphene aerogel microlattices[J]. Nature Communications, 2015,22(6):6962.

[21] SUI Z Y, MENG Q H, ZHANG X T, et al. Green synthesis of carbon nanotube-graphene hybrid aerogels and their use as versatile agents for water purification[J]. Journal of Materials Chemistry,

2012, 22(18):8767-8771.

[22] SUN H Y, XU Z, GAO C. Multifunctional, ultra-flyweight, synergistically assembled carbon aerogels[J]. Advanced Materials,2013, 25(18):2554-2560.

[23] YAO W, MAO R, GAO W, et al. Piezoresistive effect of superelastic graphene aerogel spheres[J]. Carbon, 2020,158:418-425.

[24] ZHAO X L, YAO W Q, GAO WW, et al. Wet-spun superelastic graphene aerogel millispheres with group effect[J]. Advanced Materials,2017:1701482.

[25] LV P, TAN X W, YU K H, et al. Super-elastic graphene/carbon nanotube aerogel: A novel thermal interface material with highly thermal transport properties[J]. Carbon,2016, 99:222-228.

[26] WANG M, ZHANG T, MAO D, et al. Highly compressive boron nitride nanotube aerogels reinforced with reduced graphene oxide[J]. ACS nano, 2019,13(7): 7402-7409.

[27] ZHOU S, ZHOU X, JIANG W, et al. (3-Mercaptopropyl) trimethoxysilane-assisted synthesis of macro-and mesoporous graphene aerogels exhibiting robust superhydrophobicity and exceptional thermal stability[J]. Ind. Eng. Chem. Res. ,2016,55(4): 948-953.

[28] GUAN L Z, GAO J F, PEI Y B, et al. Silane bonded graphen eaerogels with tunable functionality and reversible compressibility[J]. Carbon,2016,107:573-582.

[29] LI J, ZHONG H, ZHANG J, et al. Organosilicon chains strengthened flexible graphene aerogel with improved compression modulus and tunable functionality[J]. Diamond and Related Materials, 2019, 95: 91-98.

[30] HUANG H, LV S Y, ZHANG X T, et al. Glucono-δ-lactone controlled assembly of graphene oxide hydrogels with selectively reversible gel-sol transition[J]. Soft Matter, 2012, 8(17):4609-4615.

[31] HUANG H, CHEN P W, ZHANG X T, et al. Edge-to-edge assembled graphene oxide aerogels with outstanding mechanical performance and superhigh chemical activity[J]. Small, 2013,9(8): 1397-1404.

[32] XIANG Y, LIU L B, LI T, et al. Compressible, amphiphilic graphene-based aerogel using a molecular glue to link graphene sheets and coated-polymer layers[J]. Materials & Design, 2016, 110:839-848.

[33] SONG S Q, ZHANG Y. Construction of a 3D multiple network skeleton by the thiol-Michael addition click reaction to fabricate novel polymer/graphemeaerogels with exceptional thermal conductivity and mechanical properties[J]. Journal of Materials Chemistry A, 2017, 5: 22352-22360.

[34] ZHANG E, LIU W, Liang Q, et al. Polypyrrolenano spheres@graphene aerogel with high specific surface area, compressibility, and proper water wettability prepared in dimethylformamide-dependent environment[J]. Polymer, 2019, 185: 121974.

[35] HUANG Z M, LIU X Y, WU W G,et al. Highly elastic and conductive graphene/carboxymethyl cellulose aerogels for flexible strain-sensing materials[J]. Journal of Materials Science, 2017, 52 (20):12540-12552.

[36] CHEN C, LI F, ZHANG Y, et al. Compressive, ultralight and fire-resistant lignin-modified grapheme aerogels as recyclable absorbents for oil and organic solvents[J]. Chemical Engineering Journal, 2018,350: 173-180.

[37] WU C,HUANG X Y, WU X F,et al. Mechanically flexible and multifunctional polymer-based gra-

phene foams for elastic conductors and oil-water separators[J]. Advanced Materials, 2013, 25(39): 5658-5662.

[38] JIANG D G, LI C W, YANG W R, et al. Fabrication of arbitrary-shaped and nitrogen-doped graphene aerogel for highly compressible all solid-state supercapacitors[J]. Journal of Materials Chemistry A, 2017, 5: 18684-18690.

[39] MECKLENBURG M, SCHUCHARDT A, MISHRA Y K, et al. Aerographite: ultra lightweight, flexible nanowall, carbon microtube material with outstanding mechanical performance[J]. Advanced Materials, 2012, 24(26): 3437.

[40] XU Z, SUN H Y, GAO C. Perspective: Graphene aerogel goes to superelasticity and ultraflyweight [J]. Apl Materials, 2013, 1(3): 030901.

[41] SCHUCHARDT A, BRANISTE T, MISHRA Y K, et al. Three-dimensional aerographite-GaN hybrid networks: Single step fabrication of porous and mechanically flexible materials for multifunctional applications[J]. Scientific Reports, 2015, 5: 8839.

[42] QIU L, LIU J Z, CHANG S L Y, et al. Biomimetic superelasticgraphene-based cellular monoliths [J]. Nature Communications, 2012, 3: 1241.

[43] GE X S, SHAN Y N, WU L, et al. High-strength and morphology-controlled aerogel based on carboxymethyl cellulose and graphene oxide[J]. Carbohydrate Polymers, 2018, 197: 277-283.

[44] HU KW, THOMAS S, MARTA C. Tuning the aggregation of graphene oxide dispersions to synthesize elastic, low density graphemeaerogels[J]. Journal of Materials Chemistry A, 2017, 5(44): 23123-23130.

[45] XIAO J L, TAN Y Q, SONG Y H, et al. A flyweight and superelastic graphene aerogel as a high-capacity adsorbent and highly sensitive pressure sensor[J]. Journal of Materials Chemistry A, 2018, 6(19): 9074-9080.

[46] YANG M, ZHAO N F, CUI Y, et al. Biomimetic architectured graphene aerogel with exceptional strength and resilience[J]. ACSnano, 2017, 11(7): 6817-6824.

[47] WANG C H, CHEN X, WANG B, et al. Freeze-casting produces a graphene oxide aerogel with a radial and centrosymmetric structure[J]. ACS nano, 2018, 12(6): 5816-5825.

[48] WAN Y J, ZHU P L, YU S H, et al. Ultralight, super-elastic and volume-preserving cellulose fiber/graphene aerogel for high-performance electromagnetic interference shielding[J]. Carbon, 2017, 115: 629-639.

[49] XI J B, LI Y L, ZHOU E Z, et al. Graphene aerogel films with expansion enhancement effect of high-performance electromagnetic interference shielding[J]. Carbon, 2018, 135: 44-51.

[50] MI H Y, JING X, POLITOWICZ A L, et al. Highly compressible ultra-light anisotropic cellulose/graphene aerogel fabricated by bidirectional freeze drying for selective oil absorption[J]. Carbon, 2018, 132: 199-208.

[51] ZHANG B X, ZHANG J L, SANG X X, et al. Cellular graphene aerogel combines ultralow weight and high mechanical strength: A highly efficient reactor for catalytic hydrogenation[J]. Scientific Reports, 2016, 6: 25830.

[52] CAO L, ZHANG D. Styrene-acrylic emulsion/graphene aerogel supported phase change composite with good thermal conductivity[J]. Thermochimica Acta, 2019, 680: 178351.

[53] LV L X, ZHANG P P, CHENG H H, et al. Solution-processed ultraelastic and strong air-bubbled graphene foams[J]. Small, 12(24):3229-3234.

[54] LUO J, FAN C, XIAO Z, et al. Novel Graphene oxide/carboxymethyl chitosan aerogels via vacuum-assisted self-assembly for heavy metal adsorption capacity[J]. Colloids and Surfaces A: Physicochemical and Engineering Aspects, 2019, 578:123584.

[55] CAO H L, ZHOU X F, DENG W, et al. A compressible and hierarchical porous graphene/Co composite aerogel for lithium-ion batteries with high gravimetric/volumetric capacity[J]. Journal of Materials Chemistry A, 2016, 4(16): 6021-6028.

[56] TIAN X, CHEN Z, ZHU Y, et al. 3D graphene aerogel framework enwrapped $LiFePO_4$ submicron-rods with improved lithium storage performance[J]. Journal of Alloys and Compounds, 2019, 810:151913.

[57] YANG Y, WANG J X, ZHU Y L, et al. Fe_3C/C nanoparticles encapsulated in N-doped graphene aerogel: An advanced oxygen reduction reaction catalyst for fiber-shaped fuel cells[J]. International Journal of Hydrogen Energy, 2019, 44(33):18393-18402.

[58] ZHANG Y, HUO J B, YANG J C, et al. Facile fabrication of elastic CoO@graphene aerogel for recycled degradation of chloramphenicol[J]. Materials Letters, 2019, 240:88-91.

[59] YANG C X, LIU W J, LIU N S, et al. Graphene aerogel broken to fragments for a piezoresistive pressure sensor with a higher sensitivity[J]. ACS Applied Materials and Interfaces, 2019, 11(36): 33165-33172.

[60] CHOI B G, YANG M H, HONG W H, et al. 3D Macroporous graphene frameworks for supercapacitors with high energy and power densities[J]. Acs Nano, 2012, 6(5):4020-4028.

[61] BAI H, LI C, WANG X, et al. A pH-sensitive graphene oxide composite hydrogel[J]. Chemical Communications, 2010, 46(14):2376-2378.

[62] BAI H, LI C, WANG X, et al. On the gelation of graphene oxide[J]. Journal of Physical Chemistry C, 2011, 115(13):5545-5551.

[63] COMPTON O C, AN Z, PUTZ K W, et al. Additive-free hydrogelation of graphene oxide by ultrasonication[J]. Carbon, 2012, 50(10):3399-3406.

[64] ZU S Z, HAN B H. Aqueous dispersion of graphene sheets stabilized by pluronic copolymers: formation of supramolecular hydrogel[J]. J. phys. chem. c, 2009, 113(31):13651-13657.

[65] YAO B, ZHAN G, YAN W, et al. Performance of a ZVI-UASB reactor for azo dye wastewater treatment[J]. Journal of Chemical Technology & Biotechnology, 2011, 86:199-204.

第6章 其他无机气凝胶

本章论述 ZrO_2、MgO、CuO、ZnO 和 Fe_2O_3 氧化物气凝胶、硫族气凝胶、氮化物气凝胶和金属气凝胶。

6.1 氧化物气凝胶

6.1.1 ZrO_2气凝胶

ZrO_2具有独特的力学、电学、光学性质和优良的耐高温性能，ZrO_2气凝胶兼具 ZrO_2和气凝胶的特性，具有很高的化学稳定性和热稳定性，并且热导率较低，还具有结构可控、比表面积高和密度低等特点。Teichner 等在 1976 年首次制备出 ZrO_2气凝胶后，就在科学界和产业界引起了广泛关注，是气凝胶领域的研究热点之一。

1. ZrO_2气凝胶的制备

ZrO_2气凝胶由锆盐前驱体通过一系列的水解缩聚过程制得。制备过程主要包括湿凝胶的制备及干燥。常用的湿凝胶制备方法有锆醇盐水解法、沉淀法、醇-水溶液加热法等。湿凝胶中固体颗粒含量、固体颗粒的大小、固体颗粒之间的结合形式等都对气凝胶的物理和化学性质有较大的影响。

气凝胶干燥一般采用超临界干燥、冷冻干燥和常压干燥工艺。常压干燥气凝胶的性能一般略逊于超临界干燥气凝胶的性能。超临界干燥根据干燥介质的不同又分为超临界 CO_2干燥、超临界乙醇干燥等，后者由于是在较高的温度、压力下进行，因而可以促进凝胶的老化过程，凝胶的结构均匀，易得到比表面积高和气孔尺寸分布窄的气凝胶材料，但高温高压易带来安全隐患，因而近来常用超临界 CO_2 干燥。超临界 CO_2干燥易得到亲水的气凝胶，而超临界乙醇干燥易得到疏水的气凝胶。

(1)锆醇盐水解法

在用锆醇盐水解法制备 ZrO_2气凝胶时，影响因素很多，如催化剂的种类、浓度，水的含量，前驱体的浓度，老化条件，超临界干燥的温度和种类等。锆醇盐的水解速度非常快。酸催化剂的浓度影响随后的缩合速率。锆醇盐的水解可以得到四种主要类型的产物，水解法步骤如下：

$$Zr(OC_3H_7)_4 + C_3H_7OH + NH_4OH \xrightarrow{\text{水解}} Zr(OH)_4 + C_3H_7OH + NH_3$$

$$nZr(OH)_4 + xC_3H_7OH + xH_2O \xrightarrow{\text{缩聚}} [Zr(OH)_4]_n \cdot xC_3H_7OH \cdot xH_2O$$

$$[Zr(OH)_4]_n \cdot xC_3H_7OH \cdot xH_2O \xrightarrow{110\ ℃} Zr(OH)_4 + C_3H_7OH + H_2O$$

$$Zr(OH)_4 \xrightarrow{400\ ℃} ZrO_2(T) \xrightarrow{500\sim700\ ℃} ZrO_2(T) + ZrO_2(M)$$

如果没有加入酸或酸不足,锆醇盐会立即发生沉淀。沉淀物通常不具有多孔结构和表面积。在一定的酸浓度范围内,也能观察到快速形成的刚性聚合凝胶内含有一些沉淀微粒。进一步增加酸的用量,将使凝胶时间增加,并形成光学透明、最终完全透明的软湿凝胶。如果酸的浓度足够高,可以完全避免缩合反应。酸的加入量也影响到 ZrO_2 气凝胶的最终性能。从理论上讲,要完全水解 1 个 $Zr(OR)_4$ 分子需要 4 个水分子。然而,形成聚合物凝胶,完全水解是没有必要的。实际上,每个 Zr 原子用 2～4 个水分子即可形成水合氧化物。Zr 前驱体浓度是一个对获得的气凝胶性能影响很大的重要合成参数。前驱体浓度较高明显有利于氧桥反应并形成孔隙更小、更致密的气凝胶。理想的浓度在 0.25～0.5 mol/L,可在相对较低的酸浓度下快速地形成高孔隙率的刚性凝胶。前驱体浓度增加需要更多的酸来获得透明的刚性凝胶,使气凝胶在煅烧后表面积大幅度降低。此外,前驱体浓度越高,平均孔径和孔体积越小。一般来说,延长老化时间可以增大比表面积,提高凝胶的结构强度,但是对孔的大小及分布均无显著影响。

(2)沉淀法

以无机盐为原料的沉淀法是一种较常用的制备 ZrO_2 气凝胶的方法,该方法工艺较简单,原料成本低廉,易于实现,克服了锆醇盐水解法原料昂贵,工艺难以控制等不足。以 Zr 的无机盐为原料制备 ZrO_2 气凝胶粉体方法的一般过程是:调节无机锆盐水溶液的 pH,得到 $Zr(OH)_4$ 沉淀,对沉淀进行充分洗涤以除去 Cl^-、SO_4^{2-} 等离子,得到纯净的 $Zr(OH)_4$,再经过溶胶化、凝胶化和干燥过程,即可得到 ZrO_2 气凝胶。通过焙烧,还可得到不同密度的 ZrO_2 气凝胶粉体。

梁丽萍等以无机盐为原料,采用沉淀法结合超临界 CO_2 流体干燥技术成功地制备了 ZrO_2 气凝胶。超临界 CO_2 流体干燥可以有效地消除引起胶体粒子聚集的表面张力效应,在基本保持湿凝胶网络结构的情况下完成分散介质的脱除,从而防止凝胶干燥过程中胶体粒子之间的硬团聚作用。采用该方法合成的 ZrO_2 气凝胶颗粒近似呈球形,粒径为 3～25 nm,比表面积为 279.6～59.4 m^2/g,孔体积为 0.8 ～ 0.16 cm^3/g,包含介孔、大孔以及可忽略的微孔。该方法原料廉价、工艺简单,易于实现工业化批量生产。

沉淀法制备 ZrO_2 气凝胶存在着比表面积较低、制备过程烦琐、组成不易控制、重复性较差等缺点。

(3)醇—水溶液加热法

醇—水溶液加热法的基本原理是:无机盐的醇水溶液在加热时,溶液的介电常数和溶剂化能会显著下降,从而使溶液变为过饱和状态而形成胶体,同时无机盐在醇水溶液中也会部分发生水解反应。

醇-水溶液加热法的一般制备步骤是：将适当浓度的无机锆盐的醇-水溶液在水浴中加热(75～80℃)，在加热过程中，溶液逐渐变为溶胶、凝胶，老化后(一般在母液中)通过超临界干燥即可获得比表面积高，稳定性好的 ZrO_2 气凝胶粉体。

以硝酸氧锆[$ZrO(NO_3)_2 \cdot 5H_2O$]为原料，采用水热法和超临界干燥技术可制备 ZrO_2 气凝胶，所获得的气凝胶孔径平均大小约为 10～20 nm，比表面积达到 916.5 m^2/g，孔分布均匀。锆离子通过水解，与羟基桥合并发生氧连，形成以 Zr-O-Zr 为主体的网络聚合凝胶。以硝酸氧锆为原料，采用醇-水加热，超临界干燥法可制备得到具有高比表面(675.6 m^2/g)、小粒径的 ZrO_2 气凝胶。在焙烧温度低于 700 ℃ 时，随着焙烧温度的升高，四方相的含量逐渐增大，到 700 ℃时达到最大 86%；经 1 000 ℃焙烧后尽管粒径大于 30 nm，仍有约 30%的 ZrO_2 以四方相的形式存在。

白利红采用醇-水溶液加热法结合超临界流体干燥技术制备了 ZrO_2 气凝胶，并研究了醇-水加热法这一湿化学合成过程中可能影响 ZrO_2 气凝胶结构性能的制备参数，如成胶温度、醇水比例、老化时间、锆盐浓度、锆盐前驱体种类等。在优化制备条件的基础上，进一步分析了焙烧温度对 ZrO_2 气凝胶结构的影响。研究发现，醇-水加热法是制备高比表面积 ZrO_2 的一种有效方法，以醇-水加热法制备高比表面积 ZrO_2 气凝胶的适宜条件为：醇水体积比为 4、成胶温度为 80℃、锆盐浓度约 0.2 mol/L、老化 5 h。干燥方式对所得材料的粒径形貌、比表面积、孔结构有明显的影响。锆盐前驱体对以醇-水加热法制备的气凝胶的比表面积有明显的影响，其中以 $Zr(NO_3)_4 \cdot 2H_2O$ 为前驱体制备的 ZrO_2 气凝胶的比表面积最高，达 657 m^2/g，说明醇-水加热法结合超临界流体干燥可得到理想的高比表面积的气凝胶。随着焙烧温度的提高，ZrO_2 气凝胶粒子间因烧结作用而发生团聚，粒径有所增大，但当焙烧温度高达 700 ℃时，仍可清晰地观察到粒子的网络状结构。焙烧温度在 500～700 ℃时，ZrO_2 气凝胶一直以晶型完整的四方相形式存在，直到 800 ℃才有极少量的单斜相出现。随着焙烧温度的升高，气凝胶比表面积呈下降趋势，但下降幅度较小，焙烧温度为 800℃时，ZrO_2 气凝胶的比表面积仍达 94 m^2/g。采用醇-水溶液加热法制备的气凝胶热稳定性好。

(4)直接溶胶—凝胶法

直接溶胶—凝胶法是在超临界 CO_2 流体的氛围中形成溶胶—凝胶。其过程包括修饰、酯化、水解、氧桥作用和进一步缩聚等。Sui 等将一个 10 mL 的专门设计的不锈钢观察器皿(用来替代高压釜)连接于一个用来抽取 CO_2 流体的注射泵，器皿中的温度和压力由连接于电脑的温度控制器、压力传感器和控制阀门来计量和控制。制备方法是先在反应釜中加入锆盐，然后引入醋酸和 CO_2，使反应釜处于 40 ℃和约 41.369 kPa(6 000 psi)(高于 CO_2 的临界点)的条件下，随后通过磁力搅拌使体系变为透明状并凝胶化，经老化和 CO_2 溶剂置换后，便可得到 ZrO_2 气凝胶。在此种制备过程中，CO_2 以其零表面张力、高扩散能力和对纳米结构复杂表面的良好润湿能力，在纳米结构和介孔结构的形成中起到重要作用。醋酸可以减缓溶胶—凝胶化过程，有助于均一的纳米结构的形成。

(5)滴加环氧丙烷法

滴加环氧丙烷法，一般是以无机锆盐为原料，以有机环氧丙烷为“质子清除剂”。郭兴忠等以无机锆盐硝酸氧锆为前驱体，1，2-环氧丙烷为凝胶促进剂，甲酰胺为干燥控制化学添加剂，采用溶胶—凝胶法常压干燥制备了 ZrO_2 气凝胶。实验发现，环氧丙烷因其环氧原子的强亲核性和不可逆的开环反应，可以促进凝胶化，并可以通过滴加环氧丙烷的量控制反应过程和凝胶状态。由于此方法以无机盐为原料，除了环氧丙烷外，也可使用 1，2-环氧丁烷，3-溴-1，2-环氧丙烷，1，2-环氧戊烷等作为促进剂，简单、通用，消除了以有机盐为原料时的制备困难，降低了成本。采用此法已成功制备了多种成型性良好的块状金属氧化物气凝胶，对研制开发新型气凝胶具有重要意义。

2. ZrO_2 气凝胶的特性与应用

ZrO_2 气凝胶的表面不仅同时具有酸性和碱性中心，硫酸化修饰还可提高 ZrO_2 气凝胶的 Bronsted 酸性和催化活性，同时 ZrO_2 气凝胶孔径小、比表面积高和密度低的性质特点，有利于活性组分的分散，使气凝胶催化剂的活性和选择性远远高于常规催化剂。

与 SiO_2 气凝胶相比，ZrO_2 气凝胶的高温热导率更低，更适宜于高温段的隔热应用。而且 ZrO_2 气凝胶是一种能够兼容力学强度和隔热性能的超级隔热材料。

此外，由于 ZrO_2 气凝胶具备独特的机械、热学、光学、电学等性质，还可用于染料敏化太阳能电池电极、固体氧化物燃料电池等方面，应用前景巨大。

6.1.2 MgO 气凝胶

纳米 MgO 除了具有普通氧化镁的用途之外，还具有纳米粒子的表面效应、体积效应、量子尺寸效应和宏观量子隧道效应等，具备特殊的光、电、磁、化学特性。MgO 一般通过 $Mg(OH)_2$ 或 $MgCO_3$ 热分解制得，但其比表面积较小，大大限制了它的应用。

常见的高比表面积的 MgO 材料有球形 MgO、鸟巢状 MgO、MgO 纳米管、MgO 薄膜和介孔 MgO。介孔 MgO 即 MgO 气凝胶，具有极高的比表面积且孔径分布均匀，在吸附等应用领域有着极为优良的性能。

目前制备 MgO 气凝胶的方法主要有高温焙烧法、溶胶—凝胶法、模板法和沉积法等。

1. 高温焙烧法

高温焙烧法指在高温、高压下在水或蒸汽等流体中进行化学反应得到前驱体，再经过煅烧得到 MgO 气凝胶。管洪波以相对廉价的乙酸镁和草酸为原料，无须任何辅料，在室温下研磨即可发生低温固相反应，生成前驱体 $MgC_2O_4 \cdot 2H_2O$，再经高温焙烧可以很容易制得比表面积高于 200 m^2/g 的 MgO 气凝胶。焙烧过程中存在的水汽是影响产物 MgO 气凝胶性能的重要因素，在流动干燥的氮气气氛下焙烧可以很好地消除水汽的影响，得到比表面积高达 412 m^2/g

的 MgO 气凝胶。该 MgO 气凝胶为面心立方结构，粒子大小为 4 ～ 5 nm，粒子间堆积成在一定程度上长程有序的介孔结构。在 600 ℃和 800 ℃下焙烧后仍能保持很高的比表面积。

2. 溶胶—凝胶法

溶胶—凝胶法通常在有机溶剂中通过控制醇盐镁的水解过程或者无机镁盐与柠檬酸等反应获得湿凝胶，再在合适的干燥条件下即可获得高比表面积的 MgO 气凝胶。但该方法制备条件较为苛刻，原料成本较高，并且大量使用有机溶剂也容易造成污染。王伟华等以硝酸镁、乙二胺四乙酸、三乙醇胺、柠檬酸等为原料，采用溶胶—凝胶法制备了掺杂 MgO 气凝胶，其孔径在 3.6～9.8 nm，比表面积在 80～181.6 m^2/g，并系统研究了煅烧温度、煅烧时间、表面活性剂用量对 MgO 形貌以及比表面积的影响。

3. 模板法

模板法大致可分为两类，硬模板法和软模板法。硬模板法是指将镁的金属前驱体引入硬模板孔道中，然后经焙烧在纳米孔道中生成 MgO 晶体，去除硬模板后制备得到 MgO 气凝胶。软模板法的模板是由表面活性分子聚集而成的胶团、反胶团、囊泡等。马丽等采用一种新的凝胶—模板法制备高比表面积 MgO 气凝胶，主要原理是利用缺乏孔道结构的淀粉类物质——大米粉，在较高温度下与水作用形成凝胶，而形成凝胶的过程可以有效地分散 MgO 前驱体，再经氧化除去模板即可获得高比表面积且多孔 MgO 气凝胶。该方法既不像溶胶—凝胶法需要昂贵的醇盐和大量的有机溶剂，也不像硬模板法对模板的孔道结构等性能有较高要求，制得的 MgO 气凝胶具有高比表面积（可达 206 m^2/g）和双介孔结构（孔径分别位于 3.9 nm 和 5～40 nm 附近）。与直接焙烧四水乙酸镁制得的 MgO 相比，这类新型高比表面积 MgO 气凝胶具有较多的强碱位和较少的酸性位，并在异丙醇催化分解反应中表现出更高的丙酮收率和选择性，有望成为一类优良的固体碱催化剂。

4. 沉积法

沉积法因具有原料廉价易得、工艺简单、产品纯度高等优点而备受关注，已成为最具有工业应用价值的 MgO 气凝胶制备技术。采用液相沉淀法时，MgO 气凝胶一般是以可溶性无机镁盐为原料，外加沉淀剂形成前驱体凝胶，经老化、洗涤、干燥、焙烧等操作工序制得。然而，在制备过程中，前驱体 $Mg(OH)_2$ 凝胶粒子具有较高表面能和亲水性，极易自发团聚，需借助表面活性剂调节凝胶粒子表面能，形成一定空间位阻以减小颗粒碰撞，进而达到防止团聚的目的。杨凯旭等采用简易液相沉淀法，以六水合硝酸镁为镁源，氨水为沉淀剂，非离子型聚乙二醇(PEG-2000)为表面活性剂，成功制备出比表面积、孔体积和平均孔径分别为 145.42 m^2/g、0.67 cm^3/g 和 18.56 nm 的立方晶系 MgO 气凝胶。不同表面活性剂对 MgO 气凝胶晶相组成和结晶度影响不大，但对产物比表面积、骨架结构、表面基团结构特征、碱强度及碱量影响较大。以非离子型 PEG-2000 为表面活性剂制得的产品晶粒大小均一、形状规则，表面碱强度和碱总量均大于以阴离子型 SDS、阳离子型 CTAB 制得的产品，同时具有弱碱、中强碱特征，碱总量为 0.192 mmol/g。

6.1.3 CuO 气凝胶

目前，成熟的气凝胶制备工艺主要是采用有机金属醇盐为前驱体的方法，但因其醇盐难以制备，这种方法很难适用于过渡金属气凝胶的制备。二价金属因受其两键结构限制，难于交联形成三维网络结构，而其块体气凝胶的制备更成为技术难题。

以环氧丙烷为凝胶引发剂，在环境条件下，利用 $CuCl_2$ 作为前驱体，异丙醇为溶剂可合成 CuO 气凝胶。通过在高温静态空气中煅烧样品，合成的气凝胶可以从 $Cu_2(OH)Cl$ 相转化为 CuO 相。原则上，这些铜基材料的形貌可以通过修改反应参数或煅烧条件而得到微调。这种采用溶胶—凝胶法制备 CuO 气凝胶的方法，为制造高质量的二价金属多孔材料提供了一个简单的方法，对催化和传感领域有重大影响。

杜艾等分别以无机铜盐 $CuCl_2 \cdot 2H_2O$ 为前驱体，采用聚丙烯酸为分散剂，环氧丙烷为凝胶促进剂，通过溶胶—凝胶和 CO_2 超临界流体干燥工艺，制得了强度较高、结构均匀的铜基气凝胶，密度为 120～50 mg/cm^3。构成该材料的微粒为 70～90 nm 的球体，孔洞与颗粒分布均匀。样品结晶部分的成分为斜方晶 $Cu_2Cl(OH)_3$，而无定形部分主要为水合 $Cu(OH)_2$。合成和煅烧后的铜凝胶的电子显微镜图像如图 6-1 所示。通过选择模具，可制备不同形状的铜基气凝胶材料。

(a) 合成的铜气凝胶　(b) 合成干凝胶　(c) 150℃煅烧后的气凝胶

(d) 250℃煅烧后的气凝胶　(e) 350℃煅烧后的气凝胶　(f) 450℃煅烧后的气凝胶

图 6-1　合成和煅烧后的铜凝胶的电子显微镜图像

6.1.4　ZnO 气凝胶

TiO_2是一种常用光催化剂，但生产工艺相对复杂，成本较高，用于工业废水处理经济性较差。ZnO 是一种重要的半导体材料，具有 3.37 eV 能带宽度和 60 meV 的较大电子激发能，可在紫外光照射下降解有毒有机物质，其制备成本也较低。ZnO 比 TiO_2具有更高的光催化活性，可用以取代 TiO_2。ZnO 气凝胶拥有较高的比表面积和有序的介孔结构，其光催化降解能力相较于传统 ZnO 更强更稳定。

实验中常采用环氧丙烷为凝胶引发剂来制备 ZnO 气凝胶。该方法可制备高比表面积、多孔结构可控的低密度金属氧化物气凝胶，同时该方法避免使用昂贵的金属醇盐而采用廉价的无机金属盐为原料，是一种涵盖范围广、制备流程简单的气凝胶制备工艺。陈擘威等以 $ZnCl_2$、聚丙烯酸、环氧丙烷为前驱体，经过超临界干燥，在保护气氛下经高温退火处理制得 ZnO 气凝胶，在不同温度下退火的晶体结构不一样，随着退火温度升高，晶胞参数明显变化，晶体体积变小，晶系从三斜变化到单斜。

6.1.5　Fe_2O_3气凝胶

纳米 Fe_2O_3具有独特的磁性和化学活性，使其在催化、吸附、药物传递等领域被广泛应用。而 Fe_2O_3气凝胶因其独特的纳米多孔结构，在各方面的性能较纳米 Fe_2O_3更为优秀。与其他氧化物气凝胶类似，溶胶—凝胶法、模板法和沉积法等也是 Fe_2O_3气凝胶的主要制备方法。

甘礼华等采用 $FeCl_3$溶液作为前驱体，通过调节 pH 来制备 Fe_2O_3的水凝胶，再进行干燥获得 Fe_2O_3气凝胶。通过采用在 $FeCl_3$水溶液中加入强碱的方法，虽然可以获得较为均匀的聚合铁水凝胶，制得 Fe_2O_3的水凝胶，但此方法需经较长时间（几小时甚至数天）才能得到 Fe_2O_3水凝胶，需通过复杂的后处理过程除去凝胶中的 Na^+、Cl^-，操作较为烦琐。

任洪波等研究以 $FeCl_3$的醇溶液为前驱体，有机 Lewis 碱为凝胶促进剂，快速制备 Fe_2O_3的湿凝胶，再通过 CO_2超临界干燥工艺得到 Fe_2O_3气凝胶。与传统工艺相比，此工艺所制备的氧化物水（醇）凝胶的时间短（2～30 min），凝胶不需经热渗析等复杂的后处理过程而通过超临界干燥工艺即可得到 Fe_2O_3气凝胶。所制备的块状 Fe_2O_3气凝胶是由超细微粒堆积而成的多孔材料，比表面积为 430～480 m^2/g、孔体积为 1.0～2.2 cm^3/g、孔径为 95～110 nm；该气凝胶样品主要由 β-FeOOH 组成。此外还研究了 $FeCl_3$在不同的有机溶剂和凝胶促进剂中的凝胶时间。在不同的有机溶剂和凝胶促进剂中，$FeCl_3$的凝胶时间差别较大。当溶剂为直链低级醇类时，凝胶时间随醇类碳原子数增加而缩短（乙醇例外），且具有支链的低级醇，体系不凝胶；当溶剂为环醚时，凝胶时间较醇类较长；若溶剂为丙酮，则反应体系先放出大量的热，且凝胶时间较长（达三天）；在相同的溶剂中，没有 β-取代的凝胶促进剂的凝胶时间比

β-取代的凝胶促进剂的短。

任洪波等还以无机铁盐 $FeCl_3$ 为前驱体，环氧丙烷及其衍生物为凝胶促进剂，采用溶胶—凝胶工艺，通过 CO_2 超临界干燥工艺得到 Fe_2O_3 气凝胶。研究结果表明，当环氧化合物与金属离子的摩尔比为 6～12 时，得到的 Fe_2O_3 气凝胶密度低、体积收缩小，平均孔径为 9.4～18.3 nm，比表面积为 430～500 m^2/g。这种方法更为简单、适用、快速，为制备块状 Fe_2O_3 气凝胶提供了一个思路。

6.2 硫族气凝胶

传统上，气凝胶的成分仅限于氧化物和碳/有机框架或者二者的复合物上，限制了从气凝胶独特的纳米多孔结构中所能达到的性能范围。

金属硫化物具有不同于氧化物和碳/有机物的理化特性，比如跨越太阳光谱的直接带隙半导体特性，有助于催化的氧化还原状态和 Lewis 碱性等特性。金属硫化合物的性能与气凝胶相互连通孔隙的高比表面积的耦合，使得硫族气凝胶在光活化过程(太阳能电池、光催化、传感等)、从化石燃料中去除硫族杂质(氢化脱硫)、在重金属污染的环境治理和气体分析等应用中极具前景。

硫族气凝胶的光学半导体特性从紫外到红外可调，同时通过纳米颗粒组装所制备的凝胶呈现出特征量子约束效应。软 Lewis 碱性和相互连通的孔隙网络的存在使其具有独特的吸附性能，可适用于环境治理或气体分离。

目前硫族气凝胶的合成方法主要有：硫解合成、团簇合成、纳米粒子组装等。

6.2.1 硫解合成

与传统的水解/缩合路线制备 SiO_2 和金属氧化物凝胶的路线相对应，硫解路线能用来制备一系列金属硫化气凝胶。在这种方法中，H_2S 用来代替 H_2O 形成硫连接的凝胶。与金属氧化物凝胶类似，金属硫化物最终产物的形态不是沉淀就是凝胶结构，这取决于硫解和缩合的相对反应动力学。然而，目前的研究主要集中在形成硫化物凝胶的致密块体或薄膜上，很少有人把注意力放在产生凝胶和在干燥过程中保留其孔隙结构的策略上来。硫解合成能产生多孔结构网络，得到的块体干凝胶具有较高的比表面积。

$Ge(OEt)_4$ 与 H_2S 在严格的惰性条件下经过数小时到数天的反应历程形成凝胶，并且经过低温超临界干燥获得成分与富硫 GeS_2 玻璃一致的 $GeS_{2.4}$ 的白色粉末气凝胶。该气凝胶具有非晶特性，比表面积高达 755 m^2/g，比最初制备的 GeS_x 干凝胶有增强的多孔互联胶体网络结构(类似于碱催化的 SiO_2 气凝胶)。尽管使用该方法可制造新的气凝胶，但由于需要从反应中严格地除水和除氧，使该方法在处理和合成中受到很大限制。湿凝胶阶段存在稳定性问题，当 GeS_x 湿凝胶在凝胶化和老化过程中偶然暴露在空气中时，会产生贫硫并含有

GeO_2结晶的气凝胶。

6.2.2 团簇合成

介孔硫族化合物是以表面活性剂为模板，采用与金属粒子结合的硫系 Zintl 团簇合成得到的。然而，通过洗涤或加热去除表面活性剂会造成内部孔结构的塌陷。通过过渡金属阳离子 Pt^{2+} 在置换反应中与$[Ge_4S_{10}]^{4-}$的阴离子团簇连接形成金属硫化物凝胶，使用 CO_2 超临界干燥后获得相应的气凝胶，虽然产生了无序的结构，但可得到可利用的孔体积。另外，由于使用多种组分，合成方法有很大的灵活性。硫系团簇的几何差异和更适合于金属的络合环境，影响硫簇气凝胶的理化特性，如形貌和结构，比表面积和孔隙率及光学、催化和气体吸附性能。

6.2.3 纳米粒子组装

硫族气凝胶的另一种合成方法是将分散的金属硫化物纳米粒子缩合在一起形成凝胶网络。用4-氟苯基硫醇表面改性的 CdS 纳米粒子浓溶液在长时间保存后形成凝胶。该过程涉及表面硫醇基团在空气中氧化形成二硫化物（和其他氧化产物）和部分去络合的纳米粒子，然后形成共轭聚集体，最终形成凝胶。通过使用过氧化氢来代替环境中的氧可以控制并复制该过程。研究发现，凝胶本身保留了半导体纳米颗粒的尺寸依赖光学特性，即量子限域效应，具有与初始粒子相似的带隙。

使用硫解、团簇联接和纳米粒子组装三种方法，已可实现完全基于金属硫族化合物（硫、硒或碲）框架的气凝胶。这些材料结合了软 Lewis 碱半导体框架和高度的多孔结构，是强大的选择性吸附剂和催化剂，也可作为高效的光催化剂或光伏器件的组件，应用于太阳光谱吸收。

6.3 氮化物气凝胶

氮化物是氮与电负性比它小的元素形成的二元化合物。利用氮化物制备成具有纳米多孔结构的陶瓷气凝胶，具有极低的热导率、良好的热稳定性，尤其是在极端条件下的超级热绝缘方面展现出独特的优势。

美国加州大学洛杉矶分校、伯克利分校、中国哈尔滨工业大学、兰州大学、东南大学以及沙特国王大学等多家机构共同研制出了一种超轻且极其耐用的 BN 气凝胶，可耐受极端高温并能承受温度的剧烈变化，有望用于航天器的隔热保护等。

BN 气凝胶由 BN 薄层制成，原子以六边形网格状连接。这种材料在 1 400 ℃高温下存放一周后机械强度损失不到 1%；可以承受数百次在几秒钟内将温度升高到 900 ℃然后再降低到零下 198 ℃这样的温度剧烈波动。此外，BN 气凝胶在加热时会收缩，具有负泊松比

(−0.25)和负的线性热膨胀系数(-1.8×10^{-6}/℃),更柔韧,更具弹性,被压缩到原始体积的5%时可完全恢复原状。主要性能特点包括:

(1)超轻:密度接近0.1 mg/cm³。

(2)超低导热性:真空和空气中的热导分别约为2.4 mW/m·K和20 mW/m·K。

(3)超高力学性能:高达95%的超高弹性变形,具有数百次循环的抗热冲击性,在275℃/s热冲击或1 400 ℃强烈热应力下强度损失几乎为零。

氮化物气凝胶可用于航天器、汽车或其他专用设备的隔热,也可用于热能储存、催化或过滤。

6.4 金属气凝胶

金属气凝胶,又称为低密度泡沫金属,在电子、储能、催化载体、燃料电池、传感器和医疗器械等领域有着广泛的应用前景。

采用贵金属(Ag、Au/Ag、Pd/Ag、Pt/Ag)组装的空心结构金属纳米壳气凝胶得到了广泛的关注与研究。

多孔贵金属纳米结构具有高度的多孔性和扩展的比表面积,是工业界和学术界长期关注的目标。其中,贵金属气凝胶作为最先进的催化剂应运而生,这些特殊的结构在催化、传感器等多种应用中发挥着至关重要的作用。迄今为止,贵金属气凝胶的制备方法多种多样,但其开发和合成却存在多步、耗时的问题。

6.4.1 Au气凝胶

Wen等采用多巴胺诱导Au纳米粒子三维组装制备了Au水凝胶的网络,超临界干燥后,得到的Au气凝胶显示出高比表面积和高孔隙率。多孔纳米线网络和原始粒子的直径都在5~6 nm。Au气凝胶的密度为0.040 g/cm³左右。图6-2为Au气凝胶的形成过程及SEM和TEM图。

由于单金属Au气凝胶的原始胶体颗粒具有强烈预聚性(大于100 nm),且凝胶时间较长(一周),从而限制了进一步的应用。直接溶胶—凝胶法制备纳米金属骨架Au气凝胶及其应用是一个巨大的挑战。

6.4.2 Ag气凝胶

Qian F等报道了一种利用银纳米线制备具有可预测密度的超轻导电Ag气凝胶块体的新方法。该方法采用多元醇合成法制备银纳米线结构块,并用选择性沉淀法对其进行了纯化,然后冷冻铸造纳米线水悬浮液,再热烧结制备了Ag气凝胶。制备的Ag气凝胶具有独特的各向异性微孔结构,其密度由纳米线浓度精确控制,可降至4.8 mg/cm³,电导率可达51 000 S/m。力学研究表明，Ag 气凝胶具有“弹性硬化”行为，其弹性模量可达16.8 MPa。

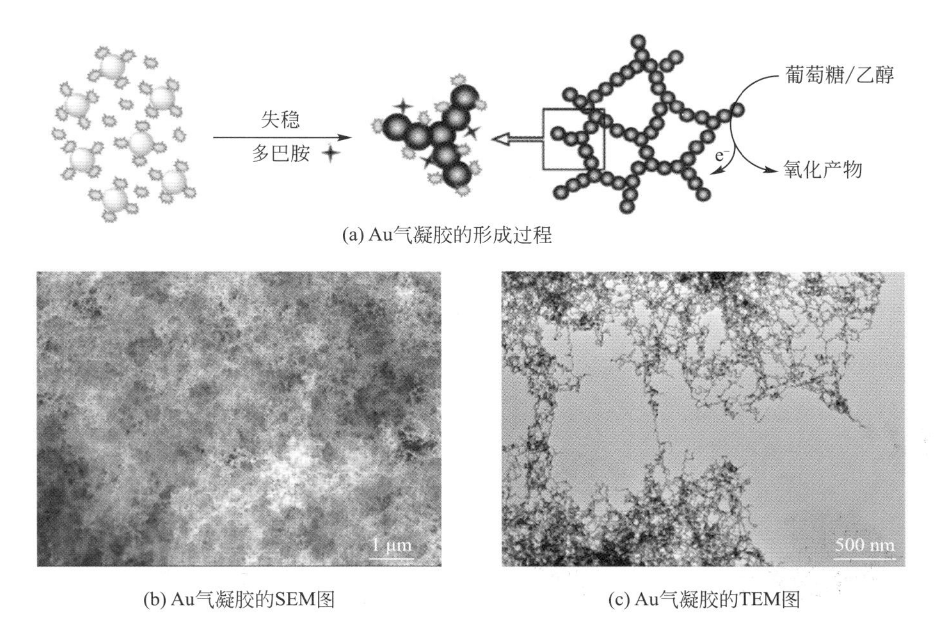

(a) Au气凝胶的形成过程

(b) Au气凝胶的SEM图

(c) Au气凝胶的TEM图

图 6-2　Au 气凝胶的形成过程及 SEM 和 TEM 图

Sun Xijing 等以聚 3,4-亚乙基二氧噻吩/聚 4-苯乙烯磺酸(PEDOT/PSS)和多壁碳纳米管(MWCNTs)悬浮液为原料，通过添加不同浓度的金属 Ag，制备了三维导电气凝胶，热电性能显著提高。研究发现，这种独特的结构可以同时提高材料的电导率和 Seebeck 系数。此外，导电气凝胶具有超低的热导率[0.06 W/(m·K)]和较大的比表面积(228 m^2/g)。在室温下，添加 33.32%的 Ag 后，最高热电优值(ZT)为 7.56×10^{-3}，虽然 ZT 值较低，但为热电材料的设计和开发提供了新的思路，有望得到一种经济、轻质、高效的聚合物热电材料。

6.4.3　Pd 气凝胶

Abdollatif 提出了一种利用自组装技术建立具有多孔三维网络的 Pd 气凝胶的方法。与其他方法相比，该方法具有合成简单、快速等优点。制备方法是以一水乙醛酸为还原剂，碳酸钠为助剂，在短时间内还原 H_2PdCl_4，超临界干燥制备 Pd 气凝胶，其结构如图 6-3 所示。Pd 气凝胶作为乙醇电氧化反应的阳极催化剂，与 Pd/C 催化剂相比具有优异的电催化活性和耐用性。这种方法合成的 Pd 气凝胶可以直接作为乙醇燃料电池(DEFCs)的催化剂，也为其他应用开辟了广阔的前景。

6.4.4 双金属气凝胶

尽管存在多种单一金属 Ag、Au、Pt 或 Pd 气凝胶，但通过氧化、温度诱导聚集以及自发凝胶化等方法制备的双金属或三金属复合气凝胶，能够解决单一 Pd 或 Ag 气凝胶的凝胶时间长和避免预聚的问题。

采用金属前驱体原位还原方法，通过提高高温凝胶化动力学，合成了一系列微控制器(Pd、Pt 或 Au)双金属气凝胶，合成与结构示意图如图 6-4 所示。此外，用超薄纳米线网络制备的 Pd/Cu 气凝胶对乙醇氧化具有良好的电催化性能，在燃料电池中具有广阔的应用前景。

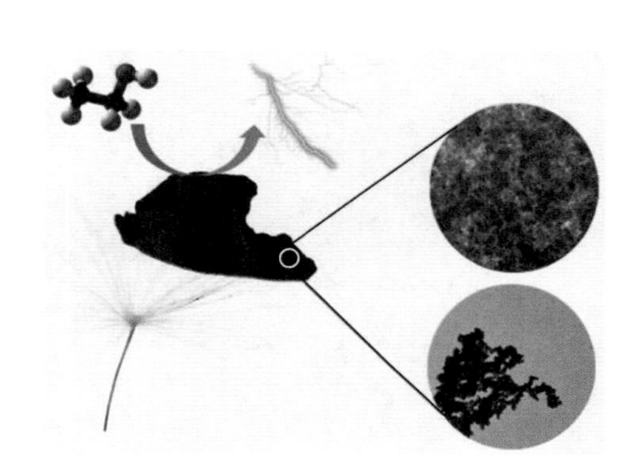

图 6-3　Pd 气凝胶的结构图

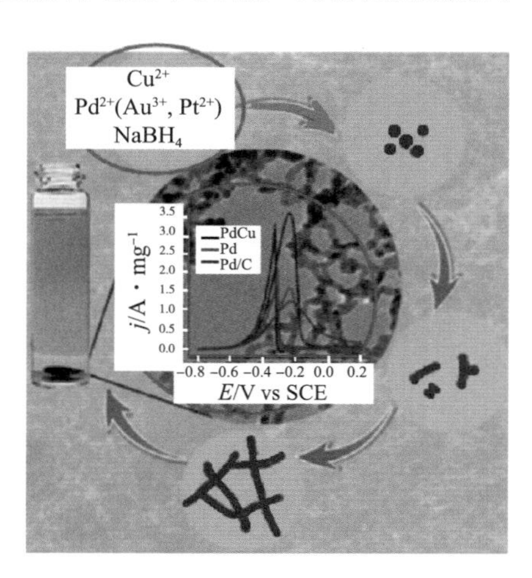

图 6-4　双金属气凝胶的合成与结构示意图

使用一步还原法在双金属气凝胶中加入铜来制备气凝胶，有效减少了气凝胶中贵金属的使用。水凝胶是气凝胶的液体形式，可以将水凝胶中液体缓慢并完全蒸发来制备气凝胶。随着水凝胶生产周期的缩短，使其具备了投入大规模生产的可能，有助于解决能源短缺问题的燃眉之急。

参考文献

[1]　梁丽萍，侯相林，吴东. 超临界 CO_2 流体干燥合成 ZrO_2 气凝胶及其表征[J]. 材料科学与工艺，2005，13(5)：552-555.

[2]　武志刚，赵永祥，刘滇生. 二氧化锆气凝胶制备和表征[J]. 功能材料，2004，35(3)：389-391.

[3]　白利红. 醇—水加热法制备二氧化锆气凝胶的研究[D]. 太原：山西大学，2005.

[4]　SUI R H，RIZKALLA A S，CHARPENTIER P A. Direct synthesis of zirconia aerogel nanoarchitecture in supercritical CO_2[J]. Langmuir，2006，22(9)：4390-4396.

[5]　郭兴忠，颜立清，杨辉，等. 添加环氧丙烷法常压干燥制备 ZrO_2 气凝胶[J]. 物理化学学报，2011，27(10)：2478-2484.

[6] 朱俊阳，刘福田，周长灵，等. 氧化锆气凝胶研究进展[J]. 现代技术陶瓷，2015，36(3):30-36.
[7] 李轩科，刘朗，沈士德，等. 二元炭质—二氧化锆气凝胶制备 Zr(C，O)纳米粉体[J]. 硅酸盐学报，2001，29(2):123-127.
[8] 赵永祥，武志刚，许临萍，等. 后处理温度对 NiO/SiO_2 气凝胶催化剂顺酐选择加氢性能的影响[J]. 天然气化工(C1 化学与化工)，2001，26(6):8-11.
[9] FUJISHIMA A，HONDA K. Electrochemical photolysiss of water at a semiconductor electrode[J]. Nature，1972，238(5358):37-38.
[10] 马丽，蒋平，孙瑞琴，等. 凝胶—模板法制备高比表面积氧化镁[J]. 催化学报，2009，30(7):631-636.
[11] 王伟华，褚川川，张冬云，等. 溶胶凝胶法制备掺杂介孔氧化镁及其抗菌性能研究[J]. 稀有金属材料与工程，2016(s1):28-31.
[12] 杨凯旭，赵莺，杨潍嘉，等. 不同表面活性剂对合成介孔氧化镁晶体性质的影响[J]. 人工晶体学报，2017，46(5):772-777.
[13] 汪东东，冯艳，王日初. 孔结构对热电池用氧化镁吸附性能的影响[J]. 有色金属科学与工程，2017，8(4):47-53.
[14] 毕于铁，任洪波，杨静，等. 铜基氧化物气凝胶的制备与表征[J]. 强激光与粒子束，2011，23(10):2650-2652.
[15] 杜艾，李宇农，周斌，等. ICF 用铜基低密度气凝胶靶材料研制[J]. 原子能科学技术，2008，42(9):794-798.
[16] 陈擘威，毕于铁，罗炫，等. 锌基复合气凝胶的微观结构[J]. 强激光与粒子束，2013，25(8):1984-1988.
[17] 甘礼华，李光明，岳天仪，等. 氧化铁气凝胶的制备及其表征[J]. 高等学校化学学报，1999，20(1):132-134.
[18] 任洪波，张林，杜爱明. 块状氧化铁气凝胶制备初步研究[J]. 原子能科学技术，2005，39(6):513-516.
[19] 任洪波，张林，万小波，等. 以环氧化合物为凝胶促进剂制备块状氧化铁气凝胶[J]. 原子能科学技术，2007，41(3):288-291.
[20] 傅晓燕，梅军，刘昊，等. 碳气凝胶/四氧化三钴复合材料的制备及电化学性能[J]. 功能材料，2015(6):6115-6119.
[21] XU X，ZHANG Q Q，HAO M L，et al. Double-negative-index ceramic aerogels for the rmal super insulation[J]. Science，2019，363：723-727.
[22] WANG C T. Photocatalytic activity of nanoparticle gold/iron oxide aerogels for azo dye degradation[J]. Journal of Non-Crystalline Solids，2007，353(11-12)：1126-1133.
[23] SUN X J，WEI Y H，LI J J，et al. Ultralight conducting PEDOT:PSS/carbon nanotubeaerogels doped with silver for thermoelectric materials[J]. Science China Materials，2017，60(2):159-166.
[24] GARDES G E E，PAJONK G M，TEICHNER S J. Catalytic demonstration of hydrogen spillover from nickel-alumina catalystto alumina[J]. Journal of Catalysis，1974，33:145-148.
[25] PAJONK G M. Aerogelcatalysts[J]. Applied Catalysis，1991，72(2):217-266.
[26] ABDOLLATIF S D，HAMIDEH S，MEISSAM N. Three-dimensional assembly of building blocks for the fabrication of Pd aerogel as a high performance electrocatalyst toward ethanol oxidation[J]. Electrochimica Acta，2018，275：182-191.

[27] ZHU C Z, SHI Q R, FU S F, et al. Efficient synthesis of MCu (M = Pd, Pt, and Au) aerogels with accelerated gelation kinetics and their high electrocatalytic activity[J]. Advanced Materials, 2016, 28(39): 8779-8783.

[28] 刘卫. 金属基气凝胶电催化剂的制备和应用[C]//中国化工学会.第五届全国储能科学与技术大会摘要集,2018:70.

[29] ZHAO X F, YI X B, WANG X Q, et al. Constructing efficient polyimide(PI)/Ag aerogel photocatalyst by ethanolsupercritical drying technique for hydrogen evolution[J]. Applied Surface Science, 2020, 502: 144187.

[30] WEN D, LIU W, HAUBOLD D, et al. Gold aerogels: three-dimensional assembly of nanoparticles and their use as electrocatalytic interfaces[J]. ACS nano, 2016, 10(2): 2559-2567.

[31] QIAN F , LAN P C , FREYMAN M, et al. Ultralight Conductive Silver Nanowire Aerogels[J]. Nano Letters, 2017,17(12):7171-7176.

有机气凝胶

有机气凝胶是一类由高聚物分子构成的多孔非晶凝聚态材料，具有独特的纳米多孔和连续的三维网络结构及极低的密度、高的比表面积和高孔隙率等特点，在催化剂及载体、高效隔热等领域具有广阔的应用前景。

第7章 聚合物气凝胶

1989年,Pekala以间苯二酚和甲醛为前驱体,在Na_2CO_3的催化作用下结合超临界干燥技术制得了世界上第一块有机气凝胶——间苯二酚-甲醛(resorcinol-formaldehyde,RF)气凝胶,后续又制备出了苯酚-呋喃甲醛(phenol-furfuraldehyde,PF)、甲酚-甲醛(cresol-formaldehyde,CF)、三聚氰胺-甲醛(MF)等气凝胶。有机气凝胶按原料来源可以分为:合成高分子的聚合物气凝胶和天然高分子的纤维素气凝胶等。

聚合物气凝胶的最大特点是具有灵活的分子设计性,性能更易设计和调控。聚合物气凝胶的种类取决于相应的聚合物的种类。目前常见聚合物气凝胶有聚氨酯(polyurethane,PU)、聚脲(polyurea,PUA)、聚酰亚胺(polyamide,PI)和苯并噁嗪(polybenzoxazine,PBZ)等。常见聚合物气凝胶的性能和应用见表7-1。

表7-1 常见聚合物气凝胶的性能与应用

种类	性能	应用
RF气凝胶	低热导率,大比表面积,大孔洞率	制备碳气凝胶
MF气凝胶	良好的光学、力学性能	惯性约束聚变靶材
PU气凝胶	较低的热导率,灵活的分子设计性	保温隔热材料
PUA气凝胶	网络结构可调整,力学性能优良,热稳定性好	隔热隔声材料
PI气凝胶	良好的热稳定性和低介电常数	隔热材料贴片天线
PBZ气凝胶	高硬度和高疏水性	高温热保护材料

聚合物气凝胶的结构包括凝胶状的纳米颗粒、纳米纤维状、微孔纤维状和片层结构等。聚合物气凝胶在干燥过程中收缩小,易成块,具有极低的密度、极低的热导率、良好的力学性能和环境稳定性。

7.1 间苯二酚-甲醛气凝胶

间苯二酚-甲醛(RF)气凝胶是碳气凝胶的常用前驱体之一,可用于隔热和催化等领域。

7.1.1 RF气凝胶的合成化学

间苯二酚-甲醛聚合物是一类酚醛树脂。RF气凝胶的合成过程是:间苯二酚与甲醛反应形成羟甲基化的间苯二酚，羟甲基基团相互缩合形成纳米量级的团簇，然后再通过化学交联形成凝胶。团簇的形成受温度、pH 及反应物的浓度等参数影响。

间苯二酚是一种三官能团单体，最多可以添加三个甲醛。那些被取代的间苯二酚衍生物与形成的纳米团簇缩合，通过表面的—CH_2OH 基团交联，形成体形结构聚合物。在所有的酚类衍生物中，间苯二酚在水中的溶解度最大(100 g H_2O 中在 25 ℃溶解 123 g)。RF 气凝胶的制备一般采用 1 mol 间苯二酚与 2 mol 甲醛溶于适量水中，加入适量催化剂，在一定温度下反应一段时间形成内部交联的聚合物凝胶，再经过超临界干燥处理(CO_2超临界干燥、非 CO_2超临界干燥、冷冻干燥和常压干燥等)可制得 RF 气凝胶。

前驱体与溶剂的相对用量及间苯二酚(R)与催化剂(C)的比例(R/C)是最重要的两项溶胶—凝胶参数，决定着气凝胶的密度和微观骨架结构。

尽管间苯二酚与甲醛的缩聚机理与无机气凝胶反应机理不同，但形成凝胶的物理化学过程类似。RF 气凝胶的介孔率高，导热系数低，密度低，原料价格低，结构容易调控，因而得到广泛研究。

传统的聚合物气凝胶制备从溶胶—凝胶反应开始，经过成核生长、交联凝胶、酸催化交联老化、溶剂交换和 CO_2超临界萃取等多个步骤，持续一个月甚至更长的时间。因此，需要在碱性或酸性等条件下进行催化制备。

1. 碱催化法

RF 湿凝胶通常在碱性条件下制得，化学反应过程如图 7-1 所示，过程如下：

(1)凝胶化。将间苯二酚与碳酸钠等碱催化剂溶于水中，加入甲醛并对密闭容器(模具)中的混合物长时间(几天到几周)升温加热(80～90 ℃)以凝胶化。

(2)老化。将凝胶从模具中取出，用溶解在有机溶剂(甲醇或丙酮)中的稀酸(0.1%的三氟乙酸)清洗，以提高其交联密度。

(3)溶剂交换。将湿凝胶用甲醇或丙酮洗涤数次，以除去孔隙内多余的水和催化剂。

(4)CO_2超临界干燥。将湿凝胶与过量溶剂混合放置在高压釜中，在较低温度(15 ℃)和压力(6 MPa)下洗涤多次，空隙中填充的溶剂被液态 CO_2 置换。当孔隙中填充的有机溶剂被液态 CO_2 完全代替后，升高高压釜的温度和压力，超过 CO_2的临界点(31 ℃，7.5 MPa)，超临界 CO_2缓慢排放之后(35～45 ℃)，留下的多孔物质即为 RF 气凝胶。

2. 酸催化法

酸催化法可通过增加甲醛的亲电性而使反应加速。酸催化(盐酸、醋酸和高氯酸)RF 气凝胶合成机理如图 7-2 所示。酸催化反应在室温下也能发生凝胶化且速度较快。

Horikawa 等研究发现，在 R/C 值为 50 时，RF 气凝胶的初级粒子是球形，气凝胶的孔尺寸在 5～20 nm 的范围内并随 R/C 值呈函数变化。当 R/C 值为 1 000 时，RF 气凝胶的初级粒子为片状。

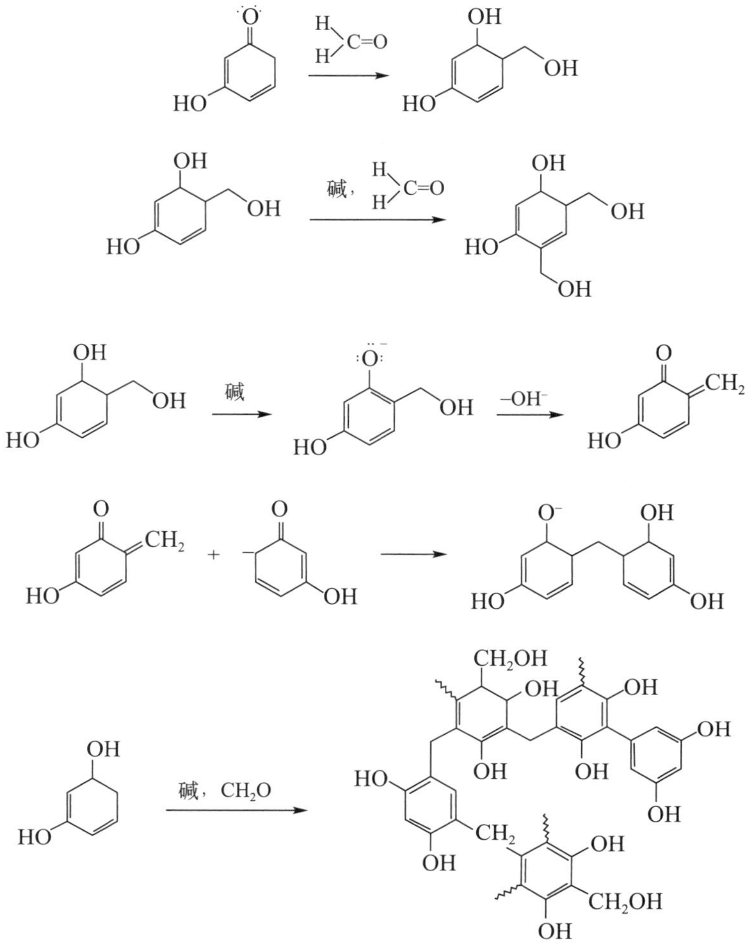

图 7-1　碱催化 RF 气凝胶合成机理

Mirzaeian 等研究发现，R/C 值也是控制 RF 气凝胶比表面积、总孔体积和力学特性的主要因素。RF 气凝胶对氮气的吸附体积随着 R/C 值升高而升高，凝胶过程中形成的 RF 团簇的大小和数目取决于 R/C 值。高催化剂条件（低 R/C 值）下形成小颗粒和微孔结构凝胶；低催化剂条件（高 R/C 值）下形成大颗粒和介孔结构凝胶。

溶胶 pH 对 RF 气凝胶物理性质也有一定的影响。随着 pH 的升高，比表面积升高。酸催化 RF 气凝胶的聚集结构不同于碱催化气凝胶。

3. 超声波的作用

王朝阳等在间苯二酚类有机气凝胶的制备工艺中引入超声波技术，在反应初始阶段凝胶核生长速度提高了 86 倍左右，低强度超声波可大大加快溶剂交换速率，抑制凝胶过程中的氧化作用，凝胶时间减少 8%～17%，缩短了有机气凝胶的制备周期。

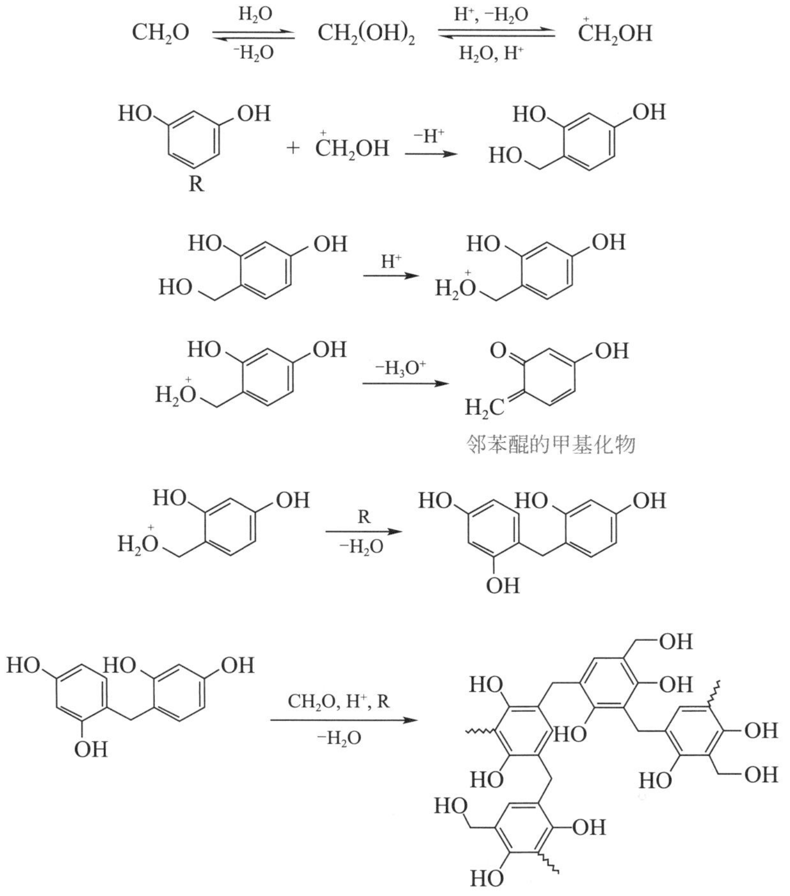

$$CH_2O \underset{-H_2O}{\overset{H_2O}{\rightleftharpoons}} CH_2(OH)_2 \underset{H_2O,\ H^+}{\overset{H^+,\ -H_2O}{\rightleftharpoons}} \overset{+}{C}H_2OH$$

邻苯醌的甲基化物

图 7-2　酸催化 RF 气凝胶合成机理

超声波对凝胶反应具有加速作用的原因在于：①超声波使得反应体系中介质分子的振动频率与其频率相同（超声波的频率比普通声波的频率高很多），使介质分子获得很大的能量，超过反应所需活化能，反应几率大大提高。②在超声波作用下，均相溶液体系发生空化现象。空化气泡在声波作用下压缩而产生热量，空化气泡溃陷时产生数千度的高温，气泡的溃陷速率很大，在这些溃陷点上反应非常迅速。③超声波巨大的机械能量使介质的质点产生极大的加速度，水分子在空化作用下产生氢化电子、氢自由基和羟基自由基，即 $H_2O \rightarrow H + OH$。在空化气泡的界面和周围溶液中增加了羟基的浓度，溶液中的氢自由基和羟基自由基对反应具有催化作用，加快反应速度。

超声波对氧化作用的抑制主要表现在：①溶液中溶解的空气在超声波作用下形成空化气泡并迅速溃陷逸出表面，消耗了大量的溶解氧；②超声波使水解离形成的氢自由基在空化气泡溃陷的过程中和氧气发生反应，消耗部分溶解氧。

7.1.2 RF 气凝胶的性能和应用

RF 气凝胶是一种由有机团簇构成的多孔、无序、具有连续网络结构的纳米非晶固态材料，具有多孔性、低弹性模量和热导率，内表面具有较好的吸附性，是一种优于商业化玻璃纤维的隔热材料。RF 气凝胶热导率极低，约 0.012 W/(m·K)，比 SiO_2气凝胶更硬、更强，可用于辐射传热隔热领域。

RF 气凝胶可作为纳米粒子碳和碳气凝胶的前驱体，通过调节初始过程条件来实现对最终碳粒子比表面积、孔体积、孔径分析、节点常数和导电等特性的调控。纳米粒子碳或碳气凝胶作为储能材料在吸附材料、离子电极、双层电容器、超级电容器、质子交换膜(PEM)燃料电池、可充电锂离子电池等方面具有广阔的应用前景，部分已实现了商业化。

RF 气凝胶作为纳米多孔薄膜可用于气体或液体的分离。由于结构和密度可调，RF 气凝胶在激光惯性约束聚变中可用于低温靶吸附氘、氚燃料和多层靶填充材料等。美国 Lawrence 国家实验室和伊利诺斯大学研究表明：RF 气凝胶能满足吸附核燃料的材料要求；RF 气凝胶可作为 Cerenkov 探测器的介质材料，用来探测高能粒子的质量和能量，也可用于在空间捕获高速粒子。

7.1.3 RF 气凝胶黏结剂

RF 气凝胶作黏结剂可应用于砂型(芯)制备中。现代砂型铸造要求砂型(芯)具有良好的保温性、溃散性、透气性及绿色环保等。

Bruck 等最早尝试用 RF 气凝胶黏结铸造砂。他将多种类型原砂与 RF 气凝胶溶液混合，振动紧实，溶液完全充满紧实的砂子间隙，制备了 RF 气凝胶砂(aerosand)。砂中的 RF 气凝胶溶液的凝胶和干燥速度加快，RF 气凝胶能很好地将砂子黏接起来。图 7-3 为 RF 气凝胶砂的扫描电镜照片，显示了砂粒之间的结合状况，RF 气凝胶黏结剂润湿两个砂粒，并在它们之间建立起一个固体的黏结桥。这些黏结桥呈现出气凝胶的海绵状开孔三维纳米结构，黏结桥中的颗粒尺寸比相同条件下制备出的纯 RF 气凝胶更小。

气凝胶砂在干燥时不发生收缩，即使使用粗砂，在 RF 气凝胶黏结的砂型中制成的铸件也具有很低的表面粗糙度。一方面，RF 气凝胶可以在短时间内承受高温，由其制成的砂型和砂芯可以经受短时间的热应力；另一方面，气凝胶在相对较低的 350 ℃时 30 min 内即可被氧化，使气凝胶黏结桥被烧毁，形成流动散砂，因而砂型(芯)具有优异的溃散性，铸件易于清理。图 7-4 是在

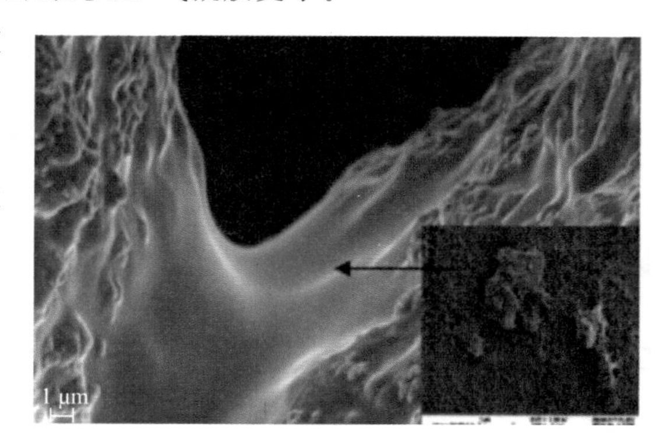

图 7-3 两个砂粒之间的黏结桥

由 RF 气凝胶砂制成型芯的砂型中铸成的铝合金铸件。型芯在经过 350℃下 30 min 的热分解后被顺利取出，铸件内表面光滑且有光泽。

Bruck 等将刚玉砂、碳化硅砂和石英砂混合，RF 溶液按占砂的质量分数为 4%、10%、16%和 24%分别倒入砂中低速搅拌均匀，将混合物填充到筒状聚酞酸酯管中封闭，在 40℃下凝胶化，然后打开管子在室温下干燥 24 h，得到气凝胶黏结砂复合材料。砂子的引入加速了凝胶过程，干燥时间也相应缩短。用 RF 气凝胶黏结的砂型（芯）的弯曲强度和压缩强度与传统冷芯盒砂和热芯盒砂性能相似，能够承受铸造过程中的热量冲击和应力。砂粒尺寸越小，气凝胶含量越高，砂粒表面越粗糙，越有利于提高 RF 气凝胶砂的力学性能。

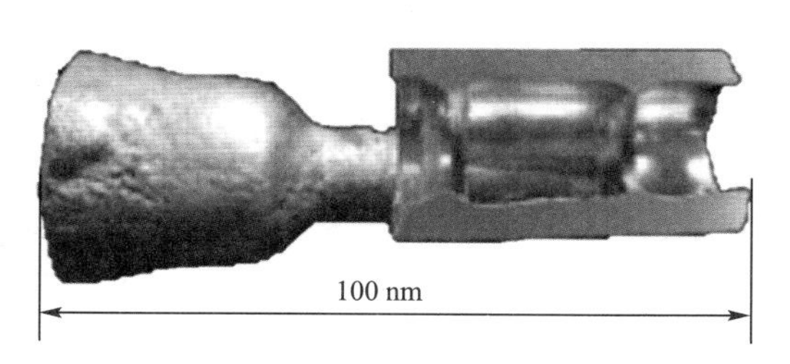

图 7-4　在 RF 气凝胶作黏结剂的砂型中铸成的铝合金铸件

Reuβ 等将 RF 溶液[间苯二酚和去离子水的摩尔质量比为 0.044：1，间苯二酚和甲醛的质量摩尔比为 0.72：1，间苯二酚和催化剂（碳酸钠）的质量摩尔比为 1 512：1]按照 5%到 20%的不同质量分数与砂混合，进行凝胶化和干燥。他们将气凝胶黏结砂放入圆柱管内并封闭一端，研究了干燥温度在 20～70℃变化时，气凝胶黏结砂的质量与干燥时间的关系。研究表明，干燥时间与气凝胶黏结砂质量和黏结剂量之间呈线性关系，而与砂粒尺寸关系不大。完全干燥后，黏结剂本身的量（水损失）减少到约为原始液体含量的 1/4。对干燥后的弯曲试样在真空条件下进行退火处理，发现随着退火温度的升高，弯曲强度在 250℃出现最大值。原因可能是在热处理过程中，气凝胶内部仍会发生反应，多孔网络里的残余流体强化了纳米颗粒间的结合，强度提高。退火温度继续升高时弯曲强度显著降低。

砂型（芯）要有较高的透气性，以免高温浇注后黏接剂分解形成的气体挥发物损害铸件质量。与传统树脂砂型相比，气凝胶高的比表面积有助于吸收浇注时型芯释放的气体挥发物，因此，RF 气凝胶黏结的砂型（芯）具有高透气性，可以有效避免铸件缺陷的形成，尤其是避免形成表皮下的侵入性气孔缺陷。

砂型（芯）分解的挥发产物要对环境无害。Aegerter 采用热重-傅立叶红外光谱联用技术分析了 RF 气凝胶黏结砂的热分解产物。在非氧化性条件下，RF 气凝胶黏结剂的热分解产物中没有芳烃（苯、甲苯、二甲苯等），只出现了水、二氧化碳、一氧化碳和甲烷等，均为无毒产物，对人和环境无害。因此，RF 气凝胶是一种环境友好型的绿色铸造黏结剂。

目前 RF 气凝胶黏结剂存在的主要问题：一是 RF 气凝胶与型砂的黏结性能即两者的界面黏结性还不够清楚；二是铸造砂对 RF 气凝胶溶胶的凝胶过程影响机理尚不清楚；三是实际工程应用时，以气凝胶为黏结剂的大型砂型（芯）的加热干燥工艺及砂型尺寸稳定性至关重要。要真正实现 RF 气凝胶砂型（芯）的工程化应用，须掌握 RF 气凝胶黏结砂的基本特性，实现工程化稳定制备。

7.2 三聚氰胺–甲醛气凝胶

Pekala 等采用三聚氰胺(M)–甲醛(F)体系合成了无色透明的 MF 气凝胶，具有纳米级连续三维网络结构、高比表面积，有望在惯性约束核聚变(ICF)实验中得到推广和应用。

MF 气凝胶中三聚氰胺与甲醛的缩聚反应一般通过两种途径合成。

(1)单体途径：三聚氰胺与甲醛以 1∶3.7 的质量比混合，加入去离子水作为反应溶剂，加入适量的碱作为初始反应催化剂，控制反应物含量，可得到不同密度的湿凝胶；加热混合液使三聚氰胺完全溶解，冷却至室温，再加入盐酸调节 pH 为 1.5～1.8，密闭后加热反应一定时间即可得到 MF 湿凝胶。图 7-5 所示为单体途径的凝胶化反应过程。甲醛与三聚氰胺中的三个氨基形成羟甲基取代物，酸化过程促进其进一步缩合，形成二氨基亚甲基桥和二氨基亚甲基醚桥，最终交联成三维网络状结构，完成凝胶化过程。

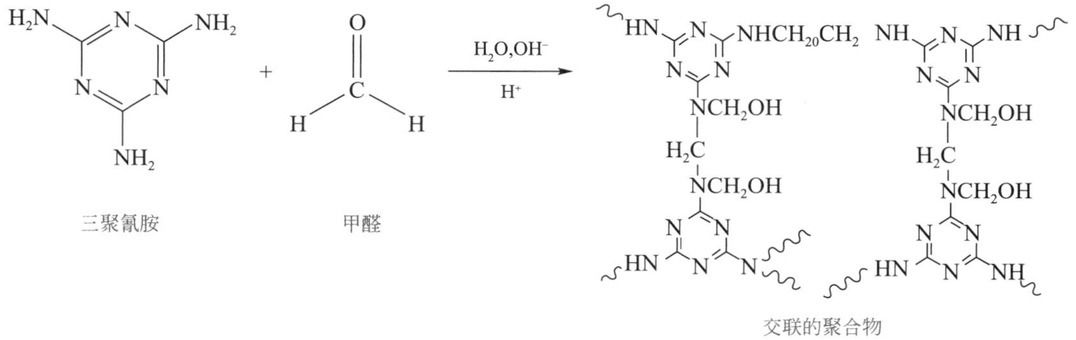

三聚氰胺　　甲醛　　H_2O, OH^- / H^+　　交联的聚合物

图 7-5　MF 凝胶化反应过程

(2)齐聚体途径：把被甲醛部分羟甲基化的三聚氰胺低分子量缩合物，用适量去离子水稀释，用盐酸调节 pH 为 1.8～2.3，在 50 ℃下加热 1 天，然后于 95 ℃下加热 5 天，即可得到 MF 湿凝胶，经溶剂置换处理得到体系内不含水的 MF 湿凝胶。

张勇研究了 MF 凝胶老化过程中的溶剂效应及其对体积收缩的影响，从凝胶的离浆—溶胀平衡以及溶剂效应两个方面对湿凝胶老化过程中的体积收缩做了分析。控制交换溶剂的组成能显著改善湿凝胶后处理过程中的体积收缩。湿凝胶交换步骤是：先使用凝胶体内液体和目标溶剂的混合溶剂进行交换，逐次增大目标溶剂的含量，最后使用纯溶剂进行交换，可获得体积收缩较小的湿凝胶体系。MF 气凝胶网络结构均匀，孔洞大小在几纳米到几十纳米之间，主要为介孔和微孔。三聚氰胺与甲醛以二氨基亚甲基桥或二氨基亚甲基醚桥结合在一起，得到的 MF 气凝胶是一种纳米多孔非晶材料。MF 气凝胶比表面积可达 1 000 m^2/g，且透明气凝胶的比表面积要大于不透明的。

7.3　聚氨酯气凝胶

聚氨酯(polyurethane,PU)是由异氰酸酯和多元醇通过化学反应得到的,不同的反应单体可以得到性质不同的聚氨酯块体材料,因而具有分子设计性。PU 气凝胶是一种新型的隔热材料。

7.3.1　PU 气凝胶的合成

PU 气凝胶最早由 Biesmans 等于 1990 年成功合成。他们以芳香的异氰酸盐(DNR)为反应剂,1,4-二氮杂二环辛烷(DABCO)为催化剂,在 CH_2Cl_2 溶液中合成 PU 湿凝胶,经过 CO_2 超临界干燥得到了 PU 气凝胶。当异氰酸盐与催化剂质量比值为 50%、固含量为 3% 时,制备的 PU 气凝胶热导率最低,约为 0.007 W/(m·K)。

Nicholas 等采用多官能团的小分子合成 PU 气凝胶,通过改变分子参数来控制材料的形态。分子参数主要是指分子刚性、单分子中官能团的数目(n)以及官能团密度(每个苯环上官能团的数量 r)。他们选用了两种三官能的异氰酸酯(芳香族的 TIPM 和脂肪族的 N3300A),三种多元醇(间苯三酚、间苯二酚和双酚 A),以二月桂酸二丁基锡(DBTDL)为催化剂,合成出了具有良好性能的 PU 气凝胶(见图 7-6)。具有低热导率[约 0.030 W/(m·K)],较轻的质量(密度约 0.094 g/cm^3),以及如泡沫般的柔韧性(压缩吸收能达 100 J/g)。

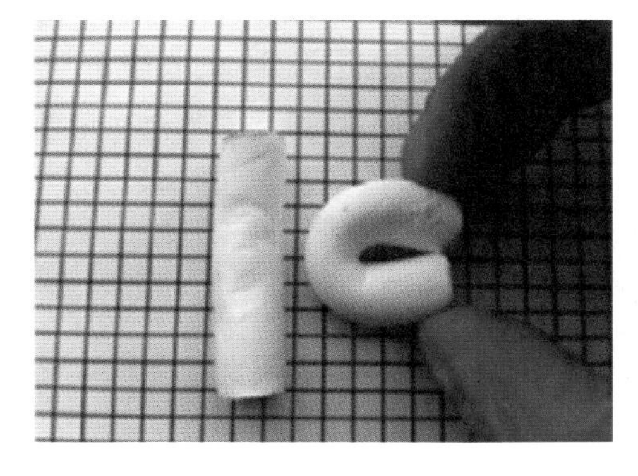

图 7-6　聚氨酯气凝胶

单体分子的刚性和官能度控制着反应过程中的相分离,从而控制粒子的尺寸、孔隙率和内表面积。当单体分子具有一定的刚性时,气凝胶的骨架会产生微孔,孔结构层次分明。对整个体系影响最大的两个参数是官能团数目 n 和官能团密度 r。官能团密度主要作用于纳米骨架的表面,不仅决定了结构同时也是控制性能的主要参数。

Rigacci 等还研究了亚临界干燥对 PU 气凝胶的影响。与超临界干燥相比,亚临界干燥得到的样品仅在密度上略有差异。前驱体在溶剂中的溶解能力不同,则得到不同微观形貌的材料:若可溶,则得到介孔的气凝胶类材料;若不溶,则得到大孔的泡沫类材料。

7.3.2　结构与性能

PU 气凝胶具有很大的孔隙率,骨架是由小尺寸的颗粒聚集而形成的,是细丝状且呈强交联的聚集体。

Leventis 等从分子间连接的角度对 PU 气凝胶的柔韧性进行了研究。通过分子设计得到了聚氨酯-丙烯酸酯和聚氨酯-降冰片烯两种星状单体，然后合成 PU 气凝胶。分子结构单元对柔性的影响主要来自粒子间的接触面积而不是相分离所产生的纳米颗粒的尺寸。接触面积越大则柔韧性越好，这种接触面积可以通过聚合物在初级纳米骨架上的累积来增加。把粒子间的接触面积看作是一种共价键，是多孔材料具有一定模量的主要原因。

PU 气凝胶的性能优势主要体现在保温隔热、隔音降噪、减震吸能等。

一般来说，超级隔热材料是指热导率小于等于 0.02 W/(m·K)的材料，主要包括三种类型：气凝胶、真空隔热板 VIP 和真空平板玻璃 VG。超级隔热材料主要应用于建筑空间节省带来成本优势的地方，或可以改进产品特性（耐化学腐蚀、耐高低温等），以及能改善使用寿命（较低的维修成本）等的领域，但气凝胶隔热产品的材料成本比标准隔热产品要高出10～20 倍。

PU 气凝胶具有优秀的回弹能力和吸能效果，可在隔音、减震和吸能领域进行应用，例如用于飞机、城市地铁、高铁等轨道交通系统，建筑工地、工厂、娱乐场所等。

7.4 聚脲气凝胶

聚脲（polyurea，PUA）是由异氰酸酯和氨基类化合物反应得到的一种弹性物质，最基本的特性是防腐、防水以及耐磨，常被用作涂料。PUA 气凝胶最早是由美国的 Devos 在 1994 年制备得到。

7.4.1 PUA 气凝胶的合成

美国的 Leventis 等以异氰酸酯和水为原料，Et_3N 为催化剂，分别以丙酮、乙腈和二甲基亚砜为溶剂，常压干燥制备得到 PUA 气凝胶，其孔隙率高达 98.6%，密度范围广（0.016～0.55 g/cm^3）。所得 PUA 气凝胶的纳米结构随密度的变化而不同，密度低时为纤维状，密度高时为微粒状（见图 7-7），其原因在于低密度时的聚合机制为低浓度的簇—簇聚合，当异氰酸酯的浓度增加时，簇—簇聚合机制改变为低扩散聚合机制。

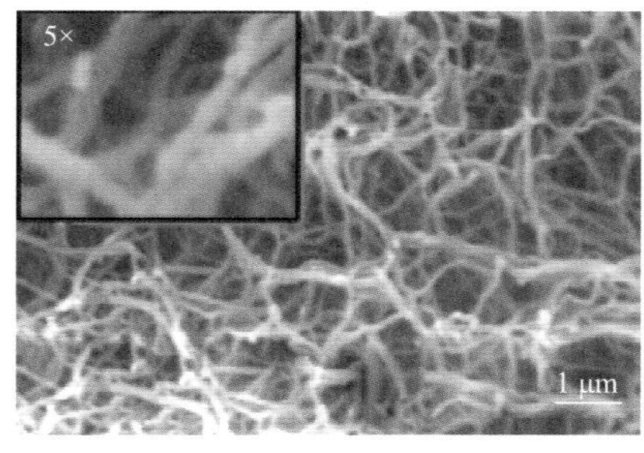

(a) ρ_b= 0.016 g/cm^3

(b) ρ_b= 0.55 g/cm^3

图 7-7 不同密度 PUA 气凝胶的 SEM 图

另外,针对PUA气凝胶具有良好的弹性和韧性,湿凝胶具有黏滞性等特点,在气凝胶成型过程中,可以使用聚丙烯(PP)膜和离型膜垫底成型,模具采用一定尺寸的定制玻璃模具或者铝质模具,取出较为方便,可提高生产效率。

7.4.2 结构与性能

Lee等对PUA气凝胶的隔热性能进行了研究。首先以异氰酸盐为前驱体,聚胺为硬化剂,三乙胺(TEA)为催化剂,在常温常压条件下得到PUA湿凝胶;然后进行CO_2超临界,得到高孔隙率、低热导率[0.013 W/(m·K)]、耐热性良好(约270 ℃)的PUA气凝胶。试验发现,密度(由固含量调节)和异氰酸盐与聚胺当量比值(EW)对湿凝胶的合成和最终气凝胶的隔热性能均有影响:随着EW值的增加,收缩率增加,这主要是因为EW值低时,异氰酸盐与聚胺反应更快,可以形成具有更高交联度的结构;而随着密度的增加,收缩率先减小后增加;热导率则随着最终密度的增加先减小后增加。经密度和EW值进行正交设计实验分析表明,密度是影响热导率的主要因素。更高的孔体积、高比表面积及更小的孔径使得PUA气凝胶比PU气凝胶在更大范围(室温～约120 ℃)的使用条件下具有更优异的隔热性能。

Weigold等发现随着密度的增加,PUA气凝胶的骨架结构由纤维状转变为珍珠项链状。他们以脂肪族的异氰酸盐和水为原料,合成了PUA气凝胶,研究了样品的骨架结构和孔隙率对热导率的影响,探索微观结构与热导率之间的关系。样品的总热导率随着密度的变化而变化:密度为0.040～0.530 g/cm^3时,热导率为0.027～0.066 W/(m·K)。因为低密度时骨架结构主要呈现纤维状,高密度时则逐渐形成珍珠项链状,而这种骨架结构能够有效地阻碍固态热传导,且当气凝胶密度大于0.2 g/cm^3时,总热导率主要由固态热导率决定,所以随着密度增加总热导率降低。

Weigold等还对PUA气凝胶在单轴压缩过程中的机械强度和固体热传导之间的关系进行了研究。机械强度和形变方向上的固体热传导率是形变的函数,也是密度的函数,但是,热传导率仅是密度的函数而与机械载荷无关。在低密度时机械强度与固体热导率之间为平方关系,而高密度时,则为线性关系。另外,微观结构的均匀性对两者之间的关系影响最大。

聚合物气凝胶具有柔韧而多孔的纳米结构,使得这些材料很难通过传统的机械方法进行切割。Bian等以PUA气凝胶为样品,采用飞秒激光脉冲进行切割,激光束能量为6.36～8.9 J/cm^2,样品扫描速度为3.5°～4°/s时,切割效果较好。激光束的能量和扫描样品的速度是影响获得高质量的切割表面的主要因素。

7.5 聚酰亚胺气凝胶

酰亚胺链中含有刚性的芳香结构,使得聚酰亚胺(PI)具有良好的力学性能、热稳定性和较高的玻璃化转变温度,广泛用于各个领域。

美国 Aspen Aerogel 公司于 2006 年最早合成了线型 PI 气凝胶。PI 气凝胶的合成方法分为一步法和两步法。一步法是采用等量的均苯四甲酸酐(PMDA)和 4,4′-二苯甲烷二异氰酸酯(MDI)为单体,两步法是分别以 PMDA 和 MDI 为单体,依次合成。两种方法合成的 PI 气凝胶具有相同的化学结构,比表面积相近(300～400 m^2/g),结晶程度相似(30%～45%),但是微观形貌却完全不同。一步法 PI 气凝胶为纤维状,两步法 PI 气凝胶为颗粒状。造成这种现象的主要原因是一步法在制备时产生了中间体,该中间体具有较强的刚性,将初级粒子"锁定"在它们第一次出现的地方。另外,他们通过热解将两种 PI 气凝胶碳化转化为多孔碳,两步法 PI 气凝胶形成的多孔碳已经不具备之前气凝胶的纳米形貌,并且比表面积大幅减少(约 2/3),而一步法 PI 气凝胶则保持其原有的纳米结构和比表面积。这两种 PI 气凝胶制备方法的优点有:①可在室温下进行反应,试验条件简单;②凝胶过程没有脱水环节,减少了制备步骤;③副产物只有 CO_2;④比较容易获得力学性质好、密度高的气凝胶;⑤收缩率小。

美国宇航局的 Glenn 研究中心也研究了两步法合成 PI 气凝胶的工艺。以不同的芳香族二胺和二酐为单体,先在一定的溶剂中合成聚酰胺酸溶液,然后加入不同的交联剂进行交联,通过化学亚胺化的方式(乙酸酐/吡啶体系)得到 PI 湿凝胶,最后经 CO_2 超临界干燥得到 PI 气凝胶。不同的单体与不同的交联剂组合可以得到性质不同的 PI 气凝胶,使得 PI 气凝胶具有分子设计性能。例如,以二苯胺对二甲苯胺(BAX)和联苯 3,3′,4,4′-四羧酸二酐(BPDA)为单体,八氨基苯基笼形倍半硅氧烷(OAPS)为交联剂,可得到柔性可折叠的 PI 气凝胶(见图 7-8),密度约 0.1 g/cm^3,比表面积为 230～280 m^2/g,室温热导率为 0.014 W/(m·K);以 2,2′-双(3,4-二羧酸)六氟丙烷二酐(6FDA)及 BPDA 和 4,4′-二氨基二苯醚(ODA)为原料,1,3,5-三(4-氨基苯氧基)苯(TAB)为交联剂,也可得到 PI 气凝胶。可通过调节二酐的含量来控制含氟基团的量,从而调节介电常数。当 6FDA 含量占整个二酐含量的 50%(质量分数),聚合物固含量为 7%时,介电常数最低,仅为 1.08,而密度仅有 0.078 g/cm^3,低于常见的介电材料,可用于超轻天线的基板材料。

图 7-8 柔性 PI 气凝胶

裴学良等在聚酰亚胺气凝胶的网络结构中引入了三甲氧基硅烷,并以此作为交联点进行交联,得到了超高交联的网络结构(交联度高达 95%～98%),代替了昂贵的三胺交联剂,经冷冻干燥得到气凝胶。密度为 0.19～0.42 g/cm^3,比表面积为 310～344 m^2/g。由于引入了 Si 原子,使材料的耐温性能提高,热分解起始温度为 425～450 ℃。

7.6 聚苯并 嗪气凝胶

聚苯并噁嗪(polybenzoxazine,PBZ)树脂是一类含有N和O六元噁嗪环化合物的统称,具有较高的耐热性(T_g在150 ℃以上),固化过程中没有小分子放出,固化收缩率几乎为零,V1级别阻燃,吸水率低,模量高,介电小。目前已拥有多种结构的苯并噁嗪树脂,是一种重要的高性能树脂材料。

1944年,Holly和Cope在合成Mannich反应产物中意外发现了苯并噁嗪化合物。1949年以来Burke等人合成了一系列含苯并恶嗪化合物。20世纪90年代以来,美国Hatsuo等开始对苯并噁嗪的聚合反应机理、结构与性能、聚合反应动力学、热分解机理进行了系统研究。

2009年Lorjai等首先以双酚A(bisphenol A,BPA)为前驱体合成单体,再通过常规热固化反应合成了PBZ气凝胶,其密度可达0.26 g/cm^3,具有很高的生物相容性,可作为组织工程支架材料。PBZ气凝胶的热解残碳率(体积比为51%)比对应固相聚合物(体积比为27%)更高,可作为间苯二酚和聚酰亚胺的替代物以及碳热合成多孔金属的试剂。

PBZ气凝胶可以通过高温固化然后超临界干燥制备。为解决高温固化合成方法能耗高、效率低的问题,2013年Leventis等利用双酚A为前驱体,通过盐酸室温催化制备了PBZ气凝胶,将原本需要几天的高温(≥130 ℃)制备工艺缩短到几个小时,得到的气凝胶具有更高介孔率、更高比表面积(高达72 m^2/g)和更低热导率[低至0.071 W/(m·K)]。其高温分解残碳率高达61%(质量比),所获碳气凝胶的比表面积高达520 m^2/g。

2019年Lu H B等采用常压干燥工艺制备的PBZ气凝胶具有优异的高温热机械性能、阻燃性和超疏水性,微观形貌和润湿角如图7-9所示。密度为0.24 g/cm^{3}时室温强度达到1 MPa,高于以高强度著称的PI气凝胶、凯夫拉型以及交联气凝胶。这种材料在250 ℃下性能稳定,弹性模量无显著下降,适合应用于高性能热保护材料。

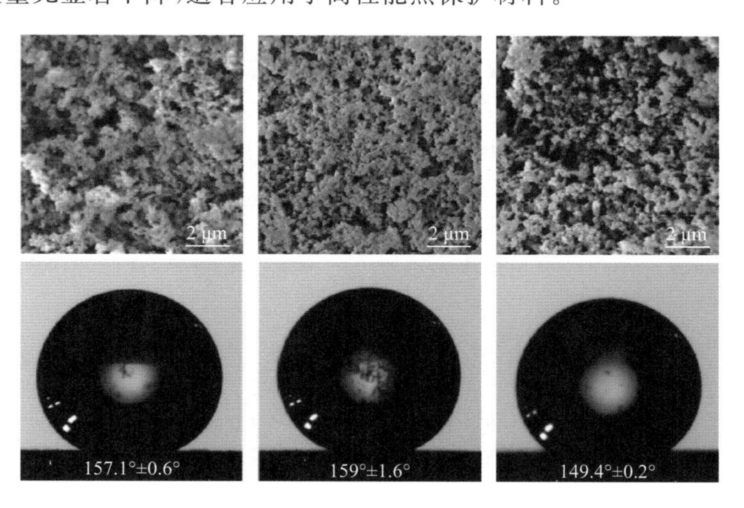

图7-9 PBZ气凝胶的SEM形貌与水润湿角

Thompson 等构建了典型 PBZ 聚合物网络，并用分子动力学方法对密度、玻璃转变温度等进行了模拟，计算结果与差示扫描量热分析（DSC）和动态力学热分析（DMTA）实验数据相吻合，从微观上解释了 PBZ 的热稳定性。Zhang K 等利用 Monte Carlo 方法研究了不同羟基的分子间氢键网络与 PBZ 热性能之间的结构—性能关系，模拟结果与红外和核磁共振实验数据一致，提高了对高热稳定性聚苯并恶嗪的结构与性能的理论认识。

PBZ 气凝胶是一类新型热固性材料，具有良好的材料加工和复合材料制造能力，有广阔的应用前景。

参考文献

[1] 陈颖，邵高峰，吴晓栋，等. 聚合物气凝胶研究进展[J]. 材料导报，2016，30(13)：55-62，70.

[2] PEKALA R W. Organic aerogels from the poly-condensation of resorcinol withformaldehyde[J]. Journal of Materials Science，1989，24(9)：3221-3227.

[3] 王珏，沈军. 有机气凝胶和碳气凝胶的研究与应用[J]. 材料导报，1994，4：54-57.

[4] 蒋伟阳，张波，周斌，等. 间苯二酚—甲醛有机气凝胶的结构控制研究[J]. 材料科学与工艺，1996，4(2)：70-75.

[5] ZUO L，ZHANG Y，ZHANG L，et al. Polymer/carbon-based hybrid aerogels：preparation，properties and applications[J]. Materials，2015，8(10)：6806-6848.

[6] JIRGLOVA H，PCRCZ C A，MALDONADO H F. Synthesis and properties of phloroglucinol-phenol-- formaldehyde carbon aerogels and xerogels[J]. Langmuir，2009，25：2461-2466.

[7] BARBIERI O，EHRBURGER D，RIEKER T，et al. Small-angleX-ray scattering of a new series of organic aerogels[J]. Journal of Non-Crystalline Solids，2001，285：109-115.

[8] YAMAMOTO T，NISHIMURA T，SUZUKI T，et al. Control of mesoporosity of carbongels prepared by solgclpoly condensation anil freezedrying[J]. Journal of Non-Crystalline Solids，2001，288：46-55.

[9] HORIKAWA T，HAYASHI J，MUROYAMA K. Size control and characterization of spherical carbon aerogel particles from resorcinol-formal dehyderesin[J]. Carbon，2004，42：169-175.

[10] PAHL R，BONSE U，PEKALA R W，et al. SAXS investigation son organic aerogels[J]. Journal of Applied Crystallography，1991，24：771-776.

[11] MIRZAEIAN M. HALL P. Thecontrol of porosity at nano scaleinresorcino lformaldehy decarbon aerogels[J]. Journal of Materials Science，2009，44：2705-2713.

[12] FENG Y，MIAO L，TANEMURA M，et al. Effect soffurtheradding of cataly sisonnano structures of carbon aerogels[J]. MaterSci. Eng. B，Solid-Slare Materials for Advanced Technology，2008，148：273-276.

[13] LU X，ARDUINI-SCHUSTER M C，KUHN J，et al. Thermal conductivity of monolithic organic aerogels[J]. Science，1992，255(5047)：971-972.

[14] YOLDAS B E，ANNEN M J，BOSTAPH J. Chemical engineering of aerogel morphology formed under nonsupercritical conditions for thermal insulation[J]. ChemistryofMaterials，2000，12(8)：2475--2484.

[15] RRTTELBACH T，EBERT H，CAPS R，et al. Thermal conductivity of resorcinol-formaldehyde aerogels[J]. ThermCond，1996，23：407-418.

[16] DU A，ZHOU B，ZHANG Z，et al. A special material or a new state of matter：a review and reconsideration of the aerogel[J]. Materials，2013，6(3)：941-968.

[17] PEKALA R W，ALVISO C T，LU X，et al. New organic aerogels based upon a phenolic-furfural reaction[J]. Journal of Non-Crystalline Solids，1995，188(1-2)：34-40.

[18] BIESMANS G，MERTENS A，DUFFOURS L，et al. Polyurethane based organic aerogels and their transformation into carbon aerogels[J]. Journal of Non-Crystalline Solids，1998，225：64-68.

[19] CHIDAMBARESWARAPATTAR C，MCCARVER P M，LUO H，et al. Fractal multiscale nanoporous polyurethanes：flexible to extremely rigid aerogels from multifunctional small molecules[J]. Chemistry of Materials，2013，25(15)：3205-3224.

[20] BANG A，BUBACK C，SOTIRIOU-LEVENTIS C，et al. Flexible aerogels from hyperbranched polyurethanes：probing the role of molecular rigidity with poly (urethane acrylates) versus poly (urethane norbornenes)[J]. Chemistry of Materials，2014，26(24)：6979-6993.

[21] RIGACCI A，MARECHAL J C，REPOUX M，et al. Preparation of polyurethane-based aerogels and xerogels for thermal superinsulation[J]. Journal of Non-Crystalline Solids，2004，350：372-378.

[22] LEE J K，GOULD G L，RHINE W. Polyurea based aerogel for a high performance thermal insulation material[J]. Journal of Sol-Gel Science and Technology，2009，49(2)：209-220.

[23] LEVENTIS N，SOTIRIOU-LEVENTIS C，CHANDRASEKARAN N，et al. Multifunctional polyurea aerogels from isocyanates and water. A structure-property case study[J]. Chemistry of Materials，2010，22(24)：6692-6710.

[24] WEIGOLD L，MOHITE D P，MAHADIK-KHANOLKAR S，et al. Correlation of microstructure and thermal conductivity in nanoporous solids：the case of polyurea aerogels synthesized from an aliphatic tri-isocyanate and water[J]. Journal of Non-Crystalline Solids，2013，368：105-111.

[25] WEIGOLD L，REICHENAUER G. Correlation between mechanical stiffness and thermal transport along the solid framework of a uniaxially compressed polyurea aerogel[J]. Journal of Non-Crystalline Solids，2014，406：73-78.

[26] BIAN Q，CHEN S，KIM B T，et al. Micromachining of polyurea aerogel using femtosecond laser pulses[J]. Journal of Non-Crystalline Solids，2011，357(1)：186-193.

[27] WU W，WANG K，ZHAN M S. Preparation and performance of polyimide-reinforced clay aerogel composites[J]. Industrial &Engineering Chemistry Research，2012，51(39)：12821-12826.

[28] GUO H，MEADOR M A B，MCCORKLE L，et al. Tailoring properties of cross-linked polyimide aerogels for better moisture resistance，flexibility，and strength[J]. ACS Applied Materials &Interfaces，2012，4(10)：5422-5429.

[29] MEADOR M A B，ALEMÁN C R，HANSON K，et al. Polyimide aerogels with amide cross-links：A low cost alternative for mechanically strong polymer aerogels[J]. ACS Applied Materials &Interfaces，2015，7(2)：1240-1249.

[30] PEI X，ZHAI W，ZHENG W. Preparation and characterization of highly cross-linked polyimide aerogels based on polyimide containing trimethoxysilane side groups[J]. Langmuir，2014，30(44)：13375-13383.

[31] 蒋伟阳，王讦，沈军，等.RFH 凝胶的性能测试和应用研究 [J].同济大学学报：自然科学版，1997(2)：247-251.

[32] BRÜCK S，RATKE L. Aerogels:A new binding material for foundry application[J]. Journal of Sol--Gel Science and Technology,2003,26(1/2/3)：663-666.

[33] BRüCK S，RATKE L. Mechanical properties of aerogel composites for casting purposes[J]. Journal of Science,2006,41(4)：1019-1024.

[34] REUβ M，RATKE L. Drying of aerogel-bonded sands[J]. Journal of Materials Science,2010,45(10):3974-3980.

[35] 尚承伟. 三聚氰胺—甲醛(MF)气凝胶的制备及其改性的研究[D]. 成都：电子科技大学，2010.

[36] 张勇. MF 气凝胶的制备与结构表征研究[D]. 绵阳：西南科技大学，2007.

[37] 张勇. 三聚氰胺基复合气凝胶制备与性能研究[D]. 合肥:中国科学技术大学,2017.

[38] BIESMANS G，RANDALL D，FRANCAIS E，et al. Polyurethane-based aerogels for use as environmentally acceptable super insulants in the future appliance market[J]. Journal of Cellular Plastics，1998,34(5):396- 411.

[39] PERRUT M，FRANCAIS E. Process and equipment for drying polymeric aerogel in the presence of a super criticalfluid[P]. USpatent5：962-539，1999.

[40] BORSUS J M，MERCKAER T P，JÉRÔME R，et al. Catalysis of there action between isocyanates and protonic substrates. II. Kinetic study of the polyurea foaming process catalyzed by aseries of aminocompounds[J]. Journal of Applied Polymer Science，2010，27(10)：4029-4042.

[41] BANG A,BUBACK C,SOTIRIOU-LEVENTIS C，et al. Flexible aerogels from hyperbranched polyurethanes：probing the role of molecular rigidity with poly(urethane acrylates) versus poly(urethane norbornenes)[J]. Chemistry of Materials，2014，26(24):6979-6993.

[42] RIGACCI A，MARECHAL J C，REPOUX M,et al. Preparation of polyurethane-based aerogels and xerogels for thermal super insulation[J]. Journal of Non-Crystalline Solids，2004，350:372-378.

[43] PEKALA R W，ALVISO C T，LU X，et al. Nanostructural engineering of organic aerogels[J]. Abstracts of Papers of the American Chemical Society，1995,210:1-10.

[44] LEVENTIS N，SOTIRIOU-LEVENTIS C，CHANDRASEKARAN N，et al. Multi functional polyurea aerogels from isocyanates and water. aStructure-property case study[J]. Chemistry of Materials,2015,22(24):6692-6710.

[45] CHIDAMBARESWARAPATTAR C，LARIMORE Z，SOTIRIOU-LEVENTIS C，et al. One-step room-temperature synthesis of fibrous polyimide aerogels from anhydrides and isocyanates and conversion to isomorphic carbons[J]. Journal of Materials Chemistry，2010，20(43)：9666-9678.

[46] 裴学良,季鹏,郑文革,等.高性能聚酰亚胺气凝胶的制备进展[J].高分子通报,2016(09):262-268.

[47] LORJAI P，CHAISUWAN T，WONGKASEMJIT S . Porous structure of polybenzoxazine-based organic aerogel prepared by sol-gel process and their carbon aerogels[J]. Journal of Sol Gel Science & Technology，2009，52(1):56-64.

[48] MAHADIK-KHANOLKAR S，DONTHULA S，SOTIRIOU-LEVENTIS C，et al. Polybenzoxazine aerogels. 1. high-yield room-temperature acid-catalyzed synthesis of robust monoliths，oxidative aromatization，and conversion to microporous carbons[J]. Chemistry of Materials，2014，26(3)：1303-1317.

[49] MALAKOOTI S, QIN G, MANDAL C, et al. Low-cost, ambient-dried, superhydrophobic, high strength, thermally insulating and thermally resilient polybenzoxazine aerogels[J]. ACS Applied Polymer Materials, 2019.

[50] THOMPSON S, STONE C, HOWLIN B, et al. Exploring structure-property relationships in aromatic polybenzoxazines through molecular simulation[J]. Polymers, 2018, 10(11):1250.

[51] ZHANG K, HAN L, NIE Y, et al. Examining the effect of hydroxyl groups on the thermal properties of polybenzoxazines: using molecular design and Monte Carlo simulation[J]. RSC Advances, 2018, 8(32):18038-18050.

[52] 王朝阳,唐永建,王丽莉.有机气凝胶的超声法制备[J].强激光与粒子束,2006(01):73-76.

[53] BRUCK H, GÖSSL M, SPITTHÖVER R,et al. The nitric oxide synthase inhibitor L-NMMA potentiates noradrenaline-induced vasoconstriction: effects of the alpha2-receptor antagonist yohimbine [J]. Journal of hypertension, 2001,19(5):907-911.

[54] RATKE, LORENZ, LASKOWSKI,et al. Subcritically dried resorcinol-formaldehyde aerogels from a base-acid catalyzed synthesis route[J]. Microporous and mesoporous materials: The offical journal of the International Zeolite Association, 2014,197:308-315.

[55] NICHOLAS, LEVENTIS, CHAKKARAVARTHY,et al. Cocoon-in-web-like superhydrophobic aerogels from hydrophilic polyurea and use in environmental remediation[J]. Acs Applied Materials & Interfaces, 2014,6(9):6872-6882.

第8章 纤维素气凝胶

天然高分子材料储量丰富，具有无毒、无污染、易于改性、良的好生物相容性、可再生性、可降解性、成本低廉、易得等优点。天然纤维素是地球上最丰富、储量最大、分布最广的多糖化合物类天然高分子材料。天然纤维素的主要成分为纤维素、半纤维素和木质素，是一种由d-葡萄糖与1,4-糖苷键连接而成的线性聚合物，分子链的长度取决于纤维素的来源和提取过程。天然纤维素和淀粉相比可防止霉变。

天然纤维素主要来源于自然界中的秸秆、棉秆、亚麻、椰壳、甘蔗和树枝等植物，一部分来源于海洋被囊动物、细菌等动物。

由于纤维素分子内和分子间存在大量的氢键，因此造成纤维素材料不熔融，也很难溶于常规溶剂，加工困难等。在纤维素材料的传统制备方法(黏胶法和铜氨溶液法)中会产生大量废水废气，严重污染环境，限制了纤维素材料的开发和应用。

纤维素最早应用于纸张、纸板、织物和建筑材料等领域，主要利用的是纤维素的多层结构和较高硬度，但纤维素的功能性、耐久性和均匀性不能满足21世纪新材料的性能要求。随着对纤维素物理和化学性质研究的不断深入，纤维素纤维、纤维素膜、纤维素水凝胶、纤维素气凝胶和纤维素基复合材料等环保功能纤维素材料得到了发展。

根据纤维素的来源，纤维素气凝胶分为天然纤维素气凝胶、纤维素衍生物气凝胶、功能改性纤维素气凝胶等。纤维素气凝胶是继无机气凝胶和合成高分子气凝胶之后的第三代气凝胶，兼具可再生纤维素材料和多孔气凝胶材料的优点，成为纤维素材料研究的一个热点。

8.1 纤维素气凝胶的制备

纤维素气凝胶的制备通常是先采用溶胶—凝胶法处理纤维素溶胶得到纤维素凝胶，再经过溶剂交换及干燥处理，去除纤维素凝胶内部的溶剂，得到纤维素气凝胶材料。其制备流程如图8-1所示，分为三个关键步骤：原料的溶解和分散，凝胶的形成和溶剂置换，凝胶的干燥。

纤维素的溶解和分散主要有三种途径：①以天然纤维素为原料，采用酸水解等方式获得纤维素微单元，溶于溶剂中得到天然纤维素溶胶；②将天然纤维素直接溶于无机酸盐类等溶剂中，再生处理得到再生纤维素溶胶；③纤维素衍生化处理获取纤维素衍生物溶胶。

凝胶的形成是指纤维素溶胶内分子间相互交联凝胶化，得到果冻状固态纤维素凝胶。

形成凝胶的方法主要有化学合成和物理合成两种方法，也可在凝胶过程中辅以超声波处理。化学合成方法的本质是形成共价键连接，典型的化学凝胶合成方法有：水溶液聚合、反相悬浮聚合、微波辐射聚合和原位光聚合等。物理合成方法的本质是由于纤维素分子链上存在大量羟基，可通过形成分子内和分子间的氢键或离子键进行凝胶化，得到物理交联的三维网络。物理凝胶合成方法有：交联冻结/解冻循环法、氢键交联法和界面接触法等。

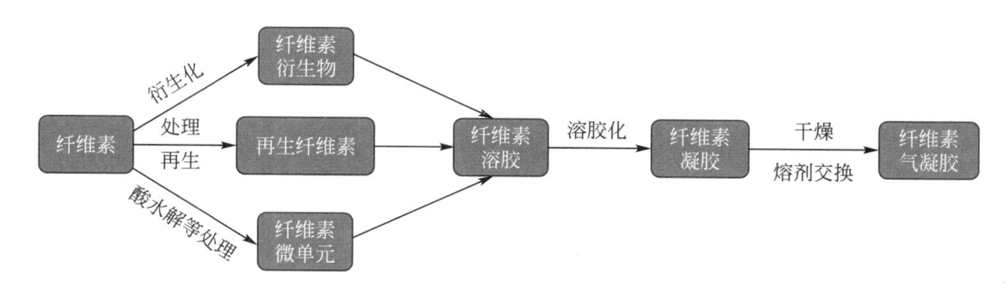

图 8-1　纤维素气凝胶的制备流程

水溶液聚合操作方便，聚合热易控制，成本低。大部分纤维素气凝胶是用这种方法制备的。水溶液聚合的主要机理是自由基诱导聚合。一般要求纤维素大分子单体、引发剂和交联剂是水溶性的，或有良好的亲水性。自由基聚合过程中，单体通过引发剂的引发聚合在一起，聚合速率较高，且安全无害。引发剂引发纤维素大分子产生自由基，然后与单体形成交互的接枝共聚物。诱导方式包括化学诱导和物理诱导：化学诱导方法包括一元引发系统（过硫酸盐）、二元引发系统（氧化还原引发体系）和三元引发系统；物理诱导方法有 Co-60γ 辐射诱导、Ce(IV)诱导、微波辐射诱导和等离子体辐射诱导等。

反相悬浮聚合是将反应物分散在油溶性介质中，单体水溶液作为水相液滴存在，水溶性引发剂溶解于水相中引发聚合反应的方法。分散相是水，连续相是有机溶剂。单体通常是溶解在分散相中，表面活性剂用于帮助单体和其他试剂有效地分散在水分散相中。这种方法虽然可以获得满意尺寸的粒子，但是去除有机溶剂（正己烷和甲苯等）却是一个挑战性问题。该法适合于高亲水单体的聚合，如丙烯酸盐、甲基丙烯酸和丙烯酰胺等。

微波是一种频率在 300 MHz～300 GHz 的电磁波，在化学反应中，通常采用 2 450 MHz 的微波进行辐射反应。微波辐射具有内部加热、清洁、节能、体系易控制等优点，适宜于生产清洁纤维素多孔气凝胶。

物理凝胶的形成途径主要有两种：一种是先使用非衍生化溶剂破坏天然纤维素中的氢键，直接溶解纤维素，再借助凝固浴（纺织浴）使纤维素再生形成凝胶；另一种是将从天然纤维素中提取的纤维素纳米纤维（纳米长纤维、纳米晶须）直接分散在水中自发形成凝胶。

凝胶的干燥处理是影响纤维素气凝胶结构及性能的重要步骤。干燥处理通常有常压干燥、冰冻干燥及超临界干燥三种方式。超临界干燥处理使溶剂处于超临界态，可以极大减少气相和液相界面的出现，克服凝胶表面巨大的收缩应力，避免凝胶发生变形和结构坍塌，保持了凝胶内三维骨架结构的完整性。

2004 年，Jin H 等以价格低廉的硫氰化钙水合物[$Ca(SCN)_2 \cdot 4H_2O$]为溶剂，将天然纤维素直接溶于其中，采用冷冻干燥法，首次制备了非衍生化的纤维素气凝胶。纤维素直接溶解后，原料中高强高模的纤维素Ⅰ型晶体被破坏，分子链重排产生强度较低的纤维素Ⅱ型晶体，导致气凝胶力学性能较差，在制备过程中有较大程度的收缩。

Maeda 等和 Ikkala 等采用非溶解方法，直接从细菌纤维素(BC)和植物纤维素中分离出纤维素纳米纤维(CNF)，CNF 保留了纤维素Ⅰ型晶体结构，可以制备成高性能纤维素气凝胶。Liebner 等利用分子量更高的细菌纤维素(BC)制备出尺寸稳定性更好的水凝胶，密度约为 8.25 mg/cm^3，平均收缩率也仅有 6.5%。气凝胶均具有微米级大孔和纳米级介孔的多尺度孔结构，如图 8-2 所示。由于有较高的强度，CNF 气凝胶不仅在干燥时变形小，而且在重新吸水时能够保持形状和尺寸的稳定，再次干燥时保持多孔网络结构不坍塌，适合作为模板进行功能化改性。

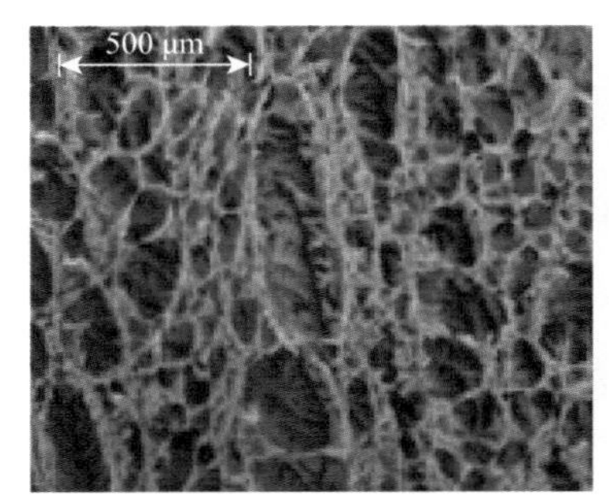

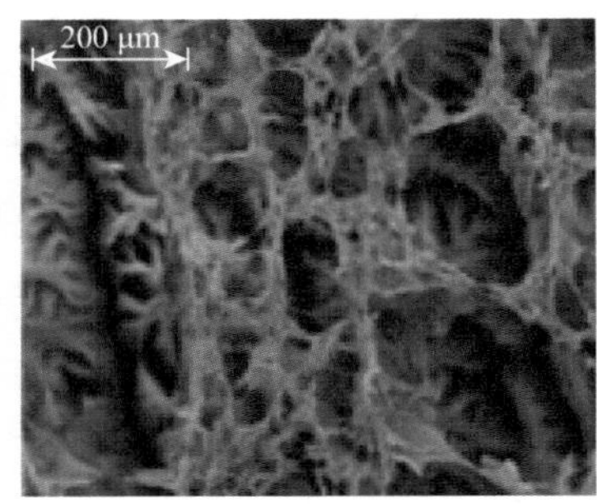

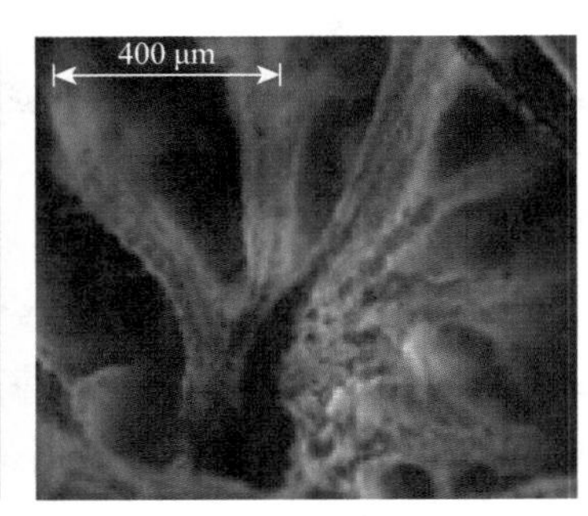

图 8-2　CNF 气凝胶在不同放大倍数下的 SEM 照片

将微晶纤维素(MCC)分散在 60℃的水中，借助超声和冷冻干燥可得到气凝胶，制备过程如图 8-3 所示。由于 MCC 在水中以溶胀的颗粒形式存在，气凝胶形貌明显不同于溶于水的羧甲基纤维素(CMC)形成的气凝胶，压缩模量也低于后者。如图 8-4 所示，图(a)为 CNF 乙醇凝胶，图(b)为 CO_2 超临界干燥后得到的气凝胶，图(c)为气凝胶重新吸水得到的水凝胶，干燥和重新吸水时气凝胶不发生体积收缩。

鲍严等详细阐述了纤维素制备无机/有机多孔性气凝胶纳米复合材料的水溶液聚合反应过程。在加热条件下，采用过硫酸钾产生初始自由基，这些自由基被纤维素链上的羟基氢捕获，生成烷氧自由基；烷氧自由基再攻击附近的丙烯酸单体，引发链反应；交联剂 N，N-亚甲基二丙烯酰胺(NMBA)和填料粉蒙脱石(Na-MM)使链反应传播加快。

离子液体是近年来得到广泛关注的新型绿色溶剂，由有机阳离子和有机或无机阴离子组成，在室温下可熔融，具有溶解能力强、不挥发、化学稳定性和热稳定性好等优点。有些离子液体可以高效溶解纤维素，而且纤维素无须经过活化预处理。2008 年起，1-烯丙基-3-甲基咪唑氯盐([AMIm]Cl)、1-丁基-3-甲基咪唑([BMIm]Cl)和 1-乙基-3-甲基咪唑醋酸盐

([EMIm]Ac)等离子液体陆续被用于再生纤维素气凝胶的制备。

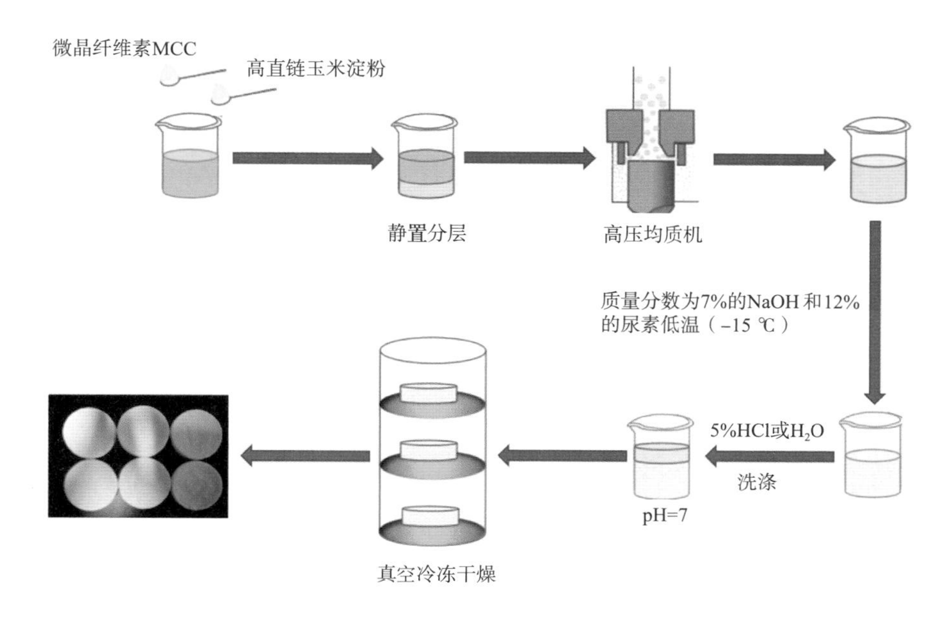

图 8-3　MCC 气凝胶制备过程

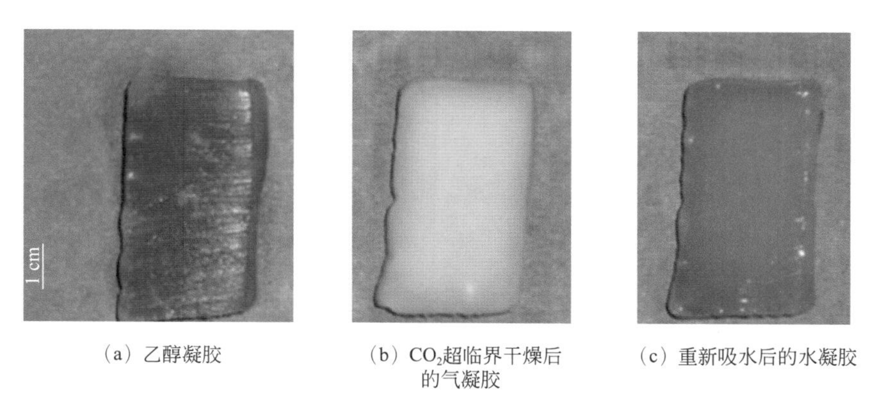

(a) 乙醇凝胶　(b) CO_2超临界干燥后的气凝胶　(c) 重新吸水后的水凝胶

图 8-4　CNF 凝胶/气凝胶

纤维素/[EMIm]Ac 和纤维素/[BMIm]Cl 溶液的扩散行为相似，都与纤维素浓度的关系不大，均符合 Fick 定律。由于分子尺寸较大，在相同的纤维素浓度下，两种离子液体从纤维素凝胶到水中的扩散系数均高于 N-甲基吗啉 N-氧化物(NMMO)和 NaOH。[AMIm]Cl 和[BMIm]Cl 还可以溶解木粉(片)，用于制备木质纤维素气凝胶。

微波辐射合成的高吸水性凝胶产品拥有较快的膨胀和收缩速率。微波辐射聚合速率比传统加热聚合速率明显加快，这可能是由于降低了反应物活化能和增加了交联剂的内在能量所引起。在微波辐射下，用硝酸铈铵交联剂，可将甲基丙烯酸甲酯共聚物接枝到竹子纤维素上，当微波功率为 160 W，暴露时间为 9 min 时，反应条件最佳。随接枝百分比的增加，接枝共聚物对水分的吸收能力显著降低。

纤维素经低温处理后可形成强壮的氢键，所得到的高吸水性多孔气凝胶称为“晶胶”(Cryogels)。晶胶，又称超大孔连续床，于 2002 年由瑞典隆德大学 Mattiasson 等发明。晶胶通常具有相互连接的大孔或超大孔，几乎任何尺寸的溶质都可以不受阻碍地在孔中扩散，可以传输纳米甚至微米级颗粒。独特的结构使晶胶具有很好的渗透性、化学和机械稳定性，在层析色谱和生物纳米粒子(质体、病毒、细胞)甚至整个细胞传输方面成为一种新型材料。晶胶在生物分子和细胞固化方面也是非常有效的携带者。

通过对水和碱性竹纤维素悬浮液进行透析，经短时间的超声降解，可得到稳定的纤维素基高吸水性树脂水凝胶。纤维素纤维在氧化过程中生成的带负电荷的 COO—基团间的静电斥力被认为是形成水凝胶的驱动力。相比过程复杂和大量使用有害溶剂的化学方法，物理方法制备的纤维素水凝胶更环保高效。

除了最常见的交联剂 N,N-亚甲基二丙烯酰胺(NMBA)，塞纳等选择乙二胺-四羧酸二酐(EDTAD)为交联剂，和醋酸纤维素交联制备了取代度 DS=2.5 的高吸水性多孔气凝胶。

未来，纤维素基气凝胶材料制备技术的研究方向主要有以下几个方面：

(1)通过物理共混或化学改性，制备具有特殊性能(如疏水性、导电性、抗菌性、透明性等)的杂化或复合型气凝胶；

(2)探索温和、简便易行的干燥条件，制备高强度气凝胶；

(3)开发清洁高效的溶剂及低成本、大规模的工业制备技术等。

8.2 纤维素气凝胶的种类

8.2.1 天然纤维素气凝胶

高超课题组以农林业废弃物为原料制备了可漂浮在花瓣上的纤维素基气凝胶，有着优良的弹性和吸油能力，与棉花的轻柔飘逸有类似之处。制备的轻质高强纤维素气凝胶在海上泄漏污油吸附、太阳能电池、土壤保水剂、催化剂及载体、气体过滤材料等领域中具有较大的应用价值。

刘佳等使用酯化小麦秸秆纤维素、丙烯酸钾和聚乙烯醇(PVA)制备了相互穿插的网络聚合纤维素基高吸水性树脂水凝胶。该水凝胶在纯水中的吸水量为 266.82 g/g，在 0.9%氯化钠溶液中的吸水量为 34.32 g/g。

艾买提江使用烷基改性的棉花茎来制备高吸水性树脂水凝胶，改性后的棉花秸秆纤维素具有更好的亲水性且更容易接枝单体。得到的凝胶产品在纯水中的吸水量为 1 125 g/g，在 0.9%氯化钠水溶液中的吸水量为 126 g/g。亚麻纤维素有很长的分子链，在单个分子链上有更多活性团，具有更好的亲水性，更容易改性。

吴芳使用亚麻纱线制备了高吸水性的纤维素多孔气凝胶，吸水性在蒸馏水中为875 g/g，自然雨水中为783 g/g，0.9%氯化钠水溶液中为90 g/g。

Nguyen 等使用纸制备了可降解的纤维素多孔气凝胶，成本低且弹性高，可吸收其自身质量 18～20 倍的液体。这种气凝胶制作方法灵活，性能稳定。甲基三甲氧基硅烷涂层可提高气凝胶的疏水性且不影响其吸水性。

1. 纳米纤维素气凝胶

纳米纤维素纤维的直径一般小于 100 nm，可以采用机械或化学方法从纯纤维素中分离出来。根据分离方法的不同，纳米纤维素可分为纤维素纳米晶/晶须（CNC）和纳米纤维素（NFC）/微纤维素（MFC）两类。纳米纤维素具有更高的结晶度和更大的长径比。纳米纤维素气凝胶的收缩率很低（7%），弹性模量可达 5.93 MPa，密度约为 0.02 g/cm^3，孔隙率为 98%～98.7%，比表面积为 20～70 m^2/g。

纳米纤维素气凝胶的制备过程是对纳米纤维素水性悬浮液进行冷冻干燥。然而，冷冻干燥期间会发生明显聚集，为了降低纤维素纳米纤维（CNF）的聚集程度，可以在冷冻干燥之前用叔丁醇进行溶剂交换。先将 CNF 水性悬浮液转化为水凝胶，然后用叔丁醇交换溶剂并冷冻干燥以获得气凝胶。与 SiO_2 或金属氧化物气凝胶相比，CNF 气凝胶具有良好的柔韧性和优异的延展性。

纳米纤维素气凝胶的骨架结构由随机连接的纳米纤维组成，没有光学透明性和线弹性，比表面积低。此外，在纳米纤维素的化学分离过程中，需要大量的化学试剂和大能量，增加了纳米纤维素气凝胶的成本，阻碍了纳米纤维素气凝胶的发展。

采用酶结合高压均质处理制备出纳米纤维素（NFC）悬浮液，利用 2%的 NFC 悬浮液可制备出 NFC 水凝胶，经过低温冷冻干燥后得到 NFC 气凝胶，密度低至 0.005～0.069 g/cm^3，但是比表面积也随之降低，只有 15～42 m^2/g。

用四甲基哌啶氧化木浆得到纤维素纳米纤维，通过二价或三价（如 Ca^{2+}、Zn^{2+}、Cu^{2+}、Al^{3+} 和 Fe^{3+}）的金属盐离子交联作用，可形成相互贯穿的纤维素纳米纤维网络，通过冷冻干燥得到孔隙率为 98%，密度为 0.03 g/cm^3 的气凝胶。

剂双等以纤维素纳米纤维（CNF）为原料，通过超声冷冻、盐溶液凝胶、悬浮滴定的方法得到球形 CNF 湿凝胶，然后经氨基化改性，制备了氨基化球形 CNF 气凝胶。球形 CNF 气凝胶具有纳米纤维素搭建的三维网络结构、良好的热稳定性（T_{max} = 318 ℃）、高的孔隙率（ε=96.6%）和低的密度（ρ=0.045 g/cm^3），是一种超轻介孔材料。该氨基化球形 CNF 气凝胶的含氮量达到 5.4%，对 CO_2 的吸附容量为 0.93 mmol/g，比未改性的球形 CNF 气凝胶增加了 487%。

Luong 等以醋酸纳米纤维气凝胶为模板，负载大量的抗菌银纳米粒子，制取抗菌生物相容性材料。首先将微米级醋酸纤维分散在水和丙酮的共溶液中，然后通过溶融—再生的方法得到直径为 20～50 nm、BET 比表面积为 110 m^2/g、孔率为 96％的纳米纤维。醋酸纤维是纤维素的醋酸衍生物，是一种富氧的多糖，表面带有负电，可与银离子产生静电作用，使其分布稳定。将负载了银离子的气凝胶浸入硼氢化钠（$NaBH_4$）溶液中可还原得到银粒子。复合气凝胶的银粒子负载量可以达到 6.89％（质量分数），银粒子直径为 2.8 nm，材料具有很强的抑菌作用，但气凝胶的比表面积没有明显变化。这种方法以醋酸纤维纳米多孔结构作为纳米反应器，绿色可控，对于未来的抗菌膜、药物制备等方面具有潜在的应用前景。

申玲玲等采用 TEMPO/NaBr/NaClO 体系氧化全漂硫酸盐针叶浆制备纳米纤维素，并以纳米纤维素为基体制备纳米纤维素气凝胶微球，研究了纤维尺寸及纤维羧基含量对纳米纤维素气凝胶微球的影响。结果表明，羧基含量相同时，随着超声波处理氧化纤维的时间增加，纤维尺寸越小，制备得到的纳米纤维素气凝胶微球粒径越小；羧基含量不同时，羧基含量越高，纤维越容易被解离，且在相同的超声波处理时间条件下，得到的纤维尺寸越小，气凝胶微球颗粒越小。不同氧化程度的纤维和纤维的解离程度对制备纳米纤维素气凝胶微球都有影响，氧化程度越高，即羧基含量越高时，纤维越容易被解离，所需超声波作用的时间缩短，降低了超声波能量的消耗；在同一个氧化程度条件下，超声波作用时间越长，纤维长度尺寸越小，宽度基本不变；在不同氧化程度下，调整超声波作用时间即可达到相同的处理效果。羧基含量较高则缩短解离时间，羧基含量较低则增加解离时间。

2. 细菌纤维素气凝胶

细菌纤维素（bacterial cellulose，BC）是一种新型天然纤维素，吸附能力大大超过植物纤维素，被用于纤维素多孔气凝胶的制备中。细菌纤维素是从静态细菌培养物中收集的，具有天然的三维网络凝胶结构。在去除细菌和其他杂质并干燥后，可以得到纤维素气凝胶。虽然细菌纤维素的化学结构与植物纤维素相似，但细菌纤维素不含木质素和半纤维素等有机杂质，具有纯度高、聚合度高、结晶度高等优点。与植物纤维素相比，细菌纤维素具有良好的生物相容性、生物可降解性、生物适应性、高持水性、高结晶度、高拉伸强度和高弹性模量等独特的物理化学和力学性能。

王紫蓉通过冷冻干燥法制备了结晶类型为Ⅰ型、结晶度为 83％的细菌纤维素气凝胶。在细菌纤维素干燥过程中，添加不同量的乙醇，得到了不同形态的固态细菌纤维素。当细菌纤维素与乙醇比例为 16∶100 和 20∶100（质量浓度）时，可以得到固态细菌纤维素膜。通过超声处理获得了更加轻质的细菌纤维素气凝胶。超声处理没有改变细菌纤维素气凝胶的结晶类型，但结晶度有所下降，纤维素晶粒尺寸增加。

王静等采用冷冻干燥法制备了光交联聚乙烯醇-苯乙烯基吡啶盐缩合物（PVA-SbQ）/细菌纤维素（BC）复合气凝胶，经硅烷化改性获得吸油性能优异的复合材料。王思纯等采用细菌纤维素为原料，经冷冻干燥制得细菌纤维素基气凝胶，通过高温碳化处理，制备出细菌纤维素基碳气凝胶。该气凝胶对油类和有机溶剂有较高的吸附性能，吸附能力是自身质量的150～240倍，对液体石蜡的吸附性能最大，吸附倍率达到240倍。对细菌纤维素气凝胶进行疏水改性后，可作为石油泄漏吸附剂。

细菌纤维素气凝胶作为创伤敷料，对小鼠的烧伤皮肤再生及血管生成具有促进作用。

采用微波辐射法合成的细菌纤维素(BC)/丙烯酰胺(AM)水凝胶，表现出对细胞的无毒性和血液兼容性。

3. 再生纤维素气凝胶

再生纤维气凝胶近年来发展迅速，制备方法主要有两种：一种是先将纤维素直接溶解在溶剂中，在非溶剂(水、醇)中再生，再通过冷冻干燥或者CO_2超临界干燥技术得到再生纤维素气凝胶；另一种方法是使用细菌纤维素或微纤化纤维素，以富含水的纳米纤维网络作为骨架材料，再采用冷冻干燥或超临界CO_2干燥把网络结构中的水除去得到再生纤维素气凝胶。

Libner等用甲基吗啉氧化物(NMSO)溶解纤维素，在水中再生，然后用丙酮将纳米纤维素水凝胶中的液体置换完全后进行超临界干燥，得到比表面积为50～420 m^2/g，密度为0.01～0.50 g/cm^3的纳米纤维素气凝胶。Cai等以碱/尿素水溶液为溶剂在低温下溶解纳米纤维素，在乙醇溶液中再生，用水去除其中的化学试剂，得到纳米纤维素水凝胶，然后再利用乙醇将水完全置换，使用超临界干燥可得到再生纳米纤维素气凝胶，比表面积高达142～400 m^2/g，密度为0.03～0.14 g/cm^3。Wu J等将纤维素溶解在NaOH/硫脲水溶液中，通过溶胶—凝胶方法制备了球状纳米纤维素水凝胶，将其用在水热法还原剂和银纳米粒子生长的微反应器中。

8.2.2 纤维素衍生物气凝胶

纤维素衍生物是一种以纤维素为原料，通过纤维素葡萄糖单元中呈极性的羟基与化学试剂反应生成的具有不同功能特性的衍生物。醋酸纤维素(CA)是最早进行商品化生产的一类纤维素衍生物，制备的气凝胶是一种生物相容的可降解凝胶，用于过滤膜、肠溶衣等材料。

大量纤维素衍生品[羧甲基纤维素(CMC)，羟丙基甲基纤维素(HPMC)、甲基纤维素(MC)和羟乙基纤维素(HEC)等]均可用于制备纤维素基高吸水性树脂水凝胶。在所有纤维素衍生物中，羧甲基纤维素制备的凝胶产品对蒸馏水和盐水溶液具有最高的吸收率和膨胀率。表8-1列出了纤维素衍生物多孔气凝胶的制备方法和应用领域。

表8-1 纤维素衍生物多孔气凝胶的制备方法和应用领域

纤维素衍生物	凝胶制备方法	应　用
羧甲基纤维素	溶液聚合、原位聚合	生物医学，农业
甲基纤维素	溶液聚合、原位聚合	释放肥料
羟乙基纤维素	溶液聚合、低温处理	智能材料
羟丙基甲基纤维素	溶液聚合、反相悬浮聚合	控制释放
醋酸纤维素	化学交联	药物载体系统

Gabillon 等以低聚合度的微晶纤维素为原料，以 NaOH 水溶液为溶剂体系，在 −6 ℃条件下恒温反应 2 h，再将其置于 50℃下凝胶化，采用 CO_2 超临界干燥制备了圆柱状再生纤维素气凝胶，孔隙率高达 95%，内部孔径尺寸在几十纳米到几十微米之间。根据制备条件的不同，纤维素气凝胶的比表面积为 200～300 m^2/g，密度为 0.06～0.3 g/cm^3。分析微晶纤维素的聚合度、浓度、表面活性剂的添加量、再生浴的温度及 pH、凝胶条件等对气凝胶内部微观孔隙结构的影响，其中再生浴的温度及 pH 是影响孔隙结构的重要因素，而微晶纤维素的聚合度和凝胶条件则与孔隙结构无关。

1. 羧甲基纤维素气凝胶

将金属离子 Fe^{3+} 作为交联剂，通过冷冻干燥方法可制备出羧甲基纤维素气凝胶。Fe^{3+} 对羧甲基纤维素气凝胶的结构、结晶度和形貌有很大的影响，通过改变 Fe^{3+} 的质量分数，可以得到具有不同密度和孔隙率的纤维素气凝胶。该气凝胶具有较低的密度（0.056 8 g/cm^3）和高孔隙率（90.45%）。通过改变金属离子类型，可得到磁性或具有光学性能的羧甲基纤维素气凝胶。

2. 醋酸酯纤维素气凝胶

2001 年，Fung 等以丙酮为溶剂，异氰酸酯为交联剂，采用溶胶—凝胶法制备凝胶，制备了高强度的纤维素乙酸酯和纤维素乙酸丁酸酯（CAB）气凝胶，冲击强度可以达到三聚氰胺/甲醛气凝胶的 10 倍。由于兼具可再生天然高分子及高孔隙率纳米多孔材料的诸多优点，而且相对于强度差、易碎的无机气凝胶，纤维素基气凝胶具有韧性好、易加工等特性，因此被誉为继无机气凝胶和合成聚合物气凝胶之后的新一代气凝胶。

Tan 等以醋酸纤维和醋酸丁酸纤维为原材料，吡啶为催化剂，与甲苯-2,4-二异氰酸酯（TDI）交联，制备交联纤维素气凝胶。首先将纤维素酯溶解在丙酮中形成均质溶液，然后与 TDI 交联形成凝胶，一般控制时间为 1～15 天（主要与纤维素酯与 TDI 的比例有关）；然后将所得凝胶在索氏提取器中进行丙酮回流，去除未反应的纤维素酯和 TDI，得到纤维素气凝胶。这种气凝胶的最大特点是冲击强度高，主要归因于纤维素本身高度规整的结构以及聚氨酯类型的交联增强作用。其密度为 0.1～0.38 g/cm^3，比表面积最大可达 389 m^2/g。

Fischer 等用纤维素醋酸酯与 PMDI 在丙酮中反应，得到化学交联的纤维素醋酸酯凝胶，其密度约为 0.25～0.85 g/cm^3，比表面积为 140～250 m^2/g。将 $Ca(SCN)_2 \cdot 4HO_2$ 作为丙酮的共溶剂，用于溶解醋酸纤维素，制备以醋酸纤维素纳米纤维为网络骨架的物理交联的气凝胶。借助气凝胶高的比表面积和醋酸纤维素高的氧原子含量，可以进一步制备负载高含量金属纳米颗粒的纤维素衍生物复合气凝胶。

以柠檬酸为交联剂可制备纳米纤维素凝胶，克服了传统纤维素交联剂有毒和高成本的缺点。

8.2.3 功能改性纤维素气凝胶

纤维素是一种亲水性的生物高分子，纤维素气凝胶容易吸水，导致气凝胶中的多孔结构坍塌。另一方面，纤维素分子链上的羟基具有酯化或醚化等化学活性，凝胶/气凝胶中的多孔结构可以作为原位合成纳米颗粒的纳米反应器或用于负载高含量的功能小分子。因此，通过进一步的物理或化学改性，可以提高纤维素气凝胶的疏水性及力学性能，并引入电、磁、生物活性等功能，进而扩大纤维素气凝胶的应用领域。可以直接对纤维素分子进行改性，也可以在纤维素凝胶或气凝胶中进行改性。

1. 提高力学性能

提高纤维素气凝胶力学性能的方法有两种：一是在气凝胶的网络骨架上引入增强组分，提高骨架自身的强度；二是提高三维网络交联点的强度。文献报道以前者为主，大多选择无机增强组分。

Staiger 等在 LiCl/DMAc(二甲基乙酰胺)溶剂中，通过提高微晶纤维素(MCC)的含量，使部分高结晶度的纤维素Ⅰ型晶体无法溶解，在溶液中原位形成增强组分，得到的全纤维素复合气凝胶具有高的强度和模量。

利用气凝胶较高的液体吸收能力，将细菌纤维素气凝胶浸泡在硅烷中，通过溶胶—凝胶法可得到纤维素/SiO_2复合气凝胶。气凝胶的模量、压缩强度和热稳定性随 SiO_2 含量的提高而增大。Cai 等在纤维素湿凝胶中借助溶胶—凝胶法原位形成 SiO_2，制备了纤维素/SiO_2复合气凝胶，比表面积为 400～652 m^2/g。该方法以 LiOH / 尿素/水体系为溶剂，SiO_2 含量为 24%～62%。

复合气凝胶中的纤维素组分决定其力学性能，SiO_2 组分对复合气凝胶的微观形貌和孔结构有很大的影响。宏观上，一定厚度的复合气凝胶表现出良好的透明性和柔性，如图 8-5 所示。

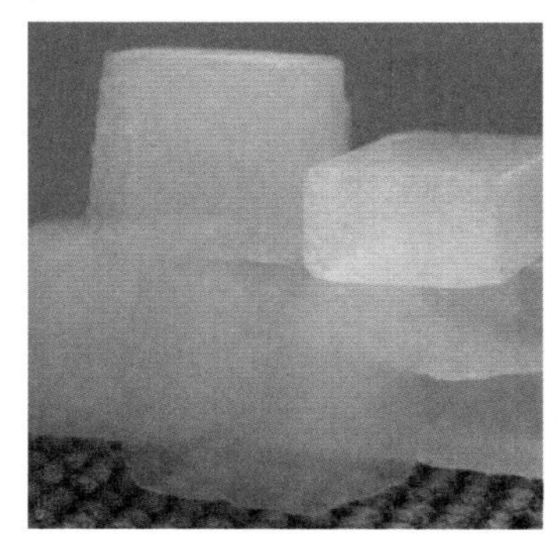

(a) 透明气凝胶

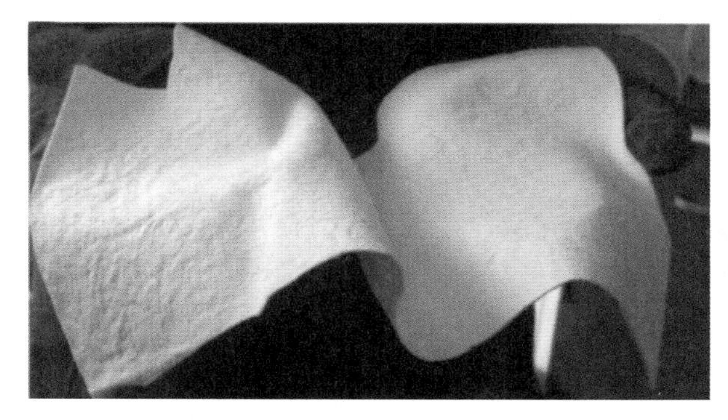

(b) 柔性气凝胶

图 8-5 透明和柔性的纤维素/SiO_2复合气凝胶

Feng J 等借助低聚半乳糖(GOS)与纤维素之间的氢键相互作用,可制备 GOS 增强的再生纤维素复合气凝胶。加入纤维素含量为 0.1%的 GOS,气凝胶的压缩模量和压缩强度分别提高了 90% 和 30%,热稳定性也有所提高。

将纤维素晶须和蒙脱土在水相中混合,可制备蒙脱土/纤维素复合气凝胶。在纳米尺度上,两组分形成了"抹灰篱笆墙"(wattle-and-daub) 的结构,提高了气凝胶的压缩强度。继续加入聚乙烯醇(PVA) 为第三组分,气凝胶的力学性能进一步得到提高。

Zhou Q 等受植物细胞壁中纤维素-木葡聚糖(XG) 相互作用的启发,将木葡聚糖加入纤维素纳米纤维(CNF)的水分散液中,形成仿生结构的气凝胶。研究表明 XG 提高了 CNF 间的黏结和物理交联强度,显著提高了气凝胶的压缩模量和压缩屈服强度。

将 CNF 在水相中氧化,并与羟基磷灰石(HAP)形成复合凝胶,冷冻干燥后可获得复合气凝胶。氧化和复合改性均可提高气凝胶的力学性能。随着氧化程度的提高,纳米纤维的表面负电荷增加,静电斥力使气凝胶的密度降低,孔径增大,孔形貌更为均匀。进一步加入 HAP,孔形貌仍保持好的均匀性。

将 CNF、GOS 和聚乙烯醇(PVA)的复合水凝胶冷冻干燥后可以得到三元复合气凝胶。由于三元复合气凝胶的组分间有较强的氢键作用,在 80%的压缩应变下,压缩强度(0.1 MPa)远高于 CNF/GOS 复合气凝胶的 0.014 MPa 和 CNF 气凝胶的 0.004 MPa。

2. 疏水/疏油改性

强亲水性使纤维素材料的使用受到了很大的限制。对纤维素气凝胶进行疏水化改性是扩展其用途的一个重要途径,成为气凝胶研究的一个重要方向。最常用的方法是通过物理或化学的手段引入低表面能的疏水基团,借助气凝胶多尺度的表面形貌调控,可以使水接触角大于 150°,实现纤维素的超疏水化。

烷基乙烯酮二聚体(AKD)是一种在造纸行业中常用于纤维素表面疏水化处理的助剂。Rosenau 等将 AKD 用于纤维素气凝胶的疏水化改性。借助超临界 CO_2,把溶于其中的 AKD 引入 CNF 气凝胶,使 AKD 和纤维素形成共价键接。AKD 接枝量小于 30%时,可以有效降低气凝胶在潮湿气氛下的吸湿量。

用原子层沉积法在 CNF 气凝胶的纳米纤维骨架上均匀沉积纳米级的 TiO_2 层,形成具有核壳结构的有机-无机复合纤维,制备的复合气凝胶能够快速吸收液体石蜡和矿物油,吸油量达到气凝胶自身质量的 20~40 倍,而对水和甘油的接触角大于 90°,具有疏水亲油性。以 CNF 气凝胶为模板,还可以用同样的方法形成其他的无机壳层,在 450℃下煅烧除去纤维素,可得到以空心纳米管为网络骨架的无机气凝胶。用化学气相沉积法(CVD)法对 CNF 气凝胶用氯硅烷进行疏水改性,制备的硅烷化气凝胶(水接触角约 150°) 可以选择性地吸油,吸油量可以通过改变孔隙率和微纳米孔网络结构来调节,最高可达自身质量的 45 倍。与 Ras 等工作不同的是,硅烷改性仅发生在气凝胶的表面,但这足以使气凝胶表现出超疏水性。这两种复合气凝胶都可多次重复使用，是很好的油水分离材料。

为了在对纤维素疏水化改性的同时，保持良好的生物相容性和生物降解性，通过CVD法在CNF气凝胶中引入TiO_2，可实现气凝胶吸水性和润湿性的光控调节。复合气凝胶的水接触角高达140°，不吸水。但在紫外光的照射下，TiO_2的晶格产生缺陷，亲水性显著提高，使气凝胶的水接触角降至0，并具有超吸水性，可以吸收自身质量16倍的水。在暗处存储后，复合气凝胶能够缓慢恢复其初始的不吸水性和疏水性。复合气凝胶的微纳米多尺度的粗糙和多孔形貌，对其在不同状态下的吸水和润湿变化起重要的促进作用。另外，结合TiO_2具有的对有机物降解的光催化活性和气凝胶的高孔隙率特性，该复合气凝胶有望用于空气和水的净化。

使用十八烷酰氯可对纤维素进行均相酯化改性，虽然取代度极低（<0.1），但接枝的长碳链足以在亲水的纤维素表面形成疏水阻隔层，而且酯化纤维素仍有足够的羟基形成氢键进行凝胶化并获得稳定的气凝胶。气凝胶在水中放置24 h不发生破碎，在空气中干燥不发生收缩。酯化纤维素气凝胶由于表面存在多尺度的结构而更加疏水，水接触角为124°，高于酯化纤维素本身的103°。该酯化纤维素气凝胶在电子和光学器件的湿气/水气的阻隔上有潜在的应用。

仅具有超疏水性的材料表面在实际使用中容易被油性物质污染，反而损害其疏水性，因此，在需要防污的应用中，还要求材料表面具有超疏油性。

Wagberg等采用CVD法用含氟氯硅烷对CNF气凝胶进行改性，未改性的CNF膜和气凝胶能够被低表面张力的蓖麻油完全润湿，改性后的CNF膜对蓖麻油的接触角提高到96°，表现出疏油性，而密度大于0.3 mg /cm^3的改性气凝胶对蓖麻油的接触角更是高达166°，说明气凝胶的多孔粗糙的表面形貌和低表面能的含氟分子对气凝胶的疏油性有协同作用。CNF气凝胶用含氟氯硅烷进行CVD处理后还具有超疏水性，改性气凝胶的水接触角为160°，在水中放置24 h仍保持稳定，而且对表面液滴具有高的黏附性。这是因为改性气凝胶具有从单个纳米纤维的纳米尺度到纳米纤维聚集体的微米尺度的多尺度结构，在材料表面束缚住一个薄的空气层，从而避免表面和液体间的直接接触，赋予了材料高的疏水性和疏油性。氟化纤维素纳米纤维（CNF）气凝胶可作为防污、透气的多孔材料，也可用作浮在液体表面的小型传感器。

亲水性的CNF/GOS /PVA气凝胶在水中不稳定，短时间内会崩解。戊二醛交联能够提高气凝胶在水中的稳定性，交联气凝胶可以吸收自身质量23倍的水。而用含氟硅烷疏水化处理后，气凝胶的水接触角达到140°，不用交联也能在水中稳定，仅被水轻微溶胀，进一步交联后稳定性提高。疏水化处理不影响气凝胶的力学性能。

3. 电磁性能的引入

将凝胶或气凝胶浸泡在金属化合物水溶液中，经过化学或电化学还原，原位生成附着在纤维素骨架上的无机纳米颗粒，或是浸泡在含有导电材料的溶液中，可得到具有电、磁功能性的复合气凝胶。纳米尺寸的无机功能组分对气凝胶还有一定的增强作用。

Ikkala 等以柔性的 CNF 气凝胶为模板，将其浸泡在导电聚合物聚苯胺与掺杂剂的甲苯溶液中，进行真空干燥，制备的导电气凝胶保持了原有孔结构而不坍塌。由于缠结的纤维素纳米长纤维组成的网络成为导电聚合物网络的模板，因此在极低的聚苯胺含量下（体积分数<0.1%）可得到较高的电导率（约 10～2 S/cm）。柔性和可变形的多孔纳米纤维气凝胶将适合于应用在选择性输送/分离、组织工程、纳米复合物的制备、医学以及制药等领域。

Berglund 等将 CNF 气凝胶浸泡在硫酸亚铁/氯化钴的水溶液中，利用纤维素网络骨架上的氧原子与金属阳离子存在的离子-偶极相互作用，诱导铁/钴（Fe/Co）磁性纳米颗粒在气凝胶纳米纤维表面生长，制备的轻质柔性磁性气凝胶可以用小型家用磁铁驱动。该气凝胶吸水后，能在挤压下释放出来，有望用于微流体和电力传动装置。该气凝胶还可以进一步压缩得到高纳米颗粒含量、高刚性的磁性纳米纸，解决了传统的有机无机纳米复合材料制备中纳米颗粒容易发生聚集的难题。与 Berglund 等不同，Liu 等在再生纤维素水凝胶中原位形成均匀分布的 Fe/Co 磁性纳米颗粒，再进行冷冻干燥制备复合气凝胶。纳米颗粒的引入使气凝胶具有超顺磁性，同时还影响气凝胶的微结构，并显著提高气凝胶的力学性能。复合气凝胶膜有很好的柔性，比纯纤维素气凝胶膜有更高的压缩模量、强度和应变。

Ras 等在 CNF 的水凝胶中加入碳纳米管（CNT）的水分散液，制备了 CNF/CNT 复合气凝胶。采用液氮为冷却介质进行冷冻干燥时，冷却速率较慢，气凝胶形成片状的固体骨架，电导率高于以液丙烷为冷却介质的气凝胶，后者的骨架为纤维状。由于 CNT 与 CNF 间的相互作用弱于纯 CNF 体系，与纯 CNF 气凝胶相比，复合气凝胶的最大压缩应变增大。复合气凝胶具有压敏性质，密度为 0.01 g/cm^3 的 CNF/CNT（质量比为 75%/25%）气凝胶在 10^4 Pa 静压下电阻会有 10%的变化。在复合气凝胶中，主要组分 CNF 提供了良好的弹性，而次要组分 CNT 赋予了气凝胶良好的电性能，纳米管和纳米纤维在气凝胶中起到了协同作用。

Shao 等将亲水的 CNF 作为未经任何改性的疏水的 CNT 的水相分散剂，可以有效地阻止形成气凝胶时 CNT 在网络骨架中的聚集。进一步将 CNF/ CNT（质量比为 50%/50%）的复合气凝胶压制成膜，比电容、最大功率密度和能量密度分别达到 178 F/g、13.6 mW/cm^2 和 20 $mW \cdot h/cm^2$，可作为全固态超级电容器的电极材料，其特点是 CNT 的所有表面均能与电解质离子接触，而亲水的 CNF 可作为电解质的纳米储库，有效降低离子的传递距离。

Thiruvengadam 和 Vitta 在细菌纤维素（BC）水凝胶中通过镍阳离子的水相还原原位形成镍的纳米颗粒，进一步冷冻干燥后形成复合气凝胶。由于纳米颗粒的尺寸具有双峰分布，气凝胶表现出铁磁性和超顺磁性。

Mader 等将纤维素溶解在均匀分散有 CNT 的 NaOH/尿素的水溶液中，制备了 CNT 含量在3%～10%的纤维素/CNT 复合气凝胶，它们的孔形貌以及力学性能与纯纤维素气凝胶差别不大。这些复合气凝胶的电导率可达 2.2×10^{-2} S/cm，按 CNT 的体积计算，导电阈值可低至0.3%；在静压下有快速的电阻变化响应，有望用于气体和挥发性有机物的检测。

4. 活性物质的负载

将化学交联的纤维素气凝胶在高温下分解，可得到具有高比表面积的碳气凝胶，以其为载体负载铂(Pt)纳米颗粒，可获得具有较好电化学活性的气凝胶，有望在质子交换膜电池中用作电催化剂。

将物理交联的纤维素气凝胶浸泡在硝酸银水溶液中，利用纤维素气凝胶的氧原子与金属离子的强相互作用，可得到纤维素气凝胶纳米纤维表面均匀分布银(Ag) 纳米颗粒的气凝胶。气凝胶的高比表面积也有利于提高 Ag 的负载量，从而使材料具有更强的抗菌活性，可应用在生物医药领域。Ag 离子的负载和还原不改变气凝胶的三维网络结构。因此，高度多孔的气凝胶可以作为原位合成生长点和骨架。

金属纳米粒子是有效的纳米反应器。利用负载 Pt 纳米颗粒的纤维素气凝胶，通过 Pt 催化聚合物的高温分解，可得到具有介孔结构的高 Pt 含量的 Pt/碳复合纳米棒，比表面积由碳化前的 125 m^2/g 增大到 311 m^2/g，在许多催化和电化学反应中有很大的潜在应用。

将活性化合物引入细菌纤维素湿凝胶，在凝胶干燥时，由于超临界 CO_2 是活性化合物的不良溶剂，乙醇被萃取而活性化合物得以保留并均匀分布在气凝胶内。气凝胶负载的活性化合物的释放行为与负载量无关，但可以通过改变气凝胶厚度进行调节。由于材料尺寸稳定性好，在完成释放后，可以重新负载再利用。

8.3　纤维素气凝胶的性质

纤维素气凝胶材料不仅具有无机气凝胶的高孔隙率、高比表面积、低密度、优异的隔音隔热性能、低介电常数等特点，同时具备绿色可再生材料的来源广泛、可生物降解和优异的生物相容性等优点，因此在催化剂负载、医用生物材料、吸音隔热材料、过滤材料和模板材料等方面具有巨大的潜在应用价值。

8.3.1　吸附分离

纤维素气凝胶可以实现油水分离。对气凝胶表面进行硅烷化改性处理，可以得到超疏水性纤维素气凝胶。这种气凝胶可对油类、染料等多种有机物进行吸附，并进行油水分离。接触角可达 141°以上，吸附性能优良，且回收方便。

利用交联剂增强纤维素气凝胶，可得到分离效果良好的亲水疏油气凝胶。利用聚酰胺环氧氯丙烷(PAE) 作为交联剂，与纤维素进行交联增强，可制备亲水性纤维素气凝胶，重复使用 10 次后，油水乳液分离效果仍高达 98.6%。

为研究水中重金属离子的低成本吸附处理，将纤维素气凝胶和金属有机骨架(MOF) 结合成一种高功能气凝胶，通过柔性多孔纤维素气凝胶捕获 MOF 颗粒来吸附去除水中的重金属离子。复合纤维素气凝胶具有高度多孔结构，沸石咪唑酯骨架负载量可达到 30%，复合纤维素气凝胶对 Cr(Ⅵ) 具有良好的吸附能力。利用准二级动力学模型和朗格缪尔（Langmuir）等温线可以更好地描述复合纤维素气凝胶的吸附过程。

利用氢键和共格晶面，构筑负载氧化银纳米颗粒的纤维素复合气凝胶，可捕捉放射性的碘离子与碘蒸气，有望在放射性同位素放射废物管理方面发挥重要作用，控制裂变产物泄露并进行安全处理。

8.3.2 隔热性

航空航天材料需要满足高模、高强、抗氧化、耐腐蚀等高性能要求，同时也必须具备轻质、耐高低温等特性，低密度、高孔隙率、兼具优良隔热性能的纤维素气凝胶适合应用于航空航天领域。研究者通过控制正硅酸四乙酯（TEOS）的水解—缩聚反应速度，采用 NaOH/硫脲溶剂体系和冷冻干燥法制备复合纤维素/SiO_2气凝胶，SiO_2通过气凝胶的形式与纤维素复合，形成具有高孔隙率的网络结构，这些结构赋予了复合气凝胶良好的隔热性能。随着密度的降低和孔隙率的增加，导热系数降低，最低可达 0.026 W/(m·K)，比泡沫塑料等传统多孔绝热材料的热导率[0.030～0.047 W/(m·K)]还低，因此纤维素/SiO_2 复合气凝胶稳定良好的隔热性能在隔热材料领域具有更大的潜力。有人通过纳米沸石与纤维素微纤维结合制备了孔径小于 100 nm 的气凝胶，显著降低了混合气凝胶的热导率，显示出隔热性能的协同作用。

党丹旸等利用纳米蒙脱土（MMT）共混改性纤维素纳米纤维（CNF），冷冻干燥法制备阻燃隔热的 CNF/MMT 复合气凝胶，当 MMT 质量分数为 50%时，复合气凝胶应变为 10%和 70%时的应力分别为 12.45 kPa 和 77.93 kPa，且复合气凝胶具有最优的热稳定性，最大导热系数为 0.040 W/(m·K)。

8.3.3 负载性能

纤维素气凝胶具有低毒性、生物相容性和生物降解性，可作为负载材料应用到医疗和药物领域。

杂化纳米纤维气凝胶可用于颅骨再生。E7-BMP-2 是一种能刺激血管生成和成骨的生物分子，将气凝胶引入 E7-BMP-2 溶液中，并植入大鼠颅骨的缺陷区域，通过微型计算机断层扫描监测颅骨的愈合情况，结果表明，仅 8 周后，缺损骨闭合率为 65%，缺损区覆盖率为 68%。用聚乙酰亚胺接枝的纤维素纳米纤维（CNF）经冷冻干燥制备的气凝胶可用于药物输送。用水溶性的水杨酸钠检测该气凝胶的药物负载和释放行为，结果显示，该气凝胶有很强的药物负载能力（287.39 mg/g），并且药物吸附过程符合 Langmuir 等温线；药物释放过程是持续的，并可通过调节温度和 pH 来控制释放速率。由于该气凝胶独特的温度和 pH 响应行为以及良好的生物相容性和生物可降解性,可成为新一代的药物输送载体。

8.3.4 电学性能

纤维素基碳气凝胶已被用作激光诱导击穿光谱仪(LiBS)中的阳极和聚电解质分离器。纤维素气凝胶作为阳极材料,通常作为电活性纳米粒子(如氧化铁)的载体。例如,以 $Fe(NO_3)_3 \cdot 9H_2O$ 为铁源,将细菌纤维素纳米纤维在 0.05 M 的 $Fe(NO_3)_3 \cdot 9H_2O$ 溶液中水热处理(120 ℃,10 h)得到溶胶,通过溶胶—凝胶法和冷冻干燥并碳化,Fe_3O_4 纳米粒子通过与纤维素上的—OH 基团的相互作用,均匀地附着在纤维素纳米纤维表面,制备了柔性自由阳极。在重复弯曲前后,这些样品的电导率分别为 2.0 S/m 和 2.1 S/m,显示了这种阳极的灵活性。这些电极在充放电循环中表现出良好的稳定性,在 100 次循环后保持了大约 75%的原始容量(起始容量 1 000 mA·h/g)。

将羟乙基纤维素气凝胶涂覆在聚丙烯(PP)膜上可制备聚合物分离器,与传统的聚合物电极相比,复合膜具有良好的热稳定性、离子电导率和较高的电解质吸收和保留能力。纤维素气凝胶也被用作激光诱导击穿光谱仪(LiBS)的聚合物电解质。有研究人员以离子液体为溶剂,通过溶胶—凝胶法和 CO_2 超临界干燥法,制备了纤维素气凝胶膜,并用于分离器。该气凝胶分离器具有较好的离子电导率和电解质吸收和保留能力,100 次循环后容量损失可忽略不计,比速率容量从 70 mA·h/g 以下提高到 80.5 mA·h/g。

导电性气凝胶可通过将纤维素气凝胶浸入聚苯胺溶液再经洗涤干燥制得的,电导率可达 1×10^{-2} S /cm。也可用简单廉价的方法来制造高导电性和可拉伸的复合材料,如使用细菌纤维素(BC) 薄膜作为原料,然后冷冻干燥获得 BC 气凝胶,将获得的 BC 气凝胶在流动的氩气中(600~1 450 ℃)热解以产生黑色超轻的 p-BC 气凝胶,最后通过聚二甲基硅氧烷(PDMS) 预聚物渗透 p-BC 气凝胶,真空脱气 2 h、70 ℃固化 1 h,制成 p-BC/PDMS 复合材料,这种复合材料表现出 0.20 ~ 41 S /cm 的高导电率,远远高于传统的碳纳米管和石墨烯基复合材料。

以甘蔗渣为原材料分离出纤维素,可制备具有分级多孔结构的纤维素气凝胶,用于制作超级电容器电极。将该电极装配成固态不对称电极,研究分级微孔碳对超级电容器性能的影响。该电极有极好的电容保留,5 000 次循环保留 93.9%。分级微孔碳的高能量储存能力归因于其分级多孔结构。

通过化学聚合方法使吡咯结合到四甲基哌啶(TEMPO)氧化的纤维素纳米纤维(CNF)上可得到聚吡咯/纳米纤维素复合气凝胶。该气凝胶具有良好的导电性能,在扫描速度为 1 mV/s 时充电容量达到 220 C/g,可用于结构电池的电极材料。

以生物纳米纤维气凝胶为模板通过原子逐层沉积的方法可制得 TiO_2、ZnO 和 Al_2O_3 纳米管气凝胶,然后煅烧去掉有机部分,得到无机中空纳米管网络结构(见图 8-6)。水凝胶表面吸水率的变化影响体系电导率,因此湿敏电阻可通过气凝胶表面的吸水率调节电阻。该气凝胶可作为灵敏的湿敏电阻传感器。

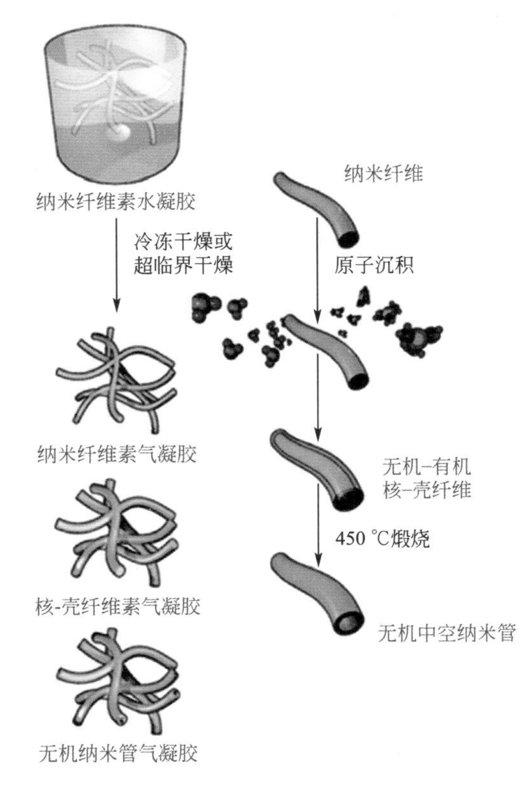

图 8-6 纳米纤维气凝胶模板制备无机中空纳米管示意图

在碳纳米管/纳米纤维素复合气凝胶中，纳米纤维素作为基体成分赋予气凝胶广泛可得和易加工优点，碳纳米管作为分散相赋予气凝胶导电性，通过将纳米纤维素和碳纳米管复合在一起可制成用于电活性响应和压力传感的气凝胶功能材料。

8.3.5 催化性能

金属有机骨架（MOFs）作为催化剂用于活化过氧单硫酸盐（PMS），以去除顽固的有机污染物，然而由于其为粉末状态，造成 MOFs 与溶液的分离困难，限制了它们的应用。

Ren 等报道了在沸石咪唑酯骨架（ZIF）材料中 ZIF^{-9} 和 ZIF^{-12} 负载在纤维素气凝胶和复合气凝胶上作为金属催化剂，可有效激活 PMS 对于罗丹明 B、盐酸四环素（TC）和对硝基苯酚（PNP）的降解。复合气凝胶/PMS 系统可在 1 h 内去除约 90%的 PNP。此外，通过电子顺磁共振（EPR）和自由基捕获方法研究了 PNP 降解的机制，结果表明，过氧单硫酸盐（PMS）可以通过杂化气凝胶有效激活产生硫酸根和羟基自由基，表现出高催化效率。

Su 等通过在纤维素基气凝胶（CBA）上原位沉积 Cu_2O 纳米粒子，成功制备了具有三维大孔结构和丰富活性位点的 Cu_2O 纳米粒子功能化纤维素气凝胶（Cu_2O/CBA），用于可见光光催化。以亚甲基蓝(MB)为模型污染物,评价了Cu_2O/CBA复合催化剂的光催化性能,并研究了催化剂用量、初始MB浓度和溶液pH对MB光降解的影响,研究发现,三维大孔纤维素气凝胶提高了对MB的吸附能力,延长了可见光照射的吸收。

参考文献

[1] 陶丹丹,白绘宇,刘石林,等. 纤维素气凝胶材料的研究进展[J]. 纤维素科学与技术,2011,19(2):64-75.

[2] GESSER H D, GOSWAMI P C. Chem inform abstract: aerogels and related porous materials[J]. ChemInform,1989,89(4):765-788.

[3] HATTORI M, KOGA T, SHIMAYA Y,et al. Aqueous calcium thiocyanate solution as a cellulose solvent. structure and interactions with cellulose[J]. Polymer Journal, 1998, 30(1):43-48.

[4] HOEPFNER S,RATKE L,MILOW B. Synthesis and characterization of nanofibrillar cellulose aerogels[J]. Cellulose, 2008, 15(1): 121-129.

[5] 张金明,吕玉霞,罗楠,等. 离子液体在纤维素化学中的应用研究新进展[J]. 高分子通报,2011,2011(10):138-153.

[6] DENG M, ZHOU Q, DU A, et al. Preparation of nanoporous cellulose foams from cellulose-ionic liquid solutions[J]. Materials Letters, 2009, 63(21): 1851-1854.

[7] SESCOUSSE R, GAVILLON R, BUDTOVA T. Aerocellulose from cellulose-ionic liquid solutions: Preparation, properties and comparison with cellulose-NaOH and cellulose-NMMO routes[J]. Carbohydrate Polymers, 2011, 83(4): 1766-1774.

[8] AALTONEN O, JAUHIAINEN O. The preparation of lignocellulosic aerogels from ionic liquid solutions[J]. Carbohydrate Polymers, 2009, 75(1):125-129.

[9] GRANSTRÖM M, PÄÄKKÖ M K N, JIN H, et al. Highly water repellent aerogels based on cellulose stearoyl esters[J]. Polymer Chemistry, 2011, 2(8): 1789-1796.

[10] MAEDA H,NAKAJIMA M,HAGIWARA T,et al. Preparation and properties of bacterial cellulose aerogel[J]. KobunshiKagaku, 2006, 63(2): 135-137.

[11] HEATH L, THIELEMANS W. Cellulose nanowhisker aerogels[J]. Green Chemistry,2010,12(8):1448-1453.

[12] AULIN C,NETRVAL J,WAGBERG L,et al. Aerogels from nanofibrillated cellulose with tunable oleophobicity[J]. Soft Matter,2010,6(14):3298-3305.

[13] KORHONEN J T, HIEKKATAIPALE P, MALM J, et al. Inorganic hollow nanotube aerogels by atomic layer deposition onto native nanocellulose templates[J]. ACS Nano, 2011, 5(3):1967-1974.

[14] KETTUNEN M, SILVENNOINEN R J, HOUBENOV N. et al. Photoswitchable superabsorbency based on nanocellulose aerogels[J]. Advanced Functional Materials, 2011, 21(3): 510-517.

[15] RUSSLER A, WIELAND M, BACHER M, et al. AKD-Modification of bacterial cellulose aerogels insuperr critical CO_2[J]. Cellulose, 2012, 19(4): 1337-1349.

[16] CERVIN N T, AULIN C, LARSSON P T, et al. Ultra porous nanocellulose aerogels as separation medium for mixtures of oil/water liquids[J]. Cellulose, 2012, 19(2):401-410.

[17] WANG M, ANOSHKIN I V, NASIBULIN A G, et al. Modifying native nanocellulose aerogels with carbon nanotubes for mechanoresponsive conductivity and pressure sensing[J]. Advanced Materials, 2013, 25(17):2428-2432.

[18] GAWRYLA M D, BERG O V D, WEDER C, et al. Clayaerogel/cellulose whisker nanocomposites: a nanoscale wattle and daub[J]. Journal of Materials Chemistry, 2009, 19(15): 2118-2124.

[19] FISCHERF, RIGACCI A, PIRARD R, et al. Cellulose-basedaerogels[J]. Polymer, 2007, 47(22): 7636-7645.

[20] WARUT S, DAVID A. SCHIRALDI G. The effects of physical and chemical interactions in the formation of cellulose aerogels[J]. Polymer Bulletin, 2010, 65(9):951-960.

[21] HAIMER E, WENDLAND M,SCHLUFTER K, et al. Loading of bacterial cellulose aerogels with bioactive compounds by antisolvent precipitation with supercritical carbon dioxide[J]. Macromolecular Symposia, 2010, 294(2):64-74.

[22] DUCHEMIN B, STAIGER M P, TUCKER N, etal. Aerocellulose based on all-cellulose composites[J]. Journal of Applied Polymer Science, 2010, 115(1): 216-221.

[23] LIU S, YAN Q, TAO D, et al. Highly flexible magnetic composite aerogels prepared by using cellulose nanofibril networks as templates[J]. Carbohydrate Polymers, 2012, 89(2):551-557.

[24] LITSCHAUER M, NEOUZE M A, HAIMER E, et al. Silica modified cellulosic aerogels[J]. Cellulose, 2011, 18(1): 143-149.

[25] ZHANG J, CAO Y, FENG J, et al. Graphene-oxide-sheet-induced gelation of cellulose and promoted mechanical properties of composite aerogels[J]. Journal of Physical Chemistry C, 2012, 116 (14):8063-8068.

[26] JAVADI A, ZHENG Q, PAYEN F, et al. Polyvinyl alcohol-cellulose nanofibrils-graphene oxide hybrid organic aerogels[J]. ACS Applied Materials & Interfaces, 2013, 5(13):5969-5975.

[27] JIN H, KETTUNEN M, LAIHO A, et al. Superhydrophobic and superoleophobic nanocellulose aerogel membranes as bioinspired cargo carriers on water and oil[J]. Langmuir, 2011, 27(5): 1930-1934.

[28] OLSSON R T, AZIZI S M, SALAZAR G, et al. Making flexible magnetic aerogels and stiff magnetic nanopaper using cellulose nanofibrils as templates[J]. Nature Nanotechnology, 2010, 5(8): 584-588.

[29] GAO K, SHAO Z, WANG X, et al. Cellulose nanofibers/multi-walled carbon nanotube nanohybrid aerogel for all-solid-state flexible supercapacitors[J]. Rsc Advances, 2013, 3(35):15058-15064.

[30] QI H, MÄDER E, LIU J. Electrically conductive aerogels composed of cellulose and carbon nanotubes[J]. Journal of Materials ChemistryA, 2013, 1(34): 9714-9720.

[31] GUILMINOT E, FISCHER F, CHATENET M, et al. Use of cellulose-based carbon aerogels as catalyst support for PEM fuel cell electrodes: electrochemical characterization[J]. Journal of Power Sources, 2007, 166(1):104-111.

[32] CHIRAYIL C J, MATHEW L, THOMAS S. Review of recent research in nanocellulose preparation from different lignicellulosic fibers[J]. Reviews on Advanceed Materials Science, 2014,37(1): 20-28.

[33] HABIBI Y, LUCIA L, ROJAS O. Cellulose nanocrystals: chemistry, selfassembly and applications [J]. Chemical Reviews, 2010, 110(6): 3479-3500.

[34] SIQUEIRA G, BRAS J, DUFRESNE A. Cellulosic bionanocomposites: A review of preparation, properties and applications[J]. Polymers, 2010, 2(4): 728-765.

[35] SIQUEIRA G, BRAS J, DUFRESNE A. Cellulose Whiskers versus microfibrils: influence of the nature of the nanoparticle and its surface functionalization on the thermal and mechanical properties of nanocomposites[J]. Biomacromolecules, 2009, 10(2):425-432.

[36] GUTIÉRREZ L, MARÍA C, FERRER L, et al. Ice-templated materials: Sophisticated structures exhibiting enhanced functionalities obtained after unidirectional freezing and ice-segregation-induced self-assembly[J]. Chemistry of Materials, 2008, 20(3):634-648.

[37] MONDAL S. Preparation, properties and applications of nanocellulosic materials[J]. Carbohydr. Polym., 2017, 163: 301-316.

[38] ABDUL H P, DAVOUDPOUR Y, ISLAM M N, et al. Production and modification of nanofibrillated cellulose using various mechanical processes: A review[J]. Carbohydr. Polym., 2014, 99: 649-665.

[39] ABE K, YANO H. Comparison of the characteristics of cellulose microfibril aggregates of wood, rice strawand potato tuber[J]. Cellulose, 2009, 16: 1017-1023.

[40] WANG S, CHENG Q. A novel process to isolate fibrils from cellulose fibers by high-intensity ultrasonication, part 1: process optimization[J]. Journal of Applied Polymer Science, 2009, 113(2): 1270-1275.

[41] CHEN W, YU H, LIU Y, et al. Individualization of cellulose nanofibers from woodusing high-intensity ultrasonication combined with chemical pretreatments[J]. Carbohydr. Polym., 2011, 83: 1804-1811.

[42] QUA E H, HORNSB Y P R, SHARMAHSS, et al. Preparation and characterisation of cellulose nanofibres[J]. J. Mater. Sci., 2011, 46: 6029-6045.

[43] NECHYPORCHUK O, BELGACEM M N, Bras J. Production of cellulose nanofibrils: A review of recent advances[J]. Ind. Crops Prod., 2015, 93: 2-25.

[44] FU J, WANG S, HE C, et al. Facilitated fabrication of high strength silica aerogelsusing cellulose nanofibrils as scaffold[J]. Carbohydr. Polym., 2016, 147: 89-96.

[45] CHEN K, XUE D. In-situ electrochemical route to aerogel electrodematerials of graphene and hexagonal CeO_2[J]. Journal of Colloidand Interface Science, 2015, 446: 77-83.

[46] QIU K, NETRAVALI A N. A review of fabrication and applications of bacterial cellulose based nanocomposites[J]. Polym. Rev., 2014, 54: 598-626.

[47] SAI H, XING L, XIANG J, et al. Flexible aerogels with interpenetrating network structure of bacterial cellulose-silica composite from sodium silicate precursor viafreeze drying process[J]. RSC Adv., 2014, 4: 30453-30461.

[48] 王紫蓉. 固态细菌纤维素的制备及结构研究[D]. 广州：华南理工大学，2016.

[49] 王静，王清清，魏取福，等. PVA-SbQ/细菌纤维素复合气凝胶的制备及吸油性能研究[J]. 功能材料，2016，47(3)：7-10.

[50] 王思纯，曹红钢，柴焰高，等. 细菌纤维素基炭气凝胶的制备及吸油性能[J]. 广州化工，2017，45(11)：86-87，100.

[51] GONCALVES S, PADRAOJ, RODRIGUES I P, et al. Bacterial cellulose as a support for the growth of retinal pigment epithelium[J]. Biomacromolecules, 2015, 16(4):1341-1351.

[52] SAI H, FU R, XING L, et al. Surface modification of bacterial cellulose aerogels' web-like skeleton for oil/water separation[J]. ACS Applied Materials & Interfaces, 2015, 7(13):7373-7381.

[53] GAN S, ZAKARIA S, CHEN R S, et al. Autohydrolysis processing as analternative to enhance cellulose solubility and preparation of its regeneratedbio-based materials[J]. Materials Chemistry and-Physics, 2017, 192: 181-189.

[54] CUI S, WANG X, ZHANG X, et al. Preparation of magnetic $MnFe_2O_4$-Cellulose aerogel composite and its kinetics and thermodynamics of Cu(Ⅱ) adsorption[J]. Cellulose, 2018, 25(1): 735-751.

[55] REN F, LI Z, TAN W Z, et al. Facile preparation of 3D regeneratedcellulose/graphene oxide composite aerogel with high-efficiency adsorptiontowards methylene blue[J]. Journal of Colloid andInterface Science, 2018, 532: 58-67.

[56] LIEBNER F, POTTHAST A, ROSENAU T, et al. Cellulose aerogels: highly porous, ultra-lightweight materials[J]. Holzforschung, 2008, 62(2): 129-135.

[57] WU J, ZHAO N, ZHANG X, et al. Cellulose/silvernanoparticles composite microspheres: Eco-friendly synthesis and catalytic application[J]. Cellulose, 2012, 19(4): 1239-1249.

[58] TAN C, FUNG B M, NEWMAN J K, et al. Organic aerogels with very high impact strength[J]. Advanced materials, 2001, 13(9): 644-646.

[59] DEMITRI C, DEL S R, SCALERA F, et al. Novel superabsorbent cellulose-based hydrogels crosslinked with citric acid[J]. Journal of Applied Polymer Science, 2008, 110(4): 2453-2460.

[60] LIN R, LI A, LU L, et al. Corrigendum to "Preparation of bulk sodium carboxymethyl cellulose aerogels with tunable morphology" [Carbohydr. Polym. 118 (2015)126-122][J]. Carbohydrate Polymers, 2016, 151:1278.

[61] ZHAI T, ZHENG Q, CAI Z, et al. Synthesis of polyvinyl alcohol/cellulose nanofibril hybrid aerogel microspheres and their use asoil/solvent superabsorbents[J]. Carbohydrate Polymers, 2016, 148: 300-308.

[62] LIAO Q, SU X, ZHU W, et al. Flexible and durable cellulose aerogelsfor highly effective oil/water separation[J]. RSC Advances, 2016, 6(68): 63773-63781.

[63] SUN F, LIU W, DONG Z, et al. Underwater superoleophobicity cellulose nanofibril aerogel through regioselective sulfonation foroil/water separation[J]. Chemical Engineering Journal, 2017, 330: 774-782.

[64] HE Z, ZHANG X, BATCHELOR W. Cellulose nanofiber aerogel filter withtuneable pore structure for oil/water separation and recovery[J]. RSC Advances, 2016, 6(26): 21435-21438.

[65] BO S, REN W, LEI C, et al. Flexible and porous cellulose aerogels/zeolitic imidazolate framework (ZIF-8) hybrids for adsorption removalof Cr(Ⅳ) from water[J]. Journal of Solid State Chemistry, 2018, 262: 135-141.

[66] LU Y, YIN Y F, WANG S Q, et al. Coherent-interface-assembled Ag_2O-anchored nanofibrillated cellulose porous aerogels for radioactive iodine capture[J]. ACS Appl. Mater. Interfaces, 2016, 42 (8): 29179-29185.

[67] WAN Y J,ZHU P L, YU S H, et al. Ultralight, super-elastic and volume-preserving cellulose fiber/graphene aerogel for highperformanceelectromagnetic interference shielding[J]. Carbon, 2017, 115: 629-639.

[68] JIA H, TIAN Q, XU J, et al. Aerogels prepared from polymeric β-cyclodextrin and graphene aerogels as a novel host-guest system for immobilization of antibodies: Avoltammetric immunosensor for the tumor marker CA 15-3[J]. Microchimica Acta, 2018, 185(11):517.

[69] MEHLING T, SMIRNOVA I, GUENTHER U, et al. Polysaccharide-based aerogels as drug carriers [J]. J. Non-Cryst. Solids., 2009, 355: 2472-2479.

[70] BUGNONE C A, RONCHETTI S, MANNA L, et al. An emulsification/internal setting technique forthe preparation of coated and uncoated hybrid silica/alginate aerogel beads for controlled drug delivery[J]. J. Supercrit. Fluids, 2018, 142: 1-9.

[71] WENG L, BODA SK, WANG H, et al. Novel 3D Hybrid nanofiber aerogels coupled with BMP-2 peptides for cranial bone regeneration[J]. Adv. Healthc. Mater., 2018, 7: 1-16.

[72] ZHAO J Q, LU C H, HE X, et al. Polyethylenimine-grafted cellulose nanofibril aerogels as versatile vehicles for drug delivery[J]. ACS Applied Materials & Interfaces, 7(4):2607-2615.

[73] WAN Y, YANG Z, XIONG G, et al. A general strategy of decorating 3D carbon nanofiberaerogels-derivedfrom bacterial cellulose with nano-Fe_3O_4 for high-performance flexible and binder-free lithium-ion batteryanodes[J]. J. Mater. Chem. A, 2015, 3: 15386-15393.

[74] LIAO H, ZHANG H, HONG H, et al. Novel cellulose aerogel coated on polypropyleneseparators as gel polymer electrolyte with high ionic conductivity for lithium-ion batteries[J]. J. Membr. Sci., 2016, 514: 332-339.

[75] WAN J, ZHANG J, YU J, et al. Cellulose aerogel membranes with a tunable nanoporous network as a matrix of gel polymer electrolytes for safer lithium-ion batteries[J]. ACS Appl. Mater. Interfaces, 2017, 9: 24591-24599.

[76] HAO P, ZHAO Z H, TIAN J, et al. Hierarchical porous carbon aerogel derived from bagasse for high performance supercapacitor electrode[J]. Nanoscale, 2014, 6(20):12120-12129.

[77] CARLSSON D O, NYSTRÖM M G, ZHOU Q, et al. Electroactive nanofibrillated cellulose aerogel composites with tunable structural and electrochemical properties[J]. Journal of Materials Chemistry, 2012, 22(36):19014.

[78] REN W, GAO J, LEI C, et al. Recyclable metal-organic framework/cellulose aerogels for activating peroxymonosulfate to degradeorganic pollutants [J]. Chemical Engineering Journal, 2018, 349: 766-774.

[79] SU X, LIAO Q, LIU L, et al. Cu_2O nanoparticle-functionalized cellulose-based aerogel as high-performance visible-light photocatalyst[J]. Cellulose, 2017, 24(2): 1017-1029.

[80] BAO Y, MA J, LI N. Synthesis and swelling behaviors of sodium carboxymethyl cellulose-g-poly (AA-co-AM-co-AMPS)/MMT superabsorbent hydrogel[J]. Carbohydrate Polymers, 2011, 84 (1):76-82.

[81] 刘佳,马祯. 氢氧化钠水解小麦秸秆制备型煤黏结剂的研究[J]. 煤化工,2019,47(01):66-69.

[82] 吴芳. 纤维素基吸水保水树脂的制备及其性能研究[D]. 浙江理工大学,2012.

[83] GABILLON R, BUDTOVA T. Aerocellulose: new highly porous cellulose prepared from cellulose-NaOH aqueous solutions[J]. Biomacromolecules, 2008, 9(1): 269-277.

[84] ZHOU Q, ZHANG L, OKAMURA H, et al. Synthesis and properties of O-2-[2-(2-methoxyethoxy)ethoxy]acetyl cellulose[J]. Journal of Polymer Science Part A Polymer Chemistry, 2015, 39

(3):376-382.

[85] SHAO G , ZHAO G , YANG F , et al. Ceramic nanocomposites reinforced with a high volume fraction of carbon nanofibers[J]. Materials Letters, 2012, 68:108-111.

[86] MADER A , VOLKMANN E , EINSIEDEL R , et al. Impact and flexural properties of unidirectional man-made cellulose reinforced thermoset composites[J]. Journal of Biobased Materials & Bioenergy, 2012, 6(4):481-492.

[87] 党丹旸,崔灵燕,王亮,等. 纤维素纳米纤维/纳米蒙脱土复合气凝胶制备及其结构与性能[J/OL]. 纺织学报,2020(02):1-6.

[88] 申玲玲,张放,任浩,等. 氧化纤维对纳米纤维素气凝胶微球的影响[J]. 纤维素科学与技术,2017, 25(3):1-7.

复合气凝胶

无机和有机气凝胶分别有各自的优缺点,为了克服单一气凝胶的不足,越来越多的改性方法着眼于复合气凝胶的研究。复合气凝胶主要分为:无机/无机复合气凝胶、有机/无机复合气凝胶,纤维复合气凝胶等。

第9章 无机复合气凝胶

9.1 Al_2O_3/SiO_2复合气凝胶

气凝胶在较高温度下使用时会发生烧结，引起气凝胶的收缩、孔结构破坏和比表面积下降，导致气凝胶隔热性能降低，因此，气凝胶的使用温度一般在600～800 ℃之间，不能满足热防护系统的发展要求。为了满足航空航天和军事等特殊领域对耐超高温气凝胶的要求，需要开发研究耐超高温的气凝胶材料。

Al_2O_3气凝胶可以承受1 000 ℃左右的高温，但比表面积相对较小，最大只有800 m^2/g，且在1 000～1 200 ℃发生γ-Al_2O_3向α-Al_2O_3的晶型转变，使其内部孔洞结构大幅度坍塌，高温性能恶化。Al_2O_3凝胶中加入SiO_2，既可以提高α-Al_2O_3的晶型转变温度，增强Al_2O_3/SiO_2复合气凝胶的热稳定性，又可以弥补SiO_2温度低的缺陷，因此，Al_2O_3/SiO_2气凝胶是理想的高温隔热材料。

制备Al_2O_3/SiO_2气凝胶一般采用溶胶—凝胶法，主要分为三步：第一步是溶胶—凝胶阶段，即在酸性条件下，分别由相应的硅源前驱体和铝源前驱体完成各自的水解过程，经水解和缩聚反应分别制备Al_2O_3溶胶和SiO_2溶胶；然后将两者混合，在碱性条件下制备Al_2O_3/SiO_2复合湿凝胶（见图9-1）；第二步是湿凝胶的老化；第三步是对湿凝胶进行干燥。

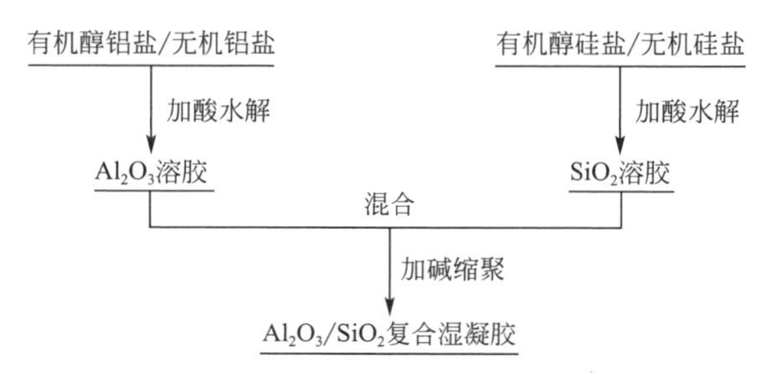

图9-1 Al_2O_3/SiO_2复合湿凝胶的制备流程图

（1）Al_2O_3/SiO_2复合湿凝胶的制备

制备Al_2O_3溶胶的铝源主要为有机金属盐和无机盐两大类，常见的铝源有异丙醇铝（AIP）、仲丁醇铝（ASB）、$Al(NO_3)_3 \cdot 9H_2O$和$AlCl_3 \cdot 6H_2O$。制备SiO_2溶胶可选择的硅源包括水玻璃、TMOS和TEOS等，当前较常用的是有机金属盐类，具有易溶解和纯度高等优点。

金属有机醇盐法是指将金属醇盐和一定量的醇及少量的水混合，通过水解和缩聚反应得到湿凝胶的方法。巢雄宇等以仲丁醇铝与 TEOS 为原料，选取甲酰胺为干燥控制化学添加剂和调凝剂，采用溶胶—凝胶法制备 SiO_2/Al_2O_3凝胶，并通过老化、超临界干燥工艺得到了乳白色、轻质、块状无裂纹的硅铝二元气凝胶。将气凝胶进行高温热处理，从室温到 1 300 ℃，气凝胶能够保持块状无坍塌、无微裂纹产生，1 300 ℃的比表面积达到 55 m^2/g。SiO_2的加入能抑制 Al_2O_3颗粒的高温烧结和相转变。一方面，SiO_2溶胶的加入降低了气凝胶的密度，硅原子掺杂改变了凝胶结构，阻碍了 Al_2O_3颗粒间的接触，抑制了高温下晶粒长大；另一方面，Al—O—H 键上的 H 原子被 Si 原子所取代形成 Al—O—Si 键，Al—O—H 键的减少使得羟基间的脱水缩合受到抑制。因此，适量的 SiO_2掺杂 Al_2O_3气凝胶使气凝胶的热稳定性提高。

相对于金属有机醇盐法而言，金属无机盐法所用原料价格低廉，操作过程简便，有着更为广泛的应用前景。何文等以 TEOS 和 $Al(NO_3)_3 \cdot 9H_2O$ 为原料，采用溶胶—凝胶法和 CO_2超临界流体干燥技术制备了双元氧化物 Al_2O_3/SiO_2气凝胶纳米粉。制备条件对 Al_2O_3/SiO_2气凝胶的结构和性能影响很大，在 TEOS∶EtOH∶H_2O=1∶4∶2 条件时，将室温预水解的 TEOS 溶液调节为 pH=3，搅拌后与 $Al(NO_3)_3$ 水溶液充分混合，形成清亮透明的溶胶溶液，再调节 pH=5.5，并在 60 ℃水浴中恒温形成 Al_2O_3/SiO_2 湿凝胶，老化 12 h 后，多次水洗和醇洗转换为湿凝胶。将湿凝胶置于 CO_2 超临界流体 SCF 设备的萃取器中进行低温干燥，先升温至超临界温度 T_D=40～50 ℃，再升压至超临界压力 p_D=20～25 MPa，使 CO_2 达到超临界状态稳定一段时间后，干燥 1 h，在此工艺条件下可制得白色疏松高比表面的 Al_2O_3/SiO_2气凝胶纳米粉，颗粒分布均匀，呈近似球状，粒径在 5～15 nm，BET 比表面积高达 418 m^2/g，纳米网络结构的热稳定性好。

冯坚等研究了硅含量对 Al_2O_3/SiO_2气凝胶结构和性能的影响。随着硅含量的增加，Al_2O_3/SiO_2溶胶的凝胶时间逐渐延长，气凝胶密度逐渐增大，其结构逐渐由多晶勃姆石向无定形 SiO_2过渡。Al_2O_3/SiO_2气凝胶同时含有 Al—O、Si—O 以及 Al—O—Si 结构，600 ℃煅烧后的物相为无定形 γ-Al_2O_3 和 SiO_2，1 200 ℃煅烧后为莫来石相。当硅含量为 6.1%～13.1%时，适量的硅可抑制 Al_2O_3/SiO_2气凝胶的相变，1 000 ℃的比表面积(339～445 m^2/g)高于纯 Al_2O_3气凝胶(157 m^2/g)。SEM 分析表明，硅元素的加入改变了 Al_2O_3气凝胶的结构形貌，随着硅含量的增大，Al_2O_3/SiO_2气凝胶逐渐由针叶状或长条状向球状颗粒转变。

与制备 SiO_2湿凝胶类似，pH 也是影响 Al_2O_3/SiO_2复合湿凝胶合成的一个重要的参数。pH 在一定程度上影响溶胶—凝胶过程中的水解和缩聚过程的反应速率、凝胶化的时间及气凝胶成品的线性收缩率。将湿凝胶浸泡在一定比例的 H_2O/EtOH、TEOS/EtOH 等溶液中，使凝胶网格进一步加强的过程称为老化，老化温度一般为 50～70 ℃，老化时间从几十分钟到几天不等，一般不少于 24 h。

(2)Al_2O_3/SiO_2复合气凝胶的干燥

经过溶胶—凝胶工艺制备的湿凝胶，内部结构包括三维网络骨架和纳米孔洞中的溶剂两部分，需要通过干燥工艺排出内部溶剂而不破坏三维网络结构。

超临界干燥工艺是目前比较成熟的一种 Al_2O_3/SiO_2湿凝胶干燥方法。在超临界干燥过程中，气凝胶孔隙结构中的气-液界面消失，表面张力变得很小甚至消失为零。当超临界流体从凝胶孔隙中排出时，避免了溶剂表面张力对原有凝胶结构的破坏，能够得到具有凝胶原有结构的块状气凝胶材料。干燥介质、临界压力和温度都影响气凝胶的微观结构，例如以异丙醇和甲基叔丁基醚(MTBE)为干燥介质得到的样品物相中含有锐钛矿晶相，以六氟异丙醇和 CO_2为干燥介质得到的样品物相均为非晶态相。陈恒选用六水合氯化铝、TEOS 作为前驱体，在溶胶—凝胶过程中，以无水乙醇(EtOH)和水(H_2O)的混合溶液为反应体系，加入 1,2-环氧丙烷(PO)作为凝胶助剂，经过老化和超临界干燥工艺处理，制备出低密度的块状 Al_2O_3气凝胶和 Al_2O_3/SiO_2气凝胶。经过超临界干燥制备的 Al_2O_3/SiO_2气凝胶比表面积为 574 m^2/g，平均孔径为 26.34 nm。

常压干燥是在常温常压环境下，对湿凝胶进行干燥处理。在常压干燥前需要对凝胶进行预处理：采用表面张力较小的溶剂对凝胶孔中的溶液进行置换，降低干燥过程中毛细管压力；对 SiO_2气凝胶进行疏水改性也可以降低干燥过程中产生的毛细管压力；采用有机聚合物对气凝胶骨架进行修饰可以改善常压干燥过程中气凝胶骨架的塌缩情况。与超临界干燥工艺相比，常压干燥工艺操作过程简便，成本低廉，可以进行大批量工业化生产。

9.2 TiO_2/SiO_2复合气凝胶

1972 年，Fujishima 和 Honda 在电解水的研究中发现，用光照射 TiO_2单晶电极可以将 H_2O 分解，证明了 TiO_2具有光催化活性。自此，学者们广泛开展了对 TiO_2进行光催化降解的研究。近年来，对于纳米 TiO_2光催化性能研究进一步加深，纳米 TiO_2被广泛应用于诸多领域。但实际应用时发现，粉末状 TiO_2容易团聚且回收困难，限制了纳米 TiO_2的应用。

气凝胶是一种纳米多孔材料，具有高比表面积和数量众多且均匀的孔洞。将纳米 TiO_2制备成 TiO_2气凝胶能够有效提升 TiO_2的催化能力。但是，TiO_2气凝胶制备条件复杂，且制出的气凝胶网络强度较差，不利于实际应用。SiO_2气凝胶相较于 TiO_2气凝胶，其比表面积高和孔体积较大，网络结构较强，将两者混合制备兼具两者性能的 TiO_2/SiO_2复合气凝胶，可以提高气凝胶网络结构强度，充分利用气凝胶多孔结构和吸附性高的特点，同时提高 TiO_2的比表面积，增强 TiO_2的光催化性能，还有利于催化剂的回收利用。

目前，TiO_2/SiO_2气凝胶的制备技术通常采用昂贵的硅、钛醇盐作为反应前驱体，采用溶胶—凝胶法，利用超临界干燥技术或非超临界干燥技术(预先进行低表面张力溶剂替换)获得多孔结构。

TiO_2/SiO_2复合气凝胶的制备一般采用溶胶—凝胶法，先将钛源和硅源经过水解和缩聚反应分别制备出 TiO_2溶胶和 SiO_2溶胶，然后将 TiO_2溶胶与 SiO_2溶胶混合均匀后，在碱性条件的作用下得到复合气凝胶。

平琳等以硅溶剂和钛酸丁酯为前驱体，采用溶胶—凝胶方法制备 TiO_2/ SiO_2复合气凝胶，利用低表面积的溶剂进行替代、分级老化和干燥，形成较为完善的网络结构，制得无色或乳白色轻质块状多孔 TiO_2/SiO_2复合气凝胶。该复合气凝胶由直径约 10 nm 的 TiO_2和 SiO_2微粒相互分散复合而成，孔径为 20～40 nm，BET 比表面积为 200～400 m^2/g，孔体积为 1～2 cm^3/g。其中 SiO_2为无定型态，TiO_2为锐钛矿晶型，掺入 SiO_2可抑制 TiO_2微粒长大和晶相转化。

刘朝辉等采用溶胶—凝胶法制备了不同 Si 含量的 TiO_2/SiO_2复合气凝胶。Si 含量对 TiO_2/SiO_2复合气凝胶的结构及光催化性能影响规律如图 9-2 所示，Si 掺杂使 TiO_2/SiO_2复合气凝胶同时具有 Ti—O—Ti、Si—O—Si 和 Ti—O—Si 结构，使 TiO_2/SiO_2复合气凝胶具有更大的比表面积、更高的热稳定性和更强的光催化活性。随着 Si 含量增加，TiO_2/SiO_2复合气凝胶中 TiO_2晶粒尺寸明显减小，TiO_2结晶度不断降低，TiO_2/SiO_2复合气凝胶的比表面积大幅增大，平均孔径逐渐减小。Si 掺杂可通过改变组织结构和表面状态来显著影响 TiO_2/SiO_2复合气凝胶的光催化活性。随着 Si 含量增大，复合气凝胶光催化性能呈现出先升后降趋势，在 Si 含量为 9%附近达到最高。

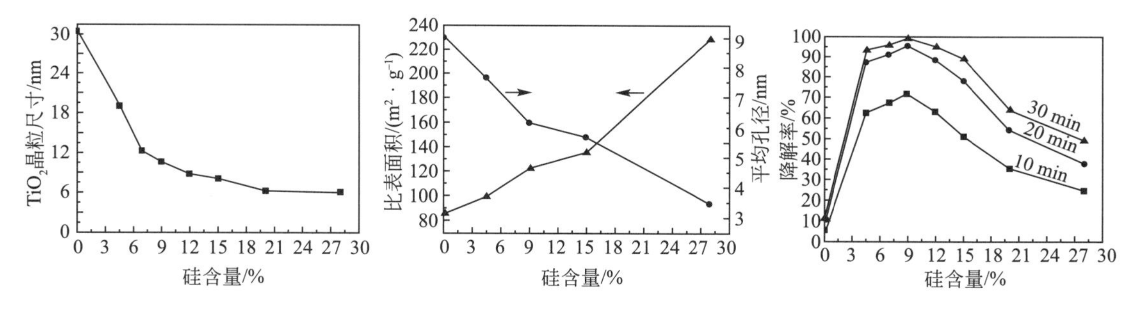

图 9-2 TiO_2/SiO_2复合气凝胶的性能曲线

TiO_2 可以通过物理法和化学法两种形式掺入硅溶胶中。物理法即将改性的纳米 TiO_2浆料加至 SiO_2 溶胶后制备出 TiO_2/SiO_2 复合湿凝胶；化学法是将 TiO_2 溶胶与 SiO_2 溶胶混合均匀后凝胶。冷映丽等利用这两种方法制备出了 TiO_2/SiO_2 复合气凝胶。两种方法制备的复合气凝胶结构均为晶态 TiO_2 分散在非晶态 SiO_2 网络结构中，但采用物理法制备的 TiO_2/SiO_2 复合气凝胶中同时存在锐钛矿结构和金红石结构的 TiO_2，而采用化学法获得的 TiO_2/SiO_2复合气凝胶中仅存在锐钛矿结构的 TiO_2。两种方法得到的气凝胶均为网络结构，但采用物理法获得的 TiO_2/SiO_2复合气凝胶中 TiO_2的颗粒比化学法中的更大；采用化学法获得的 TiO_2/SiO_2复合气凝胶中的 TiO_2颗粒分散更均匀且无团聚现象。两种方法得到的气凝胶在逐渐升温的过程中能量与质量具有相同的变化趋势，但采用化学法获得的 TiO_2/

SiO_2复合气凝胶在加热过程中热失重较小，高温热稳定性更好。因此，将 TiO_2浆料加入SiO_2溶胶中制备的复合 TiO_2/SiO_2气凝胶结构更加均匀，热稳定性更好，能够有效降低气凝胶的红外热辐射以及增强 TiO_2的光催化作用。

粉煤灰的化学组成以 SiO_2和 Al_2O_3居多。利用化学方法将 SiO_2和 Al_2O_3从粉煤灰中提取出来，可降低 TiO_2/SiO_2复合气凝胶的制备成本。程妍将粉煤灰经酸液浸出提取 Al_2O_3后，得到粉煤灰提铝酸渣(粉煤灰酸渣)，并将其作为铝源；采用碱溶工艺制备硅酸钠溶液作为硅源，再通过溶胶—凝胶和煅烧工艺，添加表面改性剂，制备了 TiO_2/SiO_2复合气凝胶。重点考察了煅烧温度对 TiO_2/SiO_2复合气凝胶光催化和吸附性的影响规律。结果表明，光照时间少于 4 h，煅烧温度 400 ℃时，制得的复合气凝胶对罗丹明 B(Rh B)溶液表现出较好的脱色性能；光照时间大于 4 h，经 600 ℃煅烧出的复合气凝胶对 Rh B 溶液的脱色率最大。TiO_2和 SiO_2复合后，形成 Si—O—Ti 键，能够显著提高 TiO_2的热稳定性，阻止 TiO_2晶粒长大，增大产品的比表面积，有助于提升复合粉体的光催化和吸附性能。

超临界干燥方法可获得性能良好的 TiO_2/SiO_2复合气凝胶，但是这种干燥方法需要高压设备，条件要求苛刻且成本昂贵，在一定程度上限制了工业化生产和应用。

刘敬肖等以廉价的工业水玻璃和四氯化钛($TiCl_4$)为原料，采用溶胶—凝胶法，以三甲基氯硅烷/乙醇/正己烷混合溶液对湿凝胶进行溶剂替换和表面改性处理，通过常压干燥制备出高比表面积和孔体积的 TiO_2/SiO_2复合气凝胶，比表面积为 682～893 m^2/g，孔径为 7～13 nm，孔体积为 2.89～4.56 cm^3/g。随着 SiO_2含量增加，孔径逐渐减小，比表面积和光催化降解性能先增大后减小，当 Ti 与 Si 的摩尔比为 4∶1 时，制备的复合气凝胶具有最大的比表面积和孔体积，分别为 893 m^2/g 和 4.56 cm^3/g。经 550 ℃热处理后的复合气凝胶随着SiO_2含量的减少，逐渐由无定形结构向含有锐钛矿晶相的结构转变，复合气凝胶对 Rh B 溶液的光催化降解率优于纯锐钛矿 TiO_2粉末。当 Ti 与 Si 的摩尔比为 4∶1 时，复合气凝胶的吸附和光催化协同作用达到最佳效果，具有最好的光催化活性，最终光催化降解率达到99%。TiO_2/SiO_2复合气凝胶样品对 30 mL 浓度为 10^{-4} mol/L 的 Rh B 溶液的吸附和光催化降解率曲线如图 9-3 所示。

湿凝胶在进行常压干燥前，对其进行一定的疏水处理能够较好地保持湿凝胶在干燥过程中不发生收缩和碎裂。刘小威等以廉价的四氯化钛和工业水玻璃为原料，通过溶胶—凝胶法制得 TiO_2/SiO_2复合湿凝胶，用三甲基氯硅烷、乙醇、正己烷混合溶液对湿凝胶进行改性，常压干燥制备了 TiO_2/SiO_2复合气凝胶。该复合气凝胶具有连续多孔结构，150℃干燥后的比表面积为 1 076 m^2/g，孔体积为 4.96 cm^3/g；经 550 ℃热处理后，复合气凝胶仍然具有高的孔隙率，比表面积为 856 m^2/g，孔体积为 3.46 cm^3/g。吸附和光催化降解 Rh B 的试验结果表明，复合气凝胶同时具有较好的吸附和光催化性能，其吸附/光催化协同作用活性优于纯 SiO_2气凝胶和锐钛矿 TiO_2粉末；重复利用四次后，降解率仍然达到 89%。王玉栋等分别通过 TiO_2和 SiO_2的单独溶胶和 TiO_2/SiO_2复合凝胶，加入干燥控制化学添加剂甲酰胶，形成比较完善的凝胶网络结构，通过 TEOS 的乙醇溶液浸泡，低表面张力溶剂替换和分级老化以及干燥等步骤，实现了块状 TiO_2/SiO_2 复合气凝胶的非超临界干燥制备，所得 TiO_2/SiO_2 气凝胶为无色或乳白色轻质块状多孔固体，密度约 0.4～0.9 g/cm³，孔隙率约 80%～95%。它由直径约 10 nm 的 TiO_2 和 SiO_2 微粒相互分散复合而成，孔洞直径几十纳米，SiO_2 为无定形态，TiO_2 为锐钛矿晶型。随着焙烧温度的升高，到 800 ℃不发生相变化。

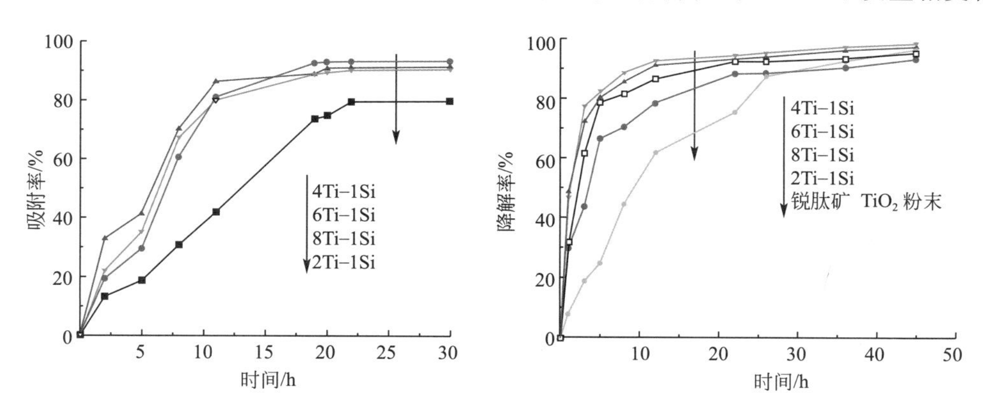

图 9-3　TiO_2/SiO_2 复合气凝胶的吸附和光催化降解率曲线

刘朝辉探究了采用溶胶—凝胶法在常压下经不同温度热处理制备出的 TiO_2/SiO_2 复合气凝胶对光催化的影响（见图 9-4），随着热处理温度升高，TiO_2/SiO_2 复合气凝胶中锐钛矿结晶度升高，有利于增强光催化活性，700 ℃热处理时晶化已较为完全。随着热处理温度升高，TiO_2/SiO_2 复合气凝胶中 TiO_2 晶粒尺寸增大，比表面积减小，热处理温度高于 700 ℃时，变化尤为明显，导致光催化性能降低。可通过热处理改变结晶度、晶粒尺寸和比表面积来显著影响 TiO_2/SiO_2 复合气凝胶的光催化性能。随着热处理温度升高，复合气凝胶的光催化性能呈现出先升后降趋势，热处理温度为 700 ℃左右，复合气凝胶的光催化性能最佳。

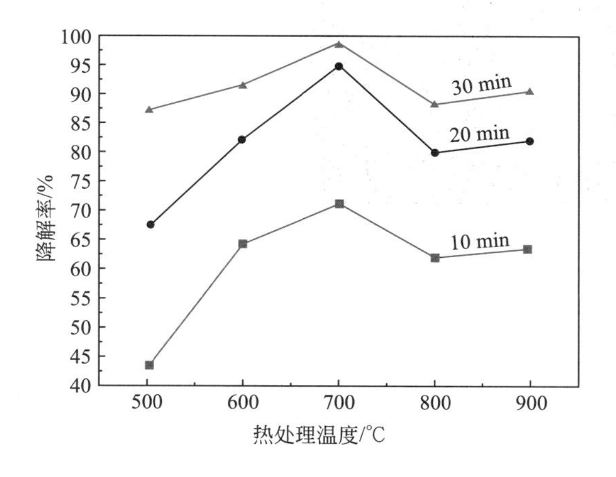

图 9-4　TiO_2/SiO_2 复合气凝胶对甲基橙溶液的光催化降解率

余煜玺等以 TEOS 和钛酸丁酯为前驱体，乙醇为溶剂，乙酸和氨水为催化剂，采用快速溶胶—凝胶过程和超临界干燥制备得到 SiO_2/TiO_2 气凝胶小球，比表面积为 914.5 m^2/g，其中 97.6%的 SiO_2/TiO_2 气凝胶为球形颗粒，83.5%的 SiO_2/TiO_2 气凝胶为高球形度（圆度值≤1.2）的小球。制备出的 SiO_2/TiO_2 气凝胶小球粒径为 1～8 mm，平均粒径约为 3.5 mm，其中 55.5%小球的粒径为 3.35～4.75 mm。SiO_2/TiO_2 气凝胶小球具有较好的热稳定性，TiO_2 粒子在 1 000 ℃下依旧保持着锐钛矿晶型。

庞颖聪以 $TiOSO_4$ 和硅溶胶为原料，加入甲酰胺作为干燥控制化学添加剂，采用溶胶—凝胶法制备 SiO_2/TiO_2 凝胶微球，通过 TEOS 母液浸泡、溶剂交换、老化和常压干燥技术制备 SiO_2/TiO_2 气凝胶微球。典型的气凝胶微球样品是由粒径 15 nm 左右，粒度分布均匀的球状纳米粒子构成的轻质纳米多孔材料，密度为 0.177 g/cm^3，比表面积 372 m^2/g，平均孔径 22.78 nm，孔隙率高达 92.0%，微球的宏观粒径为 50 μm。依据制备条件的变化，SiO_2/TiO_2 气凝胶微球的宏观粒径可控制在 10～200 μm 之间，表观密度为 0.150～0.300 g/cm^3，比表面积为 300～400 m^2/g，平均孔径为 18.71～22.78 nm。

István 等用溶胶—凝胶法以不同的 Ti 前驱体合成了 Ti 质量分数为 16%～29%的 TiO_2/SiO_2 复合气凝胶，并在 500 ℃下进行了煅烧。这些气凝胶具有高度的非晶态，Ti 在 SiO_2 结构中的结合表现为 Si—O—Ti 振动的特征红外跃迁。从紫外反射光谱估计不同气凝胶的特征能带在 3.6～3.9 eV 之间。随着孔径的减小，禁带能减小。当这种气凝胶悬浮在溶液中时，与简单的光解相比，这些高度非晶态的气凝胶也会加速水杨酸和亚甲基蓝的光降解。在光照和黑暗条件下进行了动力学实验，研究了基质对悬浮气凝胶的吸附。有机基质的快速原位吸附掩盖了悬浮气凝胶粒子对紫外线的吸收，从而降低了光催化速率（见图 9-5）。

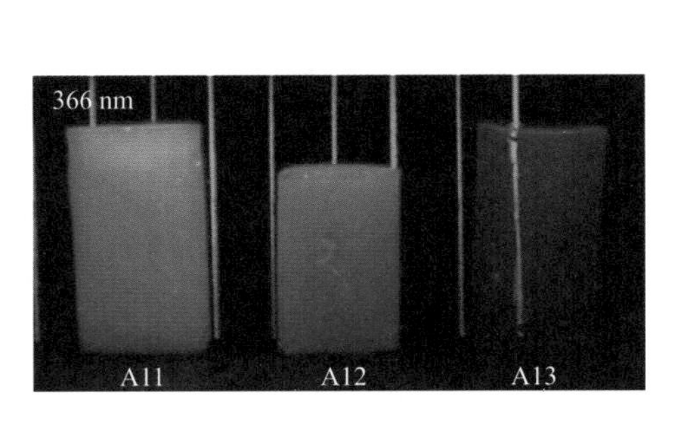

(a) 氧化钛-氧化硅气凝胶块体

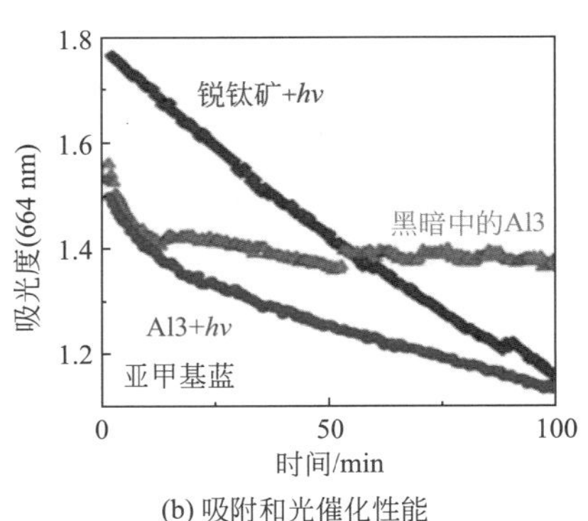

(b) 吸附和光催化性能

图 9-5　TiO_2/SiO_2 复合气凝胶的样品和光催化性能

9.3　ZrO_2/SiO_2 复合气凝胶

在催化领域中，ZrO_2 气凝胶是一种很重要的催化剂载体，其化学稳定性比传统载体如

γ-Al_2O_3、SiO_2高，在高温反应方面有着广泛的应用前景，而且它本身也具有氧化性和还原性，同时具备酸性中心和碱性中心等性质，可被应用于 CO、烯烃、二烯等不饱和化合物的催化加氢反应。但是，ZrO_2气凝胶高温稳定性较差，限制了其应用。

朱俊阳等为了改善纯 ZrO_2气凝胶的高温稳定性，以 TEOS 为硅源，以硝酸氧锆为锆源，滴加环氧丙烷，制备 ZrO_2/SiO_2复合气凝胶，研究锆硅比例和热处理温度对复合气凝胶结构和性能的影响，发现当锆硅比例为 1∶1 时，制备的复合气凝胶比表面积最大，为 551.7 m^2/g；1 000 ℃热处理后的比表面积为 239.3 m^2/g，1 200 ℃热处理后的比表面积为 89.5 m^2/g。与纯 ZrO_2气凝胶相比，制得的 ZrO_2/SiO_2复合气凝胶具有更好的热稳定性。李晓雷等以 $ZrOCl_2 \cdot 8H_2O$ 为锆源，以环氧丙烷为凝胶促进剂制备 ZrO_2凝胶，将 ZrO_2凝胶置于 TEOS 乙醇溶液中老化，结合高温超临界干燥工艺，制备了 SiO_2改性 ZrO_2气凝胶。在 TEOS 乙醇溶液老化 ZrO_2凝胶时，TEOS 与凝胶粒子表面的 Zr—OH 反应生成 Zr—O—Si 键交联在凝胶粒子表面，并进一步水解缩聚形成大量的 Si—O—Si 键，从而在 ZrO_2凝胶粒子表面形成了一层 SiO_2包裹层。SiO_2包裹层极大抑制了凝胶粒子的生长，基本保持了原有的微观形貌和介孔结构。SiO_2包裹层的存在使得 ZrO_2扩散成核长大变得困难，极大抑制了晶粒的生长，1 000 ℃热处理后晶粒尺寸仅 3～5 nm。邹文兵等以锆酸四丁酯为锆源，采用溶胶—凝胶法结合化学液相沉积，在凝胶老化过程中用部分水解的锆酸四丁酯和正硅酸四乙酯进行液相修饰，经过乙醇超临界干燥制备耐高温 ZrO_2/SiO_2块体复合气凝胶，具有极佳的高温热稳定性，1 000 ℃处理 2 h 后，晶粒尺寸仍为 8～10 nm，晶相为四方相，线收缩率仅为 12%，比表面积高达 186 m^2/g。该研究将极大地促进 ZrO_2气凝胶在高温保温隔热、高温催化剂或催化剂载体方面的应用。

多面体低聚倍半硅氧烷不仅可以在分子水平上作为有机无机杂化材料结合的平台，而且可作为构建三维网络结构的基石，同时，正丁醇锆(POSS)还可以增强气凝胶的网状结构和提高气凝胶的机械和表面性能。黄闯闯等以官能团化的多面体低聚倍半硅氧烷和正丁醇锆(POSS)为原料，以乙醇作为溶剂，通过溶胶—凝胶及 CO_2 超临界干燥成功制备了三种不同锆含量的 POSS/ZrO_2复合气凝胶。研究中发现这三种气凝胶都存在 Si—O—Si 键，都是无定型的，比表面积随着锆含量的增加而减少，其中最高的比表面积为 491 m^2/g，最低的为 273 m^2/g，并且都具有较宽的孔径分布。POSS/ZrO_2复合气凝胶具有较高的比表面积，且其锆的含量可调，将会在催化和吸附等方面具有较为广泛的应用。

9.4　Fe_3O_4/SiO_2复合气凝胶

Fe_3O_4/SiO_2复合气凝胶具有比表面积大、孔隙率高等特点，作为吸附剂能高效处理染料废水且吸附过程中不产生二次污染，具有磁性，容易分离，再生性能好等特性，是很有前途的环保型吸附材料。

魏巍等以 $FeCl_3 \cdot 6H_2O$ 和正硅酸四乙酯为原料，通过溶胶—凝胶法结合醇溶剂热法制备了 Fe_3O_4/SiO_2 复合气凝胶。该气凝胶是由直径为 10～20 nm 的近球形颗粒组装而成的具有三维网络结构的纳米材料，比表面积为 457.93 m^2/g，平均孔径为 10.7 nm。在溶液 pH 为 5、吸附时间为 35 min 的工艺条件下，采用 Fe_3O_4/SiO_2 吸附处理质量浓度为 10 mg/L 的刚果红溶液，刚果红去除率为 99.39%，此时溶液中刚果红的质量浓度仅为 0.052 mg/L。Fe_3O_4/SiO_2 复合气凝胶吸附刚果红后具有较好的解吸和再生能力。

甘礼华以正硅酸乙酯（TEOS）和硝酸铁为原料，采用溶胶—凝胶法和超临界干燥工艺制备了密度低、分散均匀的 Fe_2O_3/SiO_2 气凝胶，如图 9-6 所示。

图 9-6 Fe_3O_4/SiO_2 复合气凝胶的 SEM 图像

据报道，SiO_2 气凝胶负载的镍基催化剂具有价廉、工艺可控性强及活性高等优点，广泛应用于催化加氢反应。肖淑芳等以 TEOS 和硝酸镍为原料，HF 为催化剂，通过溶胶—凝胶法，经 CO_2 超临界流体干燥，快速制备了含镍的 SiO_2 气凝胶。HF 的加入大大加速了溶胶—凝胶反应速度。该气凝胶密度在 20～200 mg/cm^3 范围内连续可调，镍含量的浓度在 1%～30% 范围内可控。含镍 SiO_2 气凝胶具有纳米粒子和纳米量级孔的三维结构，由近 20 nm 大小的球形颗粒构成，比表面积在 480 m^2/g 以上，平均孔径约为 11 nm。Ni^{2+} 进入到 SiO_2 的网络结构中形成了一定数量的 Ni—O—Si 键；热处理后的样品中有多晶生成，主要为 NiO 晶体及 Ni_2SiO_4 晶体。赵永祥等以硝酸镍、醋酸镍和氯化镍作为镍源，TEOS 为硅源，采用溶胶—凝胶超临界流体干燥法制备了 NiO/SiO_2 气凝胶催化剂，探究了前驱体对 NiO/SiO_2 气凝胶催化剂性能的影响。三种原料制备的 NiO/SiO_2 催化剂都具有高比表面积和高分散的小粒径 NiO，由硝酸镍经溶胶—凝胶法制备的催化剂中 NiO 呈簇团结构，粒径最小；由氯化镍和醋酸镍制备的催化剂中 NiO 呈微晶态。前驱体种类影响活性组分和载体的相互作用，影响程度按大小顺序排列为硝酸镍＞醋酸镍＞氯化镍。不同前驱体制备的催化剂对顺酐加氢活性不同，以氯化镍为原料制备的催化剂活性最高。

9.5 ZrO_2/Al_2O_3 复合气凝胶

在 ZrO_2 的基础上掺杂 Al_2O_3，可以有效地抑制 ZrO_2 高温热处理过程中的晶体生长和晶相转变，减少介孔的坍塌、团簇增加等现象，降低其在乙醇超临界干燥和高温热处理过程中的收缩，提高耐高温性能，有助于 ZrO_2 气凝胶在保温隔热、催化等领域的应用。连娅等以锆酸四丁酯、仲丁醇铝为原料，采用丙酮-苯胺原位生成水法，结合乙醇超临界干燥技术制备

了 ZrO_2/Al_2O_3 复合气凝胶，如图 9-7 所示，比表面积为 558 m^2/g；1 000 ℃热处理后，比表面积仍高达 129 m^2/g，晶粒尺寸为 7～14 nm；晶相从无定型态变为四方相氧化锆。

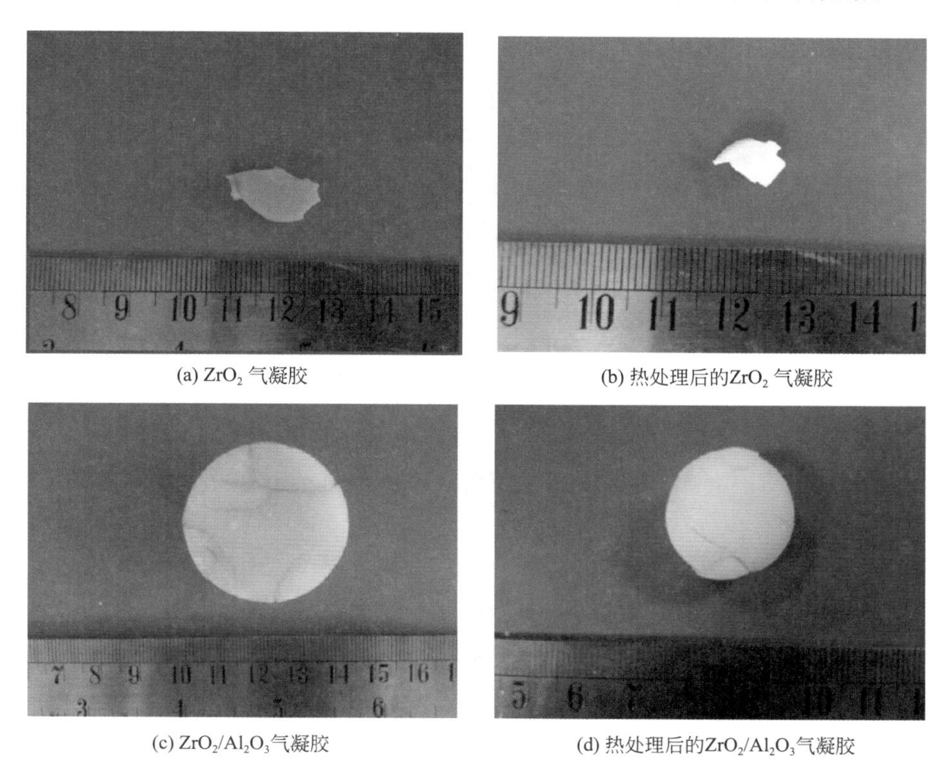

(a) ZrO_2 气凝胶　(b) 热处理后的 ZrO_2 气凝胶　(c) ZrO_2/Al_2O_3 气凝胶　(d) 热处理后的 ZrO_2/Al_2O_3 气凝胶

图 9-7　气凝胶样品 1 000 ℃热处理前后的照片

许峥等以 $Al(NO_3)_3$、$La(NO_3)_3$、$Ni(NO_3)_2$ 为原料，采用改进的溶胶—凝胶法和超临界干燥技术制备出超细三元 $NiO/La_2O_3/Al_2O_3$ 气凝胶催化剂，保留了 Al_2O_3 和 NiO/Al_2O_3 气凝胶的主要特征，氧化镧的加入使气凝胶更易晶化，热稳定性更好和吸附能力更强。这种改进的溶胶—凝胶法和超临界干燥技术操作简单有效，适合要求组分之间相互作用强、分布均匀、结构热稳定性好的多组元负载催化剂的制备。

9.6　金属掺杂气凝胶

9.6.1　Cu/SiO_2 复合气凝胶

陈一民等采用含铜硅酸乙酯的溶胶—凝胶法制备了高 Cu 含量的 Cu/SiO_2 纳米复合气凝胶。含铜硅酸乙酯作为溶胶—凝胶法的原料时，凝胶中的铜原子通过化学键连在凝胶网络上，在凝胶的溶剂交换和超临界干燥过程中，损失的仅是没有与凝胶网络连接的 Cu，Cu 的保留率高达约 90%，且 Cu/SiO_2 纳米复合气凝胶中 Cu 的质量分数可在小于 66%的范围内调节。这种制备 Cu/SiO_2 纳米复合气凝胶的方法也可应用于其他金属或金属氧化物/SiO_2 纳米复合气凝胶的制备，对制备各种金属/氧化物高效催化剂具有十分重要的意义。

1. 合成原理

通过控制原料中硝酸铜与硅酸乙酯的比例，可制备结构不同的含铜硅酸乙酯（见图 9-8）。当原料中 Cu 与 Si 的摩尔比≤0.5 时，生成的含铜硅酸乙酯主要为 $Cu[OSi(OEt)_3]_2$；当原料中摩尔比为 $0.5 < n_{Cu} : n_{Si} < 2$ 时，硅酸乙酯完全转化为含铜硅酸乙酯，且含铜硅酸乙酯中的 Si 原子可与多个铜氧桥相连，由于空间位阻的影响，铜离子先与硅酸乙酯生成 Si 原子与一个铜氧桥连接的含铜硅酸乙酯[见图 9-8(a)]，待硅酸乙酯完全转化为图 9-8(a)所示的结构后，再反应生成 Si 原子与两个铜氧桥连接的含铜硅酸乙酯[见图 9-8(b)]，且图 9-8(b)所示的结构能继续与 Cu 反应。如果原料摩尔之比 $n_{Cu} : n_{Si} \geqslant 2$ 时，则最终 Si 原子能与四个铜氧桥连接。

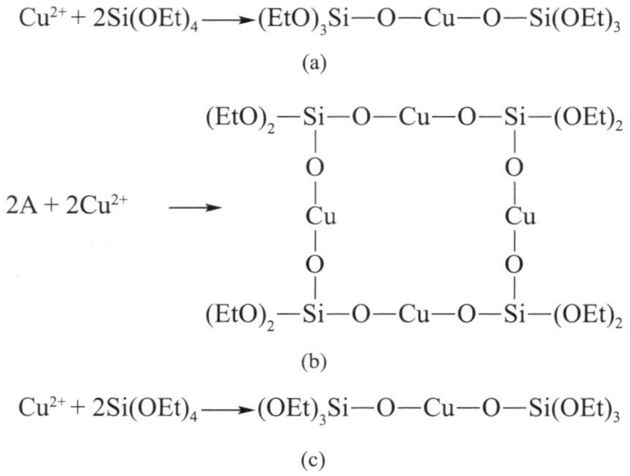

$$Cu^{2+} + 2Si(OEt)_4 \longrightarrow (EtO)_3Si—O—Cu—O—Si(OEt)_3$$

(a)

$$2A + 2Cu^{2+} \longrightarrow \begin{array}{ccccccccc} (EtO)_2—&Si&—O—Cu—O—&Si&—(OEt)_2 \\ &|&&|& \\ &O&&O& \\ &|&&|& \\ &Cu&&Cu& \\ &|&&|& \\ &O&&O& \\ &|&&|& \\ (EtO)_2—&Si&—O—Cu—O—&Si&—(OEt)_2 \end{array}$$

(b)

$$Cu^{2+} + 2Si(OEt)_4 \longrightarrow (OEt)_3Si—O—Cu—O—Si(OEt)_3$$

(c)

图 9-8　含铜硅酸乙酯合成原理

2. 制备及表征

分别以含铜硅酸乙酯和 TEOS 为铜原和硅原，以正丙醇为溶剂，盐酸为催化剂，在恒温 70 ℃条件下，采用溶胶—凝胶法和乙醇超临界干燥制备 Cu/SiO_2 纳米复合气凝胶。

Cu/SiO_2 纳米复合气凝胶的孔体积及所占比例随孔径大小而变化，如图 9-9 所示，纳米复合气凝胶中孔径的分布和粒子的粒径均在小于 50 nm 的范围内，说明在气凝胶的形成过程中，凝胶粒子间不是紧密堆积而成的，而是以能形成最大孔体积的方式连接而成，且大粒子之间没有相互连接，而是均匀分散在小粒子中。

Cu 由于具有良好的催化氧化和催化还原性能而被广泛地应用于化工、环保及燃料电池等领域。但是一般的铜基多孔材料密度较大，孔隙率低，不能在内外壳层之间形成较好的填充，而单一成分的氧化物气凝胶强度低，成型性差。Cu 掺杂 SiO_2 复合气凝胶可以在保持高比表面积的情况下实现铜的均匀掺杂，除了能保持铜的优良特性以外，还具有相对较好的成型性。高银等分别以TMOS、醋酸铜为硅源和铜源，通过溶胶—凝胶法及CO_2超临界干燥技术制备了一系列密度低于40 mg/cm^3，比表面积高于390 m^2/g的Cu掺杂SiO_2复合气凝胶。随着铜含量的增加，复合气凝胶比表面积降低，平均孔径增大，具有黏弹性，压缩模量随着铜含量的增加而提高，可逆形变范围缩小，呈三维网状结构，具有较好的成型性和力学性能。赵惠忠以硝酸铜、TEOS和硝酸铈为原料，利用溶胶—凝胶和超临界流体干燥技术制备了Cu、Si不同摩尔比的用于CO催化氧化的Cu/SiO_2系列气凝胶催化剂。试样中含有介孔结构，5 nm左右的Cu粒子均匀地分布在SiO_2的网络组织中，比表面积在140 m^2/g以上。此外，添加铈前后，试样的物相发生了从Cu^{2+}→Cu^+→Cu的转变，使试样的催化活性进一步提高。试样的催化氧化CO活性表明，组分中铜含量的不同及铜的不同物种直接影响试样的催化氧化CO的活性，当组分中的摩尔比n_{Cu}∶n_{Si}=2时，Cu/SiO_2试样上CO完全氧化的温度降为210℃；于400℃低温焙烧，可使有效活性组分全部转变成纳米晶CuO，进一步降低了CO完全转变成CO_2的温度；添加少量铈组分，使试样催化氧化CO的t_0，t_{50}及t_{90}温度提前20 ℃以上，Cu/SiO_2试样催化氧化CO动力学研究结果显示，试样降低CO氧化温度的实质是降低了CO氧化的反应活化能。

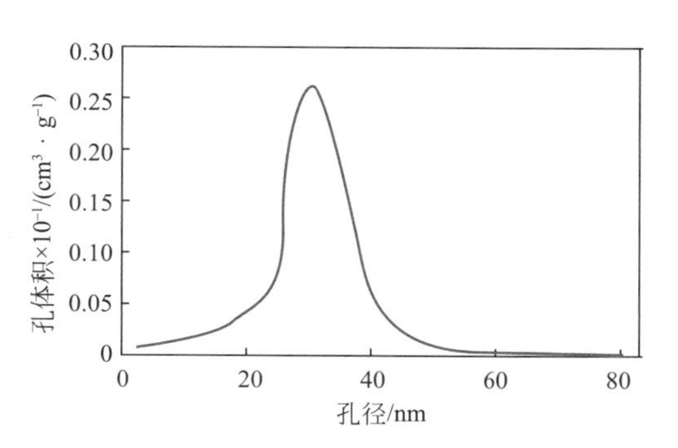

图9-9 Cu/SiO_2纳米复合气凝胶的孔隙随孔径分布曲线

9.6.2 金属Ag复合气凝胶

金属复合气凝胶是一种多孔、无序的纳米非晶固态材料，具有大的比表面积，金属以纳米粒子存在于凝胶骨架中，是一种新型的高性能催化剂。

聚酰亚胺(PI)作为一种有前途的光催化剂，其光吸收性能差，电荷转移效率低，比表面积小。采用溶胶—凝胶法和乙醇超临界干燥技术可制备PI/Ag气凝胶光催化剂。Ag元素在PI/Ag气凝胶中有两种形式，一种是以AgeC键的形式引入PI的酰亚胺环，另一种是掺杂Ag原子。前者能削弱平面氢键，提高电荷转移效率，后者能形成LSPR效应，促进光电子空穴分离，提高PI/Ag气凝胶光催化剂的光催化活性。PI/Ag-1气凝胶的平均产氢速率高达166.1 μmol/(h·g)，约为PI气凝胶的8倍。

Hadi采用绿色水热还原法制备了细菌纤维素(BC)/银纳米粒子水凝胶(AgNPs)(见图9-10)，在0.01 M和0.25 M的HCl溶液中，添加聚乙二醇(PEG)，原位合成了形貌可调的聚苯胺(PANI)。在0.01 M的HCl中添加PEG合成PANI，在1.5～5.2 μM的纳米复合气凝胶中形成了玫瑰状形貌，所有气凝胶的孔隙率和收缩率分别大于80%和小于10%。流变学结果表明，在整个频率范围内，所有样品的储能模量(G')均高于损耗模量(G'')，所有水凝胶样品的损耗因子 tan δ 值均小于 1。在 0.25 M 的 HCl 溶液中，BC/Ag 中 PANI 的合成使 G' 大幅度增加到近 1.5×10^4 Pa，比其他水凝胶高一个数量级。但 PANI 的合成条件对其抗菌活性没有影响。尽管纳米复合气凝胶对细胞的附着不利，但在整个培养过程中，细胞的增殖仍在稳步增加。

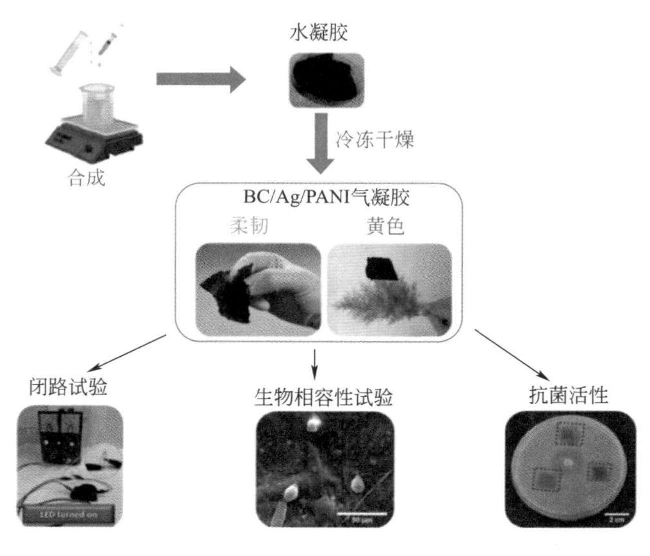

图 9-10　制备过程

张琳等使用漂白硫酸盐针叶木浆为原料，经高碘酸钠氧化后制备出二醛纤维素基材，负载纳米银颗粒，经高压均质法得到载银量为 24.78% 的纳米银/纳米二醛纤维素气凝胶。随着氧化时间的增加，纤维素的醛基含量持续上升，当反应 4 h 时醛基含量增至 330 μmol/g，纤维的聚合度由 1 447 大幅下降至 525，同时零距抗张强度和长度也呈现下降趋势。负载的纳米银颗粒为球形，气凝胶的比表面积为 35.40 m^2/g，平均孔径为 19.62 nm。

马丽蓉等以正硅酸四乙酯和 3-氨丙基三乙氧基硅烷为硅源，乙腈为溶剂，采用溶胶—凝胶法和常压干燥制备块状的 SiO_2 气凝胶，利用简单的浸渍法制备银负载 SiO_2 气凝胶。使用异氟尔酮二异氰酸酯对湿凝胶做了交联，氨丙基三乙氧基硅烷提供的氨基和异氰酸酯发生聚合反应可增强气凝胶骨架。银纳米粒子为纯 FCC 结构，平均粒径为 6.03～9.24 nm。将制备的 2 种催化剂（质量分数分别为 2% 和 5% 的 Ag）在过量硼氢化钠存在下催化对硝基苯酚还原为对氨基苯酚，制备的催化剂有良好的效果，还原时间少于 3 min。

参考文献

[1]　邢志祥，汪李金，张莹，等. Al_2O_3-SiO_2 气凝胶的常压制备和性能研究[J]. 功能材料，2019，50(7)：7085-7089.

[2]　李华鑫，陈俊勇，乐弦，等. Al_2O_3-SiO_2 复合气凝胶的制备与表征[J]. 材料导报，2019，33(18)：

3170- 3174.

[3] 杨刚，姜勇刚，冯坚，等. 螯合剂用量对 Al_2O_3-SiO_2 气凝胶复合材料性能的影响研究[J]. 高科技纤维与应用，2019，44(5)：36-40.

[4] 邢志祥，汪李金，钱辉，等. Al_2O_3-SiO_2 气凝胶隔热材料的研究进展[J]. 安全与环境工程，2018，25(3)：177-182.

[5] 朱召贤，王飞，姚鸿俊，等. 遮光剂掺杂 Al_2O_3-SiO_2 气凝胶/莫来石纤维毡复合材料的高温隔热性能研究[J]. 无机材料学报，2018，33(9)：969-975.

[6] 张晓康. 高分子络合剂辅助制备氧化铝气凝胶及复合材料[D]. 上海：上海应用技术大学，2018.

[7] 刘旭华，贾献峰，王际童，等. 碳纳米管增强 Al_2O_3-SiO_2 气凝胶制备及性能研究[J]. 化工新型材料，2017，45(05)：244-246.

[8] 吴晓栋，邵高峰，吴君，等. 无机铝盐法制备 SiO_2-Al_2O_3 复合气凝胶隔热材料[J]. 南京工业大学学报(自然科学版)，2016，38(2)：7-14.

[9] 王慧龙，齐慧萍，魏晓娜，等. 以工业粉煤灰为原料制备 TiO_2/SiO_2-Al_2O_3 气凝胶三元复合光催化剂及其催化性能(英文)[J]. 催化学报，2016，37(11)：2025-2033.

[10] 祖国庆，沈军，王文琴，等. 耐高温核/壳结构 TiO_2/SiO_2 复合气凝胶的制备及其光催化性能[J]. 物理化学学报，2015，31(2)：360-368.

[11] WU X, SHAO G, CUI S, et al. Synthesis of a novel Al_2O_3-SiO_2 composite aerogel with high specific surface area at elevated temperatures using inexpensive inorganic salt of aluminum[J]. Ceramics International, 2016, 42(1):874-882.

[12] 周乾，张梅，郭敏. Al_2O_3-SiO_2 复合气凝胶制备工艺研究进展[J]. 耐火材料，2017，51(4)：305-309.

[13] 巢雄宇，袁武华，石清云，等. SiO_2 掺杂 Al_2O_3 气凝胶改性研究[J]. 现代技术陶瓷，2017，38(2)：114-121.

[14] 何文，张旭东，韩丽. Al_2O_3/SiO_2 气凝胶纳米粉的制备与表征[J]. 中国陶瓷，2000，36(6)：4-6.

[15] 冯坚，高庆福，武纬，等. 硅含量对 Al_2O_3-SiO_2 气凝胶结构和性能的影响[J]. 无机化学学报，2009，25(10)：1758-1763.

[16] 张勇，陈一民，谢凯. 常压干燥制备 SiO_2 气凝胶的研究进展[J]. 材料导报，2004，18(f10)：135-136.

[17] 邢志祥，汪李金，钱辉，等. Al_2O_3-SiO_2 气凝胶隔热材料的研究进展[J]. 安全与环境工程，2018，25(03)：177-182.

[18] 王宝和，李群. 气凝胶制备的干燥技术[J]. 干燥技术与设备，2013(4)：18-26.

[19] 陈德平，侯柯屹，王立佳，等. 超级绝热型防火材料的研究进展及其在城市地下空间的应用展望[J]. 北京科技大学学报，2017，39(6)：811-822.

[20] 陈恒. Al_2O_3 和 Al_2O_3-SiO_2 气凝胶及其复合材料的制备和性能研究[D]. 济南：济南大学，2016.

[21] FUJISHIMA A, HONDA K. Electrochemical photolysis of water at a semiconductor electrode[J]. Nature, 1972, 238(5358):37-38.

[22] 平琳，张慧勤，刘玲. TiO_2/SiO_2 复合气凝胶的制备研究[J]. 中原工学院学报，2006，17(3)：11-13.

[23] 刘朝辉，苏勋家，侯根良. Si 含量对 TiO_2/SiO_2 复合气凝胶结构及光催化性能的影响[J]. 无机材料学报，2010，25(9)：911-915.

[24] 冷映丽，沈晓冬，崔升，等. 不同制备方法对 TiO_2/SiO_2 复合气凝胶结构的影响[J]. 化工新型材料，2008，36(8)：56-57.

[25] 程妍. 利用粉煤灰提铝酸渣制备 SiO_2 气凝胶及 TiO_2/SiO_2 复合光催化材料[D]. 长春：吉林大学，2017.

[26] 刘敬肖，冷小威，史非，等. 常压干燥制备 TiO_2-SiO_2 复合气凝胶的结构与性能[J]. 硅酸盐学报，2010，38(12)：2296-2302.

[27] 冷小威，刘敬肖，史非，等. TiO_2/SiO_2 复合气凝胶：常压干燥制备及性能表征[J]. 无机化学学报，2009，25(10)：1791-1796.

[28] 王玉栋，陈龙武，甘礼华，等. 块状 TiO_2/SiO_2 气凝胶的非超临界干燥法制备及其表征[J]. 高等学校化学学报，2004，25(2)：325-329.

[29] 伏宏彬，金灿，夏平，等. 钛硅复合气凝胶的制备工艺与光催化能力研究[J]. 无机盐工业，2009，41(11)：26-28.

[30] 李兴旺，赵海雷，吕鹏鹏，等. TiO_2-SiO_2 复合气凝胶的常压干燥制备及光催化降解含油污水活性[J]. 北京科技大学学报，2013，35(5)：651-658.

[31] 沈伟韧，贺飞，赵文宽，等. TiO_2 纳米粉体的制备及光催化活性[J]. 武汉大学学报(理学版)，1999(4)：389-392.

[32] 孙登科，杨兵兵. TiO_2 掺杂硅气凝胶的制备及性能研究[J]. 铸造技术，2015(6)：1525-1527.

[33] 张贺新，方双全. TiO_2/SiO_2 复合气凝胶的制备与传热特性[J]. 哈尔滨工程大学学报，2012，33(3)：389-393.

[34] 苏高辉，杨自春，孙丰瑞. 遮光剂对 SiO_2 气凝胶热辐射特性影响的理论研究[J]. 哈尔滨工程大学学报，2014(5)：642-648.

[35] 傅颖怡，丁新更，孟成，等. SiO_2/TiO_2 复合气凝胶的孔道结构研究[J]. 材料科学与工艺，2015(2)：1-7.

[36] ALNAIEF M，SMIRNOVA I. In situ production of spherical aerogel microparticles[J]. Journal of Supercritical Fluids，2011，55(3)：1118-1123.

[37] HONG S K，YOON M Y，HWANG H J . Fabrication of spherical silica aerogel granules from water glass by ambient pressure drying[J]. Journal of the American Ceramic Society，2011，94(10)：3198-3201.

[38] REIM M，REICHENAUER G，KÖRNER W，et al. Silica-aerogel granulate-structural，optical and thermal properties[J]. Journal of Non-Crystalline Solids，2004，350：0-363.

[39] 余煜玺，朱孟伟. 高球形度、高比表面积 SiO_2/TiO_2 气凝胶小球的制备和表征[J]. 材料工程，2017，45(2)：7-11.

[40] 庞颖聪，甘礼华，郝志显，等. TiO_2/SiO_2 气凝胶微球的制备及其表征[J]. 物理化学学报，2005，21(12)：1363-1367.

[41] 武志刚，赵永祥，刘滇生. 二氧化锆气凝胶制备和表征[J]. 功能材料，2004，35(3)：389-391.

[42] 朱俊阳，陈恒，刘瑞祥，等. ZrO_2-SiO_2 复合气凝胶的制备及其热稳定性研究[J]. 现代技术陶瓷，2016，37(1)：47-53.

[43] 李晓雷，王庆浦，季惠明，等. SiO_2 改性 ZrO_2 气凝胶高温稳定性[J]. 宇航材料工艺，2014，44(1)：65-68.

[44] 邹文兵，沈军，祖国庆，等. 耐高温 ZrO_2/SiO_2 复合气凝胶的制备及表征[J]. 南京工业大学学报

（自科版），2016，38(2)：42-46.

[45] DUAN Y，JANA S C，REINSEL A M，et al. Surface modification and reinforcement of silica aerogels using polyhedral oligomeric silsesquioxanes [J]. Langmuirthe ACS Journal of Surfaces & Colloids，2012，28(43)：15362-15371.

[46] 黄闯闯，魏志军，张林，等. 多面体低聚倍半硅氧烷-ZrO_2 复合气凝胶的制备与表征[J]. 强激光与粒子束，2013，25(8)：1975-1978.

[47] 魏巍，高金荣，韩合坤，等. Fe_3O_4@SiO_2 复合气凝胶的制备及其对刚果红的吸附[J]. 化工环保，2016，36(3)：278-282.

[48] 甘礼华，李光明，岳天仪，等. 超临界干燥法制备 Fe_2O_3-SiO_2 气凝胶[J]. 物理化学学报，1999，15(7)：588-592.

[49] BI Y T，REN H B，ZHANG L，et al. Synthesis of a Low-Density Copper Oxide Monolithic Aerogel Using Inorganic Salt Precursor[J]. Advanced Materials Research，2011，217-218：1165-1169.

[50] 高银，张林，李泽甫，等. 低密度 Cu 掺杂 SiO_2 复合气凝胶的制备及表征[J]. 强激光与粒子束，2014，26(1)：114-117.

[51] 赵惠忠，葛山，汪厚植，等. Cu/SiO_2 纳米气凝胶的组成及催化氧化 CO 性能研究[J]. 高等学校化学学报，2006，27(5)：914-919.

[52] 肖淑芳，周斌，杨小云，等. 快速制备含镍 SiO_2 气凝胶材料的研究与表征[J]. 功能材料，2008，39(6)：1020-1023.

[53] 赵永祥，武志刚. 前驱物对 NiO/SiO_2 气凝胶催化剂性能的影响[J]. 化学学报，2002，60(4)：596-599.

[54] 连娅，沈军，祖国庆，等. ZrO_2/Al_2O_3 复合气凝胶的制备与表征[J]. 硅酸盐学报，2015，43(11)：1656-1662.

[55] 许峥，张鎏. NiO-La_2O_3-Al_2O_3 气凝胶催化剂的制备[J]. 应用化学，2000，17(4)：366-370.

[56] ISTVÁN L Z，JÓZSEF K，ANCA P，et al. Photocatalytic performance of highly amorphous titania-silica aerogels with mesopores：The adverse effect of the in situ adsorption of some organic substrates during photodegradation[J]. Applied Surface Science，2015，356(30)：521-531.

[57] HADI H，ABBAS Z，VAHABODIN G，et al. Lightweight aerogels based on bacterial cellulose/silver nanoparticles/polyaniline with tuning morphology of polyaniline with application in soft tissue engineering[J]. Journal of Biological Macromolecules，2020，2：1-35.

[58] 马丽蓉，冯金，魏巍，等. 银负载硅基气凝胶催化剂及催化还原对硝基苯酚性能研究[J]. 无机盐工业，2019，51(2)：84-87.

[59] 张琳，李群，刘蓉蓉，等. 纳米银/纳米二醛纤维素气凝胶的制备及表征[J]. 中国造纸，2019，38(7)：36-41.

[60] LIU X W，SHI Y，WU Y N，et al. The investigation of high concentration organic alkalinous wastewater（HCOAW）from octanol production by biodegradation process[J]. Journal of Biotechnology，2008，136：S707-S707.

[61] 陈一民，谢凯，赵大方，等. SiO_2 气凝胶制备及疏水改性研究[J]. 宇航材料工艺，2006(01)：30-33.

第 10 章 有机复合气凝胶

10.1 聚合物增强 SiO_2 气凝胶

SiO_2 气凝胶独特的高孔隙三维网络结构导致其强度低、脆性大，在常压干燥中制备的 SiO_2 气凝胶往往成碎块状，整体性差。因此，纯 SiO_2 气凝胶的低强度、低韧性和无法制成较大块体是限制其规模化推广应用的最大瓶颈，增强其力学性能已成为当下研究的一个重点。SiO_2 气凝胶的内部骨架由直径为 5～10 nm 的 SiO_2 二次粒子团聚组成，而二次粒子则由小于 1 nm 的一次粒子构成。SiO_2 气凝胶力学性能较差的原因在于相邻二次粒子连接部位的面积较小，在外力作用下容易断裂。因此，提升二次粒子之间的连接面积能够提升 SiO_2 气凝胶的力学性能。

聚合物增强 SiO_2 气凝胶是通过共聚或嫁接的方法将带有活性基团的高聚物引入到气凝胶材料骨架或孔洞内，如图 10-1 所示。这种方法不仅可以引入新的活性中心，而且高聚物与 SiO_2 颗粒的有机交联可起到增强气凝胶骨架的作用。通过聚合反应在 SiO_2 纳米粒子表面包覆聚合物层，有利于提高修饰后的纳米颗粒与聚合物的相容性，提高二者的结合力，这是提高气凝胶机械强度的主要手段。高聚物交联强化 SiO_2 气凝胶能有效利用有机和无机材料各自的性能，使气凝胶功能多样化，机械强度也得到提高。

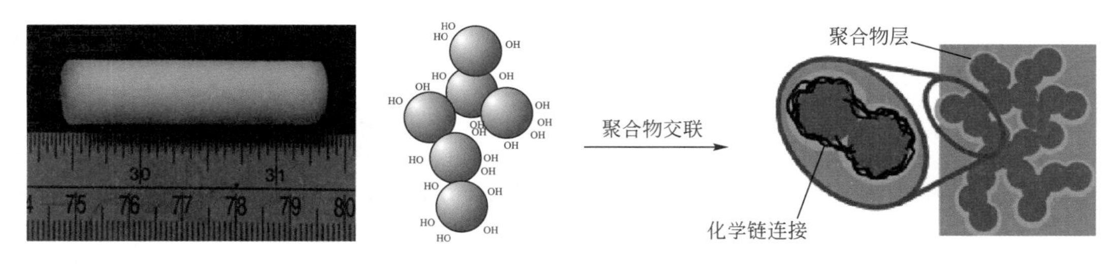

图 10-1 聚合物增强 SiO_2 气凝胶及其示意图

交联方法主要有液相交联和气相交联两种。液相交联是将制备的 SiO_2 湿凝胶浸泡在交联剂溶液中反应，经过洗涤和换液等过程，常压干燥或超临界干燥制备交联 SiO_2 气凝胶；气相交联是将 SiO_2 湿凝胶干燥得到 SiO_2 气凝胶，将 SiO_2 气凝胶放置在交联剂单体的气氛中，交联剂单体以气态形式扩散进入气凝胶内部并与 SiO_2 气凝胶表面活性基团反应，聚合物沉积在固体骨架表面，得到交联 SiO_2 气凝胶。美国的 LosAlamos 实验室采用气相沉积方法对

SiO_2气凝胶进行改性，改性过程仅需 24 h，制得的聚合物交联 SiO_2气凝胶密度是未改性前的 3 倍，强度增加了 32 倍。他们与 Tulsa 大学合作以 APTES 与 TMOS 为混合硅源制备出表面富含—NH_3的湿凝胶，将骨架表面的—OH 用六甲基二硅氮烷屏蔽掉，用气态甲基氰基丙烯酸改性，强度明显提高。液相交联方法工艺和设备简单，但过程中需要多次换液，制备周期长。气相交联法所需设备复杂，但可节省多次换液的过程。还有一种方法叫作“一步法”，即直接将硅源与交联剂单体混合，在一定条件下凝胶同时完成交联，但是很难控制交联剂不与硅源发生反应。“一步法”虽然可以省去多次换液的步骤，但对硅源、交联剂、催化剂、反应条件等要求极为苛刻。

10.1.1　聚氨酯/聚脲改性

以 TMOS、TEOS 为硅源制备的 SiO_2湿凝胶骨架表面有大量—OH 活性基团，交联剂单体与—OH 反应形成有机共形层达到改性的目的。一般利用异氰酸酯或其低聚物（如 N3200、N3300 等，结构式如图 10-2 所示）与—OH 反应。交联过程包括两种反应：一种是异氰酸酯和 SiO_2湿凝胶骨架上—OH 反应生成氨脂键，另一种是游离的异氰酸酯和水反应生成胺类，这些胺类和游离在溶液中的异氰酸酯反应，在颗粒之间或表面形成聚脲有机层。

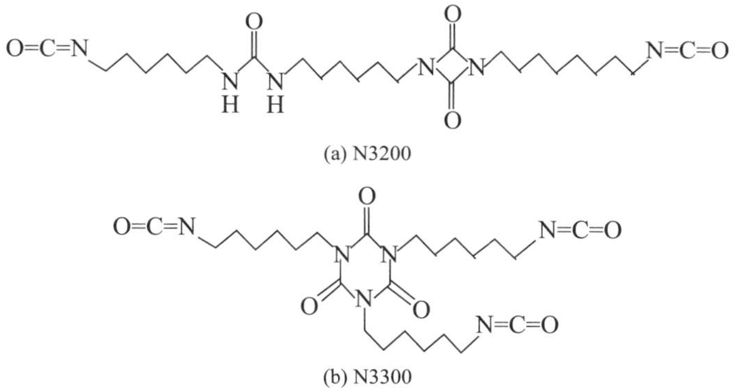

(a) N3200

(b) N3300

图 10-2　N3200 和 N3300 结构式

因为 SiO_2湿凝胶骨架表面的—OH 活性有限，所以可以用 APTES 和 TEOS 共同作为硅源，制备出的 SiO_2湿凝胶表面有大量的—NH_3活性基团，可与异氰酸酯交联，反应速率比与—OH 快。—NH_3与异氰酸酯反应得到的聚脲有机层之间以 UREA 共价键连接，强度比-OH 与异氰酸酯反应后产生的氨脂键要强。

美国密苏里大学罗拉分校的 Leventis 等采用聚六亚甲基二异氰酸酯对用 TMOS 制备的凝胶进行改性，通过 CO_2超临界干燥制备了聚氨酯改性气凝胶，体积密度增加到改性前的 3 倍，强度提高到原来的 100 倍左右。气凝胶柱体的照片如图 10-3 所示（密度直接标注在瓶子上），直径 0.9～1.0 cm，长度 3～4 cm，最左边的样品（$\rho=0.169\ g/cm^3$）是纯 SiO_2，每对瓶子的右侧瓶子中装有一个类似密度的气凝胶，沉浸在液氮中。

他们与美国国家航空航天局合作，采用 3 种异氰酸酯（N3200、N3300A 和 TDI）对用 TMOS 制备的凝胶进行了改性，CO_2超临界干燥所获得的聚氨酯改性气凝胶的体积密度增加到改性前的 3 倍，强度却可以提高 300 倍。

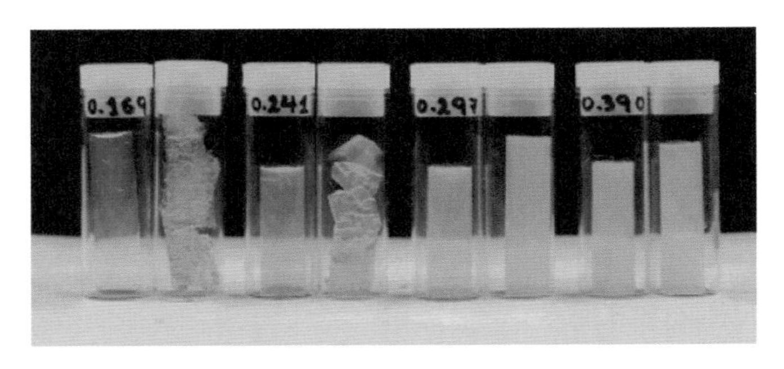

图 10-3　聚氨酯改性 SiO_2气凝胶

杨海龙等以 TEOS 和 APTES(3-氨丙基三乙氧基硅烷）共缩聚制备 SiO_2凝胶后，采用 N3200(1,6-环己烷二异氰酸酯低聚物）对其改性，经常压干燥制备了聚合物改性 SiO_2气凝胶。随气凝胶中聚合物含量的提高，气凝胶制备过程中的收缩逐渐降低，体积密度先降低后略有升高，同时，气凝胶的弹性模量也是先降低后略有升高，抗压强度逐渐降低，压缩实验中的开裂极限和破坏极限应变急剧增加，柔韧性大幅度提高。聚合物改性 SiO_2气凝胶中的孔隙直径较未改性气凝胶大很多，呈现疏松多孔的网络结构，孔隙率随聚合物含量的增加先降低后升高。密度为 0.434 g/cm^3的聚合物改性 SiO_2气凝胶的热导率为 0.052 W/(m·K)。

刘洪丽等以 TEOS 为硅源，APTES 为偶联剂，聚氨酯为增强相，经水解缩聚形成凝胶后，通过常压干燥工艺制备聚氨酯(PU)增强 SiO_2复合气凝胶。所得 PU/SiO_2气凝胶是一种具有三维网状结构的介孔材料，显微形貌如图 10-4 所示。聚氨酯中的端基 O=C=N 通过与 APTES 的—NH_2反应生成—NH—CO—NH—键，使聚氨酯与 SiO_2气凝胶骨架成功结合，拓宽了 SiO_2气凝胶粒子间的颈部区域，有助于保持气凝胶的结构，在高负荷和高应变压缩试验时耗散能量，压缩模量达到 4 MPa。因此，聚氨酯大大改善了气凝胶的力学性能。同时，聚氨酯的加入也改善了 PU/SiO_2气凝胶的疏水性，当加入 15%的聚氨酯时，接触角达到 77.73°。

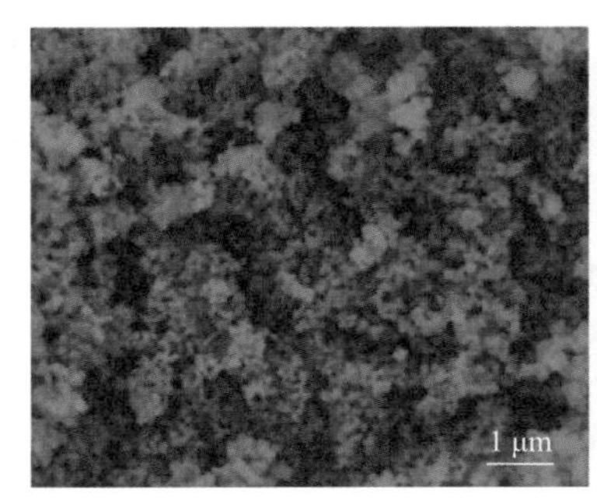

(a) 纯SiO_2

(b) PU/SiO_2气凝胶（低倍数照片）

(c) PU/SiO_2气凝胶（高倍数照片）

图 10-4　纯 SiO_2气凝胶和 PU/SiO_2气凝胶的 SEM 形貌

郭晓煜等通过异氰酸酯与-NH_3基交联对SiO_2气凝胶进行了聚合物改性，以TEOS和APTES为混合硅源，分别用N3200和N339作为交联剂，将SiO_2湿凝胶浸泡于交联溶液，常压干燥得到聚合物交联SiO_2气凝胶。该气凝胶没有开裂现象，具有纳米多孔结构，与未改性前相比密度下降30%并且抗压强度提高3倍。聚合物层与SiO_2骨架之间通过化学键连接，聚合物含量在55%左右。

虽然通过将纯SiO_2气凝胶与有机聚合物复合提高了强度，但由于有机物与凝胶体系浸润性差等问题，常在气凝胶表面形成聚合物的团簇，且密度较大。闫彭等采用有机无机复合的方式，制得异氰酸酯增强的SiO_2气凝胶。他将TMOS、MTMS、APTES配成混合硅源，经水解缩聚后形成凝胶，老化后浸泡在含六亚甲基二异氰酸酯单体（HDI）的乙腈溶液中，经CO_2超临界干燥，获得了具有良好机械性能的SiO_2气凝胶。制备过程中引入的MTMS增加了凝胶与有机物间的浸润性，与使用有机物低聚体相比，使用单体可使有机物更易进入凝胶网络，反应更充分，形成纳米尺度更均匀的复合气凝胶。所得气凝胶密度为0.33 g/cm^3，比表面积为446.3 m^2/g，热导率为0.068 W/(m·K)，具有良好的力学性能（压缩强度为19.96 MPa、压缩模量为82.37 MPa），从本质上克服了纯SiO_2气凝胶易碎的缺点，实现了气凝胶增强、增韧、便于机械加工的目的，拓宽了气凝胶的应用领域。

虽然气凝胶经聚合物改性后强度有大幅度的提高，但是柔韧性或弹性不足。美国国家航空航天局研究人员为了制备柔韧性较好的聚合物改性SiO_2气凝胶，通过调节凝胶制备时溶液体系中的硅源浓度、N3200溶液的浓度及交联温度，制备了一系列低密度的聚脲改性气凝胶。三点抗弯实验表明，改性气凝胶的强度最大可提高到改性前的40倍，并表现出较好的柔韧性。

通过调节气凝胶的密度可使聚合物改性SiO_2气凝胶的柔性有所改善，但改善程度有限。为此，美国俄亥俄州宇航研究所和美国国家航空航天局Glenn研究中心合作，将MTMS与二(3-三甲氧基甲硅烷基丙基)胺（BTMSPA）共水解和共缩聚制备凝胶后，再以N3300对其改性制备了柔性聚合物改性气凝胶，BTMSPA中的二正丙胺既赋予了凝胶固体骨架的柔韧性能，同时又可与聚合物单体作用生成聚脲而起到增强凝胶骨架的作用。压缩试验测得的弹性模量在0.001～158 MPa之间，经应变为25%的两次压缩实验后，几乎均可完全恢复到原长度。

目前常用的制备聚氨酯/聚脲SiO_2气凝胶的有机物为HDI、TPDI、N3200等脂类异氰酸酯，价格昂贵，限制了在保温隔热领域的广泛应用。采用廉价、年产量大的2,4-甲苯二异氰酸酯（TDI）和4,4′-二苯基甲烷二异氰酸酯（MDI）单体作为有机交联剂制备有机改性SiO_2气凝胶，能够进一步降低制备成本。李琳娜、张光磊等为进一步改善气凝胶的机械性能，采用APTES为硅烷偶联剂，TDI和MDI为有机物单体，通过溶胶—凝胶法常压干燥制备了有机增强复合SiO_2气凝胶（见图10-5）。有机物中的—NCO基团一部分遇水转化成—NH_2，剩余—NCO基团与凝胶表面的—OH和—NH_2分别结合生成氨酯键和稳定的脲基附着在SiO_2骨架周围。TEOS/APTES 的摩尔比为 1∶1 时，制备的复合气凝胶密度为 0.375 5 g/cm^3，孔隙率为 82.93%，孔径分布在 30nm 左右，抗压强度达到 13～15 MPa。

10.1.2 环氧树脂改性

与二异氰酸酯类似，拥有多官能团的环氧也可以与凝胶骨架表面的氨基作用形成聚合物。

Meador 等采用穿插交联的方法在 SiO_2 气凝胶中加入环氧树脂以增强凝胶网络骨架，在密度只增加 2～3 倍的情况下，凝胶强度提高超过两个数量级。与聚氨酯/聚脲改性气凝胶相比，经过环氧树脂改性获得的气凝胶在整个力学测试过程中一直处于弹性状态，这说明环氧树脂改性气凝胶较聚氨酯/聚脲改性气凝胶的弹性好，孔隙率也较后两者高。Meador 以 TEOS 和 APTES 为硅源制备凝胶后，以间苯二酚二缩水甘油醚（RGE 或 BPGE）的 EtOH 溶液对其进行改性，制备出了环氧树脂改性 SiO_2 气凝胶。通过在凝胶制备中引入 1,6-双三甲氧基硅基己烷（BTMSH），提高了气凝胶的柔韧性，样品经 50% 的压缩应变后几乎可完全恢复原状。

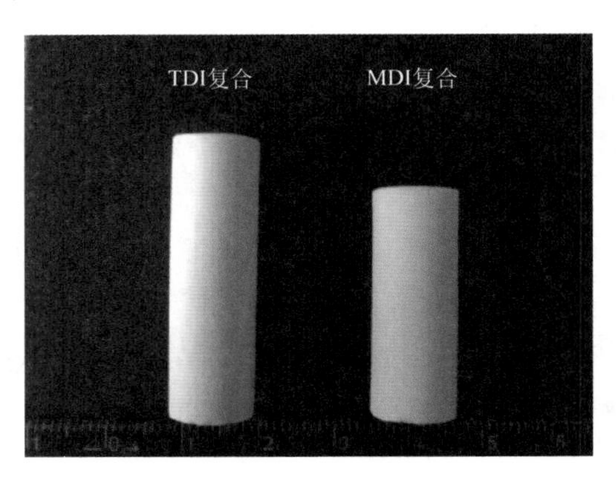

图 10-5　TDI 和 MDI 复合 SiO_2 气凝胶图片

高淑雅等以 TEOS 为硅源，环氧树脂为增强相，采用溶胶—凝胶法常压制备了环氧树脂增强 SiO_2 气凝胶复合材料，随着环氧树脂掺入量的增加，SiO_2 气凝胶复合材料的密度明显增大。这主要是由于环氧树脂在复合材料中起黏结凝胶颗粒和支撑气凝胶网络骨架的作用，环氧树脂掺入量增加，硅溶胶和树脂的接触几率就会增大，导致其交联程度增强，形成的网络骨架也较密实，孔隙率减小，相应地增加了 SiO_2 气凝胶复合材料的密度。因此在 SiO_2 气凝胶网络中添加韧性材料环氧树脂，能改善 SiO_2 气凝胶材料的脆性，使网络结构均匀，孔径分布比较集中，可消除一部分内应力，不易产生裂纹，达到增强的目的。

Shajesh 等将 TEOS 和 3-缩水甘油醚氧基丙基三甲氧基硅烷（GPTMS）共水解和共缩聚后，采用二亚乙基三胺为催化剂，使凝胶表面的环氧开环聚合，实现了对凝胶骨架的改性，并且改性凝胶的干燥可在常压条件下进行。

10.1.3 其他改性方法

Ilhan 等以 TMOS 和 APTES 为硅源，通过 4-氯甲基苯乙烯在凝胶骨架表面嫁接上乙烯基，以苯乙烯（或 2,3,4,5,6-五氟苯乙烯或 4-氯甲基苯乙烯）为改性剂在偶氮二异丁腈（AIBN）的引发下聚合，达到对凝胶骨架的增强作用。制备的改性气凝胶密度为 0.41～0.77 g/cm^3，热导率为 0.041 W/(m·K)，与水的接触角大于 120°。

Boday 等通过 TMOS 和引发剂共水解和共缩聚，在 CuBr、$CuBr_2$ 和 4,4′-二壬基-2,2′-

联吡啶组成的催化体系作用下，以甲基丙烯酸甲酯（MMA）为改性剂，实现了表面引发原子转移自由基聚合，得到改性气凝胶。

10.2　壳聚糖复合气凝胶

甲壳素（chitin）是地球上除了纤维素外的第二大生物质有机资源，年生物合成量大约为 100 亿 t，来源十分丰富。壳聚糖（chitosan，CTS）是由蟹、虾外壳中的甲壳素在碱性条件下水解并脱去部分乙酰基后生成的衍生物，化学名称为 β-（1→4）-2-氨基-2-脱氧-D-葡萄糖。相对于甲壳素来说，CTS 的去乙酰化程度一般超过 60%，且可以溶解于乙酸、甲酸等有机稀酸中。作为自然界唯一的碱性多糖，CTS 无毒，具有良好的生物相容性和生物活性，可生物降解，被广泛用于生物、化学及医药等领域。

10.2.1　壳聚糖/纤维素复合气凝胶

由于壳聚糖结构中—NH_2的存在，几乎可以与所有的过渡金属离子相结合，在重金属离子吸附方面的应用研究尤为广泛。但是壳聚糖遇酸溶解，机械强度较差，限制了其应用范围。将纤维素与壳聚糖复合制备壳聚糖-纤维素复合气凝胶不仅保留了壳聚糖的吸附性能，还赋予了材料一定的强度。

彭慧丽等以 NaOH/Urea/H_2O 为溶剂，通过溶胶—凝胶和冷冻干燥制备壳聚糖/纤维素复合气凝胶，并研究其对 Cu^{2+} 的吸附性能。制备的复合气凝胶具有多孔片层结构，如图 10-6 所示，原料纤维素和壳聚糖在气凝胶制备过程中的相容性很好，具有较好的分子可混性。pH 对 Cu^{2+} 的吸附影响较大，当 pH＝4.0 时吸附效果最好。壳聚糖/纤维素复合气凝胶对 Cu^{2+} 最大吸附量为 172 mg/g，远高于其他气凝胶和壳聚糖/纤维素复合物。吸附过程符合 Langmuir 等温吸附模型和准二级动力学方程，为单分子层化学吸附。

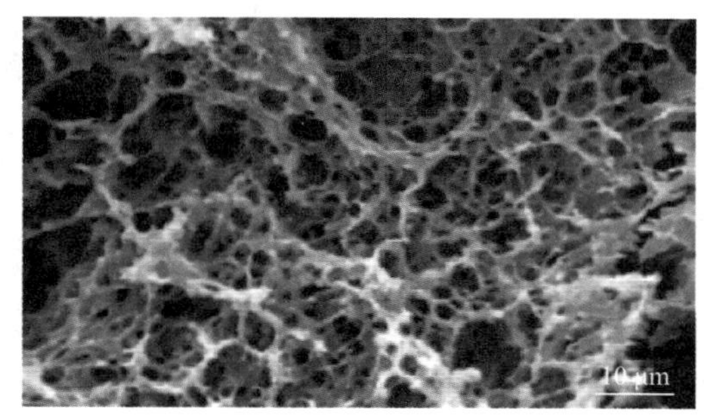

(a) 纤维素气凝胶

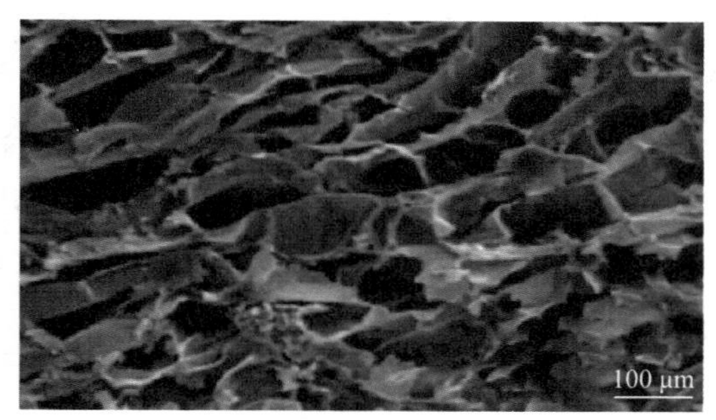

(b) 壳聚糖/纤维素复合气凝胶

图 10-6　纤维素气凝胶和壳聚糖/纤维素复合气凝胶的 SEM 图像

刘志明等采用液滴悬浮凝胶法制备壳聚糖/纤维素气凝胶球。考虑到共混的壳聚糖颗粒在强碱性纤维素溶液中不能溶解，不利于壳聚糖分子的分散，因此采用酸处理过程，使壳聚糖在纤维素凝胶网络中再次进行溶解—凝胶。该气凝胶球具有均匀的球形形态，未经酸处理和经过酸处理的壳聚糖/纤维素复合气凝胶的平均粒径分别为(2.79±0.05) mm和(3.34±0.05) mm。经过酸处理后的样品内部纤维素分子和壳聚糖分子通过氢键聚集缠绕在一起，整个过程是物理凝胶过程，没有化学交联反应的发生，同时其内部形成了更为密集的气凝胶网状结构，产生了更为丰富的孔隙结构。经过酸处理的壳聚糖/纤维素复合气凝胶比表面积和介孔体积分别 1 350.7 m^2/g 和 4.511 cm^3/g，更有利于对气态甲醛分子的捕捉和吸附。在 1.18×10^{-4} 的甲醛气氛中，经过酸处理的壳聚糖/纤维素复合气凝胶吸附 1 h 的甲醛吸附量达 1.99 mmol/g，去除率为 75.4%，远远大于相同用量的椰壳活性炭吸附剂(甲醛吸附量 0.39 mmol/g)，并且在该壳聚糖气凝胶中甲醛分子与壳聚糖中的伯胺基形成了甲亚胺和席夫碱的化学结合，保证了该吸附作用的稳定性和选择性。

10.2.2 CTS/SiO_2复合气凝胶

以廉价易得的生物多糖高分子材料—CTS 为有机相，通过共溶胶—凝胶法与无机相的SiO_2粒子进行纳米级的复合，可得到 CTS/SiO_2复合气凝胶，它既保留了硅气凝胶的轻质结构和介孔特性，又含有壳聚糖所具有的烷基、羟基、氨基、酰胺基等活泼有机基团，且改性后的氨基含量能进一步提高，具有潜在的应用性。

Pirjo 等用烧结的 SiO_2 干凝胶作为载体，在药物溶液中浸泡 4 天以担载药物枸橼托瑞米酚，进行体外和体内动物实验，证明了 SiO_2 干凝胶既具有缓释效应又具有生物可降解性，可作为医药载体。多孔的 CTS/SiO_2凝胶能够成功用于葡萄糖氧化酶的固定；而利用溶胶—凝胶法和超临界干燥工艺制备的 CTS/SiO_2复合气凝胶具有较小的细胞毒性和较好的生物相容性，有望用于药物载体和废水处理等领域。刘敬肖等采用常压干燥法制备了 SiO_2气凝胶，所得气凝胶为介孔结构，比表面积 618.8 m^2/g，孔径分布为 5～20 nm。以常压干燥制备的SiO_2气凝胶为原料，通过静电吸附法制备了载有硫酸庆大霉素的 CTS/SiO_2气凝胶复合材料，呈现出与 SiO_2气凝胶相似的多孔网络结构，但孔径和粒径均有明显的增大。与传统干燥法制得的 SiO_2干凝胶相比，由 450℃处理的 SiO_2气凝胶制备的复合材料具有较好的载药性能和药物缓释性能，特别是对药物的缓释作用突出。

丁当仁等以溶胶—凝胶法制得 CTS/SiO_2复合湿凝胶，通过将湿凝胶浸泡在环氧氯丙烷乙醇溶液中，经清洗、常压干燥获得氨基改性的壳 CTS/SiO_2复合气凝胶。氨基改性后的复合 SiO_2气凝胶对 Cu^{2+}、Cd^{2+}、Pb^{2+}离子的吸附效果明显增强，对 Pb^{2+}离子的饱和吸附量由改性前的 10.3 mg/g 提高到 42.5 mg/g。

王俊婷等采用溶胶—凝胶法在常温常压条件下，经氨基化和酸处理过程分别制得低分子 CTS/SiO_2气凝胶(黏均分子量 3 kDa)、高分子 CTS/SiO_2气凝胶(黏均分子量 200 kDa)、O-CMCS(羧甲基壳聚糖)/SiO_2气凝胶，制备出的三种复合气凝胶均具有均匀的多孔形态，

SiO_2和壳聚糖及其衍生物通过共价键和氢键的方式相互聚集缠绕形成胶束，如图10-7所示。同时O-CMCS/SiO_2气凝胶因为支链的加长形成了孔径更大、更密集的气凝胶结构，它的比表面积和介孔体积分别为623.459 m^2/g和1.507 cm^3/g均大于低分子CTS/SiO_2气凝胶和高分子CTS/SiO_2气凝胶。在甲醛气氛中，O-CMCS/SiO_2气凝胶对甲醛的吸附量最高可达0.389 mg/g，去除率为95.45%，稍高于相同用量的活性炭吸附剂的吸附量（甲醛吸附量0.296 mg/g，去除率为94.29%），在该气凝胶中甲醛分子与O-CMCS中的伯胺发生席夫碱反应形成了甲亚胺，保证了该吸附剂对甲醛吸附的稳定性和特异性，克服了活性炭等只发生物理吸附和材料易解吸的缺点。

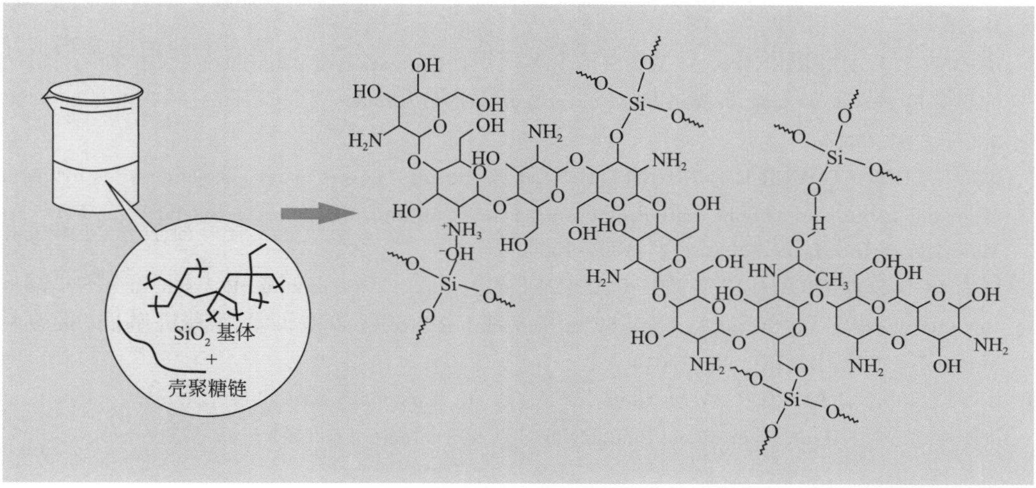

图10-7 溶胶中壳聚糖分子与SiO_2胶束结合的四种形式

10.2.3 其他类型壳聚糖复合气凝胶

在制备壳聚糖基气凝胶过程中，由于在壳聚糖分子间存在强的氢键，导致凝胶在超临界干燥过程中严重的变形和收缩。为了避免干燥过程对壳聚糖骨架的破坏，常新红等采用Al_2O_3作为支撑，以壳聚糖和无机铝盐$AlCl_3 \cdot 6H_2O$为混合原料，通过溶胶—凝胶法、CO_2超临界干燥及冷冻干燥方法制备了新型的壳聚糖/氧化铝复合气凝胶。壳聚糖的含量影响复合气凝胶的比表面积及孔体积等性质，随着壳聚糖含量的增加，混合气凝胶的比表面积逐渐减小。不同的干燥方法对复合气凝胶的比表面积等性质也有明显的影响。

石墨烯气凝胶继承了气凝胶和石墨烯的优点，如高比表面积、高机械强度、良好的导电导热性以及高孔隙率等。在使用溶胶—凝胶法制备石墨烯气凝胶的过程中，为了控制氧化石墨烯的团聚，通常选用石油合成的聚合物作为黏结剂，这种方法成本高、污染环境。韩俊儒等使用自然界易得的、绿色环保的壳聚糖作为黏结剂来控制氧化石墨的团聚，从而制备了壳聚糖/氧化石墨烯气凝胶。随着壳聚糖比例的增加，样品的比表面积、微孔体积、微孔率呈增加趋势，介孔体积先增加后减少，平均孔径不断减少，当氧化石墨烯与壳聚糖的比值为1∶10时，比表面积达到最大值195 m^2/g，微孔体积达到最大值0.06 cm^3/g。

参考文献

[1] 刘盼盼，贾振新，吕军军，等. 有机-无机复合气凝胶研究进展[J]. 化学通报，2019，82(10)：867-877.

[2] 杨海龙，孔祥明，曹恩祥，等. 聚合物改性 SiO_2 气凝胶的常压干燥制备及表征[J]. 复合材料学报，2012，29(02)：1-9.

[3] 杨海龙，曹恩祥，吴纯超，等. 聚合物改性 SiO_2 气凝胶的研究进展[J]. 材料导报，2011，25(21)：13-18，28.

[4] BODAY D J，DEFRIEND K A，WILSON K V，et al. Formation of polycyanoacrylate silica nanocomposites by chemical vapor deposition of cyanoacrylates on aerogels[J]. Chemistry of Materials，2008，20(9)：2845-2847.

[5] BODAY D J，STOVER R J，MURIITHI B，et al. Strong，Low-density nanocomposites by chemical vapor deposition and polymerization of cyanoacrylates on aminated silica aerogels[J]. ACS Applied Materials & Interfaces，2009，1(7)：1364-1369.

[6] MULIK S，SOTIRIOU-LEVENTIS C，CHURU G，et al. Cross-linking 3D assemblies of nanoparticles into mechanically strong aerogels by surface-initiated free-radical polymerization[J]. Chemistry of Materials，2008，20(15)：5035-5046.

[7] LEVENTIS N，PALCZER A，MCCORKLE L，et al. Nanoengineered silica-polymer composite aerogels with no need for supercritical fluid drying[J]. Journal of Sol Gel Science & Technology，2005，35(2)：99-105.

[8] 刘洪丽，褚鹏，李洪彦，等. 聚氨酯增强二氧化硅气凝胶常压干燥制备及其性能[J]. 人工晶体学报，2015，44(12)：3532-3536.

[9] 郭晓煜. 纤维复合交联气凝胶的制备与表征[D]. 石家庄：石家庄铁道大学，2015.

[10] 闫彭，杜艾，许维维，等. 异氰酸酯增强二氧化硅气凝胶的力学性能[C]//全国核靶技术学术交流会会议，2013.

[11] CAPADONA L A，MEADOR M A B，ALUNNI A，et al. Flexible，low-density polymer-crosslinkedsilicaerogels[J]. Polymer，2006，47(16)：5754-5761.

[12] MEADOR M A B，CAPADONA L A，MCCORKLE L，et al. Structure property relationships in porous 3D nanostructures as a function of preparation conditions：isocyanate cross-linked silica aerogels[J]. Chemistry of Materials，2007，19(9)：2247-2260.

[13] 李琳娜. TDI/MDI 增强 SiO_2 复合气凝胶的制备与性能研究[D]. 石家庄：石家庄铁道大学，2017.

[14] MEADOR M A B，WEBER A S，HINDI A，et al. Structure property relationships in porous 3D nanostructures：Epoxy-cross-linked silica aerogels produced using ethanol as the solvent[J]. ACS Applied Materials & Interfaces，2009，1(4)：894-906.

[15] 高淑雅，孔祥朝，吕磊，等. 环氧树脂增强 SiO_2 气凝胶复合材料的制备[J]. 陕西科技大学学报，2012，30(1)：1-3.

[16] SHAJESH P，SMITHA S，ARAVIND P R，et al. Synthesis，structure and properties of cross-linked $R(SiO_{1.5})/SiO_2$ (R＝3-glycidoxypropyl) porous organic inorganic hybrid networks dried at

ambient pressure[J]. Journal of Colloid & Interface Science, 2009,336(2):691-697.

[17] ILHAN F, FABRIZIO E F, MCCORKLE L, et al. Hydrophobic monolithic aerogels by nanocasting polystyreneonamine-modifiedsilica[J]. Journal of Materials Chemistry, 2006, 16(29): 3046-3054.

[18] DYLAN J B, PEI Y K, BEATRICE M, et al. Mechanically reinforced silica aerogel nanocomposites via surface initiated atom transfer radical polymerizations[J]. Journal of Materials Chemistry, 2010, 20(33):6863-6865.

[19] 胡惠媛，朱虹. 壳聚糖及其衍生物对重金属离子的吸附[J]. 化学进展，2012，24(11)：2212-2223.

[20] 彭慧丽，王义西，吴建宁，等. 纤维素/壳聚糖复合气凝胶的制备及其对 Cu(Ⅱ)吸附的研究[J]. 石河子大学学报(自然科学版)，2016，34(4)：479-485.

[21] 刘志明，吴鹏. 壳聚糖/纤维素气凝胶球的制备及其甲醛吸附性能[J]. 林产化学与工业，2017，37(1)：27-35.

[22] PIRJO K, MANJA A, STEFAN K, et al. Sol-gel-processed sintered silica xerogel as a carrier in controlled drug delivery[J]. Journal of Biomedical Materials Research Part B Applied Biomaterials, 1999, 44(2):162-167.

[23] 刘敬肖，曾淼，史非，等. SiO_2 气凝胶/壳聚糖复合药物载体材料的制备和表征[J]. 功能材料，2007，38(9)：1527-1530.

[24] 丁当仁，魏巍，周琪，等. 氨基改性壳聚糖复合二氧化硅气凝胶的制备及其对 Cu(Ⅱ)、Cd(Ⅱ)、Pb(Ⅱ)离子的吸附性能研究[J]. 硅酸盐通报，2015，34(7)：1953-1958.

[25] 王俊婷，钟志梅. 氨基化壳聚糖/二氧化硅气凝胶对甲醛的吸附研究[J]. 化工管理，2018(16)：40-44.

[26] AYERS M R, HUNT A J. Synthesis and properties of chitosan-silica hybrid aerogels[J]. Journal of Non-Crystalline Solids, 2001, 285(1-3): 123-127.

[27] 常新红. 壳聚糖/氧化铝复合气凝胶的制备和表征[J]. 洛阳师范学院学报，2012，31(11)：45-48.

[28] YANG X, LI Y, DU Q, et al. Highly effective removal of basic fuchsin from aqueous solutions by anion icpoly acrylamide/grapheme oxide aerogels[J]. Journal of Colloid & Interface Science, 2015, 453: 107-114.

[29] 韩俊儒，郑鑫垚，曹永慧，等. 溶胶凝胶法制备壳聚糖/氧化石墨烯气凝胶及性能表征[J]. 广州化工，2016，44(14)：71-72.

[30] 王宝氏，韩瑜，宋凯. SiO_2 气凝胶增强增韧方法研究进展[J]. 材料导报，2011，25(23)：55-58.

第11章 纤维复合气凝胶

纤维增强 SiO_2气凝胶是指采用具有一定强度的纤维通过化学或机械混合的方法复合到气凝胶中起支撑骨架和桥联作用，最终得到性能优异、具有一定机械强度的 SiO_2气凝胶复合材料。增强纤维的加入不但能使 SiO_2气凝胶具有强韧度高的骨架结构，还能抑制 SiO_2胶体颗粒的聚积和生长，使凝胶内部结构更均匀。随着纤维用量的增加，气凝胶复合材料密度增大，弹性模量和机械强度也大幅提高，但纤维添加量过多时，气凝胶复合材料的热导率明显上升，隔热性能降低。目前，用于增强 SiO_2气凝胶的纤维有陶瓷纤维、玻璃纤维、石英纤维、碳纳米管、石棉等。

典型的纤维增强 SiO_2气凝胶复合材料制备工艺有两种：一种是采用溶胶—凝胶法制备 SiO_2溶胶，将 SiO_2溶胶浇入纤维预成型件中，经过老化、干燥得到纤维增强 SiO_2气凝胶复合材料。另一种是采用溶胶—凝胶法直接制备 SiO_2气凝胶，最后将 SiO_2气凝胶颗粒或粉末与增强纤维以混合模压和夹层等形式复合，得到纤维增强 SiO_2气凝胶复合材料。第一种方法所得复合材料中纤维分布均匀，力学性能改善明显，但是制备周期长，超临界干燥对工艺设备水平要求高，不利于其工业化。第二种方法制备的复合材料由于大量引入了黏接剂等，材料的隔热性能较纯气凝胶材料下降明显。

11.1 纤维增强 SiO_2气凝胶

无机陶瓷纤维（主要成分为 SiO_2、Al_2O_3）具有良好的力学性能和优异的抗红外热辐射效果，采用其增强改性 SiO_2气凝胶，不仅可以改善力学性能，还可以改善高温隔热性能。

11.1.1 陶瓷纤维增强 SiO_2气凝胶

Deng 等以 TEOS 为硅源，以质量分数为 30%的 TiO_2粉末和质量分数为 10%的硅酸铝纤维作为增强体，通过超临界干燥制备出 SiO_2气凝胶隔热复合材料。该复合材料的密度为 0.185 g/cm^3，抗压强度为 0.128 MPa，常温热导率为 0.018 W/(m·K)，800 K 热导率为 0.046 W/(m·K)，此复合材料中的硅酸铝纤维主要用于增强复合材料的力学性能。Zhang 等以 E-40 为硅源，以质量分数为 10%的硅酸铝纤维作为增强体，通过常压干燥制备出 SiO_2气凝胶隔热复合材料。该复合材料的抗压强度由纯 SiO_2气凝胶的 0.016 MPa 提高到 0.096 MPa，常温热导率增加至 0.029 W/(m·K)。

米春虎等将硅酸乙酯与乙醇充分混合后，注入盐酸、水和乙醇的混合溶液进行水解。一段时间后，在溶液中注入氨水、水和乙醇的混合液，使其充分缩聚，获得 SiO_2 溶胶。在真空环境下，将制取的 SiO_2 溶胶灌注到预制陶瓷纤维中，老化一段时间后，以乙醇为介质进行超临界干燥获得了陶瓷纤维增强 SiO_2 气凝胶复合材料。该复合材料性能表现出方向性，弹性模量和强度极限在铺层面内方向与厚度方向的数值最大相差约 28 倍；在室温条件下，复合材料的拉伸和压缩弹性模量不同，x、y 和 z 方向拉伸模量与对应的压缩模量之比分别为 1.60、1.83 和 0.56；高温下复合材料沿厚度方向收缩，收缩量随温度升高而增大，900 ℃下的最大收缩量可达 10.8%；高温下复合材料铺层面内方向压缩性能随温度升高而增强。高庆福等将一定体积分数的陶瓷纤维（主要成分为 SiO_2、Al_2O_3，纤维长度为 30～40 mm）与 SiO_2 溶胶充分混合，得到纤维复合 SiO_2 溶胶混合体，待其凝胶后老化一段时间，以使凝胶缩聚反应继续进行，网络结构更加完整；再以乙醇为干燥介质，经超临界干燥制得纤维增强 SiO_2 气凝胶隔热复合材料。纤维与 SiO_2 气凝胶复合后，纤维与纤维之间大部分空隙被气凝胶所填充，纤维表面被气凝胶所包裹，形成一个较好的整体（见图 11-1），纤维发挥了作为增强体的作用，材料的力学性能明显高于单纯气凝胶。力学性能随纤维体积分数增大先增后减，气凝胶密度越大，复合材料的力学性能越好。

(a) 微观形貌

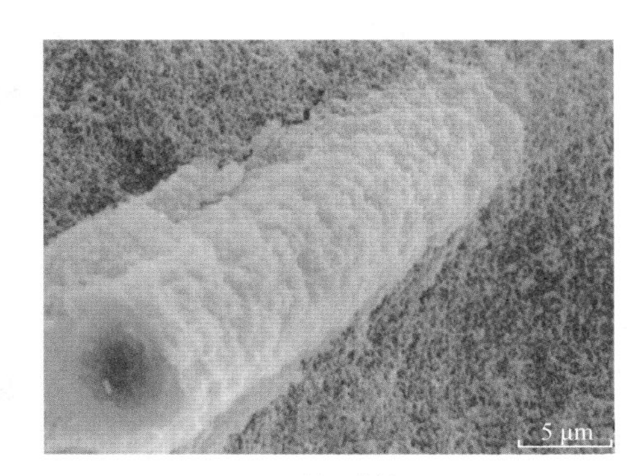

(b) 断口形貌

图 11-1　纤维增强气凝胶的微观形貌及其断口形貌

董志军等以 TEOS 为硅源，氢氟酸（HF）为催化剂，采用溶胶—凝胶法及超临界干燥技术制备了莫来石纤维增强 SiO_2气凝胶隔热复合材料。加入 HF 可以大大加快凝胶化过程，使凝胶时间从几小时缩短至几分钟；溶剂 EtOH 对凝胶化过程有明显的抑制作用，凝胶时间随其用量的增加而增加；H_2O 对凝胶化过程的影响比较复杂，凝胶时间随其用量的增加先减后增，转折点处水硅摩尔比为 5∶1；气凝胶制备过程中加入甲酰胺可以调节凝胶内部网络结构，防止干燥时由于应力不均而开裂或破裂；适宜的原料配比（摩尔比）为：n(TEOS)∶nH_2O∶nHF∶n(EtOH)∶n(甲酰胺)=1∶(4～6)∶(0.05～0.1)∶(3～6)∶(0.3～0.5)。SiO_2气凝胶复合材料的密度对传热有很大影响，在密度较小时，热导率随密度的增加而减小，到一个最低值后，又随密度的增加而增大。常压下，SiO_2气凝胶复合材料的热导率随温度的升高而增大。不同密度的复合材料其热导率增幅不一样，密度越大，增幅反而越小。在 SiO_2 气凝胶中掺入 3% 的莫来石纤维，可以有效提高复合材料的弹性模量和机械强度，在明显改善其力学性能的同时保持较低的热导率。

高富强等以 TEOS 为前驱体，乙醇和水为溶剂，采用 HCl 和 $NH_3 \cdot H_2O$ 两步催化法，以莫来石纤维为增强材料，在溶胶—凝胶过程后进行表面改性，采用常压干燥工艺和真空干燥工艺，制备了莫来石纤维/SiO_2 气凝胶复合材料，纯 SiO_2 气凝胶与莫来石纤维/SiO_2 气凝胶复合材料在 450～600 ℃时，有机疏水基团发生氧化，材料失重，有明显的放热峰；在纯 SiO_2 气凝胶与莫来石纤维/SiO_2 气凝胶复合材料中，450～600 ℃未完全氧化的有机基团在 800～1 000 ℃继续氧化，材料失重，DSC 有放热峰；莫来石陶瓷纤维的加入，使得气凝胶的内部孔径变得更小，导致莫来石纤维/SiO_2 气凝胶复合材料在 450～600 ℃时氧化的有机物比纯气凝胶少，在 800～1 000 ℃才发生氧化反应。

目前在有关陶瓷纤维增强 SiO_2 气凝胶的力学研究中，多数研究其压缩性能，而在工程结构中材料的拉伸和层间剪切性能参数是结构安全设计的重要参考，对材料的工程应用起着至关重要的作用。郭玉超等探究了莫来石纤维增强 SiO_2 气凝胶复合材料的拉伸和层间剪切性能，进行了复合材料在室温下的面内拉伸试验，采用引伸计方法和数字图像相关法分别对拉伸变形进行测量，并开展了不同温度下的层间剪切试验。复合材料的拉伸模量约为 285.17 MPa；由引伸计方法测得的拉伸变形计算出的拉伸模量比数字图像相关法获得的拉伸模量高 2.4%；在室温和高温下，试样呈现明显的层间剪切破坏；SiO_2 气凝胶基体主要分布在层间区域，增强纤维主要分布在铺层内。莫来石纤维增强 SiO_2 气凝胶复合材料的拉伸和层间性能较差，当承受层间载荷时，SiO_2 气凝胶基体起主要作用，且温度对复合材料的性能影响较大。

热防护系统（thermal protection system，TPS）是用来保护空间飞行器在气动加热环境中免遭烧毁和过热的结构，主要分为烧蚀热防护系统和可重复使用热防护系统。可重复使用的热防护系统是重复使用天地往返运输器（reusable launch vehicle，RLV）十分关键的系统，目前主要有金属热防护系统、柔性热防护系统和刚性陶瓷热防护系统。美国第一代重复使用运载器为航天飞机的轨道器，其表面热防护系统的 70% 使用了约 30 000 块可重复使用的多孔轻质刚性陶瓷隔热瓦，是由高纯石英纤维通过硅溶胶作为黏接剂烧结而成的，在刚性隔热瓦表面涂装有硅硼玻璃涂层。莫来石纤维能够承受 1 500～1 600 ℃的高温，是制备可重复使用刚性隔热瓦的关键材料。王衍飞等将短切莫来石纤维、硅溶胶、B_4C 粉，经过 1 260 ℃烧结制备成多孔骨架，以 TEOS、去离子水和乙醇配制 SiO_2 溶胶，并将多孔骨架浸渍在 SiO_2 溶胶中，经过超临界干燥制备 SiO_2 气凝胶复合的莫来石隔热瓦。B_4C 在 700 ～900 ℃时发生氧化，生成 B_2O_3 将短切纤维粘接到一起，莫来石多孔骨架在 1 500 ℃以下稳定存在。具有纳米级孔洞结构的 SiO_2 气凝胶填充了多孔骨架的微米级孔洞，隔热瓦的热导率在 200 ℃、500 ℃、800 ℃、1 000 ℃分别下降了 44.3%、33.8%、34.6%、29.5%，抗弯和抗压强度分别提高了

50%和 40 %。尹正帅等以 TEOS 为硅源，采用酸—碱两步催化法制备出硅溶胶，通过莫来石纤维织物浸渍复合硅溶胶制备出湿凝胶，湿凝胶经过老化处理后进行表面疏水改性，以 CO_2 为干燥介质对湿凝胶进行超临界干燥，得到莫来石纤维增强 SiO_2 气凝胶复合材料，图 11-2 所示。在 5～6 GHz 测试条件下，介电常数为 1.1～1.2，介电损耗角正切值为 0.002 3～0.006 7；在 9～11 GHz 测试条件下，介电常数为 1.4～1.6，介电损耗角正切为 0.009 7～0.011 7，介电性能略有下降。该气凝胶复合材料具有良好的介电性能，是一种良好的隔热和透波一体化材料。

图 11-2　莫来石纤维增强气凝胶的 SEM 图像

11.1.2　玻璃纤维增强 SiO_2 气凝胶

玻璃纤维由于获得简单、价格便宜，是纤维增强 SiO_2 气凝胶复合材料中常用的一种增强材料，可有效改善复合材料的强度。

1. 力学性能

纯硅气凝胶的强度低、脆性大，在工程应用上受到很多限制。在气凝胶中掺入玻璃纤维可以提高其机械性能，降低其脆性。

杨杰等使用霍普金森（Hopkinson）压杆对玻璃纤维增强气凝胶（见图 11-3）进行动静态压缩实验，动静态压缩曲线均包括弹性区、屈服区及致密化区。在屈服阶段，气凝胶表现出塑性屈服特点，具有明显的应变率强化效应，流动应力随着应变率的提高而提高；在高应变率下，气凝胶的应力应变曲线提前进入致密化阶段，能量吸收大幅度增加。气凝胶对入射波的整形作用使输入杆承载应力的幅值明显降低，承载应力的时间明显延长。在高应变率下，气凝胶中的玻璃纤维几乎全部断裂，且多数与气凝胶基体分开，使气凝胶胶体颗粒排布更加紧密，气孔体积大幅收缩。玻璃纤维的增韧作用是导致气凝胶呈现塑性屈服现象的原因。气凝胶具有明显的应变率强化效应，主要原因是在气凝胶动态压缩过程中纳米级气孔中的空气在瞬间难以逸出，空气与孔壁碰撞引起的流动阻力以及气孔中空气分子之间的碰撞阻力引起了气孔内应力的升高和能量的损失，使气凝胶强度增加，应力应变曲线上致密化阶段提前出现。在动态压缩情况下，气凝胶粉碎破坏[图 11-3(c)]是轴向压应力和内部横向张应力升高共同导致的。

在改进的霍普金森压杆上对玻璃纤维增强气凝胶的防护性能进行了初步研究，使用高速摄影技术研究了气凝胶的防护机理，通过靶试实验验证了气凝胶/钢复合靶板对实弹的防护效果。使用 12 mm 厚的气凝胶对入射波进行整形后，输入杆上应力时间曲线的形状由矩形逐渐变为准三角形。输入杆上的最大应力由 700 MPa 降低为 311 MPa,应力持续时间由 80 μs 延长为 210 μs。气凝胶在子弹冲击作用下发生爆炸,改变了应力状态并消耗大量能量。纤维可以延缓气凝胶的爆炸过程,有利于能量的散失。气凝胶/钢复合靶板能够有效地防护弹丸的冲击,气凝胶对内层的钢板起到了很好的保护作用。

(a) 压缩前

(b) 静态压缩后

(c) 动态压缩后

图 11-3 气凝胶动静态压缩前后的宏观形貌

采用短切玻璃纤维和 SiO_2 气凝胶颗粒模压成型可制备玻璃纤维增强 SiO_2 气凝胶复合材料,力学性能随玻璃纤维用量的增加而增加,但是导热系数随着玻璃纤维用量的增加而降低。

冯军宗等以 TEOS 为原料,酸碱催化两步法配制溶胶,将纤维毡夹于不锈钢板之间,放入不锈钢容器中抽真空,采用底注式将硅溶胶从下往上浸渗纤维,超临界干燥制备柔性隔热复合材料。随着老化时间的延长(1 h~7 d),复合材料在 600 ℃下由于水解程度增大而使抗拉强度增大(0.13~0.21 MPa)。复合材料中的纯气凝胶比表面积为 209.8 m^2/g,平均孔径为 18.8 nm。气凝胶很好地填充于纤维之间,避免了纤维与纤维的接触,在 120 ℃、500 ℃下的热导率分别为 0.019 W/(m·K)和 0.054 W/(m·K)。

2. 导热性能

玻璃纤维增强 SiO_2 气凝胶的导热能力随着玻璃纤维用量的增加而降低。石小靖等采用蓬松处理后的玻璃纤维薄层为增强相,通过溶胶—凝胶法和常压干燥法制备疏水型玻璃纤维/SiO_2 气凝胶复合隔热材料。玻璃纤维经纤维梳理机处理后可得蓬松的玻璃纤维薄层,与传统的玻璃纤维增韧 SiO_2 气凝胶复合材料相比,纤维含量大大降低,密度更小(0.13~0.16 g/cm^3),热导率更低[0.023~0.027 W/(m·K)]。前驱体液中水与硅的摩尔比会影响 SiO_2 气凝胶的孔隙结构,从而影响复合材料的隔热性能,当水与硅的摩尔配比为 3∶1 时,复合材料中 SiO_2 气凝胶平均纳米孔径为 8.160 nm,密度为 0.142 g/cm^3,孔隙率为 88.03%,热导率低达 0.023 2 W/(m·K)。玻璃纤维添加量为 16%时,抗弯强度为 0.533 MPa,抗压强度为

29.59 kPa，形变为 25%。随着纤维添加量的增大，复合材料隔热性能下降，抗压强度及抗弯强度增大，材料力学性能增强。此外，纤维含量和直径是影响纤维/气凝胶复合材料热导率的重要参数。杨建明等采用常压干燥法制备了石英玻璃纤维/SiO_2气凝胶复合材料，制备出三种纤维含量分别为 1.05%、1.69%和 2.43%的玻璃纤维/SiO_2气凝胶复合材料，在 300 K 温度下热导率分别为 0.019 7 W/(m·K)、0.020 0 W/(m·K)和 0.020 6W/(m·K)，具有超低热导率(低于同温度下空气的热导率)。采用理论模型计算了复合材料在不同温度下的最小总体热导率及其对应的纤维体积分数和直径，当温度从 300 K 升高到 1 300 K 时，最小总体热导率对应的纤维体积分数从 1.3%增大到 18.2%，而纤维直径从 8.6 μm 减小到 2.5 μm。与单独优化纤维体积分数或直径相比，通过二元优化(即同时优化纤维体积分数和直径)可得到最小的总体热导率，如在 1 000 K 时同时优化，获得的总体热导率较条件参数低 62%，比单独优化体积分数低 50%，而比单独优化直径低 20%。

3. 疏水性能

余煜玺等以 TEOS 和甲基三乙氧基硅烷(MTES)为复合硅源，以玻璃纤维为增强体，采用溶胶—凝胶法和常压干燥法制备出疏水性玻璃纤维/SiO_2复合气凝胶。当玻璃纤维的预处理条件为在 2.5 mol/L 盐酸中浸泡 0.5 h 时，制备得到的玻璃纤维/SiO_2 复合气凝胶密度最低，为 0.12 g/cm^3，孔径主要分布在 2～50 nm，疏水角为 142°(见图 11-4)，热稳定性温度为 500 ℃，抗压强度为 0.05 MPa，弹性模量为 0.5 MPa。

图 11-4　玻璃纤维/SiO_2复合气凝胶的疏水角度

4. 耐高温性能

玻璃纤维增强 SiO_2 气凝胶使用的玻璃纤维中的 SiO_2 含量一般仅为 50%左右，而玻璃纤维的使用温度随 SiO_2 含量增加而提高。特种玻璃纤维中，耐高温玻璃纤维的 SiO_2 含量较高，可以用来替代传统玻璃纤维制备耐高温玻璃纤维增强 SiO_2 气凝胶。

石英纤维中的 SiO_2 含量在 99.9%以上，长期使用温度可达 1 100 ℃，常温热导率为 1.38 W/(m·K)。以石英纤维增强改性 SiO_2 气凝胶复合材料不但可以使气凝胶材料力学性能和热稳定性进一步提高，还可以赋予复合材料良好的透波性能。王衍飞等以短切石英纤维、硅溶胶、B_4C 粉烧结制备多孔刚性骨架，以 TEOS、去离子水和乙醇配制 SiO_2 溶胶，将多孔骨架浸渍 SiO_2 溶胶后，经超临界干燥制备了 SiO_2 气凝胶多孔骨架复合隔热瓦，具有纳米孔结构(见图 11-5)，平均孔径为 39.5 nm，在 600 ℃和 800 ℃下的热导率分别为 0.033 5 W/(m·K)和 0.040 4 W/(m·K)，与未复合气凝胶的刚性骨架相比，高温热导率下降 40%～50%。此外，SiO_2气凝胶填充了隔热瓦骨架中的大部分的宏孔，抗弯强度提高了30%，并且使刚性隔热瓦的脆性有一定改善。

张丽娟等采用溶胶—凝胶方法，以透波型石英纤维为增强体，通过超临界干燥及后处理制备透波SiO_2气凝胶复合材料，有良好的介电性能，介电常数在1.28～1.39之间可调，损耗角正切≤0.005，耐温性≥1 100 ℃，室温热导率≤0.02 W/(m·K)，且具有较好的力学性能。

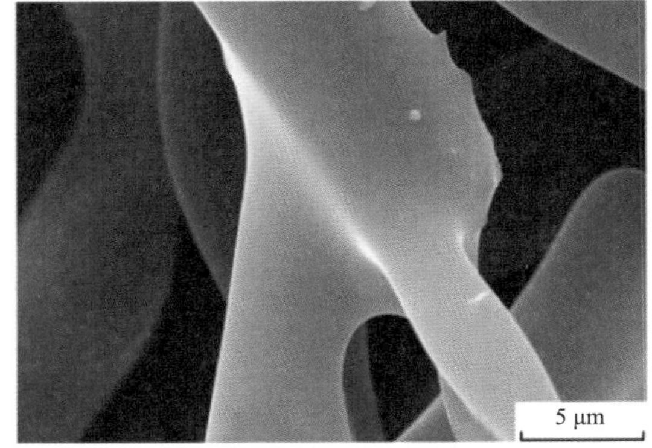

图 11-5　短切纤维搭接处 SEM 形貌

高硅氧纤维的SiO_2含量为95%～99%，长期使用温度为900 ℃，800 ℃热导率为0.3 W/(m·K)。冯坚等以TEOS为原料，高硅氧纤维为增强体，采用氨水催化“一步法”制备了柔性的纤维增强SiO_2气凝胶隔热复合材料。当pH=7时，气凝胶的比表面积最大，密度基本不变。水量增大，气凝胶密度基本不变，比表面积降低，但水量太少时TEOS水解不充分。乙醇量越大，气凝胶的密度越小，比表面积越大，当EtOH/TEOS>10时，随乙醇量增大，比表面积增加不明显，趋于稳定。热导率低于纯高硅氧纤维，常温热导率降低约30%。

11.1.3　碳纤维增强SiO_2气凝胶

陶瓷纤维、石英纤维和有机纤维等传统增强纤维的直径均为微米级，与SiO_2气凝胶的纳米结构存在较大尺度差异，使得纤维增强SiO_2气凝胶复合材料的界面存在较大毛细张力差，导致界面性能较差。

碳纤维是一种具有优异的力学性能和电学性能的直长碳纤维，直径约为几纳米到几十纳米，与气凝胶微观结构尺寸相当，用于增强气凝胶可望获得较好的效果。张贺新等以TEOS和碳纳米管(CNTs)为原料，采用溶胶—凝胶法和常压干燥法制备不同CNTs含量的SiO_2气凝胶隔热材料(见图11-6)，研究了CNTs含量对材料密度和孔径分布的影响。随着CNTs的加入，材料孔径逐渐变小且均匀分布，比表面积逐渐增大，最大比表面积达到1 308.5 m^2/g，孔径为7.07 nm，密度随CNTs含量增加略有降低。随着CNTs含量的进一步增加，SiO_2胶体颗粒的尺寸明显逐渐变小。

吴会军等以碳纳米管为增强相，通过溶胶—凝胶法和常压干燥法制备出结构较完整的块状碳纳米管增强SiO_2气凝胶复合材料。随着碳纳米管含量的增加，气凝胶复合材料的平均孔径略有减小，对3～8 μm的红外热辐射的遮挡性能有所提高；当碳纳米管加入量为0.2%时，有效热导率最低为0.020 6 W/(m·K)；碳纳米管的加入明显改善气凝胶的抗压强度，当碳纳米管加入量为1%时，气凝胶复合材料在10%和50%形变下的抗压强度比纯气凝胶分别提高了1.7和0.8倍。王宝民等以工业水玻璃为前驱体，采用原位法在常压干燥下合成了纳米碳纤维(CNFs)掺杂的 SiO_2 气凝胶复合材料，纳米碳纤维掺入量分别为硅溶胶质量的 0%、0.2%、0.5%、0.8%，制备的气凝胶呈海绵状微孔结构，当 CNFs 掺入量为 0.5%时，复合气凝胶的综合物理性能较好，且密度达到最低 0.143 g/cm³。600 ℃时，CNFs 复合气凝胶的热导率约为 0.04 W/(m·K)，明显低于纯气凝胶 0.09 W/(m·K)，CNFs 起到了明显的红外遮光作用。CNFs 的掺入，提高了气凝胶内部 SiO_2 网格的强度，增大了气凝胶的韧性。

(a)纯气凝胶

(b)含0.2%碳纳米管的气凝胶

(c)含0.6%碳纳米管的气凝胶

(d)含1.0%碳纳米管的气凝胶

图 11-6　气凝胶及其复合材料的光学图片

11.1.4　有机纤维增强 SiO_2 气凝胶

与常用的陶瓷纤维、玻璃纤维等无机纤维相比，有机纤维的柔韧性比较高，采用有机纤维制成的纤维增强 SiO_2 气凝胶能够大幅改善传统 SiO_2 气凝胶韧性差的特点。

Li 等采用 kevlar-29 芳纶短切纤维增强 SiO_2 气凝胶，经大角度弯曲试验后，没有出现裂纹，展现出优异的韧性，弯曲强度和模量随纤维含量的增加(1.58%～6.6%)显著增加，室温热导率变化不明显，基本为 0.022 1～0.023 5 W/(m·K)。Wei 等以相对分子质量为58 000的聚乙烯吡咯烷酮(PVP)为增强相，将 PVP 和乙醇混合液在溶胶—凝胶过程中与硅溶胶混合，经常压干燥法制备出 PVP 增强 SiO_2 气凝胶复合材料，力学性能随 PVP 质量分数的增加而大幅提高，PVP 纤维质量分数为 0.75%时，弯曲弹性模量大于 30 MPa，300 ℃时热导率为 0.063 W/(m·K)，低于常用玻璃纤维增强 SiO_2 气凝胶复合材料的热导率 0.08 W/(m·K)。董永全等以热塑性聚氨酯(TPU)中空纤维为增韧材料，TEOS 为硅源，采用溶胶—凝胶法制备了热塑性聚氨酯中空纤维/SiO_2 气凝胶隔热材料。采用内径 0.6 mm、壁厚 0.3 mm 的 TPU 中空纤维和垂直铺设的方式制备的隔热材料，在 25～400 ℃的温度下，热导率在0.02～0.034 W/(m·K)之间，隔热性能较好，大大改善了 SiO_2气凝胶的弹性模量和抗压强度。中空纤维垂直铺设时，有较好的隔热性能。

通过静电纺丝和溶胶—凝胶工艺可制备聚偏氟乙烯(PVDF)纳米纤维增强 SiO_2气凝胶复合材料，具有较好的整体性、较高的强度、完美的柔韧性和疏水性，具有极低的热导率[0.028 W/(m·K)]。黄敬等以无水乙醇、TEOS 为原料，预氧化聚丙烯腈纤维毡为增强体，通过溶胶—凝胶和低温超临界干燥等工艺制备了 SiO_2气凝胶复合材料(见图 11-7)，SiO_2气凝胶的纳米骨架结构减少了固态热传导，纳米级孔洞减少了气体热传导和对流传热，聚丙烯腈纤维减少了辐射传热，其25 ℃和 200 ℃的热导率分别为 0.018 1 W/(m^2·K)和 0.023 6 W/(m^2·K)。纤维毡提供了力学支撑，力学性能得到了提升。

(a) 预氧化纤维

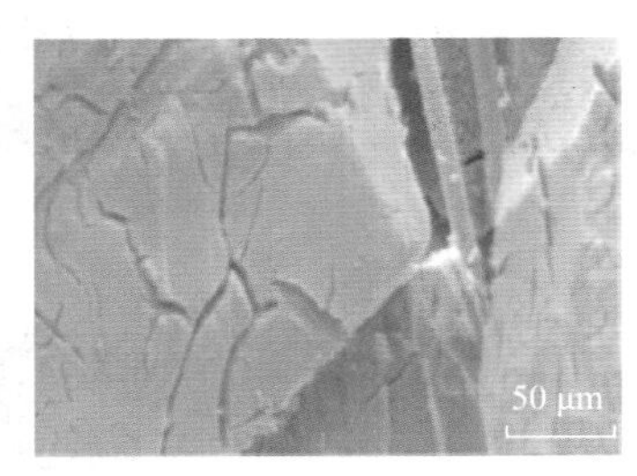

(b) 预氧化纤维穿插在气凝胶中

(c) 预氧化纤维/SiO_2气凝胶复合材料表面

图 11-7 预氧化聚丙烯腈纤维和复合材料的 SEM 照片

11.1.5 其他纤维增强 SiO_2气凝胶

自生长的氧化物纤维能够大幅提升气凝胶的机械性。伊希斌等以结晶氯化锆、正硅酸四乙酯、三甲基氯硅烷与无水乙醇等为原料，采用溶胶—凝胶法结合乙醇超临界干燥工艺，经高温热处理制备了具有高强度特性的块状 ZrO_2/SiO_2复合气凝胶。经 1 200 ℃热处理后，ZrO_2/SiO_2复合气凝胶压缩强度达 9.68 MPa，比表面积为 827.22 m^2/g。在溶胶—凝胶及老化的过程中自生长的锆氧纳米纤维在气凝胶中无序存在，改善了气凝胶内部网络结构，并以化学键连接 SiO_2颗粒，起到了增强气凝胶骨架的作用，使压缩强度和比表面积均明显提高，完全区别于以往添加纤维增强气凝胶的方式，而且由于锆氧纳米纤维的存在，复合气凝胶的耐温性能有了更大的提高，达到 1 200 ℃，优于 SiO_2气凝胶的有效耐热温度，在高温隔热、催化等领域将具有更广阔的应用前景。

石棉绒是一种天然硅酸盐类矿物纤维，化学成分为 $Mg_6[Si_4O_{10}]\cdot[OH]_8$，含有氧化镁、铝、钾、铁、硅等成分，多数为白色，也有灰、棕、绿色，比较柔软，外表看起来很像麻，表面带有丝绢一般的光泽，具有导热系数低、耐火性能好的特点。以石棉绒纤维作为气凝胶的增强材料，以水玻璃为硅源，通过常压干燥工艺可进行 SiO_2气凝胶块体保温隔热材料的制备(见

图 11-8)。制备工艺为:在水、纤维和分散剂配制的纤维分散悬浮液中加入乙醇搅拌均匀,与水玻璃和氟硅酸钠配制的水玻璃凝胶液混合搅拌,再注模固化。在固化湿凝胶的洗涤和溶剂置换工艺中,以水为洗涤溶剂效果好,具有收缩率小,产品规整,密度小,孔隙率高,较好的强度和隔热性能等特性。用温石棉绒纤维与玻璃纤维复掺,利用溶胶—凝胶湿法工艺及常压干燥工艺制备 SiO_2 气凝胶隔热材料,用水量为水玻璃用量的 50%,石棉绒用量为水玻璃的 1%,氟硅酸钠用量为水玻璃的 6%。用水量是纤维增韧 SiO_2 气凝胶抗压强度和导热系数的主要影响因素,石棉绒纤维用量主要影响抗折强度,氟硅酸钠用量主要影响体积收缩和表观密度。

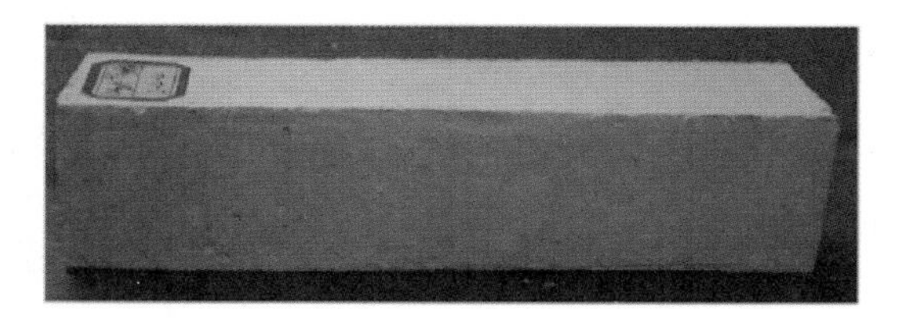

图 11-8　石棉绒增强 SiO_2 气凝胶块体照片

无纺布或毡具有优良的透气性,以它作为骨架材料进行复合不会影响气凝胶的吸附性能,因此是骨架材料的最佳选择。钱明娟等将具有纳米多孔网络结构的 SiO_2 气凝胶与透气性优良的无纺布或毡进行复合,得到具有高吸附性能的纳米复合材料,饱和吸苯率超过传统吸附材料的饱和吸苯率。饱和吸苯率随着单位面积所复合的气凝胶质量的增加而增加。纳米复合材料的饱和吸苯率与气凝胶本身的吸苯率和单位面积所复合的气凝胶质量成正比关系。

水镁石纤维别称氢氧镁石,主要成分为氢氧化镁,约占 91%,是一种比较稀缺的、天然的、无致病性的非金属矿物质,属于非石棉矿,具有熔点高、绝缘性和阻燃性好、纤维强度大、硬度低、各向异性等良好的理化性质,也是目前唯一的非致癌的环保纤维。张伟娜用水镁石纤维增强 SiO_2 气凝胶,以十二烷基磺酸钠为分散剂(分散剂的用量为纤维质量的 15%,纤维用量为纯 SiO_2 质量的 4%),制备出机械性能优异的纤维增强型 SiO_2 气凝胶。

11.2　木材复合气凝胶

11.2.1　木材是天然的气凝胶结构体

木材是天然生长形成的多孔性有限膨胀胶体,是一种天然高分子凝胶材料。依据细胞壁微观形态学,细胞壁由基质、构架和结壳三类基本构造物质组成。幼嫩细胞壁的最初阶段代表着一种各向同性、没有任何双折射的凝胶组成,此种各向同性物质称为细胞壁的基质。可塑性的基质形成后立即被纤维素纤丝增强,在后期阶段木质素形成结壳。按照细胞壁个体发育阶段又可划分为基质形成、纤丝增强凝胶和结壳作用 3 个阶段。木材的基质可认为是一种亲水的凝胶体,主要包括半纤维素和果胶。在最初阶段,细胞壁呈极端可塑性,具有较高的膨胀度和塑性变形,在基质形成以后,纤维素纤丝增强塑性基质,弹性提高。基质、纤丝和覆层有不同的胶态性质。基质是一种所谓的干凝胶,即一种在干燥时硬化并变成半透明的凝胶。构成基质的碳水化合物(果胶、半纤维素等)通过化学提取或酶催化消化,将纤丝游离成气凝胶,光的折射使气凝胶呈白色。这与相关学科气凝胶和干凝胶的原理是一致的。木材细胞壁具备凝胶材料的基本条件和特征。

从木材的组成和结构上看,木材细胞壁中约 50% 是纤维素,半纤维素、果胶等占木材质量的 25% 以上。纤维素除结晶区与无定形区以外,还包含许多空隙,形成空隙系统,空隙的大小一般为 1~10 nm,最大可达 100 nm,满足作为气凝胶网络纳米结构的基本条件。这与气凝胶材料的结构原理是一致的。一些木材的物理特性具备气凝胶材料的性质。

11.2.2 木材仿生构筑气凝胶材料

Berglund 等用植物纤维素制备出纤维素气凝胶,并仿照木质纤维素结构特性,将木葡聚糖与纤维素复合,利用超临界 CO_2 干燥法组装纤维素/葡聚糖复合气凝胶,力学强度显著提高。李坚课题组利用离子液体和冷冻干燥的方法直接用木粉制得了木质纤维素气凝胶,通过循环冻融工艺实现气凝胶内部结构、密度及比表面积的调控;邱坚等将超临界干燥技术结合溶胶—凝胶法制备新型木材/SiO_2 气凝胶复合材料,从制备工艺学原理、SiO_2 气凝胶在木材中的分布与界面状态、性能评价以及木材与 SiO_2 气凝胶复合的机理等方面进行了系统的研究。木材仿生构建气凝胶是向自然学习的一个重要方面,体现了“师法自然”的科学思想,为发展和构建高值化木质纤维素气凝胶材料提供了科学依据和理论指导。

参考文献

[1] 李君. 木材-有机气凝胶复合材研究[D]. 哈尔滨:东北林业大学, 2013.

[2] DENG Z, WANG J, WU A, et al. High strength SiO_2 aerogel insulation[J]. Journal of Non-Crystalline Solids, 1998, 225(1): 101-104.

[3] SUN X, WEI Y, LI J, et al. Ultralight conducting PEDOT:PSS/carbon nanotubeaerogels doped with silver for thermoelectric materials[J]. Science China Materials, 2017, 60(2): 159-166.

[4] 马丽蓉,冯金,魏巍,等. 银负载硅基气凝胶催化剂及催化还原对硝基苯酚性能研究[J]. 无机盐工业, 2019, 51(02): 84-87.

[5] 张琳,李群,刘蓉蓉,等. 纳米银/纳米二醛纤维素气凝胶的制备及表征[J]. 中国造纸, 2019, 38(07): 36-41.

[6] HADI H, ABBAS Z, VAHABODIN G, et al. Lightweight aerogels based on bacterial cellulose/silver nanoparticles/polyaniline with tuning morphology of polyaniline with application in soft tissue engineering[J]. International Journal of Biological Macromolecules, 2020, 152(1): 57-67.

[7] 米春虎, 姜勇刚, 石多奇, 等. 陶瓷纤维增强氧化硅气凝胶复合材料力学性能试验[J]. 复合材料学报, 2014, 31(3): 635-643.

[8] 高庆福, 冯坚, 张长瑞, 等. 陶瓷纤维增强氧化硅气凝胶隔热复合材料的力学性能[J]. 硅酸盐学报, 2009, 37(1): 5-9.

[9] 董志军，李轩科，袁观明. 莫来石纤维增强 SiO_2 气凝胶复合材料的制备及性能研究[J]. 化工新型材料，2006，34(7)：58-61.

[10] 高富强，曾令可，王慧. SiO_2 气凝胶/纤维复合材料热稳定性的研究[J]. 佛山陶瓷，2013(4)：12-13.

[11] 郭玉超，马寅魏，石多奇，等. 莫来石纤维增强 SiO_2 气凝胶复合材料的力学性能试验[J]. 复合材料学报，2016(6)：1297-1304.

[12] 何顺爱，李懋强. 高温处理莫来石纤维微观观察[J]. 稀有金属材料与工程，2007，36(S1)：298-301.

[13] 王衍飞. 气凝胶复合陶瓷纤维刚性隔热瓦的制备及性能研究[D]. 长沙：国防科学技术大学，2008.

[14] 尹正帅，刘义华，佘平江，等. SiO_2 气凝胶隔热透波复合材料的制备及其性能研究[J]. 航天制造技术，2015(2)：39-41，45.

[15] YUAN B，DING S，WANG D，et al. Heat insulation properties of silica aerogel/glass fiber composites fabricated by press forming[J]. Materials Letters，2012，75(none)：204-206.

[16] 冯军宗，冯坚，王小东，等. 纤维增强气凝胶柔性隔热复合材料的制备[J]. 稀有金属材料与工程，2008，37(a02)：170-173.

[17] 余煜玺，吴晓云，伞海生. 常压干燥制备疏水性 SiO_2-玻璃纤维复合气凝胶及表征[J]. 材料工程，2015，43(8)：31-36.

[18] 石小靖，张瑞芳，何松，等. 玻璃纤维增韧 SiO_2 气凝胶复合材料的制备及隔热性能[J]. 硅酸盐学报，2016，44(1)：129-135.

[19] 杨建明，吴会军，钟支葵，等. 石英玻璃纤维/气凝胶复合材料的热导率计算及优化[J]. 材料导报，2016，30(10)：139-143.

[20] 杨杰，李树奎. 玻璃纤维增强气凝胶的动态力学性能及其破坏机理[J]. 材料研究学报，2009，23(5)：524-528.

[21] 杨杰，李树奎，王富耻，等. 玻璃纤维增强气凝胶防护性能的研究[J]. 北京理工大学学报，2010，30(6)：746-748.

[22] 李刚，欧书方，赵敏健. 石英玻璃纤维的性能和用途[J]. 玻璃纤维，2007(4)：9-13.

[23] 王衍飞，张长瑞，冯坚，等. SiO_2 气凝胶/短切石英纤维多孔骨架复合材料的制备与性能[J]. 硅酸盐学报，2009，37(2)：234-237.

[24] 张丽娟，王洋，李文静，等. 耐高温透波气凝胶复合材料性能[J]. 宇航材料工艺，2015，45(4)：47-50.

[25] 张增浩，赵建盈，邹王刚. 高硅氧玻璃纤维产品的发展和应用[J]. 高科技纤维与应用，2007，32(6)：30-33.

[26] 冯坚，冯军宗，姜勇刚. 柔性氧化硅气凝胶隔热复合材料的制备和性能[J]. 宇航材料工艺，2012，42(2)：42-46.

[27] 李明明，王坤杰，张晓虎. 纤维增强 SiO_2 气凝胶复合材料研究进展[J]. 化工新型材料，2017(3)：19-21.

[28] 张贺新，赫晓东，李垚. 碳纳米管掺杂 SiO_2 气凝胶隔热材料的制备与性能表征[J]. 稀有金属材料与工程，2007，36(a01)：567-569.

[29] 吴会军，彭程，丁云飞，等. 碳纳米管增强气凝胶隔热复合材料的性能研究[J]. 广州大学学报(自然科学版)，2012，11(6)：32-37.

[30] 王宝民，宋凯，马海楠. 纳米碳纤维掺杂气凝胶的合成及性能[J]. 哈尔滨工程大学学报，2013，34

(5)：604-608.

[31] Li Z，GONG L，CHENG X，et al. Flexible silica aerogel composites strengthened with aramid fibers and their thermal behavior[J]. Materials & Design，2016，99：349-355.

[32] LI Z，CHENG X，HE S，et al. Aramid fibers reinforced silica aerogel composites with low thermal conductivity and improved mechanical performance[J]. Composites Part A Applied Science & Manufacturing，2016，84：316-325.

[33] WEI T，LU S，CHANG Y C. Transparent，hydrophobic composite aerogels with high mechanical strength and low high-temperature thermal conductivities[J]. The Journal of Physical Chemistry B，2008，112(38)：11881-11886.

[34] 董永全，王鸣，李明俊，等. 热塑性聚氨酯中空纤维/SiO_2 气凝胶隔热材料的制备及性能研究[J]. 陶瓷学报，2011，32(1)：32-36.

[35] WU H，CHEN Y，CHEN Q，et al. Synthesis of flexible aerogel composites reinforced with electrospun nanofibers and microparticles for thermal insulation[J]. Journal of Nanomaterials，2013，2013(1-2)：10-19.

[36] 黄敬，张秋华，谢伟军，等. 预氧化纤维毡增强 SiO_2 气凝胶复合材料的制备及其性能研究[J]. 广东化工，2017，44(14)：105-106.

[37] 伊希斌，王修春，张晶，等. 自生纳米纤维增强 SiO_2 气凝胶的制备及性能研究[J]. 无机化学学报，2014，30(3)：603-608.

[38] 高妮，刘开平，温久然，等. 石棉绒增强 SiO_2 气凝胶隔热材料常压工艺研究[J]. 硅酸盐通报，2014，33(9)：2419-2424.

[39] 高妮，温久然，张肖明，等. 石棉绒/玻璃纤维增韧 SiO_2 气凝胶隔热材料的研究[J]. 新型建筑材料，2017，44(11)：106-109.

[40] 钱明娟，杨庙祥，顾小春，等. SiO_2 气凝胶-无纺布或毡纳米复合材料的吸苯性能[J]. 上海纺织科技，2005，33(12)：11-13.

[41] 潘兆橹，万朴. 应用矿物学[M]. 武汉：武汉工业大学出版社，1993.

[42] 董发勤，潘兆橹，万朴. 陕南黑木林纤维水镁石应用矿物学研究[J]. 地球科学，1993(5)：642-642.

[43] 张伟娜，朱志新，吴贞，等. 纤维增强型二氧化硅气凝胶的制备条件优化研究[J]. 吉林师范大学学报(自然科学版)，2016，37(1)：90-93.

[44] 陈飞跃，许勇，王松，等. 超细改性碳酸钙稀悬浮体的流变性质[J]. 华东理工大学学报，1994(6)：750-752.

[45] 申玲玲，张放，任浩，等. 氧化纤维对纳米纤维素气凝胶微球的影响[J]. 纤维素科学与技术，2017，25(3)：1-7.

[46] ESQUIVIAS L，MORALESFLÓREZ V，PIÑERO M，et al. Bioactive organic-inorganic hybrid aerogels[J]. MRS Proceedings，2004，847(847)：1-7.

[47] ZHANG X，SUI Z，XU B，et al. Mechanically strong and highly conductive graphene aerogel and its use as electrodes for electrochemical power sources[J]. Journal of Materials Chemistry，2011，21(18)：6494-6497.

[48] 邱坚，李坚. 超临界干燥制备木材 SiO_2 气凝胶复合材料及其纳米结构[J]. 东北林业大学学报，2005(03)：3-4，28.

气凝胶应用及产业化

纳米多孔结构的气凝胶材料具有超轻、超高比表面积等特性，使其在建筑节能、环保和催化、新能源、航天航空、医药、农业、军事及日常生活等领域有着广阔的应用前景。

第12章 气凝胶的应用

12.1 气凝胶在建筑节能领域的应用

气凝胶材料独特的三维网络状骨架结构和纳米孔结构赋予其优异的保温、隔热和防火性能，在建筑节能领域有广阔的应用前景。目前，实际应用的气凝胶产品主要有气凝胶颗粒、气凝胶毡、气凝胶板、气凝胶玻璃和气凝胶采光板等，主要应用在建筑围护结构、管道保温层、涂料和混凝土等方面。随着气凝胶材料制备工艺研究的不断深入，保温隔热性能不断提升，制备成本逐渐下降，气凝胶应用领域不断拓宽。近年来，传统保温材料正逐渐被气凝胶材料所替代，未来气凝胶材料将广泛应用到节能建筑的各个方面。

12.1.1 建筑节能与绝热

建筑节能是中国实行“节能优先、结构优化、环境友好”可持续发展能源战略的重要领域之一。据估算，使用先进节能材料和合理节能措施能够节省高达80%的建筑能耗，其中采用保温绝热材料是实现建筑能耗降低的主要措施之一，但传统建筑保温材料已越来越难以满足建筑节能的需求。气凝胶是一种纳米多孔材料，在热导率、使用温度范围以及燃烧等级方面较传统保温材料都有较大优势，见表12-1。

表12-1 气凝胶与几种常用保温材料性能对比

保温材料	热导率/[W·(m·K^{-1})]	温度范围/℃	燃烧等级
气凝胶	0.013 6～0.038	−200～1 400	A
聚异氰酸酯(PIR)	0.019～0.022	−185～140	B1
硬质酚醛	0.019～0.024	10～120	B1
聚氨酯(PU)	0.020～0.030	0～100	B2
发泡聚苯乙烯(EPS)	0.026～0.033	室温～90	B2
玻璃纤维	0.034 5～0.040	室温～250	A
岩棉	0.040	0～600	A
陶粒保温砂浆	≤0.100	≤800	A

气凝胶材料的热导率极低，在太阳能光谱范围具有高透射率、透明、隔声和防火等诸多优良特性，引起建筑业界的高度关注。例如，将气凝胶应用于民用及商用住宅改造，操作简单，

施工方便，在不减少楼面面积和不增加承重结构负担的前提下，能非常有效地实现温室气体的减排。目前，从事气凝胶产品开发和生产的公司包括：Cabot，Aspen，Airglass，Nanopore 等，其主要产品包括柔性气凝胶毡、真空气凝胶玻璃及采光系统、真空绝热板和太阳能组件等。

气凝胶在建筑上的应用形式主要有四种：气凝胶颗粒、气凝胶毡、气凝胶板和气凝胶玻璃等。气凝胶颗粒主要用作颗粒填充物，起到保温隔热的作用，同时也是气凝胶毡的原料；气凝胶毡主要用于管道保温及铺设地面保温层等；气凝胶板用于墙壁、隔断等装饰保温；气凝胶玻璃可用于窗户及太阳能集热板等。

SiO_2气凝胶具有高孔隙率（80%～99.8%）、高比表面积（100～1 600 m^2/g）以及极低的密度（0.003～0.3 g/cm^3）等特点，由于独特的纳米多孔结构，其热导率极低[常温常压下热导率低达 0.017 W/(m · K)]，是目前已知的热导率最低的固体材料。但是制备出的 SiO_2气凝胶为透明或半透明的材料，在 2～8 μm 红外波段内的辐射电磁波几乎可以完全穿过 SiO_2气凝胶，导致 SiO_2气凝胶的辐射热导率会随环境温度的升高而急剧增加。在高温条件下，相比于固相热传导和气相热传导，气凝胶的辐射热传导占总热导率的比例较大。特别是在高温下温差大于 100℃以上的条件下，SiO_2气凝胶的绝热性能大大降低。

为了改善 SiO_2气凝胶在高温辐射条件下的绝热性能，必须对其进行改性处理，使气凝胶更好的发挥隔热性能。通过掺入遮光剂的方法，可以有效地增强气凝胶的绝热能力。加入红外 TiO_2遮光剂的 SiO_2气凝胶的抗红外辐射性能显著提升。孙登科等以水玻璃为硅源，掺入 TiO_2粉末来制备 TiO_2/SiO_2气凝胶，研究发现，粒径大小为 0.5～2 μm 的金红石型 TiO_2粉末掺杂改性的 SiO_2气凝胶的红外透过率最低，抗红外辐射效果最好（见表 12-2）。这是因为在凝胶进行至 30 min 时掺入 TiO_2粉末遮光剂，TiO_2粉末均匀地分散在凝胶体系中，红外遮光效果最佳。TiO_2掺杂质量分数为 10%的 SiO_2气凝胶样品红外透过率低，高温绝热性能最好。

表 12-2　不同 TiO_2粒径范围 SiO_2气凝胶平均红外透过率值

TiO_2粒径范围/μm	0.1～0.5	0.5～2.0	2.0～3.0	3.0～5.0
2～8 μm 波段内平均红外透过率/%	53	37	49	62

张贺新等以纳米 TiO_2作为掺杂剂，以正硅酸乙酯（TEOS）为原料，采用溶胶—凝胶工艺和非超临界干燥方法制备了不同 TiO_2掺杂量的改性 SiO_2气凝胶复合材料，当 pH 为 6，乙醇/TEOS 为 8∶1（摩尔比）时，得到掺杂均匀、完整的 TiO_2/SiO_2气凝胶复合材料，热处理后的气凝胶复合材料具有网状纳米孔结构；当掺杂量小于 5%时，干凝胶平均孔径为 20～50 nm，比表面积大于 1 000 m^2/g。通过红外透过率及消光性能比较，TiO_2掺杂 SiO_2干凝胶复合材料的红外光屏蔽功能较纯 SiO_2气凝胶提高了 50%。

苏高辉等研究了遮光剂对 SiO_2气凝胶热辐射特性的影响，分别采用考虑基质吸收的改进 Mie 散射理论和经典的 Mie 散射理论计算了气凝胶基质中单个粒子的热辐射特性和遮光气凝胶总的热辐射特性，基质吸收对单个粒子的散射效率因子和散射非对称因子有一定程度的影响，且随着气凝胶基质密度的增大和粒子尺度的增大而增大。但是，在热辐射能量集中的波段，气凝胶基质的吸收指数和粒子的尺度参数相对较小，采用两种方法计算得到遮光气凝胶的有效系数相差很小，因此，在计算气凝胶基质中遮光剂粒子的热辐射特性时，可以忽略基质的吸收作用。在不同温度下都存在最优遮光剂粒径使得辐射热导率最小，且最优粒径随着温度升高而降低。采用 TiO_2 作为遮光剂，温度为 300 K、500 K、700 K 和 900 K 时的最优粒子半径分别为：1.4 μm、1 μm、0.75 μm 和 0.6 μm。当平均粒径为最优粒径时，粒子分布越集中，辐射热导率越小。当粒子半径分布于 0.5～2.1 μm 之间时，其辐射热导率与单一粒径时的辐射热导率相对差值仅为 1.88%。

12.1.2 气凝胶涂料

纳米气凝胶复合涂料包括保温隔热涂料和疏水涂料等不同品种，通过低导热系数和高热阻来实现隔热保温。气凝胶具有优异的保温性能，非常贴合保温涂料的技术要求。目前世界发达国家在这方面的开发应用已经较为普及，在建筑行业和工业管道行业气凝胶涂料已得到大量应用。国内应用的保温气凝胶涂料基本上是进口国外产品。保温隔热型涂料对于隔热性能有很高的要求，而不仅仅只是反射红外线。

疏水涂料是把原来的涂料进行改进，使其具有疏水自洁、呼吸透气和弹性修复等功能。目前大部分水性涂料均要添加疏水剂，以增强涂料功能。疏水型纳米气凝胶材料以其很高的疏水率，成为涂料疏水添加剂的理想材料。

纳米气凝胶材料在涂料方面应用的优势主要体现在：生态环境友好；应用广泛，施工简单方便；修复和恢复简单，维护费低；厚度 1～1.5 mm 的涂层具有 10～20 mm 厚度的保温纤维或 50～100 mm 厚度的砖石相似的保温效果；正常的条件下（−60 ℃以上和 200 ℃以下）纳米保温涂料的寿命是 10 年；防火阻燃性能优良，涂层软化温度 260 ℃以上，燃烧无明火，无毒性烟雾产生，遇火阻燃时间长；疏水性好，防水防霉；涂层不受湿度、结露以及温度的影响。表 12-3 为纳米气凝胶涂料的适用范围。

表 12-3　纳米气凝胶涂料的适用范围

领　域	应　用
建筑	外墙、地板、屋顶、阁楼、保温地板
防霉	木材、水泥
玻璃	高透光、低传热
金属结构	冷库、储藏室、厂房外墙、厂房彩钢顶
工业设备	冷热水管道、石油煤气管道、石油库、化学产品储罐、存储库、集装箱、空调管道、列车客房、冰箱、气象设备
山洞隧道	墙面防水、防霉、防潮、保温、自清洁

SiO_2气凝胶涂料是 SiO_2气凝胶应用中的一个重要分支。在 SiO_2气凝胶制备的基础上，添加稳定剂、分散剂等助剂，通过多种分散方法将其先制成 SiO_2气凝胶浆料，再与成膜树脂、助剂、溶剂以及其他颜填料相混合，通过高速分散制得 SiO_2气凝胶涂料。其中，浆料的制备过程是决定涂料性能最关键的一步，需要解决纳米粒子在介质中的团聚问题，使 SiO_2气凝胶纳米颗粒均匀稳定地分散于溶剂中。

各种 SiO_2气凝胶涂料的制备过程大致相同，但由于所利用的 SiO_2气凝胶主要特性各有差异，加入的颜填料和助剂也各有特殊性能，所以制备的涂料功能差异也较大。

1. 隔热涂料

SiO_2气凝胶隔热涂料能有效降低热量的传输，改善环境，降低能耗。SiO_2气凝胶的纳米孔以及三维网状结构破坏了基质的热量传导路径，这是它具有极低导热系数的一个重要原因。独特的纳米孔结构限制了空气分子的自由流动，抑制了空气的对流传导，无限多的孔壁形成了热辐射的反射面和折射面，具有“无穷隔热板效应”，最大限度地抑制了辐射导热。因此，将具有优异隔热性能的 SiO_2气凝胶用于隔热涂料中会使涂膜的隔热效果得到很大提升。

SiO_2气凝胶本身透光性好，可以制备纳米透明隔热涂料涂覆在玻璃上，该涂料吸收波长在小于 400 nm 的紫外线波段，透过波长在 400～760 nm 的可见光波段，阻隔波长在 760～2 500 nm 的近红外波段。利用 SiO_2气凝胶制备透明隔热涂料的主要工艺为：用 SiO_2气凝胶作为隔热涂料的基本填料；采用合适的稳定剂将 SiO_2气凝胶有效地均匀分散，制成浆料；再利用成膜物，将这两种材料和其他的助剂混合均匀。2003 年 Kim Gun-Soo 等在玻璃窗上涂覆 SiO_2气凝胶透明隔热膜，透光率达到 90%，当膜厚为 100 μm 时，热导率可降到 0.2 W/(m·K)，是未涂膜时的 1/10。郭迪等以 SiO_2气凝胶为填料制得气凝胶浆，以水性丙烯酸树脂为成膜物，在助剂的配合下制得水性纳米透明隔热涂料，可见光透过率达到了 95%，红外光阻隔率达到了 65%，与普通玻璃的对比温差为 5～10 ℃。以 SiO_2气凝胶为功能填料，以丙烯酸树脂为成膜剂，许辉等将制备的透明隔热涂料涂覆在 5 mm 厚的普通玻璃上，与空白玻璃对比温差达 11 ℃，但是涂膜的可见光透过率仅为 40%左右，效果较差。卢斌等用稳定剂爱利索 TMRM-825 对 SiO_2气凝胶进行了改性，在助剂的配合下制得了水性纳米透明隔热涂料，当涂覆膜厚为 20～25 μm 时，与空白玻璃对比最大温差达 14 ℃，可见光透过率达 89%，透明性好。SiO_2气凝胶隔热涂料的基本特点就是既没有改变玻璃原有的良好透光性能，也有效地阻挡了紫外线和红外热辐射对室内环境以及室内温度的影响。气凝胶作为玻璃涂覆料，以其节能环保、性能优良的特点，成为隔热涂料开发、研究与生产的主要方向。

SiO_2气凝胶隔热涂料也可用在建筑物其他部位上，与传统的墙体隔热材料相比，SiO_2气凝胶涂料不仅施工方便，更是弥补了一般有机保温材料（如聚苯泡沫板）防火阻燃性差和无机保温材料（如岩棉、玻璃棉等）密度大且保温效果欠佳的缺陷。

采用传热数学模拟和实验相结合的研究方法，发现 SiO_2 气凝胶涂层的隔热效果比其他隔热材料都要好，且在连续和间歇加热情况下可将绝热层置于墙体不同位置来实现最佳隔热效果。以核—壳结构模型来预测气凝胶的热导率，用含黏结剂的气凝胶和分别含有不同黏结剂[丙烯酸，环氧树脂，聚氨酯和聚乙烯醇缩丁醛酯(PVB)]的气凝胶，实验数据验证模型，结果表明：核—壳结构模型可以很好地预测有黏结剂和无黏结剂的气凝胶热导率。

以自交联丙烯酸乳液为成膜物，以 SiO_2 气凝胶、硅酸铝纤维等为填料可制备隔热涂料。热导率为 0.027 W/(m·K)的 1 mm 厚的 SiO_2 气凝胶涂层节能率比 8 cm 厚聚苯泡沫板高 5%。分别以空心微珠和自制的 SiO_2 气凝胶作为隔热填料，添加到丙烯酸酯白色外墙涂料中制成隔热涂料，隔热效果测试结果表明，两种涂料的隔热性能显著提高，60 min 后，涂空心微珠涂料的箱内温度较涂普通涂料的箱内温度低 3 ℃，而涂 SiO_2 气凝胶涂料的箱内温度则低 5.3 ℃。SiO_2 气凝胶的隔热效果比空心微珠更好。

SiO_2 气凝胶涂料可广泛应用于建筑物外墙、仓储、冷库等，具有薄层施工、纳米孔隔热、安全防火、环保节能、性价比高等优点。2010 年上海世博会零碳馆及万科实验楼中已投入使用，涂料具有突出的节能效果。

2. 耐高温涂料

SiO_2 气凝胶耐高温涂料是指能长期在 200℃ 以上高温环境中使用，能够对基材进行保护，且涂层自身的物理化学性能仍能保持相对稳定的一种功能涂料。SiO_2 气凝胶可在 900 ℃ 以下保持良好的多孔网络结构特性，但当温度达到 900 ℃ 以上时会发生烧结现象，Si—O—Si 网络结构会收缩并团聚，孔结构遭到破坏，比表面积急剧下降，导热系数随着温度的升高而提高。为实现 SiO_2 气凝胶在超高温度下维持原有的纳米孔网络结构，保持其低热导率及高孔隙率，一般通过掺杂其他耐高温材料的方法来制备耐高温复合材料。

Wei 等用溶胶—凝胶法，在 SiO_2 气凝胶中加入质量分数为 20% 的碳纳米纤维制备了耐高温的碳纳米纤维增强 SiO_2 气凝胶复合材料，在 500 ℃ 时的热导率为 0.05 W/(m·K)，兼具耐高温和低热导率的特点。通过掺杂 TiO_2 遮光剂也可制备 SiO_2 复合气凝胶，在 500 ℃ 和 800 ℃ 时热导率分别为 0.037 2 W/(m·K)和 0.049 5 W/(m·K)，较大幅度地提高了 SiO_2 气凝胶的高温绝热性能。

刘成楼等以纳米 SiO_2 气凝胶、改性六钛酸钾晶须(PTW)、硅铝基陶瓷空心微珠等为主要功能填料，以耐高温有机硅树脂乳液和丙烯酸乳液为成膜物，在多种功能助剂的配合下制备成耐高温绝热涂料，热导率在 0.027～0.031 W/(m·K)之间，可承受 600 ℃ 的高温，耐热性好。

SiO_2 气凝胶耐高温涂料具有厚度薄、耐高温、绝热等特性，在高温环境下可根据使用环境温度和要达到的降温幅度，选择施工的涂膜厚度，具有适应性好和可控性强的优点，在高温蒸汽管道、高温炉、石油裂解设备、发动机部位和冶金行业的金属高温防护等领域具有广泛的应用前景。

3. 防火涂料

SiO_2气凝胶防火涂料是涂敷在可燃性基材表面，能有效阻止热量的传递，降低基材可燃性，延滞甚至阻止火灾的蔓延，从而提高被涂基材耐火极限的一种特种功能涂料。SiO_2气凝胶防火涂料的防火机理主要在于 SiO_2气凝胶本身属于难燃性物质，使涂料具有难燃特性。

SiO_2气凝胶的孔隙尺寸在 2～50 nm 之间，空气中氮气和氧气的平均自由程均在 70 nm 左右，在涂料足够密实的情况下能有效阻止被保护基材与空气的直接接触。SiO_2气凝胶极低的导热系数，可以大幅度降低火焰温度，使被保护基材达不到自身着火点。

以 SiO_2气凝胶为功能填料，均匀分散于涂料的稳定体系中，当涂料被涂刷形成涂层时，能有效地起到良好的绝热保护作用，提高耐火性，起到防火作用。

以 SiO_2气凝胶为功能填料，加入无机胶凝材料和有机乳胶粉复配的黏结剂及各种助剂可制备薄层隧道防火涂料，SiO_2 气凝胶填料的质量分数为 4%时涂料的性能达到最佳，在隧道混凝土砌块表面形成涂层时，能够有效地对混凝土砌块及分布于其中的钢筋起到良好的绝热保护作用，大大地提高了隧道的耐火性，起到了隧道防火的作用。气凝胶防火涂料能较大幅度降低建筑设施遭遇火灾时的毁坏程度，也可利用其优越的防火性能来保护人员的安全。在基材温度分别为 160 ℃与 200 ℃时，1 mm 厚的气凝胶涂层比陶瓷涂层使人体的体感温度降低了 14 ℃和 18 ℃，热阻是陶瓷涂层的 6～11 倍，为气凝胶涂层在 200 ℃以下时的防火保护提供了实验基础。以 SiO_2气凝胶为主要功能填料做成的防火涂料可以适应于众多场合，用以保护建筑物、器材设备、人员安全等，防火效果远好于普通的防火涂料及防火材料。

4. 隔音吸声涂料

SiO_2气凝胶具有低声速特性，可用做隔音吸声材料，原因在于它具有大量微小的连通孔隙，声波可沿着这些孔隙深入内部，与 SiO_2气凝胶发生摩擦作用，将声能转化为热能，达到隔音效果。

目前，少有单独使用 SiO_2气凝胶做隔音吸声材料，大多是与其他材料复合形成隔音吸声材料，或者将 SiO_2气凝胶涂层涂覆在其他隔音材料表面上，制成隔音吸声效果更强的隔音材料。采用 SiO_2气凝胶和 3,3′,4,4′-二苯甲酮四酸二酐为原料，可制得了 SiO_2-PUI 复合硬泡沫，在 125～4 000 Hz 范围内，随着 SiO_2气凝胶加入量的增加，泡沫的开孔率递增，平均吸声系数增大，吸声性能得到提高。将 SiO_2气凝胶涂层涂敷在全棉非织造垫(CNM)上，可合成 SiO_2气凝胶的全棉非织造垫，作为隔音吸声材料，CNM 的隔音吸声效果得到显著提升，最高吸声频率可达到 2 500 Hz，最好的吸声频率段在 250～2 500 Hz。SiO_2气凝胶作为隔音吸声材料可做成各种形式的吸声体，用于家庭住户、商场办公楼、工业设备等各种需要隔音吸声的场合。

5. 吸附材料

SiO_2气凝胶具有纳米多孔网络结构和巨大的内表面积，使其具备了吸附材料应有的结构特性，对有机溶剂和有机物质有超强的吸附能力，吸附性能比现在常见的吸附剂（活性炭、硅胶、Al_2O_3、分子筛等）更好。此外，由于其表面原子数众多，缺少相邻的原子与之结合，导致 SiO_2 气凝胶表面原子具有很高的化学活性，极容易吸附其他原子，从而具有较强的吸附作用。

通过浸渍涂敷技术可将 SiO_2 气凝胶涂敷在金属泡沫上，涂层越厚，扩散系数越小，吸附水能力越强，吸附能力取决于在溶胶—凝胶法中使用的催化剂。用—CF3 官能团对疏水型 SiO_2 气凝胶进行改性，改性后的 SiO_2 气凝胶对 CO_2 表现出了更强的吸附作用，在长时间的使用中仍能保持良好的吸附性能。张志华等以多聚硅 E-40 为硅源制备了高气孔率的疏水性 SiO_2 气凝胶，比活性炭纤维（activated carbon fibre，ACF）和活性炭颗粒（granule of activated carbon，GAC）性能更优越，可脱附进行再次吸附，且再吸附容量基本不变。SiO_2 气凝胶具有良好的吸附和解吸附特性，可与其他基材复合形成新的吸附材料。

SiO_2 气凝胶吸附涂层可循环利用，绿色经济，具备优越的发展潜力，可被广泛应用于空气净化、污水处理、水蒸气吸附、医药过滤、海水淡化等领域。

6. 光催化涂料

通过溶胶—凝胶法制备的 SiO_2 气凝胶孔隙率最高可达 99.8%，比表面积可高达 1 000 m^2/g，在催化剂应用中获得了极高的关注。SiO_2 气凝胶光催化涂料在一定波长光的照射下具有催化反应功能，具有分解有毒物质、杀菌消毒、降解有机物和净化空气等作用，使建立高效的催化降解体系，实现气凝胶的高层次利用成为可能，也为研究 SiO_2 气凝胶材料对污染物的光催化机理和新的应用前景提供了理论依据。

白麓楠等用 SiO_2 气凝胶和 WO_x-TiO_2 复合无机光催化剂，合成制备 SiO_2 气凝胶/WO_x-TiO_2 复合空气净化涂料，光催化剂占涂料质量分数的 5.0% 时，具有较高且稳定的光催化率，3 h 内对甲醛气体的降解率高达 84.62%。

SiO_2 气凝胶光催化涂料不仅对空气中的有害气体有降解作用，还可对工业污染物进行催化降解。陈晨等利用 $TiCl_4$ 和工业水玻璃为原料，通过溶胶—凝胶、常压干燥法制备了 TiO_2/SiO_2 气凝胶，再用乙醇作为分散剂，制成了 TiO_2/SiO_2 复合气凝胶涂层。该凝胶涂层在可见光照射 4 h 后，光催化降解罗丹明 B（工业生产中最常用的有机染料）的效率能达到 77%。在任何酸碱性环境下，TiO_2/SiO_2 气凝胶的光催化效果都远远优于 TiO_2 粉末，在 pH＝9，光照射 6.5 h 时，降解率达到 97%。

全球工业发展迅速，人民生活水平得到显著的提高，社会对绿色、环保、节能日益重视，污染治理已成为当今世界关注的热点问题。光催化作为一种新兴的环境修复技术在治理污染方面的应用日益受到人们的重视。

12.1.3 气凝胶混凝土

气凝胶可以用于降低混凝土的导热系数。Kim 等在混凝土基料中掺入不同量的疏水或

亲水 SiO_2 气凝胶粉末，混凝土块的热导率随着 SiO_2 气凝胶粉末含量的增加而减少，但抗压强度有所降低，收缩率有所增大。可以加入助剂提高气凝胶混凝土的力学性能。气凝胶混凝土适用于非承重墙。

12.1.4　气凝胶保温管道

气凝胶毡具有超高隔热性和疏水性等优点，是一种理想的管道保温材料。图 12-1 是一种气凝胶毡管道保温层的结构，紧贴管道第一层的为卷绕管道的气凝胶保温毡，为主要保温层，外层为金属保护层和绑带，提供了机械和户外风吹日晒雨淋的防护，如果卷绕多层气凝胶毡可采用错位搭接方式提高保温性能。

SiO_2 气凝胶毡是一种很好的管道保温材料，其低导热性、强吸水性、低密度、高防火性及安全性等综合性能优良，通过合理的结构设计，能在石油化工领域管道保温方面发挥独特的作用。气凝胶毡管道绝热层在进行火焰最高温度达 1 000 ℃以上的防火实验后外部完好无损，具有良好的耐火隔热作用，厚度只需要 20 mm 就能将外部高温降低至 120 ℃以下，内部材料不受高温破坏。SiO_2 气凝胶毡吸水性率小于 0.52%，属于整体疏水保温材料，可以有效防止保温层下的管道或设备腐蚀。用 SiO_2 气凝胶毡包裹管道，节约材料，使管线布局更紧凑。与传统保温材料相比，SiO_2 气凝胶毡可节约大量人力物力，降低投资成本，安全等级高，适用于炼油厂、石化工厂和气体处理厂的中高压蒸气管线上。

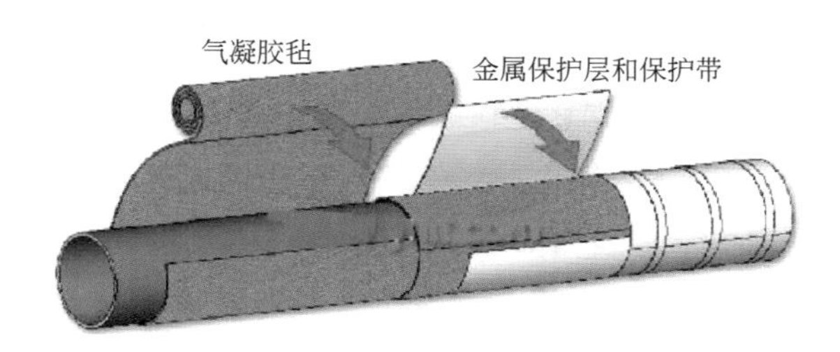

图 12-1　气凝胶毡管道保温层的结构

气凝胶毡有较好的柔性，高的抗拉和抗压强度，良好的整体疏水性，稳定的导热系数，保温性能明显好于传统保温材料。根据美国阿斯彭公司的估算，平均每公里的高温蒸汽管道在 8 年的使用中仅能耗一项就可节省 250 万美元，而在建筑供热管道保温材料改造中，一年左右即可节省出改造投入的成本。

气凝胶毡通过将气凝胶与纤维增强材料进行复合，解决了气凝胶机械强度低，易碎易裂、高温隔热性能不佳等问题，能够使其在建筑领域有更大的实用价值。

气凝胶毡的增强材料有两类：一类是韧性较好的有机纤维，如芳纶纤维、聚氨酯纤维等；另一类是耐高温的无机材料，如玻璃纤维、陶瓷纤维、硅钙石等。将溶胶与纤维增强材料复合，再经过凝胶干燥等过程就得到了气凝胶毡。这种方法既可制得刚性的复合气凝胶板材，也可制备柔性的气凝胶毡。Chandradass 等以水玻璃为硅源，用 Al_2O_3 溶胶改性的玻璃棉为增强体，常温干燥制备出气凝胶毡，密度在 0.1～0.14 g/cm^3，具有良好的力学性能和疏水性。韩国的 Kyung 等将 SiO_2 气凝胶与聚酯纤维棉复合，常压下制备有机纤维增强的气凝胶毡，具有良好的隔热性和吸声性。

美国阿斯彭气凝胶公司将气凝胶和超细玻璃纤维复合后得到 P 型气凝胶毡[见图 12-2(a)]，柔软且有弹性，具有较低的热导率[室温 0.02 W/(m·K)]，将气凝胶毡外表面复合铝箔防水层后制备出 C 型气凝胶毡[见图 12-2(b)]，具有柔性、弹性、更低的导热系数[0 ℃为 0.014 W/(m·K)]，可在低至－270 ℃的环境下使用。

(a) P型

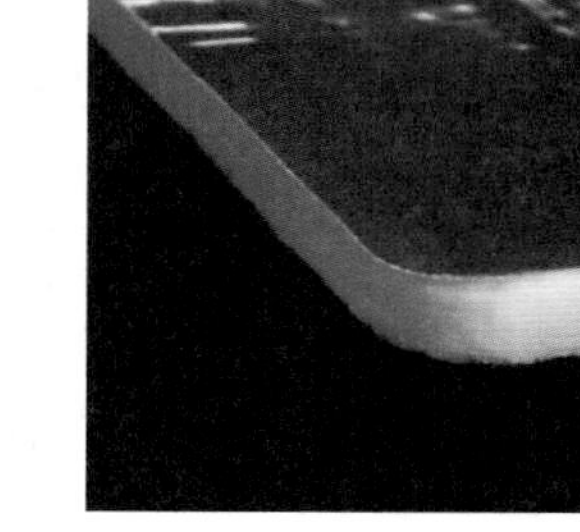

(b) C型

图 12-2　气凝胶毡

在液化天然气(LNG)工程及其他低温项目建设中，低温和超低温设备的工作温度大都在－40 ℃至－170 ℃，保冷效果的好坏不仅关系到整个设备的输送效率，而且对装置的安全生产也有至关重要的影响。合适的保冷材料不仅能够降低能耗，减少冷量损失，而且符合环保要求，为企业安全生产和提高经济效益提供了保障。常用的深冷保冷材料主要有 PUR/PIR、发泡玻璃、橡塑和改性酚醛泡沫等，气凝胶型保温材料正是为深冷型保温需求量身定做的，在国内外已经开始广泛应用。

我国当前绝大多数的液化天然气输送管道保冷工程都不是很理想，原因在于：传统材料保温性能衰减很快，保冷效果差，冷损失大，容易给天然气或其他压缩气体的储藏运输带来危险；包裹厚度大，给密集型管线排布设计带来不便；由于保冷层效果差，管道很容易被结露的水腐蚀，等等。

气凝胶材料在保冷领域的优点如下：

(1)保冷效果优异，常温热导率仅 0.016 W/(m·K)，超低温时热导率小于 0.01 W/(m·K)，所需保冷层厚度大大减小，有效降低冷损失，为密集型管线排布设计提供优化。

(2)具有最佳的低温稳定性，－200 ℃仍可长期保持保冷性能及良好柔性，不开裂。

(3)尺寸稳定性极佳，纳米级特殊结构可抵抗管道伸缩带来的内应力，无须设置伸缩缝。

(4)气凝胶材料的疏水性能好，可有效抑制水渗入金属管线表面，防止管线腐蚀，防止保温材料因渗水而导致保温效果下降。

(5)材料为无机材料,主要成分 SiO_2,不含胶黏剂,性能稳定,安全防火,使用寿命更长。

(6)材料切割、施工方便,维护成本低。

气凝胶复合保温毡垫与现有保冷材料具体性能对比见表 12-4。

表 12-4　各类保冷材料性能

性　能	气凝胶复合毡垫	发泡玻璃类	发泡 PIR 聚三聚氰酸酯
热导率/[W·(m·K)$^{-1}$]	0.010～0.020	0.050～0.080	0.030～0.040
密度/(kg·m^{-3})	190	150～240	50～180
保冷厚度/mm	约为 1/2	2	1
吸水率/%(体积比)	0.36	2	1.5
防水性	整体防水,憎水率≥99%,纳米结构能够有效抵御结露、结霜	防水性差,需外加防水措施	防水性差,需外加防水措施
可施工性	可成卷材,异形件,柔性好,易施工	很差,损耗高	普通,可现场发泡,但发泡均匀性较差
超低温稳定性	优,预计寿命 3～5 年	稳定性一般,寿命约 2 年	易老化,强度变低,稳定性差,6 个月到 1 年需更换
尺寸稳定性	0.45%	差	差
重复利用性	拆卸检修时,可重复利用	拆卸时易碎,无法利用	拆卸时易碎,无法利用
其　他	减少 25%的辅材费用,减少管线排布难度	—	—

12.1.5　气凝胶保温墙壁和屋顶

传统的墙壁和屋顶保温材料分为无机材料和有机材料,占据保温材料市场 80%的有机保温材料聚苯泡沫板的防火阻燃性不佳,无机保温材料如岩棉、玻璃棉等大多密度大且保温效果欠佳。气凝胶板具有低热导率、低密度、高阻燃性,是墙壁和屋顶的理想保温材料。图 12-3 展示了目前常见的气凝胶板保温层,其中包括墙壁保温层和屋顶保温。

图 12-3　气凝胶板保温层

气凝胶板保温层的热导率在常温下可到达 0.013 W/(m·K)，只有挤塑聚苯板的三分之一，远低于其他建筑保温材料，具有高效的保温隔热性能，还可以起到吸声降噪的功能，燃烧性能为 A1 级，为完全不燃性材料，解决了建筑保温与建筑防火无法共存的巨大矛盾。气凝胶毡或板密度低于 0.200 g/cm^3，在施工方便的同时也减轻了整栋建筑的重量。

1. 气凝胶真空绝热板

真空绝热板(VIPs)对材料采用真空处理，主要为气相 SiO_2(气相法制备的“烟雾”状蓬松的白色多孔超细粉末)，能显著降低气相热导率，但必须密封金属或金属化外壳来维持真空。在室温条件下 VIPs 中心面板热导率可达 4 mW/(m·K)，外壳的老化会使总热导率提升至 7～10 mW/(m·K)的范围。采用气凝胶作为核心材料，可降低材料的热导率、密度和厚度。但真空绝热板的外壳遭破坏将使真空绝热板的总热导率提升至气相 SiO_2 的水平，即 20 mW/(m·K)，比硅气凝胶的热导率高得多。真空绝热板不能在工地进行修改，因此，气凝胶真空绝热板还有待市场的进一步检验。目前从事气凝胶真空绝热板开发的公司包括 Airglass 和 Cabot 等，图 12-4 为 Airglass 公司开发的气凝胶真空绝热板原型图。

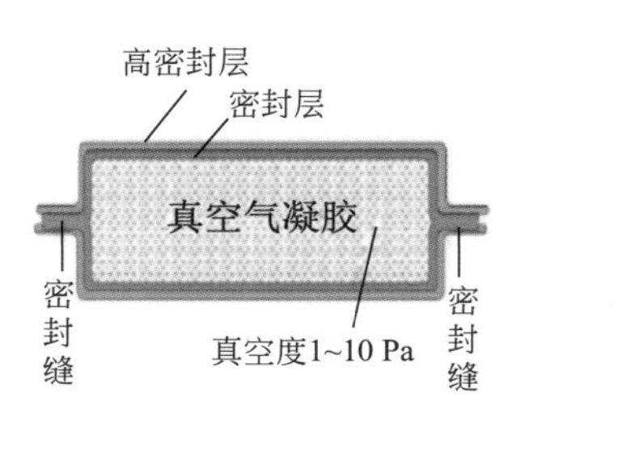

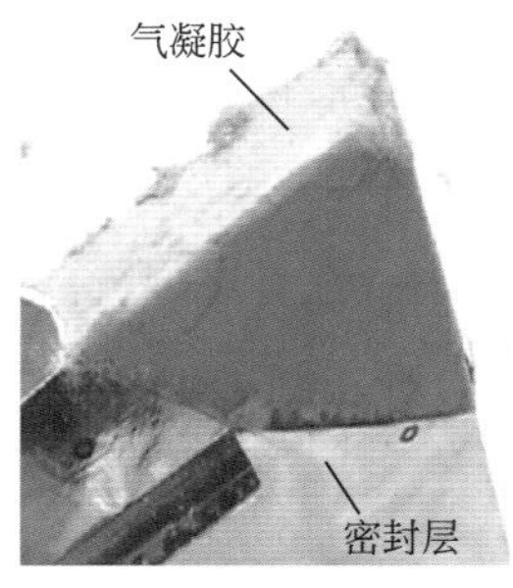

图 12-4　气凝胶真空绝热板

2. 气凝胶复合板

气凝胶复合板是将纯气凝胶和纤维、颗粒、砂浆、金属、有机聚合物等复合制成刚性的板材。由于可以和气凝胶复合的材料较多，复合形式多样，产品较为丰富，不仅可做成保温隔热板，还可用设计的模具制备所需的各种结构件。

将制备气凝胶毡的方法改进即可制得刚性气凝胶—纤维复合板。制备刚性板时加入少量纤维和添加剂，由于纤维和气凝胶都是连续相，即保证了强度，又提高了隔热性。另一种制备复合板的方法是先制得不同粒径的纯气凝胶颗粒，再将这些颗粒与有机或无机增强体、黏结剂等混合均匀，二次成型(浇注或模压)得到气凝胶复合板。将制备的 SiO_2 气凝胶颗粒粉碎后和 PVB 颗粒按一定比例通过不同的方式(干混或湿混)混合均匀，将混合粉末放入模具中在 150 ℃和 0.28 MPa 下热压成型可得到 SiO_2 气凝胶/PVB 复合板。将疏水 SiO_2 气凝胶颗粒和亲水颗粒按照一定比例分别与水泥砂浆混合均匀，向混合物中加入一定量的水充分搅拌后倒入模具，干燥后即可得到 SiO_2 气凝胶—水泥墙板。目前商用气凝胶板一般是将

SiO_2气凝胶与无机纤维毡复合制得的。

12.1.6　气凝胶节能门窗

CO_2的节能减排可采用真空气凝胶玻璃来实现。在不增加窗体系统承重，无需对建筑物大范围改动的情况下，可有效地降低建筑物的能耗，提供相较于其他新型玻璃系统更佳的采光，更低的成本。从事气凝胶玻璃开发的企业包括 Airglass、Cabot、Aspen 等公司，市场上相关产品不多，大多处于示范阶段。

通过门窗损失的热量约占建筑总热量损失的 40%～50%，随着人们居住环境的提高，门窗面积在不断增加，节能玻璃的应用对整个建筑节能将起到重要的作用。气凝胶节能玻璃相对真空玻璃、夹层玻璃等传统节能玻璃有更好的透光率和隔热性能，在节能窗上有很好的应用前景。但是气凝胶的极限拉伸强度很小，直接的机械撞击会破坏气凝胶结构。目前气凝胶很难单独作为玻璃应用，要和普通玻璃板结合应用，主要有气凝胶镀膜玻璃板和真空夹层气凝胶玻璃两种。

1. 气凝胶涂膜玻璃

气凝胶镀膜玻璃就是在普通玻璃板上增加一层气凝胶薄膜来提高其隔热性能，Kim 等将 TEOS 溶解到 IPA 中，用酸碱两步催化法来制备 TEOS/IPA 基溶胶，以浸泡涂膜法在玻璃表面形成一层湿凝胶薄膜，通过溶液替换和常压干燥制得气凝胶涂膜玻璃。气凝胶涂层厚度在 0.16～10 μm，折射率为 1.08～1.09，气凝胶涂膜玻璃的透光率超过 90%，热导率达 0.016 W/(m・K)。

2. 真空夹层气凝胶玻璃

真空夹层气凝胶玻璃是利用两侧玻璃板对其夹层的气凝胶进行保护，并通过抽真空密封的方式进一步提高整个复合玻璃的隔热性能，使夹层气凝胶避免接触空气中的水分。真空夹层气凝胶玻璃的制备工艺是，首先用超临界干燥法制备出块状的气凝胶平板，然后将气凝胶平板夹在两片玻璃板之间并对边缘进行密封，对两片玻璃之间抽真空。55 cm×55 cm 的气凝胶玻璃中间夹层厚度为 15 mm，中心热导率为 0.7 W/(m・K)，透光率为 76%。

虽然上述两种气凝胶玻璃视觉效果较好，但是涂膜玻璃节能性能提升有限，真空夹层气凝胶玻璃所用气凝胶板难以制备且价格昂贵。实际应用时，一般将半透明纳米 SiO_2气凝胶颗粒作为夹层填充物，虽然视觉效果差、折射率大，但可应用在大型剧院、展览中心、会议中心等无须良好视觉效果的位置，还可以应用于太阳能集热器。Reim 等制备的气凝胶夹层玻璃热导率为 0.4 W/(m・K)，透光率可达 88%。绍兴纳诺高科公司以半透明纳米 SiO_2气凝胶颗粒、薄膜或板材为主体夹层材料，与优质玻璃钢材料复合制成的绝热采光板，其透光率大于 70%，热导率低至 0.020 W/(m・K)。

Xtralite 公司自 2006 年起采用纳米气凝胶开发系列玻璃窗系统，能有效减少热传递，降噪，光散射更优越，方便运输和安装，开发的平板玻璃窗和特种屋顶玻璃窗等产品，已广泛应用于学校、体育馆、博物馆和音乐厅等建造项目中。

Schultz 等通过仿真模拟，用真空气凝胶玻璃替换三层充氩气的中空玻璃安装于建筑门窗上。普通居民住房安装真空气凝胶玻璃后，年节约能量为 1 180 kW · h；而在节能住宅中年节约能量为 700 kW · h。真空气凝胶玻璃不仅更节能也有不错的视觉效果，图 12-5 为气凝胶玻璃在美国耶鲁大学建筑的玻璃幕墙中的应用。

图 12-5 气凝胶玻璃在美国耶鲁大学建筑的玻璃幕墙中的应用

12.2 气凝胶在环保和催化领域的应用

12.2.1 气凝胶水处理

1. 油/水分离

收集、清理和回收泄漏的石油，特别是高黏原油，是全球性的挑战。南开大学的 Hu 等合成了石墨烯负载的 $CuFeSe_2$ 气凝胶（GA-$CuFeSe_2$），具有优异的光热转换能力。

GA-$CuFeSe_2$ 具有较强的吸光性和较高的光热转换效率。GA-$CuFeSe_2$ 在 10 s 内将原油加热至约 100 ℃，吸收原油能力为 18.63 g/g。原油向 GA-$CuFeSe_2$ 的饱和扩散时间小于 300 s。石墨烯支撑的气凝胶具有耐腐蚀性，气凝胶的孔结构为高黏度流体的快速扩散提供了多种多样的孔隙结构，可实现由太阳能驱动的高性能光热转换，并有较强的石油吸附能力。

Nguyen 等对比了用物理喷涂疏水剂（商业名 Revive-X）和化学气相沉积法（CVD）沉积疏水剂两种方法制备的气凝胶的疏水性，两种方法改性的气凝胶样品都显示出良好的疏水性，但经 CVD 法改性的气凝胶显示出较大的水接触角（135.2°），对机油和食用油的吸附量分别为自身重量的 18 和 17.6 倍。万才超等以低成本的 NaOH/PEG(聚乙二醇)水溶液作为麦秸秆纤维素的溶剂,采用低温溶解法获得均匀的纤维素溶液和再生纤维素气凝胶,BET 比表面积为 99.17 m^2/g,总孔体积为 0.45 cm^3/g,表现出良好的抗压性能;经 CVD 工艺沉积甲基三氯硅烷(MTCS)后,显示出良好的疏水性。

比较 4 种不同来源的植物纤维素(麦秸秆、竹材、滤纸和棉花)对再生纤维素气凝胶形态和吸油性能的影响,4 种气凝胶的比表面积分别为 99.17、152.5、137.11、63.3 m^2/g,经甲基三氯硅烷疏水化改性后,对废机油的吸附量分别达到 16.8、20.6、19.3、13.5 g/g。比表面积最大的竹材纤维素气凝胶的吸油量最高。

金春德等选用 1-烯丙基-3-甲基咪唑氯盐作为“绿色”溶剂,以废报纸为纤维素原料,通过溶解再生—醇置换—冷冻干燥工艺,制备出再生纤维素气凝胶。经 CVD 法沉积三甲基氯硅烷(TMCS)表面化学改性后,气凝胶显示出良好的亲油性,水接触角达 136°,对不同的油和有机溶剂的吸附能力为自身质量的 12～22 倍,对废弃油污、食用油及氯仿的吸附量分别为 24、16 和 22 g/g,但是经吸附—挤压循环后,其二次吸油能力急剧降至 1 g/g。

为提高再生纤维素气凝胶吸油后的可回收性,Chin 等将预先合成的 7～10 nm 的四氧化三铁(Fe_3O_4)磁性纳米粒子加入纤维素溶液中(溶剂为 NaOH/硫脲/尿素水溶液),通过乙湿凝胶化—超临界 CO_2 干燥工艺制备出 Fe_3O_4/再生纤维素杂化气凝胶,以溶胶—凝胶法将 TiO_2 疏水层涂覆到气凝胶表面上,制备出一种新型便于磁铁回收的杂化气凝胶,表现出良好的亲油性,对液状石蜡的吸附量约为自身质量的 28 倍,而 TiO_2 未改性再生纤维素气凝胶吸油量仅为自身质量约 5 倍;吸油后的气凝胶经乙醇萃取移除液状石蜡后,二次吸附量基本保持不变。

以回收废纸作为纤维素原料,添加纸张湿强剂聚酰胺聚胺环氧氯丙烷作为交联剂,采用水溶液混合—冷冻干燥—加热后交联的方式可制备出天然纤维素基气凝胶,再以甲基三甲氧基硅烷(MTMS)作为疏水化处理剂,通过 CVD 法可得到了高孔隙率(97.2%～99.4%)的气凝胶型吸油材料,常温下对机油的最大吸附量可达自身质量的 95 倍,比天然有机类吸附剂高 1 个数量级,比商业化聚丙烯无纺布高 2～4 倍。降低纤维素纤维的浓度会提高气凝胶的孔隙率,有助于吸油量的增加,而湿强剂用量对气凝胶的形态结构影响不大。改性气凝胶的水接触角超过了 150°,表现出超疏水性。

采用原子层沉积(ALD)工艺在纳米纤维素(NFC 气凝胶)表面沉积 TiO_2 后,可达到疏水化效果(接触角＞90°),对液状石蜡的吸附量为 40 g/g。以漂白的针叶浆为纤维素原料,依次通过羧甲基化预处理和机械处理制备出表面带有负电荷的纳米纤维素悬浮液,冷冻干燥后可得到纳米纤维素气凝胶,然后以正辛基三氯硅烷(OTCS)为改性剂,通过 CVD 法对其表面疏水改性,所得气凝胶的水接触角达到 150°±4°,表现出超疏水性,对十六烷烃的吸附量为自身质量的 45 倍。X 射线光电子能谱(XPS)结果显示,气凝胶上接枝的硅烷基团含量分布不均匀,样品表面的基因含量较内部更高。

以稻草中分离的纤维素为原料，结合四甲基哌啶(TEMPO)介导氧化预处理和机械处理可制备出表面羧基改性的纳米纤维素。纤维素表面负电荷之间的排斥作用，极大提高了其微纤化程度。不同浓度的纳米纤维素悬浮液冷冻干燥后，制备了密度在 1.7～7.1 mg/cm^3 之间、孔隙率高达 99.5%～99.9%的 NFC 气凝胶。悬浮液浓度越高，气凝胶的密度越大，而孔隙率越低。未改性气凝胶材料对水和非极性液体(氯仿和庚烷)都表现出良好吸附性能(即两亲性)，吸附量取决于气凝胶的密度和吸附液体的种类。其中密度为 2.6 mg/cm^3 的气凝胶对水、癸烷及氯仿的吸附量分别可达自身质量的 173.6、195 及 375 倍。该气凝胶以正辛基三乙氧基硅烷(OTES)为改性剂，通过 CVD 法疏水改性后，对非极性烃类有机溶剂和油的吸附量变化不大(为 200～350 g/g)；但油水选择吸附性显著提高，对水、氯仿、癸烷、泵油及大豆油吸附量分别为 11.4、356、219、240、250 g/g；经 6 次吸附甲苯—蒸馏解吸循环后仍可重复使用，显示出较好的回收再利用性，但吸附量从 250 g/g 下降到 120 g/g。

除了纯纤维素气凝胶可用作吸油材料外，将互穿网络纤维素与氧化石墨烯(GO)的悬浮液混合后，冷冻干燥制得纤维素/GO 复合凝胶，在 200℃下通氢气还原 4 h 后，可制得复合气凝胶型吸油材料。还原前后复合气凝胶的微观形态并未发生显著变化，由于疏水的石墨烯纳米颗粒包裹在亲水性纤维素表面，还原后复合气凝胶具备了从油水混合体系中选择性吸油的能力，对非极性环己烷的吸附量为 150 g/g。

为了克服化学气相沉积法疏水化处理效果不均匀的缺点，可将冷冻干燥所得的微生物纤维素气凝胶浸于含有改性剂 TMCS 和三乙胺(盐酸捕捉剂)的二氯甲烷溶剂里，在加热回流状态下对其进行疏水化处理，然后依次经过乙醇洗涤、叔丁醇/水混合溶剂置换、冷冻干燥步骤，制备疏水化气凝胶。疏水化后气凝胶的 BET 比表面积可达 169.1～180.2 m^2/g，气孔率约为 99.6%，水接触角达 137°～146°。

将微生物纤维素气凝胶浸渍于四乙氧基硅烷水解所得 SiO_2 溶胶中，通过溶胶—凝胶过程互穿网络结构，经过叔丁醇/水混合溶剂置换和冷冻干燥后可制得柔韧性良好的微生物纤维素/SiO_2 复合气凝胶材料。微生物纤维素/SiO_2 复合水凝胶置于 MTMS 水解硅醇液中充分浸泡，再经叔丁醇溶剂置换和冷冻干燥工艺后可得到表面疏水的气凝胶。经疏水改性后，复合气凝胶的水接触角为 133°，BET 比表面积高达 534.5 m^2/g。为简化制备工艺流程和降低 SiO_2 前驱体原料的成本，也可直接将微生物纤维素水凝胶分别浸渍于成本较低的硅酸钠 Na_2SiO_3 水溶液和稀硫酸中，经过催化快速水解交联形成具有三维网络结构的微生物纤维素/SiO_2 复合水凝胶，然后将水凝胶置于 MTMS 水解硅醇液中充分浸泡，再经叔丁醇溶剂置换和冷冻干燥工艺后得到疏水的微生物纤维素/SiO_2 复合气凝胶。该气凝胶不仅具有良好的油水分离能力，而且还可在多次乙醇洗脱—冷冻干燥处理后重复使用，是一种潜在的清除海洋溢油的可回收使用的吸油材料。

石墨烯气凝胶(GA)具有比表面积大和超疏水的特性，可用于除油和有机溶剂中，既经济又高效。高超等制备出的碳纳米管/氧化石墨烯气凝胶每克可以 68.8 g/s 的速度吸收高达 900 g 的油，在紧急原油泄露治理方面，GA 必将成为较好的选择。石墨烯气凝胶的热学稳定性和极强的弹性使 GA 吸附剂再生十分方便，通过加热燃烧的方式即可恢复再生，再生后的吸附性能不会受到很大影响。Chi 等运用 PS 作为牺牲模板制备出三维分层的石墨烯气凝胶，具有低密度、超疏水性和大孔隙率的特性，展现出极强的吸附油和有机溶剂的能力。石墨烯气凝胶优越的热稳定性对材料的再生十分有利，经过 8 次甲苯吸附和干燥再生后，吸附容量比原始材料仅减少了 7%。

Niu 等利用类似发酵的原理也制备出氧化石墨烯泡沫状气凝胶，该气凝胶具有超强的疏水性和对有机溶剂的超湿性和毛细现象，成为一种超级吸附剂。当石墨烯泡沫被置于油水的表面时，迅速吸油并且与水分离，泡沫的密度仅为 0.03 g/cm^3，对机油的吸附重量可以达到其自身质量的 37 倍，经过十几次的再生后，气凝胶的形态和吸附性能依然如初。

Liang 等以碲(Te)纳米线为模板制备了宏观尺寸的碳基气凝胶(见图 12-6)，采用水热法，以 Na_2TeO_3 为前驱体，以水合肼为还原剂制备了碲纳米线；以碲纳米线为模板，葡糖糖溶液为碳前驱体，共混后在 180 ℃下水热碳化处理，得到水凝胶；用酸性 H_2O_2 去除碲纳米线，洗涤后冷冻干燥得到宏观尺度的纯碳基气凝胶，对亚甲基蓝的吸附容量高达 800 mg/g，具有超疏水性和高孔隙率，可以轻易从水溶液中移除油或非极性有机溶剂。

图 12-6　宏观尺度碳气凝胶及其吸附性能

2. 重金属离子吸附

在工业生产、燃烧化石燃料、焚烧废物、汽车尾气、冶炼过程、污水污泥中会产生大量有毒重金属进入大气、水生和陆生环境，重金属(如 Cd、Cr、Cu、Hg、Ni、Pb 和 Zn 等)能造成环境污染，引起食物/饮水中毒等。

目前，去除废水中的重金属离子的方法包括化学沉淀/凝固、膜技术、电解还原、离子交换和吸附等。Low 等使用柠檬酸酐与木浆纤维素上的羟基反应形成酯键，将羧基官能团引入到纤维素的主链上，酯化过程增加了木质纤维表面上羧基的含量，增加了对二价金属离子的吸附能力，改性后对 Cu^{2+} 的吸附达到 24 mg/g，对 Pb^{2+} 的吸附达到 83 mg/g。在大量催化剂作用下，使用琥珀酸酐酯化反应将羧基引入木浆纤维，对 Cd^{2+} 的吸附能力最高可达 169 mg/g。

Maekawa 等使用高碘酸钠氧化木浆纤维素形成二醛纤维素，用次氯酸钠氧化醛基形成羧基，对 Ni^{2+} 和 Cu^{2+} 吸附能力分别为 184 mg/g 和 236 mg/g。使用高碘酸盐氧化二醛纤维素合成了异羟肟酸改性纤维素，能够在水溶液中吸附 246 mg/g 的 Cu^{2+} 。

为处理河流中重金属离子 Pb^{2+} 的污染，可把壳聚糖、氨基功能化的磁铁矿纳米颗粒、羧基纤维素纤维(carboxylated cellulose nanofibrils，CCNFs)和聚乙烯醇瞬时混合在一起，制备一种新颖的磁性水凝胶珠，可以迅速吸附污水中的 Pb^{2+} (171.0 mg/g)，原因在于 CCNFs 上有大量的羧基及壳聚糖链上有丰富的羟基和氨基。

Tripathy 等研究了纤维素基高吸水性多孔气凝胶对 5 种金属离子(Cu^{2+}、Ni^{2+}、Zn^{2+}、Pb^{2+} 和 Hg^{2+})的最大吸附百分比分别为 13.8%，13.8%，9.8%，9.0%和 8.7%，吸附百分比随着接枝率的增加而增加。氰乙基纤维素多孔气凝胶也被应用于水溶液中 Cu^{2+} 离子的吸附。Saliba 等使用丙烯腈与锯末纤维素，通过醚化反应引入氰基基团得到酰胺肟化学改性锯末，对 Cu^{2+} 和 Ni^{2+} 的吸附能力分别为 246 mg/g 和 188 mg/g。

石墨烯/碳纳米管气凝胶对水中重金属离子(Pb^{2+}、Ag^{+}、Hg^{2}＋和 Cu^{2+}) 显示出良好的吸附效果。石墨烯/碳纳米管气凝胶具有更多的含氧官能团，促进了重金属离子和吸附剂之间的静电作用，提高了对重金属离子的吸附效果。

Zhao 等通过水热还原法制备的负载硫的三维石墨烯海绵，对于 Cu^{2+} 的吸附量高达 228 mg/g，是活性炭的 40 多倍。相对于普通的石墨烯材料，负载硫的三维石墨烯海绵吸附容量大，能够适应不同 pH、温度和离子浓度的处理环境，经过五次吸附—脱附后，吸附量几乎无变化，适合大规模应用于不同水质条件下重金属离子的吸附。Wu 等通过磺化可将 S 修饰在石墨烯气凝胶中，并将其组装成膜用以过滤含镉废水，吸附过程中硫基基团存在络合反应，硫原子和氧原子之间的强烈作用均有利于提高吸附效果。

石墨烯气凝胶所具有的高比表面积、多孔结构、含氧官能团等使其在水中重金属离子吸附方面占有很大优势，而在石墨烯气凝胶中掺杂 S、N 等无机元素可以进一步大幅度提高其吸附效果，将成为一个新的研究热点。

与现有的技术(离子交换、蒸发、反相渗透)相比，用碳气凝胶进行电吸附去除溶液中的金属离子具有很多优势，包括可以再生、减少二次污染、节约能量等。吸附容量随着溶液浓度、采用电压以及可利用的比表面的增加而增加。用碳气凝胶吸附水溶液中的 Hg^{2+}，吸附能力几乎达 100%。碳气凝胶也能吸附 Cd^{2+}，Pb^{2+}，Cu^{2+}，Ni^{2+}、Mn^{2+}、Zn^{2+}，Cr^{2+} 等重金属离子。

3. 处理染料废水

染料废水是较难处理的工业废水之一，也是环境污染的主要来源之一，具有碱性大、色度深，有机污染物含量高等特点。制造业和纺织工业产生的染料产品每年有百分之二十都排放到废水中，印染加工过程中大约有五分之一的染料随废水排出，而每排放1 t染料废水，就会污染20 t水体。染料废水具有很高的生物需氧量，会引起水体的富营养化，严重危害水中动植物的生长。染料废水会引起人的呕吐、意识模糊、畸形、突变和癌症等问题。大多染料产品都含有化学稳定性强、有毒、难降解的有机物。因此，将来源广泛的纤维素制备成吸附剂用于染料的吸附和分离，解决染料废水治理问题，消除印染行业发展瓶颈，对资源利用和环境保护都具有重要的意义。

利用纤维素基的天然废物，如香蕉皮和橘子皮，可在100～120 ℃温度下制备纤维素基的吸附材料，用于染料废水的去除。利用废弃的花生壳，制备纤维素基吸附材料，对染料废水有很好的吸附效果。通过脂肪酸和氯醇与纤维素反应，可制备出一系列可以直接吸附染料的纤维素吸附材料，对染料的吸附能力比某些活性炭更好。通过接枝共聚反应，可以制备羧甲基纤维素接枝聚丙烯酰胺树脂，采用Mannich反应，合成羧甲基纤维素接枝季铵化聚丙烯酰胺阳离子接枝共聚物，对水溶性染料具有良好的吸附和脱色性能，脱色率达到98%。以纤维素脱脂棉为原料，在碱性条件下与环硫氯丙烷进行醚化反应，可制得聚硫醚纤维素，对碱性艳蓝B、R和夜蓝的最大吸附量分别为726 mg/g、652 mg/g和320 mg/g。

现有的纤维素吸附材料大多为粉末状或微粒状，吸附剂的孔结构不理想，限制了吸附能力提高。纤维素吸附材料的孔隙度和粒度可控，具有亲水性和疏松的网络结构，有较大的比表面积，良好的通透性，优异的水力学性能，处理容易，成为吸附材料研究的一个热点。

通过天然酚酸化学还原氧化石墨烯(GO)可制备出超疏水的石墨烯气凝胶(GA)，对水中不同的染料展现出非凡的吸附性能，吸附容量从115～1 260 mg/g不等，对水中染料的去除率超过97.8%。氮掺杂的石墨烯气凝胶对于水中的有机污染物的吸附是其自身质量的200～600倍，吸附量是其他碳材料的10倍以上，是碳纳米管(CNT)海绵的80～180倍。如图12-7所示，石墨烯/碳纳米管气凝胶对于甲苯的去除可在5 s内完成，充分显示了GA吸附的高效率。

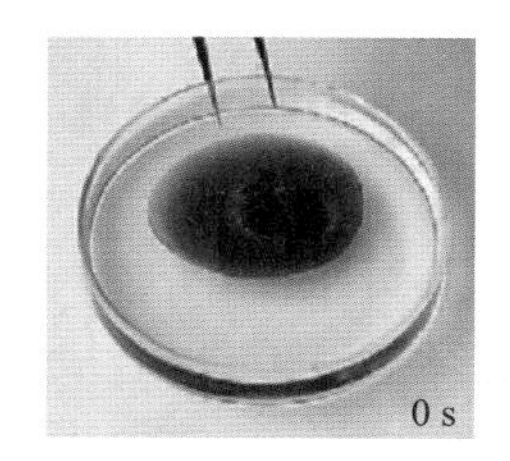

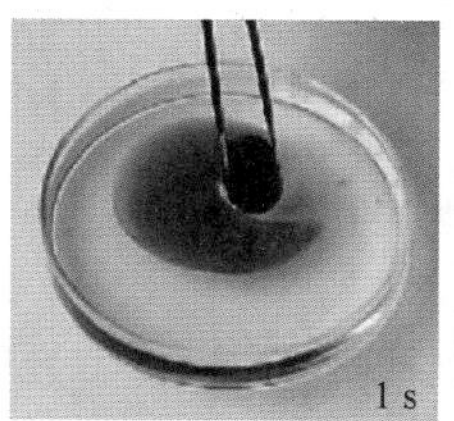

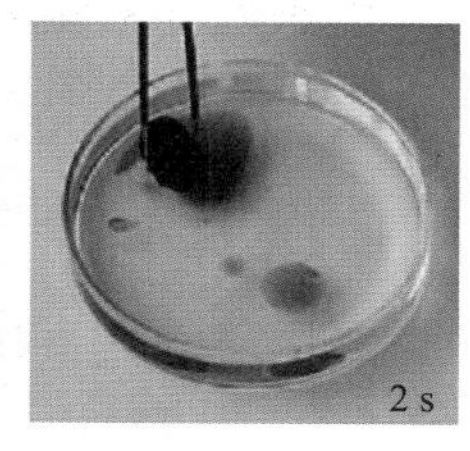

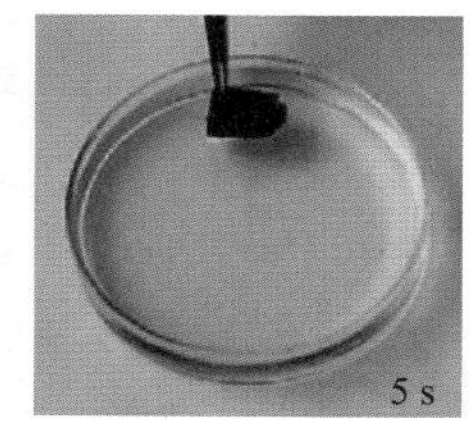

图12-7　石墨烯/CNT气凝胶对甲苯的吸附示意图

石墨烯气凝胶对于水中有机物的去除是气凝胶和有机物之间强烈的π-π作用和静电作

用的协同效果，含氧官能团数量的增加进一步加强了吸附效果。石墨烯气凝胶的吸附容量高、吸附速率快，非常适合广泛应用于水中有机污染物的去除。

付明来研究组通过调控纳米片层上含氧结构的分布，破坏片层表面原本稳定的氢键网络，使纳米片层能在简单的水溶液中发生褶皱，实现片层的自我堆垛抑制，采用该片层构建的气凝胶具有更优异的机械弹性和疏水性，对常见油类和有机溶剂的吸附容量达 154～325 g/g，相对于常规气凝胶的吸附量提高了 224%～406%，可应用在水体中对有机污染物进行高效选择去除。

4. 去离子电容

去离子电容(CDI) 被广泛应用于去除水中的轻金属离子、铵根离子、NaCl 等无机污染物，相比于传统的反渗透、电渗析和离子交换等去离子技术，CDI 处理效率很高，成本相对较低，过程可逆，可以重复利用。在 CDI 技术中，决定设备效率最关键的因素就是电极材料，大量的碳材料如碳纳米管、多孔碳材料、石墨烯等因为较高的比表面积和化学稳定性以及对环境友好等特性而被用作 CDI 电极。在众多碳材料电极中，GA 因其独特的交联网状结构和优良的物化性能从中脱颖而出，交联的网状结构不仅赋予了气凝胶极大的比表面积，而且其中均匀分布的碳质粒子增强了它的导电性能，都对 GA 的电吸附性能有促进作用。

图 12-8 所示为将 GA 应用于 CDI 技术中去除水中盐分的示意图。三维的互联网络结构赋予了 GA 电极极高的电导率和极低的内阻其特征电容在 5 mV/s 下高达 58.4 F/g，在保证电子和离子高效传输的同时展现出完美的输出功率。批模式 CDI 测试进一步论证了 GA 是制备高效 CDI 电极的优良材料。

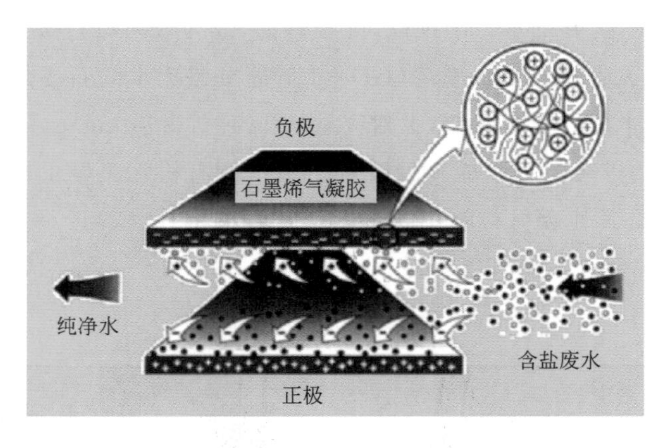

图 12-8　GA 应用于 CDI 电极处理含盐废水的示意图

Yin 等制备出 GO/TiO_2气凝胶并将其应用于 CDI 电极。石墨烯和 TiO_2组装成的三维结构，不仅为吸附溶液中的无机盐离子提供了大量的大孔位点，低毒、高稳定性、高介电常数的 TiO_2的加入进一步改善了材料的电容性能，制得的 CDI 电极的电吸附容量、速率和可逆性三个重要参数都优于其他材料。通过 KOH 活化可制备出三维氧化石墨烯气凝胶并将其运用于 CDI 电极，得到非常好的离子去除效果。不同于普通的电极材料如乙炔黑形成的点对点的导电网络，氧化石墨烯气凝胶则是一种"点对面"的导电网络，这对于 CDI 电极中的电子传递十分有利。石墨烯层状水凝胶的 CDI 电极，可应用于去除水中的铵根离子，在室温条件下的去除率即可达到 99%，具有良好的再生性能。GA 具有的大孔结构不仅为离子吸附提供了巨大的附着表面，并且减少了离子传输过程中的阻力，缩短了离子进入到电极内部的距离，为离子传输提供了保障，使 GA 成为 CDI 的理想电极材料。

12.2.2　气凝胶光催化

1. TiO_2 气凝胶光催化

TiO_2的光催化反应活性与 TiO_2的晶粒大小、晶体形貌和表面积等因素密切相关。TiO_2有三种晶型：锐钛矿相、金红石相和板钛矿相，其中锐钛矿相的催化活性最高，因此光催化一般利用的是锐钛矿相。

伏宏彬等以钛酸丁酯、TEOS 为原料，采用溶胶—凝胶工艺，经乙醇超临界干燥制备出 TiO_2/SiO_2复合气凝胶。TiO_2与 SiO_2物质的量比为 1∶1，超临界干燥后，600 ℃煅烧 2 h 后，形成的复合气凝胶网络结构完善，有均匀的纳米多孔结构，比表面积达 355.6 m^2/g，孔体积为 0.32 mL/g，平均孔半径为 2.52 nm。其中 TiO_2为锐钛矿型，SiO_2为无定形态。该复合气凝胶光照 1 h 后降解甲基橙达 82%（表 12-5），具有较好的光催化能力。

表 12-5　煅烧温度对气凝胶降解甲基橙的影响

煅烧温度/℃	吸光度	分解率/%	煅烧温度/℃	吸光度	分解率/%
空白样	0.847	0	600	0.151	82
未煅烧	0.610	28	800	0.504	40
400	0.312	63			

在石油开采、输运和冶炼过程中，伴随产生了大量的含油污水，对环境造成了严重的危害，TiO_2/SiO_2复合气凝胶以其优良的光催化特性可以用来治理海洋油污。李兴旺等以钛酸四丁酯[$Ti(OC_4Hg)_4$]为钛源，正硅酸乙酯（TEOS）为硅源，经溶胶—凝胶、老化液浸泡和小孔干燥工艺，在常压下干燥后制备出了不同硅含量、完整的 TiO_2/SiO_2复合气凝胶块体，以渤海原油污水为模拟溶液测试了光催化降解含油污水能力，在 TBT 醇溶液体系中，引入 TEOS 水解溶胶后，能够在水解生成的 TiO_2/SiO_2复合凝胶网络骨架结构中形成大量的 Ti—O—Si 键，有助于提高 TiO_2/SiO_2凝胶的骨架强度，增强复合凝胶在常压干燥过程中抵抗收缩压应力的能力，降低开裂倾向。随着 SiO_2含量的增加，常压干燥制备出的 TiO_2/SiO_2复合气凝胶的密度逐渐减小，气孔率增加，比表面积增大，转变为锐钛矿相的温度升高，当 SiO_2含量高于 70 %后，气凝胶由半透明转变为完全不透明。在 SiO_2含量小于 30%时，TiO_2/SiO_2复合气凝胶对渤海原油污水模拟溶液催化降解能力随体系中 SiO_2含量增加而稍

微增强;当 SiO_2 含量大于 30%后,随着 SiO_2 含量的增加,复合气凝胶对渤海原油污水模拟液的催化降解能力则逐渐减弱。

沈伟韧以钛酸四丁酯为原料,采用溶胶—凝胶过程和超临界干燥法制备了 TiO_2 纳米粉体,制备的 TiO_2 气凝胶具有很高的比表面积(488 m^2/g),平均粒径为 4.6 nm,为锐钛矿型晶体结构,经 500 ℃煅烧 2 h 所得的纳米粉体,其锐钛矿型晶体结构更为明显,平均粒径 6.7 nm,比表面积 158 m^2/g。将它用于甲基橙溶液的脱色反应,具有高的光催化活性。

2. 石墨烯气凝胶光催化

唐诗卉通过一步水热法制备了三维网络磷酸铋/石墨烯复合气凝胶($BiPO_4$/GA),研究了氧化石墨烯(GO)的氧化程度对复合气凝胶的三维网络结构和光催化性能的影响。高氧化程度 GO 制备的复合材料中石墨烯交联度增大,GO 在水热后的还原程度也有所提高,从而增强了复合气凝胶的吸附与光催化降解协同性能。$BiPO_4$/GA 复合气凝胶降解污染物的光催化机理为复合光催化剂上的光生电子与表面吸附 O_2 反应并产生 $\cdot O_2^-$,空穴和 $\cdot O_2^-$ 都具有深度氧化能力,可以将有机污染物氧化降解为 H_2O 和 CO_2。

Han 等通过水热还原法将气相二氧化钛(P25)和 CdS 负载在石墨烯上,制备出 CdS/P25/石墨烯气凝胶,其结构如图 12-9(a)所示,该气凝胶的光吸收能力和光电流得到增强,提高了电荷分离的效率,展示出在光催化降解方面的优越性。图 12-9(b)展示了 CdS/P25/石墨烯气凝胶光催化降解水制备氢气的原理,系统在光照下,CdS 和 P25 都被激发,电子也从价带被激发到导带,形成了光激发的电子-空穴对,在 CdS/P25 组成的能隙结构中,当被光照激发 CdS 产生电子-空穴对时,电子被激发到 P25 的导带,抑制了电荷的重组,电子也可以从 CdS 和 P25 传输到石墨烯,以延长电子载体的生命周期,更容易与吸收的氢离子反应产生氢气。

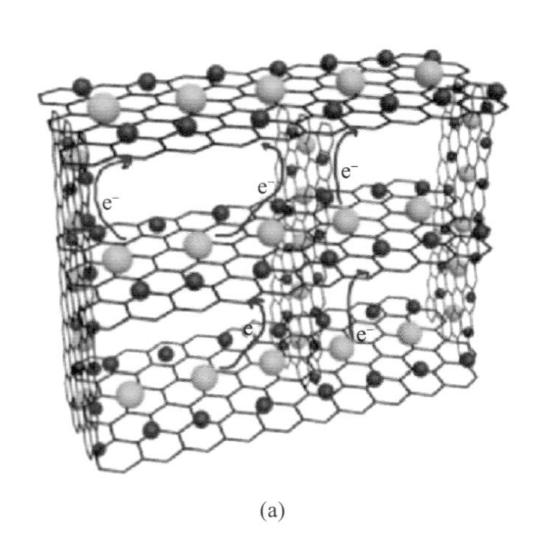

(a)

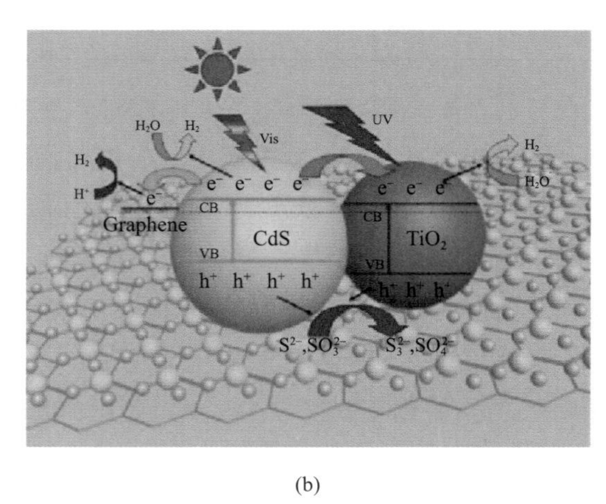

(b)

图 12-9 CdS/P25/石墨烯气凝胶结构图和制氢气反应机理

石墨烯气凝胶的多孔结构可以看成是电子传输的"高速公路",为电子传输提供了多维且快速的路径，并且石墨烯和 TiO_2 之间的协同作用可以抑制光催化电荷的重组，还可以将吸收边缘扩充到可见光区，提高了光催化降解的性能，而且气凝胶极强的疏水性和弹性也为材料的回收和循环再用提供了便利，因此 GA 在光催化降解水中的有机污染物极具潜力。

12.2.3　气凝胶吸附

利用多种手段制备多层次孔结构的气凝胶，使其含有大孔连续网络结构，具有高孔体积和高比表面积等特点，同时由介孔凝胶结构组成其骨架，能大幅提升气凝胶的吸附性能，适用于色谱分离和吸附分离等领域。

傅颖怡在常压干燥下制备高比表面积且具有多级孔道结构的 SiO_2/TiO_2 复合气凝胶，以 TEOS、钛酸丁酯为原料，利用低聚体聚合将分相平行引入到溶胶—凝胶过程中，获得 SiO_2/TiO_2 湿凝胶，通过溶剂替换技术实现气凝胶的常压干燥制备。合成的气凝胶是由纳米 SiO_2 和 TiO_2 颗粒分散复合而成的介孔块体，Ti—O—Ti、Si—O—Si 和 Ti—O—Si 键相互交织。气凝胶的结构变化是分相（见图 12-10）与溶胶—凝胶过程相互竞争的结果，Si 含量能显著改善气凝胶的结构，当 Ti∶Si 摩尔比为 3∶1 时，比表面积高达 712.2 m^2/g，平均孔径为 3.36 nm；当 Ti∶Si 摩尔比为 1.5∶1 时，复合气凝胶具有明显双连续孔道，比表面积高，同时孔状结构清晰。

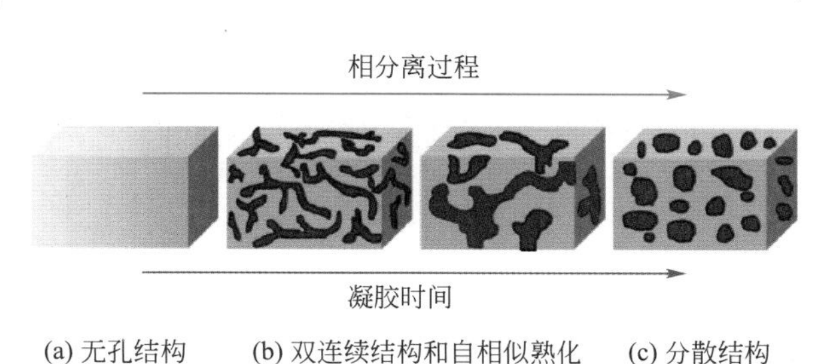

图 12-10　分相过程中的双连续孔道形成机理示意图

12.2.4　催化剂和载体

Kistler 在最早成功地制备出气凝胶之后，就预言了它的催化特性。1938 年，Kearby 等发现在醇向胺的转化过程中，Cr_2O_3/Al_2O_3 复合氧化物气凝胶是一种性能良好的催化剂。1974 年，Gardes 等制备了 NiO/Al_2O_3 气凝胶催化剂并把它应用于乙苯脱乙基制苯，具有良好的效果。气凝胶催化剂初期主要用于一些有工业应用背景的有机反应，如乙酸转化为丙酮，丙酸转化为二乙基丙酮等反应，近年来，已经发现了气凝胶更多的催化特性，如 Pt/SiO_2、SiO_2、Cr_2O_3、Fe_2O_3 等气凝胶可催化乙醛氧化为乙酸；NiO/Al_2O_3、$NiO/SiO/Al_2O_3$ 气凝胶可催化 2 甲基丙烷、丙烷、异丁烷氧化为丙酮；CuO/Al_2O_3 气凝胶可催化丁烷、1-丁烯氧化为呋喃；PbO_2/ZrO_2、NiO/Al_2O_3、NiO/SiO_2、NiO_2/SiO_2、$NiO/MgO/Al_2O_3$、$NiO/Fe_2O_3/Al_2O_3$、

PbO/SiO_2等气凝胶可以催化芳香族和脂肪族的碳氢化合物转化为相应的硝基化物。

TiO_2/SiO_2复合氧化物气凝胶是近年来发现的非常有效的烯烃过氧化催化剂，可将 1-己烯、环己烯、降冰片烯等催化氧化为相应的过氧化物。在催化环己烯醇的过氧化反应中，10 min 内环己烯的转化率达到 90%。

Rh 负载于 TiO_2/SiO_2气凝胶上可催化苯加氢为环己烷；Cu/Al_2O_3气凝胶可催化环戊二烯加氢为环戊烯；Ni/SiO_2气凝胶可催化甲苯加氢为甲基环己烷；Pb/Al_2O_3、Ni/Al_2O_3、$Ni/SiO_2/Al_2O_3$气凝胶可催化硝基苯加氢为苯胺；Cu/ZrO_2、$Cu/ZnO/ZrO_2$、ZrO_2、Cu/Al_2O_3、Zn/Al_2O_3、$Cu/ZnO/Al_2O_3$气凝胶等可催化 CO_2加氢制甲醇等。Pajonk 等研究了 CuO/Al_2O_3气凝胶催化环戊二烯选择加氢至环戊烯，选择性达到 100%，转化率是所研究催化剂中最高的。

Pd/SnO_2气凝胶催化剂具有良好的 CO 氧化活性。$Pd/TiO_2/CeO_2$气凝胶催化剂在室温下可 100%氧化 CO。$Pt/ZrO_2/CeO_2$气凝胶催化剂可用于汽车尾气净化，对 CO、NO_x、CH 化合物的转化率都有明显提高。

碳气凝胶具有高比表面积、高孔隙率、低密度且稳定性较好的网络结构，是催化剂载体的最佳材料之一。负载在碳气凝胶上的铂可用来催化甲苯的燃烧，还被用作质子交换膜电池的催化剂，有较高的循环电压和表面积，在电池工作中，铂颗粒的凝聚和烧结趋势都很小，是最有希望的新型燃料电池的催化剂。

12.3 气凝胶在新能源领域的应用

12.3.1 气凝胶太阳能集热器

气凝胶的透光率很高，能高效透过太阳光几乎没有反射损失。当太阳光透过气凝胶进入太阳能集热器时，光能转化为热能；气凝胶的导热率又很低，能有效阻止热量流失。因此气凝胶可作为太阳能集热器的保温隔热材料。

Solar Century 公司开发了一种新型太阳能板，板厚 25 mm(传统用矿棉板 50 mm 厚)，气凝胶保温部分仅为 9 mm 厚，采用 Aspen 设计的 Spaceloft™ 9251 气凝胶毡(见图 12-11)，在夜间蓄热能力超过传统保温材料，板内集热管的温度在 65～200 ℃之间，运行过程中不产生有害挥发性有机化合物。

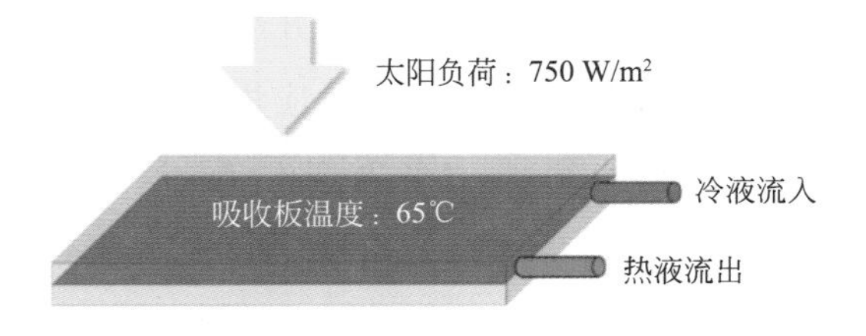

图 12-11 Aspen 设计的 Spaceloft™ 9251 气凝胶毡

一般居家使用的屋顶集热器只能将水加热到 80 ℃左右，使用新型气凝胶的集热器可将水加热到 220 ℃，在住宅供暖和食品加工等领域具有广阔的应用前景。太阳能集热器的原理是让更多的光照射在黑色吸热材料上并尽量避免热量散逸，通常的做法是在黑色吸热材料与一层玻璃间制造真空用于隔热，但制造成本较高。麻省理工学院科研团队研制出一种几乎完全透明的新型轻质气凝胶，在保证隔热性能的前提下，透光率达到 95%，而传统吸热材料的透光率为 70%。此外，气凝胶颗粒间形成了密集孔隙，更大程度地减少光的散射，无需将光聚焦在某个点上，即可将集热器温度提高到 220 ℃。

将气凝胶这种纳米孔超级绝热材料应用于热水器的储水箱、管道和集热器，将比现有太阳能热水器的集热效率提高 1 倍以上，而热损失下降到现有水平的 30%以下。

12.3.2　气凝胶电极

碳是超级电容器中导电性好且价廉的电极材料。电荷在电解液中形成双电层储存在碳电极上，双电层电容具有超快的充放电速率和优异的循环稳定性，但碳电极的电容受其表面积大小的限制。

采用金属氧化物制作的电极材料，表现出优秀的赝电容(法拉第准电容)，电活性物质在电极表面和内部都可进行欠电位沉积，发生高度可逆的化学吸附、脱附或氧化还原反应，可获得比双电层电容更高的电容量，电极的比容量和能量密度大大提高，在电极面积相同的情况下，赝电容通常是双电层电容 10～100 倍。

碳气凝胶具有高比表面积、均匀的纳米孔结构、强耐腐蚀性、低电阻系数及宽密度范围等特性，是高效高能电容器的理想材料。在新能源电池和超级电容器方面显示出广阔的应用前景。

用线性酚醛树脂—糠醛制备的碳气凝胶作为超级电容器的电极材料，在 0.5 mA 充放电时，电极的比电容达 121 F/g。将甲酚与间苯二酚混合后与甲醛反应制备碳气凝胶，作为超级电容器的电极材料，通过循环伏安法和交流阻抗测试，该电极电压稳定，充电性能良好，比电容为 104 F/g。

将金属氧化物和碳气凝胶复合，可以制备兼具高导电率、高比容量和高能量密度的电极。傅晓燕等采用电化学沉积法，以碳气凝胶(CA) 为基底沉积氢氧化钴[$Co(OH)_2$]，制备出碳气凝胶/四氧化三钴(CA/Co_3O_4)复合电极材料，具有较好的电容性能，在电流密度 0.5 A/g 和 5 A/g 时，比容量达到 1 020 F/g 和 646 F/g。循环 500 次后，比容量仍然保持了 94%以上，表现出良好的循环稳定性。采用溶胶浸渍法可制备出(稀土钬)$Ho/TiO_2/CA$ 气凝胶电极，该电极在降解双酚 A(BPA，酚甲烷)时，4.5 h 的 BPA 去除率为 96.4%，具有良好的光催化性能和电吸附性能。

金属锂具有超高理论比容量(3 860 mA·h/g)和低氧化还原电压，是目前广泛应用的高比能锂电池负极材料。但由于其存在不可控的锂枝晶，在充放电过程中，锂金属体积膨胀，导致电池循环性能差，安全性能低，限制了锂金属负极在高比能电池中的应用。

MXene是一类新型的二维过渡族金属碳氮化合物，该材料为离子运动提供了更多通道，大幅提高了离子的运动速度。MXene/石墨烯复合多孔气凝胶负极材料，具有高锂载量(3 560 mA·h/g)、高比表面积(259 m^2/g)、高库伦效率(99%)、无枝晶、高比能、长寿命等特性，显著提高了金属锂负极的循环稳定性。

表面功能化的3D打印石墨烯气凝胶负极材料在100 mA/cm^2的高电流密度下达到2 195 mF/cm^2的基准面电容，在12.8 mg/cm^2的高质量负载下，也可以达到309.1 μF/cm^2的超高本征电容。3D打印电极具有开放的结构，即使在高电流密度和单位电极厚度大质量负载的情况下，也能确保碳表面官能团的良好覆盖，促进表面官能团的离子可及性。以3D打印石墨烯气凝胶为负极，MnO_2修饰的3D打印石墨烯气凝胶为正极，在164.5 mW/cm^2的超高功率密度下可实现0.65 mW·h/cm^2的大能量密度，性能优于相同功率密度下的碳基超级电容器。

12.4 气凝胶在航天航空领域的应用

气凝胶也特别适用于深空探索领域。超低的密度使其发射和回收成本大幅降低；优良的耐温(低温和高温)、耐冲击、抗震和耐辐射性质，可以使其适应航空航天器发射和使用过程中的复杂环境。单一密度气凝胶已经成功应用于火星探测车、长效热电池与低温流体容器的保温隔热装置中，梯度密度块体气凝胶材料可应用于空间高速粒子的捕获装置中和高效隔热及高分辨率宇宙射线检测中。飞机黑匣子已经采用SiO_2气凝胶隔热复合材料作为隔热层。航天飞机及宇宙飞船在重返大气层时，外层温度可达数千摄氏度，使用的绝热材料正是SiO_2气凝胶。

12.4.1 宇 航 服

航天服是航天员出舱活动、生存和执行任务的基本装备，热防护系统是舱外航天服的重要功能组成部分。由于火星表面气压为0.7～1 kPa，传统地球轨道舱外宇航服的多层镀铝聚酯膜隔热材料会失去防热性能。

2002年，NASA(美国宇航员)的Aspen Aerogels公司研制了一种柔性纤维气凝胶制造星际宇航服，经纤维强化后的气凝胶能在近地轨道和近地行星环境中提供超级绝热防护。2007年，美国阿斯彭公司开始用气凝胶制作太空服的保温隔热衬里，18 mm厚的气凝胶衬里就足以帮宇航员隔绝－130 ℃的低温。

Lee等人制备了聚脲纳米孔结构气凝胶材料，该材料具有强度高、密度低、孔隙率高、疏水性好、分解温度相对较高(270℃)等特性。2011 年,美国俄亥俄州宇航研究所、NASA 及 Akron 大学国家聚合体研发中心联合首次报道了交联多面体低聚倍半硅氧烷的聚酰亚胺气凝胶。该气凝胶密度为 0.1 g/cm^3、孔隙率为 90%、表面积为 230～280 m^2/g,室温下热导率为 13 mW/(m·K),具有高柔韧性和可折叠性,很容易加工成块状或薄膜状,是星际宇航服绝热材料的理想材料。

12.4.2　绝热隔热系统

1997 年,NASA 将气凝胶作为绝热隔热材料率先应用于航天领域的火星探测器中,探路者火星探测器中电子温度箱上的隔热材料为玻璃纤维和透明、片状的 SiO_2 气凝胶,在两层 SiO_2 气凝胶之间放置了一层镀金聚酰亚胺膜作为反射屏。这种绝热设计不仅在低气压环境下提供了理想的绝热效果,而且抵御了飞行器发射阶段及在星表降落时重力加速度达 60g 的冲击。之后,在勇气号火星探测器上使用了掺杂了 0.4%石墨的气凝胶,以增加气凝胶的不透视性。

将气凝胶前驱体注入装有陶瓷纤维板的模具中,可制备陶瓷纤维/SiO_2 气凝胶复合绝热瓦,用于航天器隔热瓦和燃料箱隔热层。NASA 以硅酸铝纤维预制件为骨架,将纳米气凝胶填充在耐火纤维骨架之间的孔隙,制备了硅酸铝纤维增强 SiO_2 气凝胶隔热瓦。国内也已将该材料成功应用于高能粒子加速器上的隔热。

2007 年,NASA 将多层绝热材料和气凝胶用于低温液体储箱中。NASA 制备的气凝胶绝热系统有效地消除了输送液氧的金属波纹管结霜和结冰现象,利用气凝胶作为液氢储箱绝热材料,能经受－147 ℃的低温,可减少航天飞机质量约 230 kg。在模拟运载火箭发射过程中的剧烈振动条件下,对空心玻璃珠、气凝胶和珍珠岩粉末几种低温储箱绝热材料的性能进行比较,气凝胶颗粒在双层非真空绝热条件下,可以提供更高的节能效率。

气凝胶薄层可用于隔离火星表面,使火星常年维持液态水,保护其表面免受紫外辐射,使依赖光合作用的生物能在火星上存活。在实验室中模拟火星表面气候条件,2～3 cm 的气凝胶层可以使火星表面温度上升 50 ℃,利用火星气候模型,在富冰温带地区,气凝胶可以使火星终年维持几米深的液态水。气凝胶可以在传播可见光的同时吸收紫外波段的光,既能保护火星表面的环境,也能提供充足的光照支持光合作用。

NASA 利用同位素热电发生器(RTG)为月球、火星及地球轨道的飞行器提供电能。图 12-12 是 NASA 的普罗米修斯工程提出的新型同位素热电发生器模型,在冷热端均是利用不透明的 SiO_2 气凝胶作为绝热材料。

DelCorso 等对空间飞行器在天体上着陆时的柔性热防护系统(FTPS)设计了一种典型多层结构(见图 12-13),由外部纤维织物、绝热层及气体屏障层三部分组成。绝热层主要由 SiO_2 气凝胶和聚酰亚胺气凝胶等构成。

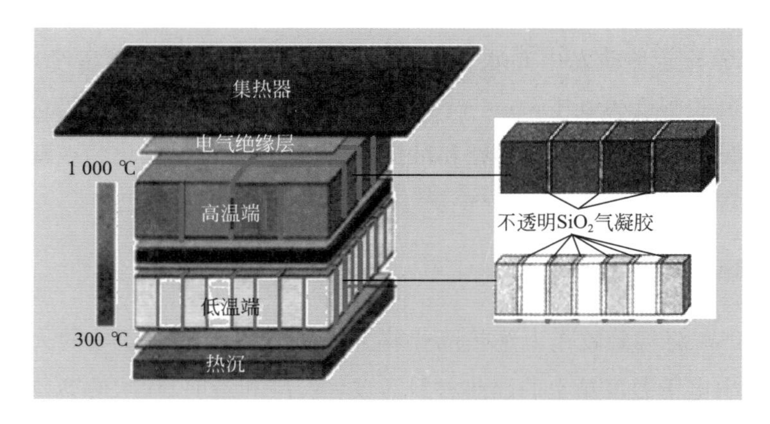

图 12-12 普罗米修斯工程提出的热电模型

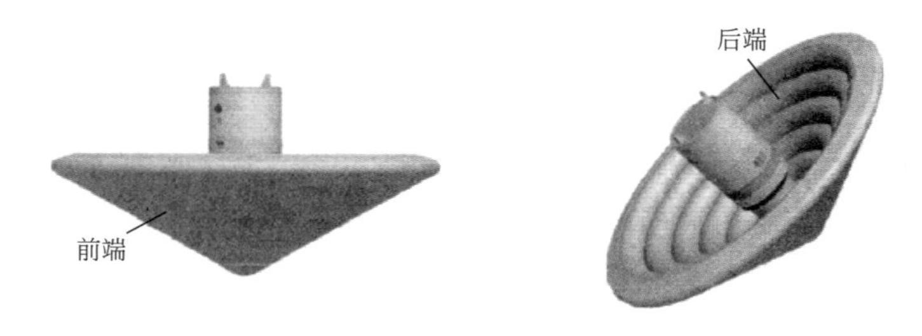

图 12-13 FTPS 典型机构示意图

12.4.3 高速粒子捕获

太空中的高速粒子容易穿过低密度多孔材料，并被减速，从而可以捕获这些粒子，研究太阳系的形成及演化进程。利用气凝胶捕获超高速尘埃粒子的研究始于 20 世纪 80 年代中期。气凝胶的介观结构可以提供足够的缓冲来吸收超高速宇宙尘埃粒子的动能，实现对粒子的无损捕获，气凝胶的透视性可以实现微米级粒子的捕获轨迹观察。SiO_2气凝胶对磁和紫外辐射的抵抗能力强，是首选的太空粒子捕获材料。

气凝胶捕获收集器于 1984 年首次伴随航天飞机飞行，在多次航天飞机飞行上均有部署。2004 年 1 月，携带高透明、高纯度梯度密度 SiO_2气凝胶空间粒子捕集器的 Stardust 号探测器在与彗星相距 150 km、相对速度为 6.1 km/s 的情况下成功捕获大量微米级和纳米级彗星颗粒。图 12-14 为 Stardust 号捕集器栅格中的气凝胶及捕捉到的彗星颗粒。

我国紫金山天文台的于敏等设计的宇宙尘埃和空间碎片捕集器，使用的材料是 SiO_2气凝胶板，有效捕集面积为 1 200 cm^2，放置在美国宇航局的航天飞机搭载筒内。捕集器主要由三层镀铝的涤纶薄膜和一块密度为 0.1 g/cm^3的 SiO_2气凝胶板组成。三层镀铝的涤纶薄膜的直径为 42 cm，厚 12 μm；气凝胶板的直径为 39 cm，厚 3 cm。

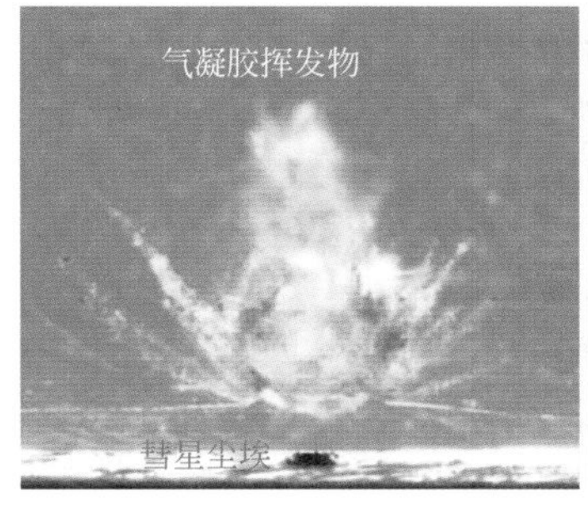

图 12-14　Stardust 号探测器携带的气凝胶所捕捉到的彗星颗粒

12.5　气凝胶在医药领域的应用

气凝胶在生物医学领域的应用，需要综合考虑气凝胶结构特点、机械强度和生物相容性等因素。

12.5.1　气凝胶人工器官和组织

SiO_2气凝胶具有非常低的体积密度和高机械刚度，可以增强人工心脏瓣膜的耐久性，是人工心脏瓣膜的理想材料。图 12-15 是安装两个气凝胶阀门的单孔心脏瓣膜。Fernandez 研究了硅灰石复合气凝胶在模拟体液中的生物活性，其机械性能和孔隙率与骨骼匹配，在模拟体液中孵育 25 天后，气凝胶表面形成均匀的磷灰石层，可促进骨细胞生长。

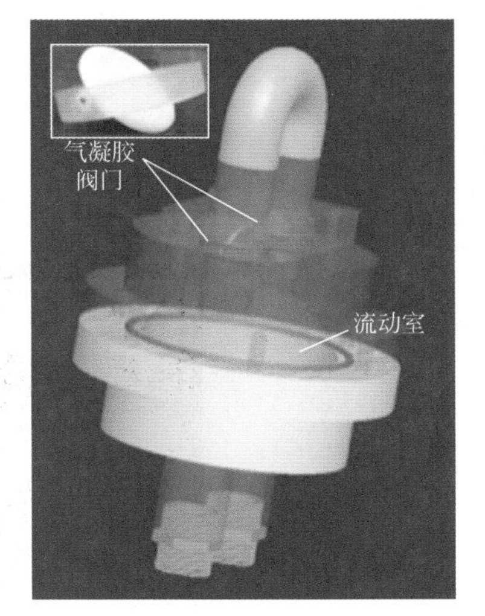

图 12-15　气凝胶单孔心脏瓣膜

高度多孔的支架可以促进细胞迁移，在组织工程中是非常重要的一个结构要求。聚脲/SiO_2气凝胶与内皮细胞相容，可以用作血管组织工程的支架。壳聚糖/SiO_2气凝胶具有高的溶血和低细胞毒性，是合适的人体组织材料。

12.5.2　气凝胶药物载体

药物负载在气凝胶上，其吸附和释放速率取决于气凝胶表面上的官能团。亲水性气凝胶可以通过游离羟基的酯化转化成疏水性气凝胶。羟基是活性吸附位点，酯化后气凝胶的吸附能力降低，图 12-16 为酮洛芬在疏水和亲水气凝胶上的吸附量，纯溶剂下 CO_2 的吸附也受气凝胶酯化的影响(见图 12-17)。气凝胶酯化后药物吸附量的减少对于药物制剂的生产是非常不利的，可以通过增强 SiO_2气凝胶上的官能团与药物的相互作用，来提供吸附作用。

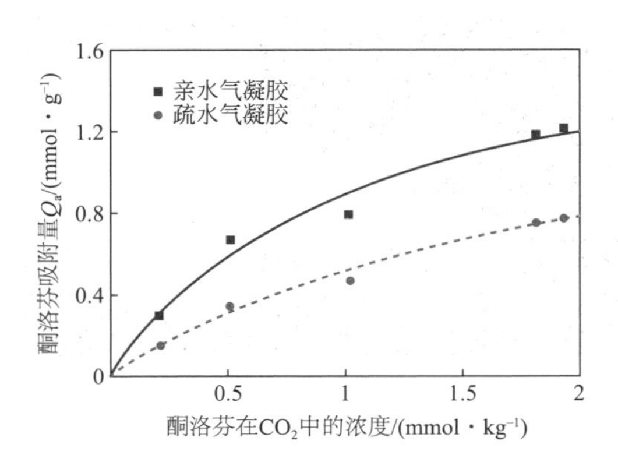

图 12-16　酮洛芬在疏水和亲水气凝胶上的吸附量

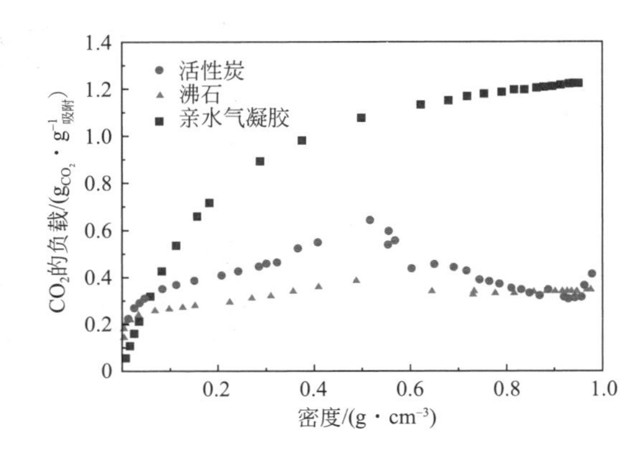

图 12-17　气凝胶上 CO_2的吸附等温线

SiO_2气凝胶因其大比表面积、良好的流动性、强大的吸附和包裹化学物质的能力，可同时用作自由流动剂和药物递送系统（DDS），分散或吸附在气凝胶中的药物具有很好的溶解特性。表 12-6 是亲水性 SiO_2气凝胶在 40 ℃时对一些药物的饱和负载量。药物吸附在SiO_2气凝胶上时形成的是单层或多层药物化合物，气凝胶外观不变化。图 12-18 为负载薄荷醇的 SiO_2气凝胶外观。

表 12-6　亲水性 SiO_2气凝胶在 40 ℃时对一些药物的饱和负载

	摩尔质量/(g·mol^{-1})	负载/%	负载/(mmol·g^{-1})
咪康唑	416.1	60	1.44
布洛芬	206.3	70	4.36
氟比洛芬	244.3	24	0.98
蒽三酚	226.0	10	0.2
酮洛芬	254.3	30	1.2

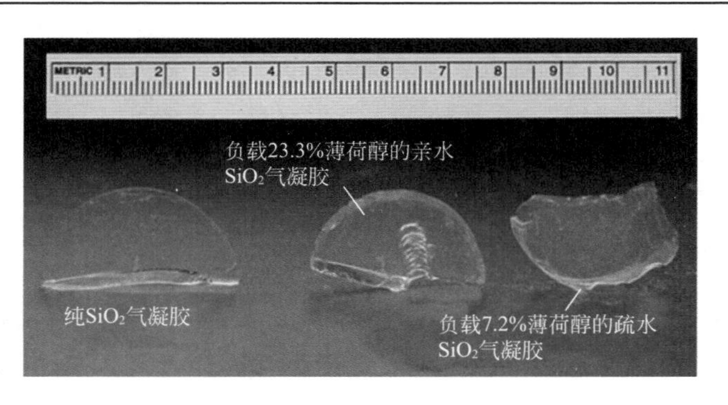

图 12-18　负载薄荷醇的气凝胶外观

将负载布洛芬的亲水性 SiO_2气凝胶与微晶纤维素和无水乳糖进行混合压片，可制备药物片剂。许多现代药物是基于蛋白质的，在溶胶—凝胶过程中，将脂肪酶掺入 SiO_2 和铝硅酸盐凝胶中，凝胶化和超临界干燥都不破坏脂肪酶，可以制备负载完整脂肪酶的气凝胶。脂肪酶具有非常高的催化活性，更低的聚集倾向及更高的活性吸附位点。

12.6　气凝胶在农业领域的应用

我国作为一个农业大国，农业建筑设施的保温隔热是一大难点，SiO_2气凝胶保温隔热材料在农业建筑中的应用研究尚属空白。

12.6.1　温室保温

现代农业温室大棚多以硬质塑料板(聚酯板)、聚酯薄膜和玻璃等作为外围护结构，这些材料的导热系数远大于 SiO_2气凝胶，保温性能不佳，能耗高。在聚酯板中掺入适量 SiO_2气凝胶，或在聚酯薄膜表面适当喷涂 SiO_2气凝胶涂层，或在双层中空玻璃板中以 SiO_2气凝胶代替空气作为填充介质，可有效降低导热系数，改善保温性能。

用掺入 SiO_2气凝胶的复合板材代替温室墙体中的空心砖、加气混凝土砌块、聚苯板等作为保温层材料，在同等保温效果的情况下，可大大减小保温墙厚度，节约用地面积，增加温室内可操作空间，节约能源，提高经济效益。将 SiO_2气凝胶颗粒、粉体掺入普通砂浆中做成保温砂浆，可用于日光温室厚墙保温。将 SiO_2气凝胶做成保温棉毡，可作为温室保温材料。

在养殖畜禽舍中，地板保温性能直接影响着畜禽的生长发育。可用疏水型 SiO_2气凝胶复合板材作为地面保温材料，提高保温隔热效果，而且不用再设置防潮层，节省材料，降低成本。

农业建筑采暖系统管道通常较长，使用纳米气凝胶棉毡包裹成本较高，可改为将 SiO_2气凝胶做成特殊涂料后喷涂于输送管道表面，降低管道的导热系数，减少热量损失和避免冬季管道结冰给温室及畜禽舍供暖造成的危害，降低锅炉负荷，实现节能减排。

12.6.2　水土保持和农药缓释

研究表明，对土壤添加高吸水性多孔气凝胶后，不仅没有检测到任何残余有害物质，反而有益于改善土壤的物理性质，增加农作物产量。这项研究在农业水资源的优化管理上产生了革命性的影响。纤维素基高吸水性多孔气凝胶可以持续给土壤和植物根系供水。在植物液体栽培的栽培槽表面喷涂 SiO_2气凝胶涂料，可保持营养液温度，利于植物根系的生长发育。

将纤维素高吸水性多孔气凝胶用作农药载体，把除草剂封装到多孔气凝胶内，可以缓慢地释放药物，持久发挥药效，降低农药的有害影响。

12.7　气凝胶在军事领域的应用

极端寒冷环境下的防寒鞋袜是重要的军需装备，也是日常生活必需品。SiO_2气凝胶经过掺杂改性制成气凝胶纤维毡，经表里织物复合和织带滚边等工艺，可制成复合鞋垫(见图

12-19)，具有优异的吸附性能，在军用鞋袜防寒领域有很好的应用前景。

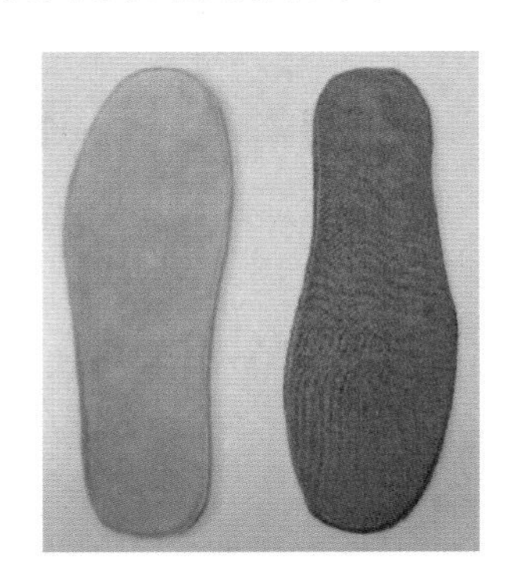

图 12-19　SiO_2气凝胶纤维毡和成型鞋垫

气凝胶也可用于防弹领域，美国的一家公司对气凝胶建造的住所和军车进行测试，6 mm 厚的气凝胶就可抵御炸药爆炸冲击的损伤。

SiO_2气凝胶还可作为飞机机舱、核潜艇、核反应堆、蒸发器、锅炉及高温蒸汽管路系统的高效隔热材料，与普通隔热材料相比，SiO_2 气凝胶具有更低的导热系数和更低的密度，能降低隔热材料用量，增大舱内使用空间，改善工作环境。

12.8　气凝胶在日常生活领域的应用

SiO_2气凝胶从 20 世纪 60 年代开始作为化妆品和牙膏的添加剂用于日用品中。1978 年，日本开发了吸水性良好的多孔气凝胶在卫生领域的商业应用，用作一次性尿布和餐巾纸等。

2008 年，阿斯彭公司与加拿大高尔夫球装备商 Element 21 公司合作，共同研发将气凝胶材料压缩变薄以用于服装生产的技术。气凝胶纤维可以制成超薄夹克(见图 12-20)和冲锋衣(见图 12-21)，具备薄、暖、防水、防风、透气性能，0.3 cm 厚度的防风衣穿起来和 4 cm 厚的羽绒服一样暖和。2011 年，英国登山家帕尔门特登珠峰时所穿的鞋子和睡袋就使用了部分气凝胶材料。美国研发了含气凝胶的网球拍，击球能力更强。

图 12-20　气凝胶超薄夹克

图 12-21　气凝胶冲锋衣

中科院苏州纳米所利用美国杜邦公司 Kevlar 纤维制成纳米纤维分散液，用湿法纺丝将分散液制成水凝胶纤维，采用特种干燥脱水技术，制备出凯夫拉(Kevlar)气凝胶，能在－196～300 ℃的范围内发挥防寒隔热作用。在－60 ℃环境中，保温能力是棉纤维的 2.8 倍。

用块状、颗粒状或粉末状的气凝胶可取代聚氨酯泡沫作为冰箱、冷藏箱、冷藏车等低温系统的隔热材料。

氮掺杂三维氧化石墨烯气凝胶(N-rGOA)，可通过冷冻干燥和还原/掺杂技术将气凝胶组成列阵，制成热声扬声器，最大功率 40 W。扬声器非常轻薄，能压缩成纸张厚度，可紧贴在任意平面或曲面。未来能制成可发声墙壁、发声书籍，手机可能取消扬声器开口，不再特意为扬声器留空间。未来所有设备的声音开口全部消失，气凝胶扬声器将成为改写历史的一代扬声器。

参考文献

[1] PAJONK G M. Aerogelcatalysts[J]. Applied Catalysis，1991，72(2)：217-266.

[2] 耿平. 气凝胶节能玻璃原来如此[M]. 北京：中国建材工业出版社，2017：30-72.

[3] 郭晓煜，张光磊，赵霄云，等. 气凝胶在建筑节能领域的应用形式与效果[J]. 硅酸盐通报，2015，(02):444-449.

[4] SUN H，XU Z，GAO C，et al. Multifunctional，ultra-flyweight，synergistically assembled carbon aerogels[J]. Advanced Materials，2013，25(18)：2554-2560.

[5] SMIRNOVA I，SUTTIRUENGWONG S，ARLT W，et al. Feasibility study of hydrophilic and hydrophobic silica aerogels as drug delivery systems[J]. Journal of Non-Crystalline Solids，2004，350：54-60.

[6] AEGERTER M A，LEVENTIS N，KOEBEL M M. Aerogels handbook[M]. Springer，2011.

[7] 邵宁宁，秦俊峰，刘泽，等. 基于建筑节能的墙体保温材料的发展分析[J]. 硅酸盐通报，2014，6：1403-1407.

[5] 李兴旺，张玉奇，廖亮，等. 硅石气凝胶微粒的常压合成及隔热性能研究[J]. 化学建材，2006，21(6)：36-39.

[6] 武涌，梁境. 中国能源发展战略与建筑节能[J]. 重庆建筑，2006(3)：6-19.

[7] 乌尔里克鲍尔. 气凝胶颗粒及其制备方法[P]. 中国专利：CN80015808. X，2008-03-14.

[8] CHANDRADASS J，KANG S，BAE D. Synthesis of silica aerogel blanket by ambient drying method using water glass based precursor and glass wool modified by alumina sol[J]. Journal of Non-Crystalline Solids，2008，354(34)：4115-4119.

[9] OH K W，KIM D K，KIM S H，et al. Ultra-porous flexible PET/Aerogel blanket for sound absorption and thermal insulation[J]. Fibers and Polymers，2009，10(5)：731-737.

[10] HUANG L，EL-GENK M S. Thermal conductivity measurements of alumina powders and molded Min-K in vacuum[J]. Energy Conversion and Management，2001，42(5)：599-612.

[11] KIM G S，HYUN S H. Effect of mixing on thermal and mechanical properties of aerogel-PVB composites[J]. Journal of Materials Science，2003，38(9)：1961-1966.

[12] 倪星元，王博，沈军，等. 纳米 SiO_2 气凝胶在节能建筑墙体中的保温隔热特性研究[C]//第七届中国功能材料及其应用学术会议论文集（第 3 分册），2010.

[13] KIM G S, HYUN S H. Synthesis of window glazing coated with silica aerogel films via ambient drying[J]. Journal of Non-Crystalline Solids, 2003, 320(1): 125-132.

[14] SCHULTZ J M, JENSEN K I. Evacuated aerogel glazings[J]. Vacuum, 2008, 82(7): 723-729.

[15] RIFFAT S B, QIU G. A review of state-of-the-art aerogel applications in buildings[J]. International Journal of Low-Carbon Technologies, 2013, 8(1): 1-6.

[16] JENSEN K I, SCHULTZ J M, KRISTIANSEN F H. Development of windows based on highly insulating aerogel glazings[J]. Journal of Non-Crystalline Solids, 2004, 350: 351-357.

[17] BAETENS R, JELLE B P, GUSTAVSEN A. Aerogel insulation for building applications: a state-of-the-art review[J]. Energy and Buildings, 2011, 43(4): 761-769.

[18] 黄夏东.建筑外窗及窗玻璃对建筑节能的影响[J]. 玻璃，2008(4):99-100.

[19] BAETENS R, JELLE B P, GUSTAVSEN A. Aerogel insulation for building applications: A state-of-the-art review[J]. Energy and Buildings, 2011, 43(4): 761-769.

[20] 张欣，叶剑锋，周海兵，等. 新型外墙保温隔热材料的试验研究[J]. 硅酸盐通报，2013，05: 982-986.

[21] 刘红霞，陈松，贾铭琳，等. 疏水 SiO_2 气凝胶的常压制备及在建筑隔热涂料中的应用[J]. 涂料工业，2011，41(8):64-67.

[22] 卢斌，郭迪，卢峰，等. SiO_2 气凝胶透明隔热涂料的研制[J]. 涂料工业，2012，42(6): 15-18.

[23] CHEN X, LAI D, YUAN B, et al. Tuning oxygen clusters on graphene oxide to synthesize grapheneaerogels with crumpled nanosheets for effective removal oforganic pollutants[J]. Carbon, 2019, 143: 897-907.

[24] BINY, SWETHAC, ZHANG H Z, et al. 3D-printed structure boosts the kinetics and intrinsic capacitance of pseudocapacitive graphene aerogels[J]. Advanced Materials, 2020: 1906652.

[25] SUN A, HOU X, HU X. Super-performance photothermal conversion of 3D macrostructure graphene-$CuFeSe_2$ aerogel contributes to durable and fast clean-up of highly viscous crude oil in seawater[J]. Nano Energy, 2020, 70: 104511.

[26] WANG M, LI Y, FANG J, et al. Superior oxygen reduction reaction on phosphorus-doped carbon dot/graphene aerogel for all-solid-state flexible Al-Air batteries[J]. Advanced Energy Materials, 2020, 10(3):1902736.

[27] FENG J, NGUYEN S T, FAN Z, et al. Advanced fabrication and oil absorption properties of super--hydrophobic recycled cellulose aerogels[J]. Chemical Engineering Journal, 2015, 270: 168-175.

[28] CERVIN N T, AULIN C, LARSSON P T, et al. Ultra porous nanocellulose aerogels as separation medium for mixtures of oil/water liquids[J]. Cellulose, 2012, 19(2):401-410.

[29] SAI H, FU R, XING L, et al. Surface modification of bacterial cellulose aerogels' web-like skeleton for oil/water separation[J]. ACS Appl. Mater. Interfaces, 2015, 7(13): 7373-7381.

[30] SAI H, XING L, XIANG J H, et al. Flexible aerogels based on an interpenetrating network of bacterial cellulose and silica by a non-supercritical drying process[J]. Journal of Materials Chemistry A, 2013, 1(27): 7963-7970.

[31] 张贺新，方双全. TiO_2/SiO_2 复合气凝胶的制备与传热特性[J]. 哈尔滨工程大学学报，2012，33(03): 389-393.

[32] 苏高辉，杨自春，孙丰瑞. 遮光剂对 SiO_2 气凝胶热辐射特性影响的理论研究[J]. 哈尔滨工程大学学报，2014，35(05):642-648.

[33]　孙登科，杨兵兵. TiO_2 掺杂硅气凝胶的制备及性能研究[J]. 铸造技术，2015，36(06)：1525-1527.

[34]　LIN Y F，KO C C，CHEN C H，et al. Sol-gel preparation of polymethylsilsesquioxane aerogel membranes for CO_2 absorption fluxes in membrane contactors[J]. Applied Energy，2014，129(sep. 15)：25-31.

[35]　张志华，王文琴，祖国庆，等. SiO_2 气凝胶材料的制备、性能及其低温保温隔热应用[J]. 航空材料学报，2015，35(01)：87-96.

[36]　白麓楠，刘敬肖，史非，等. SiO_2 气凝胶/WO_x-TiO_2 复合空气净化涂料的制备及性能[J]. 大连工业大学学报，2014，33(01)：53-57.

[37]　程颐，成时亮，阮丰乐，等. 气凝胶材料在墙体保温系统中的应用[J]. 新型建筑材料，2012，39(09)：80-83.

[38]　NGUYEN M H，LH. DAO. Effects of processing variable on melamine-formaldehyde aerogel formation[J]. Journal of Non Crystalline Solids，1998，225(1)：51-57.

[39]　万才超，卢芸，孙庆丰，等. 新型木质纤维素气凝胶的制备、表征及疏水吸油性能[J]. 科技导报，2014，32(Z1)：79-85.

[40]　金春德，韩申杰，王进，等. 废报纸基纤维素气凝胶的绿色制备及其清理泄漏油污性能[J]. 科技导报，2014，32(Z1)：40-44.

[41]　CHIN G J. Physiology：A Scuba Gel[J]. Science，2005，309(5731)：21e-23e.

[42]　TSANG C H A，HUI K N，HUI K S. Influence of Pd1Ptx alloy NPs on graphene aerogel/nickel foam as binder-free anodic electrode for electrocatalytic ethanol oxidation reaction[J]. Journal of Power Sources，2019，413：98-106.

[43]　CHEN L，DU R，ZHU J H，et al. Three-Dimensional Nitrogen-Doped Graphene Nanoribbons Aerogel as a Highly Efficient Catalyst for the Oxygen Reduction Reaction[J]. Small，2015，11(12)：1423-1429.

[44]　LOW A G，PITTMAN R J，ELLIOTT R J. Gastric emptying of barley-soya-bean diets in the pig：effects of feeding level，supplementary maize oil，sucrose or cellulose，and water intake[J]. Br J Nutr，1985，54(2)：437-447.

[45]　付明来，郭国聪. 基于无机硫化物的有机无机杂化材料的研究[C]. 中国化学会. 中国化学会第二十五届学术年会论文摘要集(上册). 中国化学会：中国化学会，2006：1011.

[46]　Yin H，Wada Y，Kitamura T，et al. Hydrothermal synthesis of nanosized anatase and rutile TiO_2 using amorphous phase TiO_2[J]. Journal of Materials Chemistry，2001，11(6)：1694-1703.

[47]伏宏彬，金灿，夏平，等. 钛硅复合气凝胶的制备工艺与光催化能力研究[J]. 无机盐工业，2009，41(11)：26-28.

[48]　唐诗卉，姚文清，谭瑞琴. 氧化石墨烯氧化程度对磷酸铋/石墨烯复合气凝胶光催化活性的影响[J]. 环境化学，2019，38(07)：1656-1665.

[49]　HAN H，ZHAO Z B，WAN W B，et al. Ultralight and Highly Compressible Graphene Aerogels[J]. Advanced Materials，2013，25：2219-2223.

[50]　Fu X Y，Mei J，Liu H，et al. Preparation and electrochemical performance of carbon aerogel/cobaltosic oxide composites[J]. Journal of Functional Materials，2015，46(6)：06115-06119.

第13章 气凝胶的发展趋势与产业化

13.1 气凝胶的发展趋势

气凝胶是一种由纳米粒子或聚合物分子链组成的三维纳米多孔材料，具有低密度、高孔隙率、高孔体积和高比表面积等结构特点，显现出优异的光、热、声、电和力学等特性，在隔热保温、吸附分离、光电催化、储能转化、吸声隔音、高能粒子捕获、生物医用、航空航天、石油化工、环境保护、建筑保温、能量储存与转化等领域具有广泛的应用价值。但气凝胶材料的组分和结构设计、关键制备工艺、行业应用都经历了漫长的发展历程。

未来气凝胶材料在基础研究方面，需通过理论计算和实验研究相结合，实现气凝胶网络结构生长调控、表面组成及化学结构调控和高温组织结构稳定性调控；在功能型气凝胶材料开发方面，需通过反应机制深入研究气凝胶材料结构和性能关联，实现高性能的多功能型气凝胶材料突破性进展；在规模化应用方面，需寻找成本低廉的前驱体原料和降低气凝胶干燥成本，这是气凝胶产业化进程长远发展的关键。

1. 完善结构形成和性能调控机制

气凝胶由最初的 SiO_2 气凝胶发展到了具有特定功能的多种类型新型气凝胶，按照组成可以分为单组分气凝胶和多组分气凝胶，其中单组分气凝胶主要包括氧化物气凝胶、碳化物气凝胶、氮化物气凝胶、石墨烯气凝胶（GA）、量子点气凝胶、聚合物基有机气凝胶、生物质基有机及碳气凝胶和其他种类气凝胶；多组分气凝胶由两种及以上单组分气凝胶构成或者由纤维、晶须、纳米管等作为增强体所形成的气凝胶复合材料。

Zhang 等以 N，N-二甲基乙酰胺（DMAc）和乙醇为原料，使用溶胶凝胶法及超临界干燥工艺制成聚偏二氟乙烯（PVDF）气凝胶，PVDF 气凝胶微观表征显示出团聚现象并留有微米级空隙的分层结构，比表面积为 54 m^2/g、热导率为 0.036 W/（m·K），且能在环境温度达 400 ℃时保持热稳定，有望在潮湿条件中作为隔热材料使用。

量子点（QDs）和石墨烯量子点由于其化学惰性、低毒性、亲水性和光稳定性而引起关注，在太阳能电池材料、分析科学和生物医学领域有较多应用。石墨烯量子点气凝胶在微观尺度上实现了三维聚合物网络的构建，从而提高了材料的荧光性能。Martin 等研究了基于阳离子共价网络的石墨烯量子点气凝胶（CNGQDs），在不同离子存在且 pH 范围很宽的情况下，该材料能够作为多环芳烃分子污染物的原位便携式传感器材料，提高传感器的灵敏度和选择性。Wang 等采用三维碳量子点/GA 复合气凝胶（CQDs/GA）作为一种无金属存在的荧光催化剂材料，GA 充当介质，能够促进从 CQDs 中提取和转移光诱导电荷载体的过程，从而增强对 Cr^{4+} 的光还原活性，提高光敏效率。制得的 CQDs 是粒径为 1.9～2.2 nm 的准球形，量子点气凝胶特殊的结构及优异的光学性能在荧光领域具有较大应用前景。Wang 等将 CuO 量子点原位负载于 TiO_2 气凝胶中用作助催化剂，CuO/TiO_2 异质量子点气凝胶表现出较高的光催化性能，对 H_2 的析出速率约为 0.04 mmol /h，是纯 TiO_2 纳米片的 20 倍。

Yang 等人采用溶胶—凝胶法制备了高温隔热的 BN/SiOC 复合气凝胶。当 BN 体积分数从 0 增加到 15% 时，复合气凝胶的抗压强度从 2.2 MPa 增加到 20.3 MPa，热导率从 0.040 W/(m·K)增加到 0.200 W/(m·K)。BN/SiOC 复合气凝胶具有纳米级的孔隙结构，同时具有良好的热稳定性和优异的力学性能，在高温隔热领域有潜在的应用前景。

Zhang 等采用开环聚合法制备了一种掺杂 C 气凝胶的 3D-C_3N_4 整体式气凝胶。通过调整六官能苯并嗪单体(BZ) 的热固化行为，可以实现 3D-C_3N_4 整体式气凝胶与 C 气凝胶之间良好的电子接触。这种气凝胶具有超高的光反应活性和热稳定性，为理解聚合物化学和光催化机制提供了新的理论。Luo 等采用水热法合成了一种新型三维还原氧化石墨烯(rGO) /g -C_3N_4/AgBr 气凝胶。在这种三元复合体系中，g-C_3N_4 纳米片上的 AgBr 可以提高可见光的吸收率，rGO 的引入不仅提供了一个快速的电子传递通道，而且形成了一个较为松散的三维多孔结构，增加了比表面积，使入射光多次反射，促进了光的吸收和反应物的吸附。基于这些协同作用，三元复合光催化剂表现出良好的光降解性能，在降解 4 次后，仍然能保持一定的稳定性，说明该复合光催化剂在污染物降解中具有良好的应用前景。

虽然碳化物、氮化物、量子点气凝胶等新型气凝胶材料已经得以成功制备，但是此类气凝胶材料合成机制研究尚不够深入，同时气凝胶网络结构生长机制、表面组成及化学结构调控和高温结构稳定性调控等需要进一步研究，后期需要将目光集中在量子化学及分子动力学计算和实验研究相结合上，实现从分子、原子层面对气凝胶材料的形成机制进行深入研究和对气凝胶材料的性能进一步优化调控。

2. 提高工艺水平

气凝胶的应用规模和领域受限，原因在于制备工艺复杂、生产成本高和生产周期长。气凝胶的制备过程分为溶胶—凝胶过程和湿凝胶的干燥过程。干燥工艺主要分为超临界干燥工艺和常压干燥工艺两种，其他尚未实现批量生产技术的还有真空冷冻干燥、亚临界干燥等。

超临界干燥技术是最早实现批量制备气凝胶的技术，已经较为成熟，是目前国内外气凝胶企业采用较多的技术。超临界干燥旨在通过压力和温度的控制，使溶剂在干燥过程中达到其本身的临界点，形成超临界流体，处于超临界状态的溶剂无明显表面张力，凝胶在干燥过程中能保持完好骨架结构。目前已经实现批量生产技术的是二氧化碳超临界干燥技术。

超临界干燥技术的核心设备为高压釜，一般工作压力高达 7～20 MPa，属于特种设备中的压力容器，设备系统较为复杂，运行和维护成本也较高，超临界干燥法采用的是高温高压的有机溶剂，存在易燃、易爆、破坏环境等缺点。超临界干燥设备价格昂贵，1 m^3 超临界干燥全套进口设备需要 3000 万元～4000 万元，产量不高，每年只能生产 100 万 m^3 气凝胶。因此，超临界干燥工艺条件苛刻，耗时长，能耗大，操作危险性高，生产成本高，严重制约了气凝胶的工业化大规模生产。

常压干燥是当前研究最活跃、发展潜力最大的气凝胶批量生产技术。常压干燥技术采用常规常压设备，不需要高压条件，设备简单，安全性高，生产线投入少，但是对配方的设计和流程组合优化有较高要求。如果工艺水平不过关，不仅生产成本可能高于超临界，性能指标也可能达不到要求。

3. 降低规模化生产成本

制约气凝胶市场拓展的最大障碍是高昂的价格。气凝胶因成本较高限制了其工业规模化生产，未来需要采用成本更加低廉的前驱体，结合成本更低的干燥手段，完善生产工艺，降低气凝胶生产成本，推动气凝胶的工业化生产，才能使气凝胶成为推动社会发展变革的超级材料，为人类的生活带来真正意义上的革新。

气凝胶的生产成本主要集中在硅源、设备折旧和能耗三部分。硅源主要包括水玻璃和有机硅。有机硅价格较为昂贵，但是纯度高，工艺适应性好，既可以应用于超临界干燥工艺，也可以适用于常压干燥工艺，目前国内外采用超临界干燥工艺的基本上都是采用有机硅源。水玻璃价格低廉，但是杂质较多，去除杂质的工艺较为烦琐，目前主要应用于常压干燥技术中。

随着气凝胶材料市场价格不断下降，目前在工业绝热领域，采用气凝胶材料的工程总造价已经接近采用传统保温材料，但却具有节能、节省空间、防腐、长寿命等显著优点。随着气凝胶制造成本的显著降低和产能迅速扩张，气凝胶行业企业将迅速曾多，产能将迅速扩大，气凝胶行业整体上将进入爆发式的增长阶段。

4. 提升产品品质

气凝胶是纳米开孔结构，气凝胶涂料配制时会导致气凝胶与液态介质（水性或油性试剂）混合，液体浸入气凝胶孔洞内后产生毛细管力，使纳米多孔结构破坏，丧失绝热性能。气凝胶作为比空气导热系数还要低的超级绝热材料，当呈粉状分散在涂料中时，气凝胶成为分散相，也就是一个个孤岛，热量会绕过这些孤岛继续传递，难以制备出与气凝胶本身优异绝热性能相匹配的涂料。

大多数气凝胶产品应用于 650 ℃以下，其高温隔热性能亟待提高，以便将应用领域拓展到高温区域(高于 1 200 ℃)。当前气凝胶涂料的热导率较高,大多数产品在 0.035 W/(m·K)左右,基本没有发挥出气凝胶应有的性能优势。

对于气凝胶毡、气凝胶板、气凝胶布(纸)和异形件,产品的表面粉尘问题仍然有待解决。

5. 拓宽应用领域

高性能和多功能型气凝胶材料还有待继续深入研究和开发。气凝胶在电极材料、半导体材料、磁性材料等方面的应用研究还不够完善,有关结构和性能关系的研究尚不深入,需要进一步研究其内在机制,揭示性能和结构之间的关联。

气凝胶产品应用主要以航天军工、管道保温、新能源汽车为主,未来可扩大气凝胶毡、板、布、纸、颗粒、粉和异形件等在建筑、建材、冶金、石油化工、冰箱冷库、交通等应用领域的性能研究和应用比例,开发气凝胶在吸附催化、吸音隔音、触媒、吸附剂、电极、电子、绝缘、防爆、激光靶材、储能、海水淡化、分形研究、药物缓释、高强体育器材等领域的应用。

综合分析,各类气凝胶的特点及发展趋势见表 13-1。

表 13-1　各类气凝胶的特点及发展趋势

气凝胶类型	特　点	发展展望
氧化物气凝胶	最早开始研究,制备工艺相对简单,技术相对成熟,空气中耐高温性能及隔热性能佳,在隔热、吸附、光催化等领域具有广泛应用价值。 研究包括 TiO_2、ZrO_2 和 Al_3O_3 气凝胶,产业化主要集中在 SiO_2气凝胶上	力学性能较差,高温下热导率增长较快,吸附和催化的循环使用效果显著降低。 未来需通过改性、掺杂或复合方式提升力学性能、高温隔热性能和循环使用性能
碳化物气凝胶	高硬度、低热膨胀系数、高耐磨性、高熔点、化学性质稳定。 需 1 000 ℃ 以上高温热处理,制备工艺较为复杂。 主要研究 SiC 及其复合气凝胶。还包括 SiOC、ZrC 气凝胶。	不同碳化物气凝胶类型研究较少,需加强碳化物气凝胶的基础研究。 存在高温氧化问题,应用领域一般要求为无氧环境,或通过在 SiC 中引入 Si—O 键形成 Si—O—C 结构或掺杂一些抗氧化剂来提升抗氧化性能
氮化物气凝胶	包括 Si_3N_4、BN、C_3N_4 和 VN 气凝胶。具有耐腐蚀、高压缩性和弹性、抗热震性好、耐高温、密度低和热膨胀系数低等。 C_3N_4气凝胶具有超高的光反应活性和热稳定性。 VN 气凝胶可以同时提供更多的电催化活性位点、快速的电子传输途径、良好的电解质扩散通道,是替代 Pt 作为染料敏化太阳能电池电极的一种既经济又有效的方法	需高温热处理合成,合成工艺复杂,材料结构可控性相对较差,力学性能较差,隔热性能不突出。 优化材料合成工艺,在隔热、吸附、催化和电化学领域的研究还有较大的提升空间
聚合物气凝胶	聚合物主体种类多样,包括聚氨酯(PU)、聚脲(PUA)、聚酰亚胺(PI)、间规聚苯乙烯(sPS)、聚间苯二胺(PmPD)、聚偏二氟乙烯(PVDF)、聚酰胺(PA)、聚吡咯(pPy)等聚合物基气凝胶。在分子设计中有较大的灵活性及性能可调控性,在航空航天、钻井勘探、气体回收及分离和催化剂载体方面具备重要应用价值	聚合物基体难以分解,所加助剂一般具有毒性,加工污染大,需调整聚合物基气凝胶的功能性和可降解性,使其可以回收利用,减少气凝胶在制备、使用和废弃环节中所产生的污染。 添加无机和金属等组分,改善蠕变等老化现象,延长使用寿命

续上表

气凝胶类型	特　点	发展展望
石墨烯气凝胶	独特的网络结构、超高比表面积、大孔结构和超弹性、优异的能源储存与转化、高温隔热、吸附、催化、传感和电磁屏蔽等性能，成为研究热点。 制备方法主要有原位组装法、诱导组装法、模板法、化学交联法和 3D 打印技术	前驱体氧化石墨烯难以大规模和批量化制备，性能差异比较明显。 开发可大规模工业化生产石墨烯气凝胶新工艺，拓展石墨烯气凝胶的新应用
量子点气凝胶	良好光学、催化、吸附、传感、隔热保温等特性。发光效率高，化学稳定性好，电导率高，更多活性位点改善催化性能及传感能力。 研究包括掺杂纳米金的石墨烯量子点气凝胶（GQ/DAs）、CuO/TiO_2 异质量子点气凝胶，WO_3/GO/NC/QDs 气凝胶等	材料制备和性能研究的探索阶段，需重点研究气凝胶结构与性能的关系，实现在光电材料、生物细胞成像以及荧光材料等领域更广泛的应用
生物质/C 气凝胶	生物质原料廉价易得，来源广泛，包括纤维素、蛋白质、壳聚糖、淀粉等。具有优异的生物相容性和生物可降解性。符合当前绿色化学理念。 目前研究主要集中在油水分离、建筑保温和吸附等领域	将无机材料、无机纳米颗粒引入生物质材料中，对生物质基气凝胶进行改性。 跨越学科壁垒，着重探索在生物医用领域的研究
其他气凝胶	包括硫族气凝胶、金属单质气凝胶、非金属单质气凝胶、钙钛矿结构气凝胶和尖晶石结构气凝胶等。 独特的吸附性、光活化性，高表面积、密度可控、高电导率和较好的生物相容性等	制备技术尚未成熟，性能稳定性有待进一步提高。 在催化、传感、生物医学和环境治理等领域均有广阔的应用前景

13.2　气凝胶产业化中的瓶颈与对策

Market Research. biz 报告称，2016 年全球气凝胶市场价值为 5.129 亿美元，在 2017—2026 年复合年增长率 31.8%的情况下，预计 2026 年全球气凝胶市场价值将达到 80.837 亿美元。市场报告还根据应用、种类和地区进行了划分，在应用领域以建筑领域为主，在产品形态中以气凝胶毯为主，在材料种类中以碳材料为主，在工艺领域中以预制加工为主，在全球气凝胶市场中以欧洲市场为主。

国内市场起步较晚，前期主要是国外气凝胶产品在销售，价格较昂贵，市场推广力度也较小。伴随着中国经济转型升级，节能降耗政策的持续大力推进，气凝胶材料越来越受到政府、学术界、企业界和投资界的广泛关注。近年来国内气凝胶企业逐步增多，实力不断增强，成本不断下降，规模不断扩大，得益于国内节能减排政策推行和经济体量的迅速扩大，气凝胶行业驶入了快速发展通道。

智研咨询报道，2014—2018 年我国气凝胶市场规模从 3.64 亿元发展到 18.57 亿元，如图 13-1 所示。2018 年我国气凝胶产业细分结构占比中，气凝胶材料规模约 5.42 亿元，气凝胶制品市场规模约 13.15 亿元。我国气凝胶行业下游主要集中在建筑材料、军工航天领域，

2018 年我国建筑材料行业气凝胶需求量占比高达 43.7%，军工航天领域占比 37.5%。

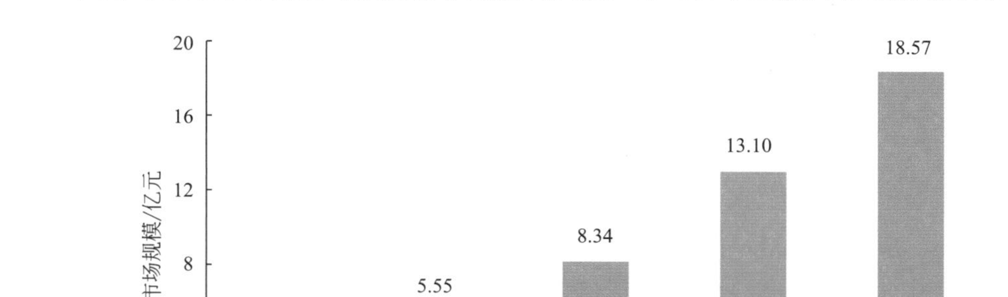

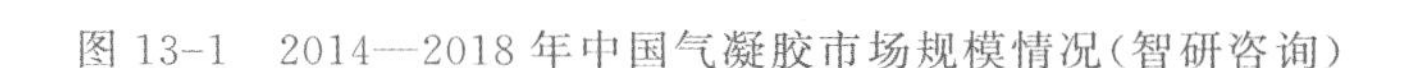
图 13-1　2014—2018 年中国气凝胶市场规模情况(智研咨询)

目前国内军品领域需求主要集中在航天、兵器及舰艇等领域；民用领域的石油化工、轨道交通、电力工业、矿用井下救生舱和城镇热力管网已经形成一定的市场规模并继续快速增长，特种服装和帐篷、LNG 管线、建筑节能领域应用也开始少量试用，后期市场巨大。

国家新材料产业“十三五”发展规划指出，保温材料产值将达 1200 亿。气凝胶材料将在工业和设备领域以及建筑领域逐渐获得大批量应用，预计到 2025 年将全面替代传统建筑保温材料。

气凝胶材料目前占据了整个绝热材料市场金字塔模型的塔尖部分，在整个绝热材料市场中的规模是微不足道的，气凝胶产业还处于早期起步阶段，未来有巨大的发展空间。随着气凝胶材料在新的应用领域探索的持续进步，市场增长的动力进一步增强。

中国气凝胶产业目前处于应用规模和领域扩展的成长期，若要跻身世界前列，还面临着完善机制、提高工艺水平、降低成本、提升产品品质和拓宽应用领域等关键任务。为了实现气凝胶的产业化，在解决面临的主要任务基础上，还需要从政府到市场的一个认知和消化的过程。主要可以从以下几个方面考虑。

1. 推动政府节能环保政策的导向

政策法规对行业发展的导向作用毋庸置疑。气凝胶材料因其独特的结构和性能特性在节能环保等领域具有突出的优势，有助于实现“绿色发展”，促进解决突出环境问题，最终促进“美丽中国”的实现。因此推动政府节能环保政策的导向，通过落实各项促进节能环保的配套政策，加大对各项科技计划和中小企业节能环保创新基金的投入，提高政府采购等措施，有效推进气凝胶产业的发展。

2. 提升企业生产能力的技术储备

气凝胶的生产工艺复杂，涉及众多设备的严格控制及工艺参数的精确调节，因此气凝胶产业是一个高技术产业。经过几十年的发展，气凝胶材料及其生产技术已经取得了长足的进步，然而面向需求快速增长的市场，生产企业仍需强化技术储备，例如产品配方与生产工艺的成熟度和稳定性、生产流程的标准化等。这些措施可以帮助企业稳定生产，降低成本，确保产品质量，提升生产能力，提高企业生存能力和竞争力。

3. 加大新材料的研发与成果转化

“提高自主创新能力，建设创新型国家”作为国家发展战略的核心，已成为产学研政资介各方共识。气凝胶相关企业和科研院所要坚持创新驱动，把握住行业、技术、产品的发展趋势，不断突破解决关键科技难题，提高企业核心竞争力。不仅要在现有的技术和产品基础上进行深度开发，更要加大创新研发力度，不断打造新的增长点，推动企业自身和行业的高质量发展。

推动科技成果转化，既需要科研院所的研究方向与市场需求高度契合，也要有足够的资金来支持和支撑。同时要形成创新端和产业端良性互动，使科研院所与企业之间有足够的信任度，平衡好各参与方的利益，实现共赢。

4. 重视气凝胶材料的宣传与包装

当前大多数人对于气凝胶的概念及其材料特点仍然缺乏了解，气凝胶材料仍然很“新”，这种情况极大地阻碍了气凝胶产品的销售和产业的发展。因此行业、企业及相关单位和人员必须重视对气凝胶材料的宣传、推广和包装工作，面向普通大众和用户通过多种方式普及气凝胶基本知识，强调其突出特点和优势，建立产品形象和企业形象，这些措施必将助力产品销售和行业发展。

5. 拓展高端与高附加值市场应用

气凝胶材料的生产成本相对较高，因此其在高端和高附加值市场的竞争优势更加明显。企业应在这些领域深入调研，精准把握用户应用需求研发新产品，不断拓展气凝胶产品市场空间，开拓新局面。

6. 加快气凝胶与传统材料的融合

传统材料具有成熟的生产工艺、销售渠道和应用市场。通过复合、混合、局部替代等方式将气凝胶与传统材料进行融合，可以使气凝胶材料快速进入市场，发挥气凝胶和传统材料的各自特点形成优势互补，提升产品性能，拓展应用领域。

附录　气凝胶公司与产品

1. Aspen Aerogels 公司

美国 Aspen Aerogels 公司美国(网址 www.aerogel.com)隶属于美国航空航天局，主要研发气凝胶工业隔热和热绝缘材料。产品有:无纺布玻璃纤维增强硅气凝胶高温隔热保温毯 Pyrogel XTE,无纺布增强 SiO_2 气凝胶层状高温绝热毯 Pyrogel XTF,冷加工用柔性低温热绝缘材料 Cryogel Z,纤维增强 SiO_2 气凝胶柔韧隔热毯 Cryogel x201,用于绝缘管道、容器、坦克、石油和天然气加工(液化天然气、液化石油气、乙烯等)和工业电器等领域中。

2. BASF SE 公司

德国巴斯夫股份公司(网址 https://plastics-rubber. basf. com),是全球最大的化工公司和化学产品基地。2010 年,巴斯夫旗下 Venture Capital 公司向美国 Aspen 气凝胶公司投资 2 150 万美元,2015 年巴斯夫在德国生产首批新型 Slentite PU 聚氨酯气凝胶建筑保温材料,厚度 15 mm,热导率 0.018 W/(m·K),用于新建建筑和旧建筑整修。

3. Cabot 公司

Cabot 公司(网址 www. cabot-corp. com)创立于 1882 年,生产炭黑、颜料色浆、纳米胶及钻井流体等特殊化工产品。20 世纪 90 年代,Cabot 公司成为第一家采用专利技术将气凝胶生产商业化,并在室温条件下连续生产气凝胶的企业,包括保温隔热砂浆、隔热板、保温隔热涂料等。

4. 韩国 JIOS 公司

韩国 JIOS 公司(网站 www. jiosaerogel. com)是 2010 年韩国政府资助的世界上最高效、最具规模的硅气凝胶粉末生产商。采用简单易得的原料,将溶胶、凝胶、老化以及常温干燥等工艺环节融合为连续流程,将生产时间减少至 3 小时以内。产品包括:JIOS AeroVa 气凝胶涂料添加剂,具有显著的隔热性、耐热性、阻燃性、防水、隔音和耐久性,热导率为 0.045 W/(m·K),工作温度范围 40～250 ℃;气凝胶毯,热导率为 0.023～0.025 W/(m·K),适用温度－180～90 ℃(低温隔热)或 40～650 ℃(高温隔热);气凝胶石膏板,改善了传统石膏板的隔热、耐火、减重、隔音性能。

5. 广东埃力生高新科技有限公司

广东埃力生高新科技有限公司(http://www. ydalison. com)是一家集研发、生产、销售气凝胶复合隔热材料和真空绝热材料为一体的创新型高新技术企业,是中国大规模工业化生产气凝胶隔热材料的领导者。开发的气凝胶产品包括气凝胶颗粒、气凝胶毡、气凝胶板等气凝胶隔热制品,应用于油气管道、建筑、机器设备、交通工具、家电等行业。

6. 纳诺科技有限公司

纳诺科技有限公司(http://www. nanuo. cn/)成立于 2004 年 4 月,是一家集气凝胶及其复合材料研发、生产和销售于一体的国家级高新技术企业,是国内从事最早、规模最大、实力最强的 SiO_2 纳米孔超级隔热材料研发与制造基地。

纳诺科技作为《纳米孔气凝胶复合绝热制品》国家标准的主要起草单位,拥有自主知识产权的工艺技术。气凝胶绝热毡适用于300～650 ℃的高温管道设备保温，应用于超高压蒸汽管道设备保温、工业窑炉保温等领域。气凝胶异形件适用于100～650 ℃的高温管道、阀门和法兰等保温部件。

7. 浙江绍兴圣诺节能技术有限公司

浙江绍兴圣诺节能技术有限公司（http://www.surnano.com）是国内第一个省级气凝胶研发中心，建成国内第一条常压干燥气凝胶批量生产线、第一条二氧化碳超临界干燥气凝胶生产线。自主开发的第四代常压干燥生产线技术，率先突破了连续式全自动生产气凝胶技术瓶颈。产品包括不同使用温度下的气凝胶绝热毡、气凝胶绝热板、气凝胶布、气凝胶颗粒和气凝胶粉体等产品。首次实现了气凝胶材料在国内油田开采领域的大批量应用，开辟了气凝胶材料在轨道交通和电力等领域的应用。

8. 深圳中凝科技有限公司

深圳中凝科技有限公司（http://www.agel-tech.com）于2015年成立于深圳，是《纳米孔气凝胶复合绝热制品》（GB/T 34336—2017）国家标准的主要参编单位，拥有完整自主知识产权体系，拥有国内最大规模气凝胶粉体及大规模气凝胶毡生产线，最先进的连续隧道式制备工艺。产品有气凝胶保冷毡、气凝胶绝热毡、气凝胶涂料、气凝胶粉体颗粒、气凝胶浆料等。

9. 天津摩根坤德高新科技发展有限公司

天津摩根坤德高新科技发展有限公司（http://www.morgankundom.com/）成立于2006年，主要研发和生产 SiO_2 气凝胶生产工艺及气凝胶应用产品，参编《纳米孔气凝胶复合绝热制品》和《气凝胶保温板毡建筑应用技术规程》的国家标准。产品广泛应用于工业节能、绿色建材、智慧粮仓、交通运输、家用电器、军工航天等相关领域。

参考文献

[1] 武涌，梁境. 中国能源发展战略与建筑节能[J]. 重庆建筑，2006，3：6-19.

[2] Riffat S B, Qiu G, et al. A review of state-of-the-art aerogel applications in buildings[J]. International Journal of Low-Carbon Technologies, 2013, 8(1): 1-6.

[3] 吴晓栋，宋梓豪，王伟，等. 气凝胶材料的研究进展[J]. 南京工业大学学报（自然科学版），2020, 42(4)：405-451.

[4] 瑚佩，姜勇刚，张忠明，等. 耐高温、高强度隔热复合材料研究进展[J]. 材料导报，2020，34(4)：7082-7090.

[5] 刘伟，崔升，李建平，等. 气凝胶吸油材料的研究进展[J]. 材料导报，2020，34(5)：9019-9027.

[6] 姜凯，白臻祖，黄珊，等. 气凝胶的研究进展[J]. 云南化工，2020，47(6)：1-5.

[7] MARTIN-PACHECO A，DELRIO-CASTILLO A E，MARTIN C，et al. Graphene quantum dot-aerogel: from nanoscopic to macroscopic fluorescent materials sensing polyaromatic compounds in water

[J]. ACS Applied Materials & Interfaces,2018,10(21) : 18192.

[8] WANG R, LUK ZHANG F,et al. 3D carbon quantum dots/graphene aerogel as a metal-free catalyst for enhanced photo sensitization efficiency[J]. Applied Catalysis B (Environmental),2018,233: 11.

[9] ZHANG J Y,KONG Y,SHEN X D. Polyvinylidene fluoride aerogel with high thermal stability and low thermal conductivity [J]. Materials Letters,2020,259: 126890.

[10] WANG Y L,ZHOU M,HE Y X,et al. In situ loading CuO quantum dots on TiO_2 nanosheets as co-catalyst for improved photocatalytic water splitting[J]. Journal of Alloys and Compounds, 2020, 813: 152184.

[11] YANG H X,LI C M,YUE X D,et al. New BN/SiOC aerogel composites fabricated by the sol-gel method with excellent thermal insulation performance at high temperature[J]. Materials & Design, 2020,185: 108217.

[12] ZHANG M,HE L,SHI T,et al. Neat 3D C_3N_4 monolithic aerogels embedded with carbon aerogels via ring-opening polymerization with high photoreactivity[J]. Applied Catalysis B (Environmental), 2020,266: 118652.

[13] LUO Z R,ZHONG Z J,HE H J,et al. Construction of three-dimensional ternary reduced graphene oxide-g-C_3N_4 nanosheets-AgBr aerogel for enhanced degradation of pollution under visible light [J]. Desalination and Water Treatment,2020,173: 77-85.

中国战略性新兴产业——前沿新材料

（16 册）

中国材料研究学会组织编写

丛书主编　魏炳波　韩雅芳

前沿新材料概论	唐见茂　等编著
超材料	彭华新　周　济　崔铁军　等编著
离子液体	张锁江　等编著
气凝胶	张光磊　编　著
仿生材料	郑咏梅　等编著
柔性电子材料与器件	沈国震　等编著
多孔金属	丁　铁　等编著
常温液态金属	刘　静　等编著
高熵合金	张　勇　周士朝　等编著
新兴半导体	张　韵　吴　玲　等编著
光聚合技术与材料	聂　俊　朱晓群　等编著
溶胶-凝胶前沿技术及进展	杨　辉　朱满康　等编著
计算材料	刘利民　等编著
先进材料的原位电镜表征理论与方法	王　勇　等编著
动态导水材料	张增志　等编著
新兴晶态功能材料	靳常青　等编著